新型装配式钢结构建筑体系
——理论、设计与实践

郝际平　著

科 学 出 版 社

北　京

内 容 简 介

本书以系统工程理论为指导，阐述了装配式壁柱钢结构体系的基本构成、力学性能和设计方法，详细总结和介绍了作者对装配式壁柱钢结构体系所作的研究工作和创新成果。内容主要包括：采用系统思维研发装配式壁柱钢结构体系；壁式钢管混凝土柱抗震性能与力学性能及设计方法；平面内双侧板梁柱节点抗震性能与力学性能及设计方法；平面外对穿拉杆-端板梁柱节点抗震性能与力学性能及设计方法；钢连梁-壁式钢管混凝土柱抗震性能与力学性能及设计方法。

本书可作为土木工程专业高年级本科生和研究生钢结构课程的后续选读材料，也可供高等院校的相关专业教师和从事钢结构领域工作的科研人员和工程技术人员参考。

图书在版编目（CIP）数据

新型装配式钢结构建筑体系：理论、设计与实践/郝际平著. —北京：科学出版社, 2021.12

ISBN 978-7-03-070415-3

Ⅰ. ①新… Ⅱ. ①郝… Ⅲ. ①装配式构件－钢结构－研究 Ⅳ. ①TU391.04

中国版本图书馆 CIP 数据核字（2021）第 223491 号

责任编辑：赵敬伟　田轶静／责任校对：彭珍珍

责任印制：吴兆东／封面设计：无极书装

科学出版社 出版

北京东黄城根北街 16 号

邮政编码：100717

http://www.sciencep.com

北京中科印刷有限公司 印刷

科学出版社发行　各地新华书店经销

*

2021 年 12 月第 一 版　开本：720×1000 1/16

2021 年 12 月第一次印刷　印张：21 1/2

字数：433 000

定价：168.00 元

（如有印装质量问题，我社负责调换）

前　言

随着我国改革开放的不断深入，各行各业都在走可持续发展的道路。建筑业也不例外。众所周知，传统的建筑业属于劳动密集型产业，是我国的支柱产业之一，而且从发展的角度看，在未来相当长的一段时间内，建筑业仍将是国民经济的支柱产业之一，但是“高污染、高浪费、高能耗、质量不可控”的状况不能适应新形势的要求，也不符合绿色发展之路，更不符合高质量发展的理念，因此它的转型升级势在必行。2021 年我国已进入“十四五”时期，这是我国开启全面建设社会主义现代化国家新征程、进入高质量发展新阶段的时期，如何促进建筑产业转型升级和实现高质量、低碳发展是摆在建筑行业面前的重要议题。在今年的政府工作报告中，“做好碳达峰、碳中和工作”被列为 2021 年重点任务之一，这既是党中央的重大战略决策，也是我国向国际社会作出的庄严承诺。装配式建筑是最契合“碳中和”理念的建造方式，符合国家绿色发展和可持续发展理念。现在发展装配式建筑已经上升为国家战略，这既是建筑业供给侧改革、转型升级的必由之路，也为研发设计单位提供了广阔的发展空间。发展装配式建筑有利于节约资源、减少施工污染、提升劳动生产效率和质量、安全水平，有利于促进建筑业与信息化工业化深度融合，推动化解过剩产能。

作者及团队在几十年的研究基础上，总结以往研究经验，注意工程研究的应用性，以解决市场上装配式钢结构建筑推广应用中存在的问题为导向，以“工业化、绿色化、标准化、信息化”为研发目标，以“系统理念、集成思维、创新引领、实践检验”为研发路线，强调成果的落地，现在形成了具有自主知识产权的“装配式壁柱钢结构体系”的系统性成果，包含设计、生产、施工、制造、配套软件、设备等全产业链技术。该成果授权发明专利 27 项，实用新型专利 76 项，获得软件著作权 4 个，发表论文 50 余篇。这些成果在陕西、山东、重庆、安徽，新西兰、缅甸等多个住宅和公建项目中推广应用，总建筑面积逾百万平方米，在建面积三十余万平方米，取得了良好的社会和经济效益，尤其在“四节一环保”方面效果突出。本书就是对这一系统成果的阶段性梳理和总结，以期对新体系、新方法、新理论进行推广和应用。

全书共 7 章，第 1 章介绍了装配式钢结构建筑的产业背景，国内外装配式钢结构建筑体系现状，以及装配式钢结构建筑关键技术研究现状；第 2 章介绍了系统思维下的装配式建筑，提出了装配式建筑系统论，以及系统思维下的装配式壁柱通用构件、通用结构体系和通用建筑体系；第 3 章提出了壁式钢管混凝土柱，进行了壁式钢管混凝土柱抗震性能试验研究，基于精细化有限元模型对壁式钢管混凝土柱进行了受力机理研究，采用纤维模型系统研究了壁式钢管混凝土柱基本受力性能，提出了壁式钢管混凝土柱简化设计方法；第 4 章提出了壁式钢管混凝土柱–钢梁平面内双侧板梁柱节点，进行了双侧板梁柱节点试验研究，基于精细化有限元模型对双侧板梁柱节点进行了受力机理研究，提出了双侧板梁柱节点简化设计方法；第 5 章提出了壁式钢管混凝土柱–钢梁平面外穿芯拉杆–端板梁柱节点，进行了穿芯拉杆–端板梁柱连接节点试验研究，基于精细化有限元模型对穿芯拉杆–端板梁柱连接节点进行了受力机理研究，提出了穿芯拉杆–端板梁柱连接节点简化设计方法；第 6 章提出了钢连梁–壁式钢管混凝土柱双侧板节点，进行了钢连梁双侧板节点试验研究，基于精细化有限元模型对钢连梁双侧板节点进行了受力机理研究，提出了钢连梁双侧板节点简化设计方法；第 7 章介绍了壁式钢管混凝土柱建筑体系的实践应用。重点介绍了壁式钢管混凝土柱建筑体系在重庆、山东和阜阳等地的应用概况。本书可作为土木工程专业的高年级本科生和研究生课外读物，也可供教师和从事钢结构领域工作的科研人员和工程技术人员参考。

在即将付梓之际，向薛强、孙晓岭、樊春雷、刘瀚超、黄育琪、何梦楠、陈永昌、苏海滨、王磊、柯华、崔莹、李磊、巩乐、张玉丹、张李博等表示感谢，他们均参与了装配式壁柱钢结构体系课题的研究工作，他们在攻读硕士学位、博士学位或工作期间的研究成果是本书成稿的基础，对发展装配式壁柱钢结构体系也有很高的价值。这里要特别感谢孙晓岭博士，他系统整理了团队各个时期的研究成果，做了大量的工作。本书的研究工作还得到了国家重点研发计划课题 (2017YFC0703806)、陕西省住房城乡建设科技科研开发计划项目 (2016-K86) 和陕西省科技统筹创新工程计划项目 (2016KTZDSF04-02-02) 的资助，作者谨向对本书研究工作提供帮助的各个单位和各位专家表示衷心的感谢。

现在钢结构迎来了发展的黄金期，也是一门快速发展的学科，壁柱钢结构体系同样经历着结构形式的创新和分析设计方法的更新，本书的某些论点和方法必会随着科学的不断进步和研究的深化而进一步发展。作者期待本书对我国装配式钢结构建筑的发展起到一定的推动作用，若能再对从事钢结构的同仁有所助益将是作者极大的欣慰。限于作者的水平，书中不妥之处在所难免，敬请读者不吝指正。

2021 年 3 月于西安

目　录

第 1 章　绪　　论

1.1　装配式壁柱钢结构建筑

1.1.1　装配式壁柱钢结构建筑的产业背景

现今我国建筑业建设方式粗放、能源消耗大、生产效率低、技术含量低、对劳动力依赖度高、集约化和规模化程度低，建筑质量无法保证，对环境和资源造成极大的浪费和破坏。面对当前困局，我国建筑行业必须顺应时代发展进行转型升级，走可持续发展之路，走绿色发展之路，走工业化发展之路，关注建筑全生命周期的绿色化理念，推广绿色建筑，推进建筑产业现代化发展，这是我国建筑业实现转型升级的必由之路，装配式建筑贴合建筑工业化内涵，发展装配式建筑是建筑行业转型的最佳选择，同时国家和地方也密集出台了一系列大力发展装配式建筑的相关政策。

2015 年 11 月 4 日国务院总理李克强主持召开国务院常务会议中明确提出“结合棚改和抗震安居工程等，开展钢结构建筑试点。扩大绿色建材等使用”。①

2016 年 2 月 2 日《国务院关于深入推进新型城镇化建设若干意见》(国发[2016]8 号) 中要求“坚持适用、经济、绿色、美观方针，提升规划水平，增强城市规划的科学性和权威性，促进‘多规合一’，全面开展城市设计，加快建设绿色城市、智慧城市、人文城市等新型城市，全面提升城市内在品质。”②

2016 年 2 月 6 日国务院印发《中共中央国务院关于进一步加强城市规划建设管理工作的若干意见》中要求“大力推广装配式建筑，减少建筑垃圾和扬尘污染，缩短建造工期，提升工程质量。制定装配式建筑设计、施工和验收规范。完善部品部件标准，实现建筑部品部件工厂化生产。鼓励建筑企业装配式施工，现场装配。建设国家级装配式建筑生产基地。加大政策支持力度，力争用 10 年左右时间，使装配式建筑占新建建筑的比例达到 30%。积极稳妥推广钢结构建筑。”③

2016 年 3 月 5 日在第十二届全国人民代表大会第四次会议上李克强在政府工作报告中再次提出“积极推广绿色建筑和建材，大力发展钢结构和装配式建筑，提高建筑工程标准和质量。”① 这也是在国家政府工作报告中首次单独提出发展钢

---

① 来源：中国政府网。

② 来源同①。

③ 来源同①。

结构。①

2016 年 9 月 30 日《国务院办公厅关于大力发展装配式建筑的指导意见》(国办发〔2016〕71 号) 要求“通过多种形式深入宣传发展装配式建筑的经济社会效益，广泛宣传装配式建筑基本知识，提高社会认知度，营造各方共同关注、支持装配式建筑发展的良好氛围，促进装配式建筑相关产业和市场发展。”②

2017 年 2 月 21 日《国务院办公厅关于促进建筑业持续健康发展意见》中提出“全面贯彻党的十八大和十八届二中、三中、四中、五中、六中全会以及中央经济工作会议、中央城镇化工作会议、中央城市工作会议精神，深入贯彻习近平总书记系列重要讲话精神和治国理政新理念新思想新战略，认真落实党中央、国务院决策部署，统筹推进‘五位一体’总体布局和协调推进‘四个全面’战略布局，牢固树立和贯彻落实创新、协调、绿色、开放、共享的发展理念，坚持以推进供给侧结构性改革为主线，按照适用、经济、安全、绿色、美观的要求，深化建筑业‘放管服’改革，完善监管体制机制，优化市场环境，提升工程质量安全水平，强化队伍建设，增强企业核心竞争力，促进建筑业持续健康发展，打造‘中国建造’品牌。”③

2017 年 2 月 24 日《国务院办公厅关于促进建筑业持续健康发展的意见》(国办发〔2017〕19 号) 要求“进一步深化建筑业‘放管服’改革，加快产业升级，促进建筑业持续健康发展，为新型城镇化提供支撑。”④

2017 年 3 月 23 日住房城乡建设部印发《“十三五”装配式建筑行动方案》(建科 [2017]77 号)，指出“进一步明确阶段性工作目标，落实重点任务，强化保障措施，突出抓规划、抓标准、抓产业、抓队伍，促进装配式建筑全面发展。”⑤

2018 年 6 月 27 日《国务院关于印发打赢蓝天保卫战三年行动计划的通知》中要求“以习近平新时代中国特色社会主义思想为指导，全面贯彻党的十九大和十九届二中、三中全会精神，认真落实党中央、国务院决策部署和全国生态环境保护大会要求，坚持新发展理念，坚持全民共治、源头防治、标本兼治，以京津冀及周边地区、长三角地区、汾渭平原等区域 (以下称重点区域) 为重点，持续开展大气污染防治行动，综合运用经济、法律、技术和必要的行政手段，大力调整优化产业结构、能源结构、运输结构和用地结构，强化区域联防联控，狠抓秋冬季污染治理，统筹兼顾、系统谋划、精准施策，坚决打赢蓝天保卫战，实现环境效益、经济效益和社会效益多赢。”⑥

① 来源：中国政府网。

② 来源同①。

③ 来源同①。

④ 来源同①。

⑤ 来源同①。

⑥ 来源：中国政府网。

目前全国已有 30 多个省份出台了装配式建筑专门的指导意见和相关补助标准，不少地方更是对装配式的发展提出了明确要求，越来越多的市场主体开始加入装配式建筑的建设大军中。

短短几年时间里，对推广装配式建筑由“积极稳妥”到“大力推广”，这一变化包含着国家决策层面对推广装配式建筑的共识，也对装配式建筑的应用提出了新的要求。同时，各省市也纷纷出台落地政策和实施意见。装配式建筑已经得到社会和政府的广泛关注和重视。

1.1.2 装配式壁柱钢结构建筑的组成

钢结构建筑具有强烈的工业化特色、轻质高强的优势以及干式施工的方式，不仅可以大幅度提高工程质量和安全技术标准，实现绿色施工，还可以大幅度提高建筑的工作性能和使用品质，增强城市防灾减灾能力，最适合工业化装配式建筑体系。

发展钢结构建筑既化解了钢材市场的过剩产能，又推动了建筑产业化的进一步发展，得到国家政府部门的大力支持与推广。国外钢结构住宅以其显著的优点在住宅建筑中占据了相当大的比例，并且已经形成了完整配套的住宅产业化体系。目前，国内钢结构住宅发展十分缓慢，主要是由于我国的多高层钢结构住宅还存在很多问题，具体体现在：钢结构住宅的户型设计、结构形式、梁柱选取以及配套围护体系的选择等方面没有达成共识；多高层钢结构住宅的结构性能研究不充分；仍然没有一个得到认同的合理且行之有效的钢结构住宅体系。这些问题的存在直接影响了钢结构住宅在我国的推广。

随着一系列提倡钢结构建筑政策的出台，城市建设的发展及人们对住宅品质要求的不断提高都表明了钢结构建筑良好的发展前景。对于钢结构住宅，住户关注的不只是结构安全度，更关注其使用功能和建筑效果，即居住舒适度。因此，深入剖析钢结构住宅推广过程中的具体问题，从提高住宅居住舒适度的角度出发，对钢结构住宅结构体系进行优化，提出设计方案改进的合理建议，以解决钢结构住宅现有问题，并为今后钢结构住宅的设计提供参考，这具有重要的现实意义和应用价值。

1. 壁式钢管混凝土柱与连接节点

矩形钢管混凝土柱 (Concrete Filled Steel Tube Column，CFT Column) 兼有钢结构及混凝土结构的优点，具有截面开展、抗弯刚度大、节点构造简单等特点，能够降低工程造价、缩短工期、节约材料、减少能耗，应用前景良好，已越来越多地在我国的工程中采用。国内规程 CECS 159—2004《矩形钢管混凝土结构技术规程》中矩形钢管混凝土的高宽比最大限值为 2.0，国外典型组合结构设计规范中未规定矩形钢管混凝土的高宽比限值。实际工程中，特别在住宅建筑中采用矩形钢管混凝土构件时，框架柱会凸出墙体，影响建筑功能。沿墙体方向适当加大截面长宽比可减少甚至避免框架柱凸出墙体，显著提升钢结构住宅品质。同时，矩形钢管混凝土绕强轴的抗弯承载力和刚度随着截面高宽比的增加而增大，可有效提高截面的受力效率，减少用钢量，降低造价。

目前，现有的研究和规范均未给出大截面长宽比钢管混凝土的抗震性能和相应的设计方法。因此，在总结以往钢管混凝土研究的基础上，提出了一种适用于钢结构住宅的新型壁式钢管混凝土柱 (Walled Concrete Filled Steel Tube Column，简称壁式柱)，其典型的柱截面如图 1.1.1 所示。为减小截面长边钢板宽厚比，并对混凝土形成有效约束，在焊接矩形钢管腔内增加纵向分隔钢板，或在热轧矩形钢管间焊接钢板，形成两腔或壁式钢管混凝土柱 [1−5]。

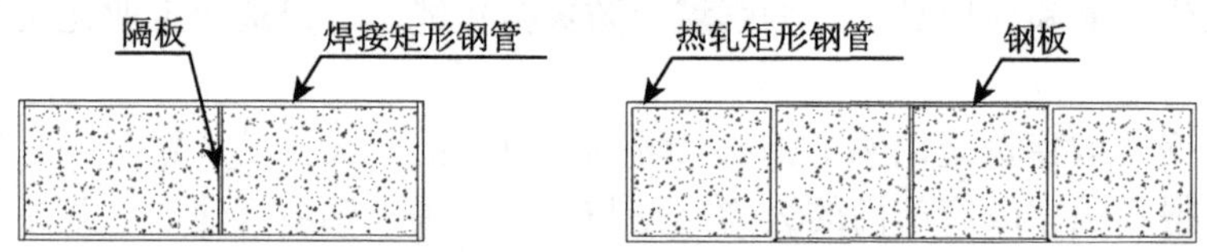

图 1.1.1 壁式钢管混凝土柱截面

梁柱节点是框架结构、框架–支撑结构和框架–钢板墙结构连接与传力的枢纽，能有效协调梁柱变形，对结构整体受力性能和抗震性能具有至关重要的作用。长期以来，各类钢结构建筑广泛采用环板式、内隔板式和贯通隔板式等常规梁柱刚性连接节点，并且认为这种连接的抗震性能良好。然而，在 1994 年美国北岭地震 (Northridge Earthquake) 和 1995 年日本阪神地震 (Kobe Earthquake) 中，传统的梁柱刚性连接节点发生了大量意料之外的破坏。由北岭震害调查可以看出，尽管钢框架结构在地震中没有发生倒塌破坏，但是在梁柱连接节点位置柱翼缘处发现了大量的脆性断裂，在日本阪神地震中，梁柱连接节点处同样发生了大量脆性裂缝，梁端没有形成塑性铰，其中最常见的是在梁下翼缘与柱翼缘焊接处或附近部位发生脆断，有些结构破坏严重，甚至发生倒塌。同时，传统梁柱连接节点工厂制作难度大、现场安装效率低等间接提高了工程造价。

壁式钢管混凝土柱是一种新型的构件截面，相对常规钢管混凝土柱增加了内部隔板，且截面宽度较小，常规梁柱连接节点已无法满足此截面形式。针对壁式柱的截面形式和受力特点，本书提出了平面内双侧板 (Double Side Plate，DSP) 梁柱连接节点 (图 1.1.2)[6−11] 和平面外对穿拉杆–端板梁柱连接节点 (图 1.1.3)[12,13]。平面内双侧板节点使用双侧板连接梁端与钢柱，梁端与钢柱完全分离。双侧板迫使塑性铰由节点区域外移，并增加了节点核心区的刚度，消除了传统梁柱节点转动能力对柱节点区的依赖。梁柱之间的物理隔离消除了梁翼缘与柱翼缘处焊缝脆性破坏的可能性。平面外对穿拉杆梁柱连接节点较好的适应壁式柱截面宽度小的特点，具有加工制作简单、现场安装方便和装配化程度高的特点。

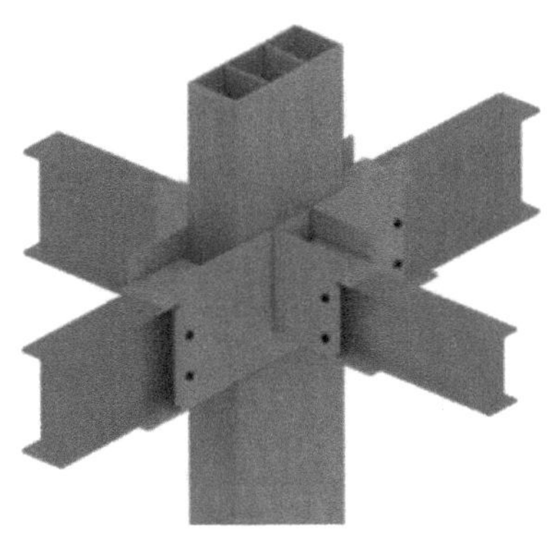

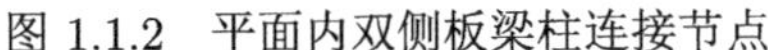

图 1.1.2 平面内双侧板梁柱连接节点

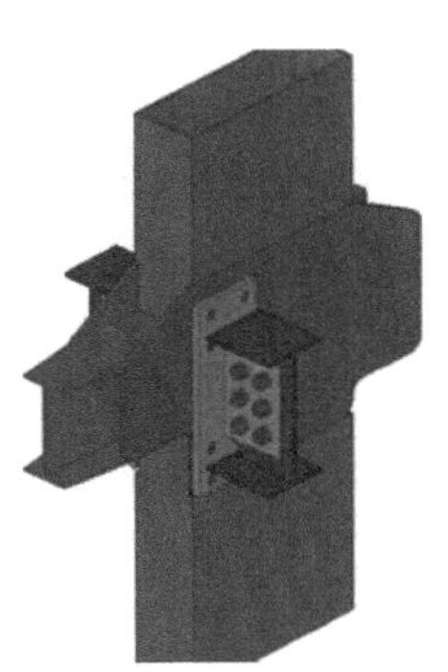

图 1.1.3 平面外对穿拉杆–端板梁柱连接节点

双侧板梁柱连接节点是壁式钢管混凝土柱平面内连接最优的解决方案之一，由于平面外刚性连接较为复杂，一般情况下采用铰接连接方式。高层框架结构体系为保证结构具有足够的冗余度，要求梁柱节点采用刚性连接。已有研究表明，钢管混凝土穿芯螺栓 (拉杆)–端板连接节点具有较好的抗震性能，但该节点形式存在不便于现场安装，不能施加预应力等缺点。在已有研究的基础上，提出了装配式穿芯拉杆–端板梁柱连接节点，其具有连接刚度大，易装配施工等优点 [5]。

以少规格、多组合的思路将新型壁式钢管混凝土柱进行组合，提出了壁式钢管混凝土柱–钢连梁体系 (图 1.1.4)，相比于传统钢筋混凝土连梁，钢连梁能够避免在强烈地震作用下的脆性剪切破坏，保证连梁持续耗能，充分发挥多道防线的优势，表现出良好的抗震性能 [14]。

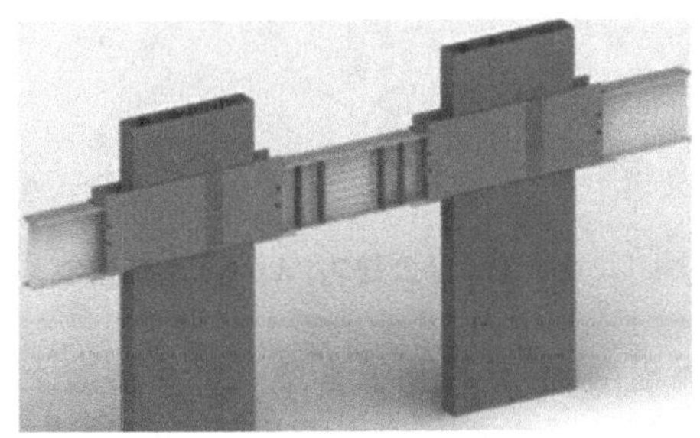

图 1.1.4 壁式钢管混凝土柱–钢连梁体系连接节点

2. 装配式壁式钢管混凝土柱高层钢结构建筑体系 [15]

装配式壁式钢管混凝土结构体系 (Walled Concrete Filled Steel Tube System, WCFTS) 高层钢结构建筑体系是由西安建筑科技大学绿色装配式钢结构研发中心最新研发的绿色集成高层钢结构建筑体系。该体系分为高层住宅建筑 (图 1.1.5) 和高层办公建筑 (图 1.1.6) 两大体系。其中，WCFTS 住宅建筑体系为壁式钢管混凝土–支撑结构体系或组合壁式钢管混凝土异形柱–支撑结构体系；WCFTS 公共建筑体系为壁式柱核心筒–钢管混凝土框架结构体系。

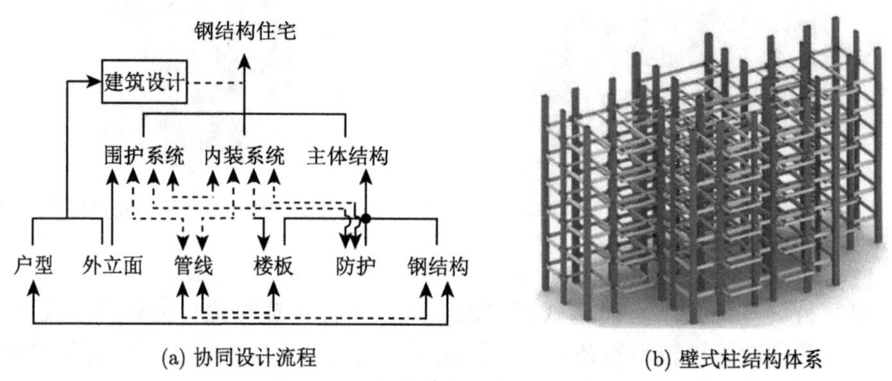

(a) 协同设计流程　　(b) 壁式柱结构体系

图 1.1.5　高层住宅建筑 WCFTS 结构体系

图 1.1.6　高层办公建筑 WCFTS 结构体系

WCFTS 壁式钢管混凝土–支撑和组合壁式钢管混凝土异形柱–支撑结构体系采用协同设计理念及流程。首先，在不影响建筑功能品质的前提下，以标准柱网为单位设计户型；其次，结构与建筑协同划分抗侧力单元；最后，形成合理的建筑功能布置和有效的传力体系。

WCFTS 壁式柱核心筒–钢管混凝土框架体系采用壁式柱和高跨比为 1 的耗能钢连梁形成组合核心筒，外围采用传统钢管混凝土框架。WCFTS 公共建筑体系具有以下特点：① 大截面高宽比壁式柱抗侧刚度大，材料利用率高；② 大高跨比钢连梁使壁式柱协同受力，形成空间筒体受力体系，抗侧效率大大提高；③ 罕遇地震作用下，钢连梁首先剪切屈服，形成第一道抗震防线，能有效耗散地震能量，保证整体结构安全。

1.2 装配式钢结构建筑体系现状

装配式建筑一般从结构材料上分为：预制装配式混凝土结构体系、装配式钢结构体系、装配式混合结构体系。钢结构具有良好的机械加工性能，易拼装，轻质高强，适合建筑的模块化、标准化、工厂化、装配化和信息化，符合创新、协调、绿色、开放、共享的发展理念 [16]。

1.2.1 国外装配式钢结构建筑

国外的钢结构建筑产业化主要集中在低层装配式钢结构 [15]。澳大利亚冷弯薄壁轻钢结构体系应用广泛，如图 1.2.1 所示。该体系主要由博思格公司开发成功并制订相关企业标准，具有环保和施工速度快，抗震性能好等显著优点。

图 1.2.1 冷弯薄壁轻钢结构

意大利 BSAIS 工业化建筑体系适用建造 1~8 层钢结构住宅，具有造型新颖、结构受力合理、抗震性能好、施工速度快、居住办公舒适方便，在欧洲、非洲、中东等国家 (地区) 大量推广应用。

瑞典是世界上建筑工业化最发达的国家，其轻钢结构建筑预制构件达到 95%。此外，较为典型的装配式建筑体系还有美国的 LSFB 轻型钢框架建筑体系、日本给水住宅株式会社的 Sekisui 和 Toyota Homes 住宅体系等。

国外装配式多高层钢结构建筑比较具有代表性的结构体系是美国《钢结构抗震设计规范》中规定的 Kaiser Bolted Bracket 和 ConXtech ConX 体系，其使用范围一般局限于多层建筑，如图 1.2.2 和图 1.2.3 所示。另外一种是日本提出的高层巨型钢结构建筑体系，该建筑将结构构件与各房间的建筑构成分离开，结构主体为由钢柱、钢梁及支撑构成的纯钢框架。

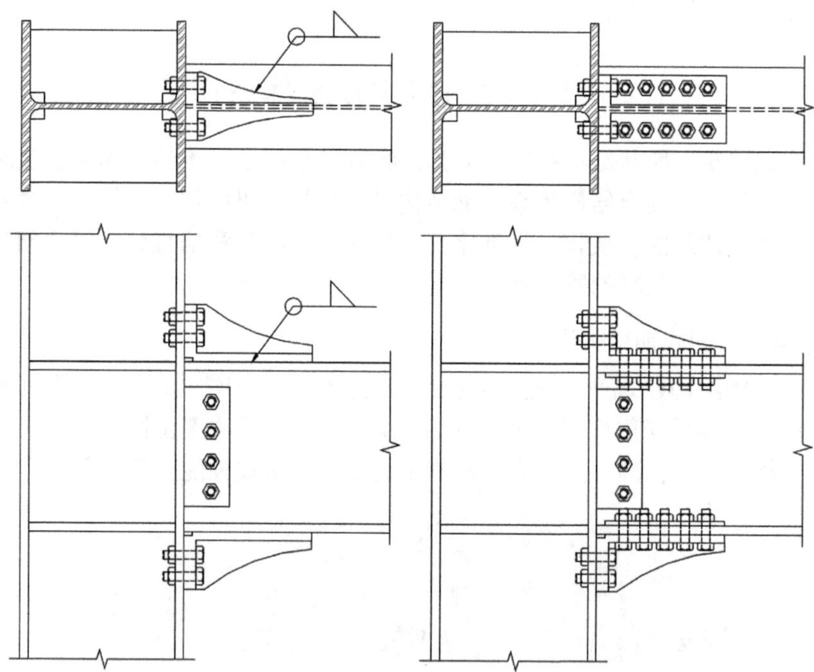

图 1.2.2　Kaiser Bolted Bracket 支托螺栓连接节点

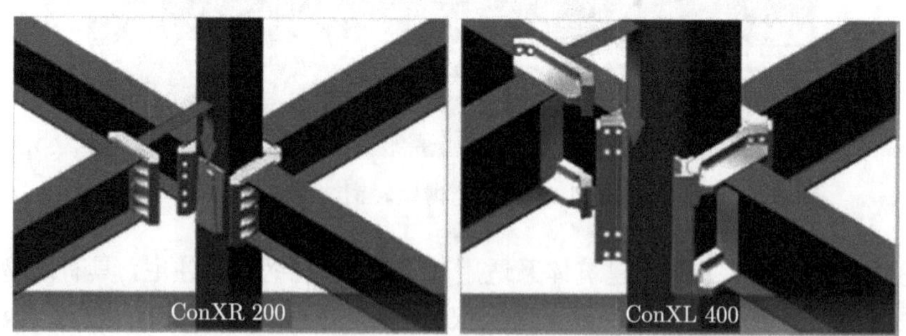

图 1.2.3　ConXtech ConXR 和 ConXL 型连接节点

国外装配式复合墙板主要是在 1970 年以后发展起来的，美国的轻质墙板以各种石膏板为主，以品种多、规格全、生产机械化程度高而著称；日本石棉水泥板、蒸压硅钙板、玻璃纤维增强水泥板的生产居世界领先水平；英国以无石棉硅钙板为主；德国、芬兰以空心轻质混凝土墙板生产为主。

1.2.2 国内装配式钢结构建筑

我国装配式钢结构建筑起步较晚，但在国家政策的大力推动下，钢构企业和科研院所投入大量精力研发新型装配式钢结构体系，钢结构建筑从 1.0 时代快速迈向 2.0 时代。1.0 钢结构建筑仅是结构形式由混凝土结构改为钢结构，建筑布局、围护体系等一般采用传统做法。2.0 钢结构建筑实现了建筑布局、结构体系、围护体系、内装和机电设备的融合统一，从单一结构形式向专用建筑体系发展，呈现出体系化、系统化的特点。目前，国内钢结构建筑体系主要分为三类 [15]。

1. 以传统钢结构形式为基础，开发新型围护体系，改进型建筑体系

设计阶段摒弃“重结构、轻建筑、无内装”的错误概念，实行结构、围护和内装三大系统协同设计 [16]。以建筑功能为核心，主体以框架为单元展开，尽量统一柱网尺寸、户型设计及功能布局与抗侧力构件协同设置；以结构布置为基础，在满足建筑功能的前提下优化钢结构布置，满足工业化内装所提倡的大空间布置要求，同时严格控制造价，降低施工难度；以工业化围护和内装部品为支撑，通过内装设计隐藏室内的梁、柱、支撑，保证安全、耐久、防火、保温和隔声等性能要求，如图 1.2.4 所示。

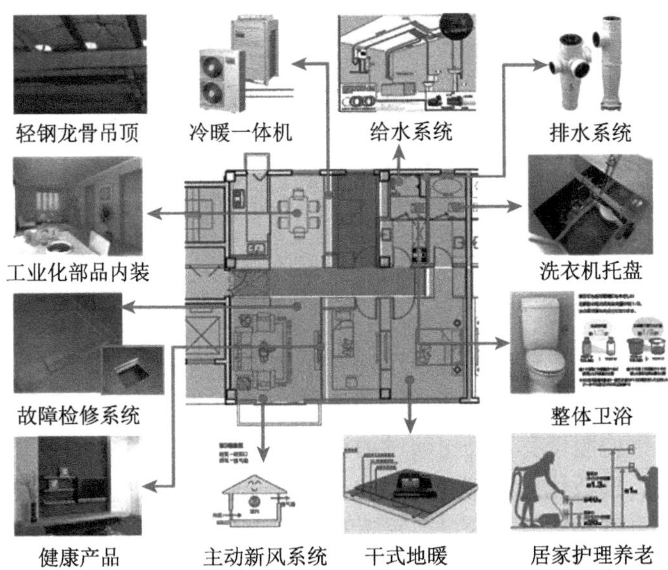

图 1.2.4 工业化围护和内装部品

2. “模块化、工厂化” 新型建筑体系

模块化建筑体系可以做到现场无湿作业，全工厂化生产，较有代表性的体系包括拆装式活动房和模块化箱形房 [17]。其中，拆装式活动房以轻钢结构为骨架，彩钢夹芯板为围护材料，标准模数进行空间组合，主要构件采用螺栓连接，可方便快捷地进行组装和拆卸；箱形房以箱体为基本单元，主体框架由型钢或薄壁型钢构成，围护材料全部采用不燃材料，箱形房室内外装修全部在工厂加工完成，不需要二次装修，如图 1.2.5 所示。

图 1.2.5　箱形房

工厂化钢结构建筑体系从结构、外墙、门窗，到内部装修、机电，工厂化预制率达到 90%，颠覆了传统建筑模式 [18]。工厂化钢结构采用制造业质量管理体系，所有部品设计经过工厂试验验证后定型，部品生产经过品管流程检验后出厂，安装工序经过品管流程检验才允许进入下一道工序，确保竣工验收零缺陷。由于采用工厂化技术，生产、安装、物流人工效率提高 6～10 倍，材料浪费率接近零，总成本比传统建筑低 20%～40%。图 1.2.6 为某企业研发的工厂化钢框架和墙板装配式建筑体系。

3. “工业化住宅” 建筑体系

国内一些企业、科研院所开发了适宜于住宅的钢结构建筑专用体系，解决了传统钢框架结构体系应用在住宅时凸出梁柱的问题 [19−25]。较为典型的钢结构住宅体系有杭萧钢构股份有限公司研发的钢管束组合结构体系，如图 1.2.7 所示。该体系由标准化、模数化的钢管部件并排连接在一起形成钢管束，内部浇筑混凝土形成钢管束组合结构构件作为主要承重和抗侧力构件；钢梁采用 H 形钢；楼板采用装配式钢筋桁架楼承板。

东南网架股份有限公司针对传统钢结构体系难以适应复杂平面户型、露梁露柱和造价偏高的问题提出了箱形钢板剪力墙结构体系，如图 1.2.8 所示。该系统以

组合箱形钢板剪力墙替代钢框架和钢支撑，布局方便，可满足各种复杂户型平面与立面需要；箱形钢板剪力墙与墙体厚度相同，解决了钢结构露梁露柱问题；箱形钢板与腔内混凝土共同受力，承载力高，有效降低了用钢量。

图 1.2.6 工厂化钢框架和墙板装配式建筑

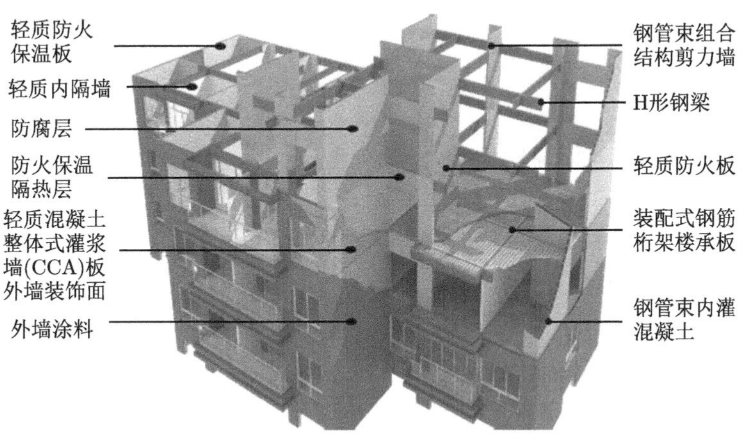

图 1.2.7 钢管束组合结构体系

文献 [20] 提出了适用于多高层住宅建筑的钢管混凝土组合异形柱结构体系，其增大了房间的使用面积，方便房间的布置，且抗震性能良好，如图 1.2.9 所示。

此外，作者针对钢板剪力墙进行了深入研究，并对传统钢板剪力墙进行了创新性的改进。新型钢板剪力墙结构具有自重轻，抗震性能好；布置灵活，能提供更大的使用空间；结构水平刚度大，用钢量经济等优点。在住宅结构中可用于代替钢支撑，以实现更好的建筑使用效果，提高结构安全度。

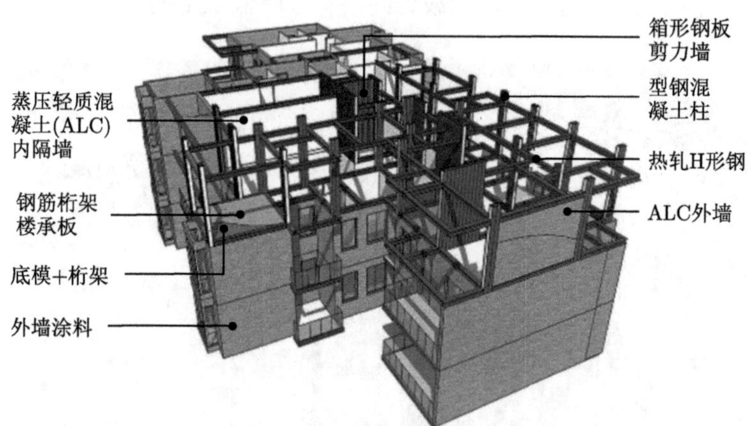

图 1.2.8　箱形钢板剪力墙结构体系

图 1.2.9　钢管混凝土组合异形柱结构体系

1.2.3　绿色装配式钢结构新发展

1. 装配式钢结构体系 +PC 构件 [26,27]

PC(Precast Concrete，预制混凝土) 在楼板、楼梯、空调预制板等构件上可作为钢结构的有益补充，解决钢结构难以解决的问题。其具有生产效率高、产品质量好、对环境影响小、有利于可持续发展等优点，目前在世界各国广泛应用。现代 PC 构件与预应力技术相结合，采用高强高性能材料，并能够实现模块化、工业化生产。

钢筋桁架叠合楼板 (图 1.2.10) 是钢结构与 PC 结合的典型构件。带桁架钢筋的自支承叠合楼板拼缝构造方式简单，在工厂将桁架钢筋和底板钢筋布置好后，浇筑混凝土形成带桁架钢筋的预制薄板，将其吊装就位后，在拼缝处直接放置横向钢筋，而后浇筑混凝土形成双向叠合板，该叠合板能够自支承，不需要占用大量模板，符合新型建筑工业化的要求。

图 1.2.10 钢筋桁架叠合楼板

PK(“拼装、快速” 拼音首写字母) 预应力叠合楼板是一种新型装配式预应力混凝土楼板。它是以倒 “T” 形预应力混凝土预制带肋薄板为底板，肋上预留椭圆形孔，孔内穿置横向非预应力受力钢筋，然后再浇筑叠合层混凝土从而形成整体双向受力楼板，如图 1.2.11 所示。

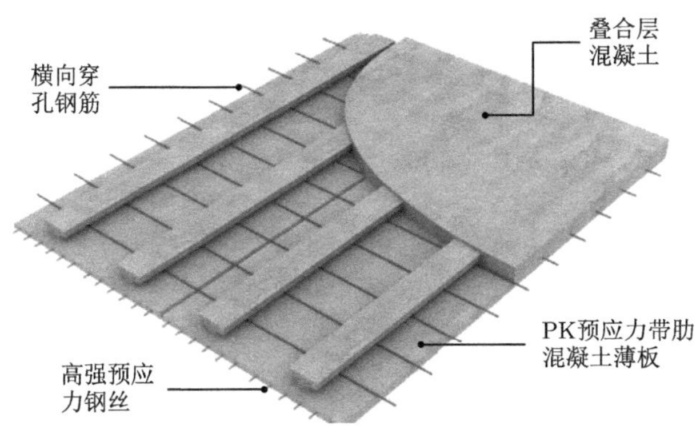

图 1.2.11 PK 预应力叠合楼板

钢–预制踏步组合楼梯是一种新型的楼梯做法，采用钢梁 + 预制混凝土踏步方案，能节约用钢量，改善建筑使用效果，如图 1.2.12 所示。图 1.2.13 是国内某工程采用的预制混凝土阳台，采用钢架支撑在梁上，支撑位置不依赖楼板和钢柱。

采用螺栓紧固安装，效率高。能够减少人工，节省材料，保证质量。

图 1.2.12　钢梁–预制踏步组合楼梯

图 1.2.13　预制混凝土阳台

2. 围护墙体、构造做法的交叉应用 [28−30]

围护墙体近几年快速发展，在性能、工业化程度、耐久性、建筑功能上有很大提高，但每种墙体都有自身的优点和缺点，一种墙体很难解决全部问题。将各种墙体材料混合应用，同时构造做法互相借鉴融合是围护系统发展的新趋势。

保温装饰一体板借鉴幕墙做法，由黏结层、保温装饰成品板、锚固件、密封材料等组成，如图 1.2.14 所示。适用于新建筑的外墙保温与装饰，旧建筑的节能和装饰改造；也适用于各类公共、住宅建筑的外墙外保温；北方寒冷地区和南方炎热地区建筑都具有较好的适应性。保温装饰一体板采用系统设计，全自动化生产，全装配式安装，同时比传统节能保温的施工做法有着更优的保温隔热功能。

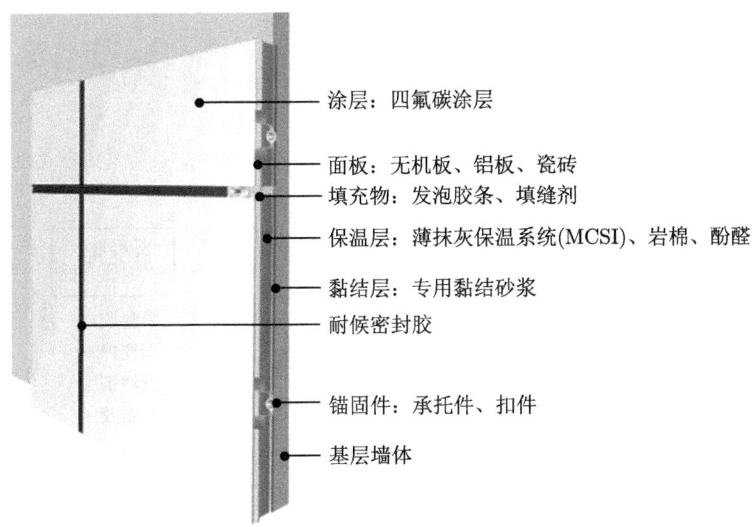

图 1.2.14　保温装饰一体板

轻钢龙骨保温装饰一体板 (图 1.2.15) 采用镀锌轻钢龙骨作为承重体系，并融合保温装饰一体板技术一次成型，可以广泛应用于外墙围护和内墙隔断。该墙体具有用钢量低，结构自重轻，有利于抗震；工厂化程度高，运输方便，现场易于装配；干法作业，环保节能等优点。

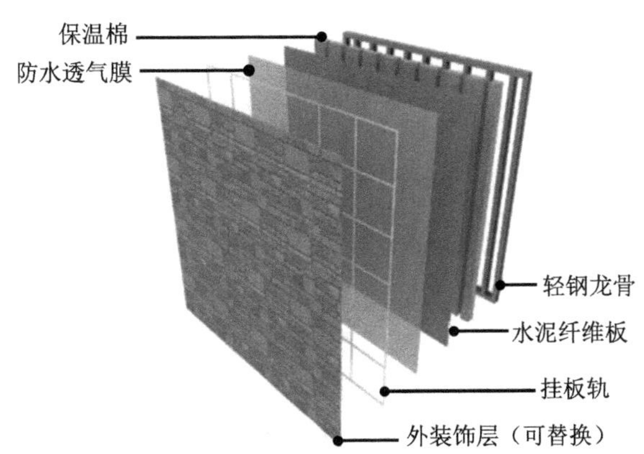

图 1.2.15　轻钢龙骨保温装饰一体板

为了改善轻钢龙骨在外墙体中的热桥效应，加拿大学者提出在龙骨腹板开设多排细长孔洞以增加传热路径，该种龙骨被称为保温龙骨，如图 1.2.16 所示。外围护墙体受力较小，对龙骨力学性能的要求不高，因而可增加腹板的开孔排数，从而提高墙体保温性能。对于钢结构主体框架，通过钻尾钉、长螺栓等保温龙骨外围护墙体外挂式连接方案，以实现墙体的整片吊装。

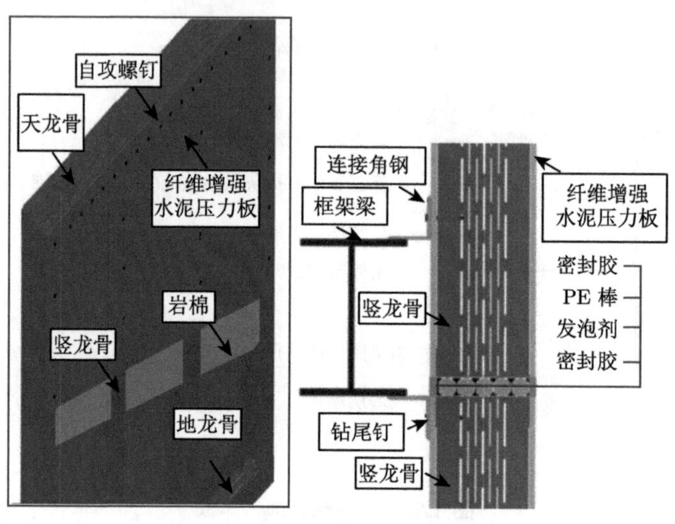

图 1.2.16　保温龙骨外围护墙体

3. 装配式钢结构与建筑信息模型 (BIM) 技术的深度结合 [31]

随着建筑业全球化、城市化进程的发展以及可持续发展的要求，应用 BIM 技术对建筑全生命周期进行全方位管理 (图 1.2.17)，是实现建筑业信息化跨越式发展的必然趋势。

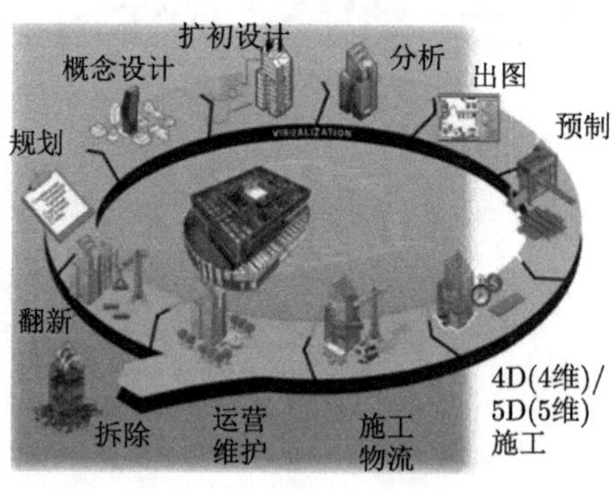

图 1.2.17　BIM 建筑全生命周期管理

钢结构建筑的建设特点决定了它在建筑信息化中具有较其他结构更明显的优势。主要表现在以下几个阶段：① 施工图设计阶段及深化图设计阶段，钢结构建筑的所有零件和建筑部品均可按工厂制造的需要将其物理信息数字化表达，直接为制造厂所用。建筑信息模型的建立，既能起到碰撞检查的作用，又能起到虚拟建造的作用，为优化现场施工安装方案提供了可视化的依据；② 工厂制造阶段，融入了 BIM 控制技术后，可将 BIM 信息直接输入智能机器人和数控机床，实现钢结构构件的数字化制造，使钢结构建筑工业化产生质的提升，从高度自动化的生产逐步发展为可自律操作的智能生产系统；③ 运输阶段，通过信息化技术，可根据现场安装进程，对构件进场批次及堆放次序等运输方案做合理安排，大幅度提高运输管理效率；④ 现场安装阶段，可应用信息化技术，将现场安装中的误差及时反馈给钢结构制造厂，以调整后续构件的加工，满足整体结构的安装精度，实现精细化管理。

1.3 装配式钢结构建筑关键技术研究现状

1.3.1 矩形钢管混凝土柱的研究现状

1. 矩形钢管混凝土柱的特点 [32]

高层建筑需要高效的结构体系以抵抗风或地震引起的水平荷载和重力荷载。水平荷载在高层建筑中产生巨大的整体倾覆弯矩，倾覆弯矩和重力荷载引起的内力同时由竖向构件承担。在高烈度区，柱构件需要很高的承载能力和变形能力，同时需要控制截面尺寸不致过大。

钢–混凝土组合柱广泛应用于高层建筑结构中。采用组合柱比普通混凝土柱可节约混凝土 50%，结构减轻自重 50%，比钢柱可节约钢材 50%。组合柱同时具有混凝土结构刚度大、用料经济与钢结构高强、高延性和装配化的优点。组合柱主要有两种形式，分别为钢管混凝土柱 (Concrete-Filled Steel Tubular Column, CFT 柱) 和型钢混凝土柱 (Steel Reinforced Concrete Column，SRC 柱)，如图 1.3.1 所示。两者截面形式不同，受力性能也具有较大区别。矩形柱为矩形钢管混凝土柱的特殊形式，其截面构造和受力机理又有不同。钢管混凝土柱与钢筋混凝土柱、钢柱和型钢混凝土柱相比具有显著优势，其特点如下：

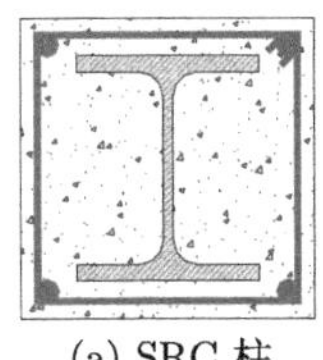
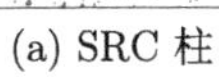
(a) SRC 柱

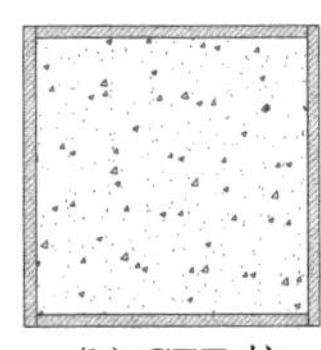
(b) CFT 柱

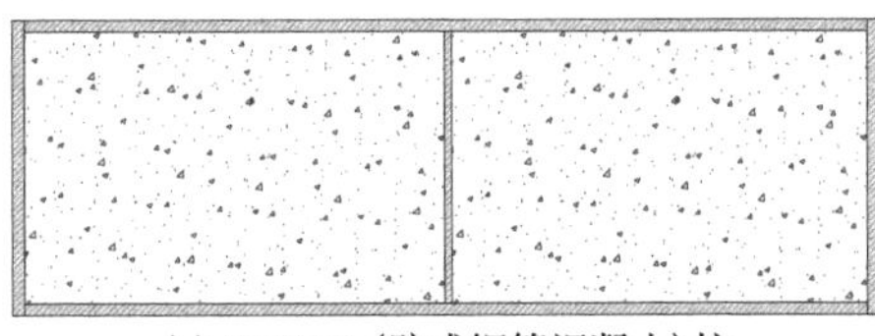
(c) WCFT (壁式钢管混凝土) 柱

图 1.3.1 组合柱截面

1) 结构方面

钢管混凝土柱的核心受力机制是钢管和混凝土间相互作用同时改善了两者的受力性能，如图 1.3.2 所示。核心混凝土通过改变管壁局部屈曲模态延缓了钢管局部屈曲。通常矩形钢管的局部屈曲破坏是由于两对边向内屈曲，另外两对边向外屈曲而丧失承载力，如图 1.3.2(a) 所示。钢管混凝土中钢管受到混凝土约束只能向外侧屈曲，如图 1.3.2(b) 所示。管壁局部屈曲模态的改变使钢材能够发展更大的压应变，从而具有更好的承载能力和变形能力。矩形柱钢管腹板在纵向隔板和混凝土的共同作用下形成两个对称屈曲半波，使其局部屈曲临界应力和变形能力明显提升，如图 1.3.2(c) 所示。这种变形能力的提升使构件具有更好的抗震性能。

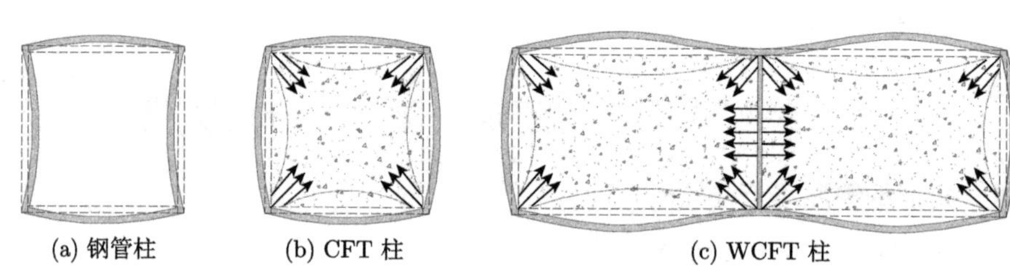

(a) 钢管柱　(b) CFT 柱　(c) WCFT 柱

图 1.3.2　构件局部屈曲模式和约束应力

混凝土在受力过程中受到钢管约束，使其处于三向受压状态。横向约束应力可延缓混凝土纵向裂缝开展，具有更高的承压能力，并显著改善混凝土的脆性破坏特性。矩形钢管主要在角部为混凝土提供横向约束应力，约束效果稍逊于圆钢管混凝土。矩形柱纵向隔板的设置将截面分为两个或多个腔室，各腔室分别对混凝土提供有效约束，相较于普通钢管混凝土约束效果更好，有利于提高构件的承载能力和变形能力。

钢管混凝土柱在截面构成上达到了最优的布置方式。弹性模量和强度远大于混凝土的钢管，处于最外侧，能高效地提供截面模量和承载能力。两种材料弥补了彼此的弱点，同时能充分发挥彼此的优势，使钢管混凝土柱具有良好的承载能力和变形能力。通常，钢管混凝土柱的变形能力高于空钢管构件，承载能力高于钢管和混凝土承载力之和。由于钢管混凝土结构较高的承载能力和良好的变形能力，是高烈度区高层建筑较好的结构体系之一。

2) 建造方面

现代建造技术发展的重要方向是构件和节点的标准化和工业化。钢管混凝土结构建造特点符合建造技术标准化和工业化的要求，能节约人工费用，降低工程造价。

钢管混凝土结构与钢结构建造过程基本一致。钢管可采用焊接钢管、冷弯钢管或无缝热轧钢管。与钢柱相比，钢管混凝土柱一般管壁更薄，自重更小，可有效减少运输和安装费用。钢管的现场对拼节点焊接量小，施工简便快捷。

与混凝土结构相比，钢管在施工过程中承受自重和施工荷载。钢管内一般不再配置受力钢筋，并为混凝土提供了天然模板，无须支模和拆模等工序。混凝土浇筑工艺成熟，可采用顶升混凝土或高位抛落免振捣混凝土等，工业化施工水平高。高强高性能混凝土在钢管混凝土结构中的应用使构件截面尺寸进一步减小，施工更加方便，优势更加明显。

3) 建筑和防火

与混凝土结构相比，钢管混凝土结构的应用使竖向构件截面面积大幅减小，增加了有效使用面积，提高了建筑品质。与钢结构相比，钢管混凝土结构用钢量大幅减少，具有更好的经济性。矩形柱进一步优化了钢管混凝土柱的使用功能，通过合理的布置隐藏于围护墙体中，对住宅等品质要求较高的建筑尤其适用。

钢管和混凝土相互作用、共同工作，使钢管混凝土结构具有较好的耐火性能和火灾后可修复性。混凝土延迟了钢管的升温过程，并在钢管强度严重削弱的情况下保持竖向承载力，有效避免了结构坍塌。火灾后钢材力学性能得到不同程度的恢复，结构整体性提高，为结构修复提供了较为安全的工作环境，有效降低了修复成本。

综上所述，设计科学合理的钢管混凝土结构是兼顾结构受力、建造便利、建筑功能和防火要求的高性能结构形式。工程实践中，钢管混凝土柱通常与钢构件或混凝土构件等组成钢管混凝土混合结构，如钢管混凝土框架结构和框架–支撑 (剪力墙) 结构等。

2. 矩形钢管混凝土柱受力性能关键影响参数

由矩形钢管混凝土柱的特点可知，影响其受力性能的关键参数主要有钢管板件局部屈曲行为、混凝土横向约束效应、加劲肋设置、钢管和混凝土间的界面抗剪强度及混凝土的收缩和徐变等。

1) 钢管板件局部屈曲行为

钢管混凝土柱与钢管柱的受力性能具有本质区别。内部填充混凝土后，钢管向内侧变形被限制，其局部屈曲形式发生改变。国内外学者对钢管混凝土柱的局部屈曲行为进行了大量研究 [33−38]。

Bradford 等分析了钢管混凝土柱的弹性局部屈曲行为。矩形钢管板件局部屈曲系数 k=4.0，填充混凝土后，局部屈曲系数 k=10.6。这使得钢管混凝土柱的局部屈曲临界应力比纯钢管提升约 2.65 倍。何保康等对矩形钢管混凝土轴压柱管壁的局部屈曲性能进行了理论研究，用能量法计算出在均匀压力作用下管壁的局部屈曲临界应力，得到了矩形钢管混凝土柱管壁的局部屈曲系数 k=10.67，与 Bradford 等的分析结果基本一致。何保康等后期的研究中采用有限条法计算出各种应力梯度作用下管壁的局部屈曲临界应力和局部屈曲系数，将得到的屈曲系数代入有效宽度统一法则中，得到了保证管壁不发生局部屈曲的宽厚比限值表达式。

Uy 和 Liang 等系统研究了焊接矩形钢管混凝土柱管壁的局部屈曲和后屈曲行为。钢板变形被混凝土限制，管壁局部屈曲行为可简化为四边固支矩形钢板的局部屈曲行为。采用弹性有限条法和弹塑性有限元法分析了四边固支矩形钢板的弹性屈曲行为和弹塑性屈曲行为，理论分析结果与试验结果吻合良好，在此基础上提出了管壁有效宽度系数计算公式。通过大量试验研究管壁的局部屈曲和后屈曲行为，考虑初始几何缺陷和残余应变的影响，提出了焊接钢管混凝土柱弹塑性局部屈曲板件宽厚比限值的计算方法。建议发展全截面塑性焊接截面的板件宽厚比限值为 60。

填充混凝土提高了钢管的局部屈曲临界应力。当板件宽厚比超过一定限值后，钢管混凝土柱在达到极限承载力之前管壁发生局部屈曲，导致构件承载力降低。郭兰慧等研究了初始几何缺陷、残余应力及钢板屈曲后强度对填充混凝土钢管的影响。钢管混凝土柱板件宽厚比小于 50 时，可不考虑局部屈曲对承载力的影响，当板件宽厚比大于 50 后需考虑局部屈曲对构件承载力的影响。板件宽厚比小于 50 时，钢板的临界应力基本达到钢材屈服应力，此时初始几何缺陷和残余应力对构件极限承载力的影响较小。侯红伟等使用能量法分析了钢板的局部屈曲系数，考虑管壁非加载边的弹性约束和内侧混凝土的径向压力，得到了矩形钢管混凝土轴压柱的临界宽厚比为 52。

2) 混凝土横向约束效应

钢管混凝土柱的典型受力特点是钢管对混凝土的横向约束效应 [39–47]。混凝土被钢管包围后处于三轴受压应力状态，混凝土主受力方向的抗压强度和延性随侧压的增加而显著增强。混凝土的约束效应较早应用于钢筋混凝土柱，Mander 等研究了在横向钢筋约束下混凝土的统一应力–应变关系，横向约束应力可通过箍筋的横向和纵向间距及箍筋强度等估算。钢管对混凝土的约束效应与钢筋混凝土柱有较大差异。钢管混凝土柱承受轴压荷载时，钢管和混凝土同时产生纵向和横向变形。

Gardner 等的研究表明，加载初期钢管泊松比大于混凝土泊松比，导致钢管产生更多的横向膨胀，钢管和混凝土之间交互作用较小，两者基本独立承受外力。纵向应变约为 0.001 时混凝土微裂缝开始发展，混凝土横向膨胀变形增加并基本与钢管接近。混凝土的膨胀使两种材料重新接触并伴随着黏结应力的发展。此时，混凝土处于三轴受压状态，钢管处于平面压/拉应力状态，其纵向压应力与两者的交互作用相关。纵向应变为 0.001~0.002 时，钢管和混凝土之间交互作用和约束效应持续变化。Knowles 等测试了钢管混凝土轴压柱的轴向应变和环向应变。当混凝土达到 0.95 的极限抗压强度时体积应变迅速增加，钢管和混凝土间产生约束效应，此时混凝土应变约为 0.002。Tsuji 和 Lee 等的研究表明纵向应变为 0.001 时混凝土出现微裂纹并产生约束效应，纵向应变为 0.002 时钢管和混凝土之间达到完全约束。

产生约束效应后，钢管承受混凝土膨胀产生的环向拉应力和纵向压应力。双向应力状态降低了钢管的纵向承载能力。换言之，钢管的纵向有效刚度降低，同时一部分纵向力向混凝土转移。混凝土的膨胀应力对钢管受力性能产生了不利影响，同时混凝土的承载能力得到了加强。对于圆钢管混凝土，由于约束效应对混凝土强度的提高大于钢管强度的削弱，所以构件的承载力大于钢管与混凝土承载力之和。矩形钢管混凝土只有钢管角部对混凝土产生约束效应，一般此约束效应较小。但混凝土被矩形钢管约束后延性有明显提高。

钢管板件宽厚比是影响混凝土约束效应的重要因素。钢管必须具有足够的刚度以约束混凝土的横向变形。Ge 和 Susantha 等提出了与宽厚比系数 R 相关的约束混凝土本构模型，如图 1.3.3(a) 所示。约束混凝土应力–应变曲线分为三段，上升段采用 Mander 模型，下降段采用直线段，到达极限应变后应力保持为常数。约束混凝土峰值应力、残余应力、峰值应变、极限应变及下降段斜率均直接或间接由宽厚比系数 R 导出。宽厚比系数 R 增加时，混凝土约束应力和峰值应力减小，下降段刚度亦随之下降。$R>0.85$ 时假定钢管已不再对混凝土产生约束效应。Tao 和 Thai 等研究了钢管混凝土柱的受力行为，采用数值方法得到了与材料强度和宽厚比相关的约束应力，提出了适用于矩形钢管混凝土柱的约束混凝土本构模型，如图 1.3.3(b) 所示。该模型上升段采用 Samani 模型，下降段采用 Binici 模型。Thai 等的分析表明，混凝土约束效应随钢材强度的提高和宽厚比的减小而更加显著。混凝土约束效应主要依赖于宽厚比，小宽厚比的厚实截面可有效提高混凝土的强度并改善其脆性特征，大宽厚比的柔薄截面约束效应可以忽略。文章指出，初始受力阶段由于钢材泊松比大于混凝土而在受压过程中基本不存在约束应力，随着荷载增加，混凝土横向膨胀变形加速而产生约束应力。约束效应涉及钢管和混凝土的相互作用，受力机理复杂，采用数值法求解约束应力比解析法更有效。

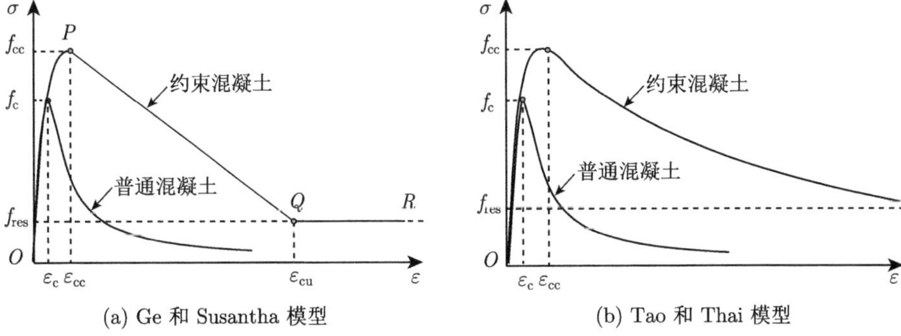

(a) Ge 和 Susantha 模型 (b) Tao 和 Thai 模型

图 1.3.3 约束混凝土应力–应变关系

混凝土强度也是混凝土约束效应的影响因素。随着强度等级提高，在高应力水平下混凝土内部裂缝突然出现和发展，破坏过程急促，残余强度快速跌落，其横向膨胀效应降低。而钢管混凝土柱的约束效应由混凝土的横向膨胀产生。因此，采用高强混凝土的钢管混凝土柱约束效应比普通混凝土弱，其受压承载力一般等于钢管和混凝土的承载力之和。与普通钢管混凝土构件相同，约束效应依然提高了高强混凝土钢管混凝土构件的延性。

钢管形状亦影响了混凝土的约束效应。Susantha 等研究了混凝土在不同形状钢管约束下的应力–应变关系，大量的参数分析表明圆形钢管的约束效应最强，方形钢管的约束效应最低，多边形钢管的约束效应介于两者之间。构件的后期承载力和延性主要依赖于钢管板件宽厚比和材料强度。因此，圆形钢管混凝土柱一般考虑约束效应对构件承载力的提高，矩形钢管混凝土柱通常不考虑约束效应对构件承载力的提高。

3) 加劲肋设置

薄壁钢管混凝土柱减少了钢材用量，达到了降低工程造价的目的。管壁超过临界宽厚比后承载力由板件局部屈曲承载力控制，钢材不能完全达到屈服强度，变形能力也大大降低。带肋薄壁钢管混凝土柱具有良好的受力性能，纵向肋不仅延缓了钢管的局部屈曲，还加强了钢管对混凝土的约束，有利于提高构件的承载能力和变形能力，图 1.3.4 为常用的加劲肋设置形式。在实际工程中采用带肋壁式钢管混凝土柱具有一定的综合经济效益，工程造价可减少 10%左右 [48−52]。

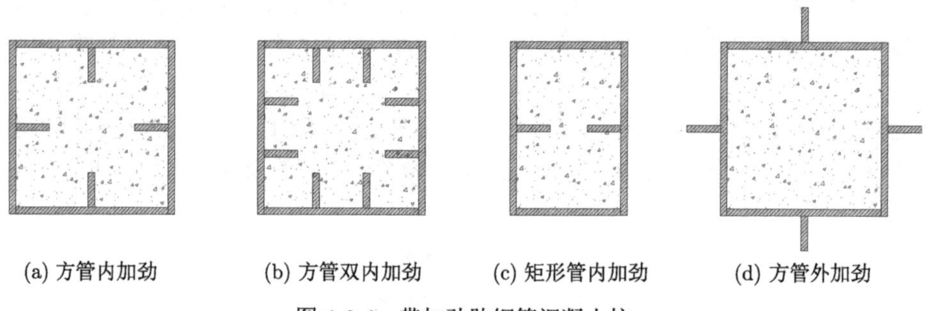

(a) 方管内加劲 (b) 方管双内加劲 (c) 矩形管内加劲 (d) 方管外加劲

图 1.3.4 带加劲肋钢管混凝土柱

Ge 等进行了普通矩形钢管、加劲钢管，以及钢管填充混凝土后的试验研究，填充混凝土可以获得更好的延性和承载力。纵向加劲肋可以提高钢管柱和钢管混凝土柱的承载力。陈勇等进行了设置直肋方形薄壁钢管混凝土长柱的优化设计。在偏压和轴压情况下，设置直肋薄壁钢管混凝土柱比普通薄壁钢管混凝土柱的极限承载力有较大提高。双向设置直肋能够显著提高薄壁钢管混凝土柱的承载力。张耀春等进行了设置直肋方形薄壁钢管混凝土短柱的试验研究。加劲肋与混凝土在试件破坏之前均能保持良好粘结。设加劲肋的短柱可达到较高的极限承载力，设置双加劲肋比单加劲肋对承载力的提高更有效。黄宏等研究了带肋方钢管混凝土柱受力性能。带肋构件对混凝土的约束作用主要集中在钢管角部和加劲肋处，随着每边加劲肋数量的增加，角部约束力明显增大。加劲肋的设置增加了管壁平面外支撑点，减小了管壁鼓曲的横向变形值，增强了核心混凝土与管壁之间的相互作用，进而有效地延缓了管壁局部屈曲，改善了管壁的稳定性，提高了构件的极限承载力。纵向加劲肋宽度越大，构件极限承载力越高，后期延性越好。加劲肋宽度设置控制在一定范围时，能获得较好的综合经济效果。郭兰慧等研究了带有加劲肋的薄壁钢管混凝土柱在双向压弯荷载作用下的受力性能，双向加载钢管混凝土柱的扭转会显著影响构件的受力性能，降低构件的承载力；随着截面高宽比的增加，承载力降低幅度增大；薄壁板件的加劲肋改变了钢板的局部屈曲模态，提高了钢板的局部屈曲强度。

4) 钢管和混凝土间的界面抗剪强度

钢管和混凝土间的界面抗剪强度是钢管混凝土构件最基本的理论问题之一。钢管与混凝土间的剪应力传递是构件产生组合效应的必要条件。钢管与混凝土间的界面抗剪强度一般通过推出试验得到。国内外对钢管和混凝土间的抗剪强度进行了大量试验研究，但研究成果离散性较大，尚未形成统一和系统的理论 [53−57]。

钢管混凝土界面间的抗剪强度主要由以下几部分组成：钢管与混凝土接触表面之间的化学胶结力；钢管表面粗糙度与混凝土之间的机械咬合力；钢管与混凝土之间的摩擦力；剪力连接件与混凝土间的机械锚固力。薛立红等系统研究了钢管和混凝土间的界面黏结性能，混凝土强度、钢管表面粗糙度和混凝土养护条件对黏结强度有明显影响。钢管与混凝土间的黏结强度随混凝土强度的提高而增加。钢管表面粗糙时，机械咬合力较大，黏结破坏荷载相对较高。密闭养护的平均黏结强度低于自然养护的黏结强度。Parsley 进行了矩形钢管混凝土构件推出试验，研究了长宽比大于 4 和带有抗剪键构件的界面抗剪强度。设置抗剪键时，板件宽厚比越小，抗剪强度越高，抗剪强度达到峰值荷载后开始出现滑移，同时荷载下降。设置抗剪键时，若板件宽厚比较小，其面外抗弯刚度较大，能有效约束抗剪键的变形，对抗剪强度的提高较为明显。板件宽厚比较大时，钢管对抗剪键的约束较小，抗剪强度的提升不明显。板件宽厚比为 32 时，设置抗剪键使抗剪强度提高了 1.7 倍；板件宽厚比为 40 时，设置抗剪键使抗剪强度提高了 1.14 倍。刘永健等研究了方形和圆形钢管混凝土构件的黏结强度，钢管混凝土构件界面抗剪黏结–滑移曲线在达到抗剪强度前大体呈线性关系，圆钢管混凝土构件界面抗剪强度明显大于方钢管混凝土构件。Qu 等研究了不同界面状况、混凝土强度、截面尺寸和界面长度对界面抗剪强度的影响。钢管与混凝土间涂润滑剂会显著降低界面黏结强度。通过参数分析，混凝土强度和钢管尺寸是影响界面抗剪强度的重要因素。Tao 等研究了截面尺寸、钢材类型 (碳钢和不锈钢)、混凝土类型 (普通混凝土、再生混凝土和膨胀混凝土)、混凝土龄期和界面类型 (常规界面形式、设置抗剪栓钉和内加劲环) 对界面抗剪强度的影响。结果表明，不锈钢比碳钢的界面抗剪强度低。随着截面尺寸的增加和混凝土龄期的增长，界面抗剪强度明显降低。钢管内部设置加劲环是提高抗剪强度最有效的方法，其次是设置抗剪栓钉和使用膨胀混凝土。

5) 混凝土的收缩和徐变

钢管混凝土柱中核心混凝土处于多向受力状态，由混凝土收缩和徐变引起的内力重分布比钢筋混凝土柱更加复杂。与普通混凝土柱相比，钢管混凝土柱对核心混凝土形成良好的密闭作用，其收缩量远小于徐变量 [58−62]。Nakai 等进行了钢管混凝土柱长期加载试验研究，混凝土的收缩可忽略不计，但徐变随时间不断增加。Terrey 等的研究结果表明，钢管混凝土柱混凝土的徐变是普通钢筋混凝土柱的 50%~60%。冯斌和韩林海等对钢管混凝土柱收缩的研究表明，核心混凝土的收缩变形早期发展较快，其横向收缩比同期的纵向收缩略小，变形速率随时间增长不断减小，100 天后收缩变形曲线趋于水平。随着截面尺寸增加，核心混凝土的纵向和横向收缩变形均呈减小趋势，方钢管混凝土柱混凝土的收缩变形略小于圆钢管混凝土柱。韩林海和陶忠等对长期荷载作用下方钢管混凝土的变形进行了研究。长期荷载作用下方钢管混凝土的变形随龄期的增长而减小，随持荷时间的增长而增加。轴压比对长期荷载作用下的变形影响较大，轴压比超过 0.6 时，变形和轴压比呈非线性关系。方钢管混凝土构件的含钢率越大，长期荷载作用下的变形量越小。钢材强度对长期荷载作用的影响较小，混凝土强度提高时，长期荷载作用下的变形增大。长细比对长期荷载作用下方钢管混凝土构件承载力影响较大，长细比小于 60 时，承载力随长细比增加而趋于减小，长细比大于 60 后承载力随长细比的变化趋于平缓。长细比较大 (60~180) 时，含钢率越大，钢管强度越高，承载力降低越小，而混凝土强度的提高会使承载力影响系数 (考虑和不考虑长期荷载作用影响的承载力之比) 降低。由于混凝土收缩徐变对钢管混凝土构件影响的复杂性，仍有待于进一步理论和试验研究。

3. 矩形钢管混凝土柱抗震性能

矩形钢管对混凝土的约束效应不如圆钢管显著，但填充混凝土后构件的变形能力得到了提升。在低周反复荷载下，钢管混凝土柱的滞回曲线饱满，承载能力高，耗能能力强，具有优越的抗震性能 [63−75]。

Molodan 和 Hajjar 等提出了适用于矩形钢管混凝土柱单向加载和反复加载的纤维梁模型。基于刚度法构造的纤维梁模型综合考虑了几何非线性、钢材和混凝土材料非线性。同时，纤维梁模型引入非线性滑移界面来考虑钢管与混凝土间的滑移，模拟钢管与混凝土从完全黏结到滑移的行为。研究结果表明，在达到设计荷载之前钢管与混凝土间已达到黏结强度。然而，钢管与混凝土间的滑动对构件或结构的影响很小。

Ge、Usami 和 Susantha 等研究了矩形钢管混凝土柱在反复荷载作用下的承载能力、变形能力和耗能能力。矩形钢管混凝土柱抗震性能良好，可用于高烈度区。与钢管柱相比，填充混凝土后显著提升了构件的延性和耗能能力，板件宽厚比相同时，延性和耗能能力提高 2~4 倍。

Varma 等进行了填充高强混凝土的方形钢管混凝土柱在恒定轴力下的水平单推和反复加载试验，研究了宽厚比、钢材强度和轴压比对构件受力性能的影响。钢管混凝土柱初始截面弯曲刚度和使用阶段截面弯曲刚度可分别由未开裂的横截面和 60%极限荷载对应的开裂截面计算；单推试验达到水平极限承载力时，钢材和混凝土均进入塑性并伴随着混凝土的压碎和钢管翼缘的局部屈曲。继续加载，试件水平承载力下降，钢管腹板出现局部屈曲。试件延性随轴压比增加或板件宽厚比增加显著降低。钢材屈服强度对延性的影响较小；反复加载试验达到水平极限承载力时，钢管和混凝土进入塑性，钢管翼缘局部屈曲。位移继续增加，试件水平承载力下降，钢管腹板和角部屈曲，最终钢管角部被拉断。与单推试验相比，反复加载对截面抗弯刚度和压弯承载力的影响较小，但反复加载达到峰值后承载力下降更快。因此，反复加载对构件的位移延性产生了不利影响。轴压比增加会显著降低反复加载下的位移延性。轴压比较高时，板件宽厚比和钢材强度对构件延性的影响较小。轴压比较低时，钢材强度的提高和宽厚比的增加会降低构件的延性。

吕西林和李学平等进行了方、矩形钢管混凝土柱的抗震性能试验和理论分析。研究了轴压比、宽厚比、混凝土强度和截面高宽比对试件抗震性能的影响。研究表明，钢管混凝土柱滞回性能良好，其比钢筋混凝土柱的耗能能力更强且强度退化更小。与单调加载相比，反复加载时试件极限承载力略微降低，但反复加载试件屈服后的强度退化快，位移延性变差。轴压比对构件的抗震性能影响显著，减小轴压比可有效增强构件的耗能能力且强度退化更小。减小板件宽厚比可有效提高构件极限承载力。采用低强度混凝土的构件极限承载力低，但具有良好的耗能能力和较小的强度退化。采用高强度混凝土的构件极限承载力高，但耗能能力差且强度退化大。高轴压比下截面长宽比为 1.3 和 2.0 的试件刚度和承载力较高，但水平荷载越过峰值不久后角部焊缝开始撕裂，构件承载力急剧下降，位移延性较低。

韩林海和陶忠等通过试验研究和数值计算，研究了方、矩形钢管混凝土柱的抗震性能，给出了位移延性系数的简化计算方法。研究结果表明，位移延性系数与材料强度、轴压比、长细比和含钢率相关，然而截面高宽比和强弱轴影响较小。

随着轴压比和长细比增大，位移延性系数逐渐减小。随着钢材屈服强度的提高和含钢率的增加，位移延性系数逐渐增大。随着混凝土强度的提高，位移延性系数逐渐减小。

Tao 等系统研究了纵向加劲肋对薄壁钢管混凝土柱受力性能的改善。对比分析了无加劲、纵向加劲及钢纤维混凝土薄壁钢管混凝土短柱的承载力和延性性能。纵向加劲肋可延缓管壁的局部屈曲，改善对混凝土的约束效应。钢管外部设置纵向加劲肋的影响与内部设置基本一致，但外部设置加劲肋所需的抗弯刚度更大。钢管宽厚比较大 (⩾52) 时，荷载–位移曲线到达峰值后下降较快，纵向加劲肋对构件延性的提高并不明显。与设置纵向加劲肋相比，使用钢纤维混凝土对构件延性的提高更显著。

Chung 和 Yang 等提出了一种预测方形钢管混凝土柱在恒定轴向荷载和反复水平荷载作用下滞回行为的简化纤维模型。根据钢管与混凝土之间的相互作用，得到材料的单轴应力和应变关系，进而编制非线性纤维梁单元。采用纤维梁模型研究了方形钢管混凝土柱在恒定轴向荷载下和反复水平荷载作用下的累积极限轴向荷载。分析结果表明，柱位移角限值对累积极限轴向荷载影响最大，板件宽厚比和构件长细比的影响次之，混凝土强度的影响较小。

4. 研究现状总结

目前，矩形钢管混凝土柱的基本受力性能研究较为充分，包括试验研究、受力机理分析和关键影响因素分析等，为壁式柱的基本受力性能分析提供了研究基础。壁式钢管混凝土柱的抗震性能研究也取得了丰富的研究成果，同时针对壁式钢管混凝土柱的受力特点进行了改进，如增设纵向加劲肋，采用钢纤维混凝土等，为壁式柱的抗震性能研究和抗震构造措施提供了有力参考。

壁式柱是一种新型截面形式，尚未见相关抗震性能研究资料。壁式柱用于抗震结构时，缺少必要的抗震性能试验研究、基本受力性能分析和设计方法，尚需开展以下工作：① 高轴压比低周反复加载试验研究，深入分析壁式柱的破坏过程、破坏模式、承载能力、滞回性能和耗能能力等，为理论分析和设计方法提供试验研究基础。② 建立合理的精细化有限元模型，进行壁式柱的全过程受力分析，研究壁式柱在不同受力阶段的工作机理。③ 建立简化纤维梁模型，进行壁式柱关键影响因素参数分析。④ 在试验研究和理论分析基础上，提出合理的承载力简化计算方法和设计建议。

1.3.2　矩形钢管混凝土梁柱节点研究现状

矩形钢管混凝土构件受力性能略逊色于圆钢管混凝土柱，但由于其梁柱连接节点的便利性而得到广泛应用。矩形钢管混凝土梁柱节点通常借鉴钢管梁柱节点的构造做法。钢管内填充混凝土后节点域受力性能得到改善，更有效、更合理的新型梁柱连接节点不断产生。由于节点形式不断革新，节点受力性能，尤其是抗震性能研究始终是钢管混凝土结构研究的热点之一。

当遭受设计水准的地震动时，抗震设计的框架结构通常期望经历一定的非线性变形，这种非线性变形一般集中发生在梁柱刚性连接节点处。因此，框架结构的抗震性能受到节点受力性能和破坏模式的极大影响。梁柱节点承受较大非线性变形的同时还需保持较高的承载能力，梁柱交接位置由于拼接造成了材料和几何的非连续性，导致了严重的非预期破坏模式。在 1994 年美国北岭地震和 1995 年日本阪神地震中，大量的钢框架发生了脆性破坏，甚至在日本阪神地震中发生了钢结构建筑整个中间楼层被震塌的现象。其主要原因是梁柱栓焊连接节点钢梁翼缘与柱的连接焊缝因受破坏而失去承载力，这些脆性破坏与梁端弯曲屈服并形成塑性铰耗能的预期行为完全不同。梁柱节点脆性破坏限制了塑性铰区的延性，使结构系统无法达到预期的抗震性能。国内外研究者对地震中发生破坏的原因进行了广泛的研究，提出了有效的手段来避免在地震中发生此类损害的可能性，并将研究成果进一步应用于钢管混凝土结构。

由于钢管混凝土结构的多样性，本节仅阐述壁式钢管混凝土柱-工字钢梁框架结构梁柱刚性连接节点。该类型节点可按钢梁传力路径分为两类：直接传力连接和间接传力连接。直接传力连接指将钢梁内力直接传递给钢管，混凝土核心辅助节点核心区受力。钢梁与钢管之间通过加劲板件连接，钢梁翼缘内力通过加劲板件直接传递至钢管。此类钢管混凝土梁柱节点与纯钢管连接节点基本一致，比较典型的节点类型为隔板式梁柱节点、外加劲式梁柱节点和侧板式梁柱节点等。与直接传力连接节点不同，间接传力连接节点钢梁内力部分或全部传递至混凝土核心，钢梁贯穿节点完全锚固于混凝土核心，或采用对穿螺栓通过端板传递梁端内力。此类型节点减少了材料用量和工厂加工制造难度，同时受力性能良好。国内外对各类型钢管混凝土梁柱连接节点进行了大量研究。

1. 隔板式梁柱节点

钢管混凝土结构隔板式梁柱节点是国内最常用的连接方式之一，可分为内隔板梁柱节点和隔板贯通式梁柱节点，两者均借鉴箱形柱钢框架节点构造做法。钢梁翼缘内力通过隔板传递至钢管，其传力直接，能有效地传递梁端内力，是较为理想的刚性连接节点。实际工程设计中，按照“强柱弱梁、节点更强”原则及构造要求，钢管壁板的厚度一般大于等于梁翼缘的厚度，节点域内隔板的厚度要求不小于梁翼缘的厚度，且要保证内隔板受拉时的净截面积大于等于梁翼缘的截面积，在节点域钢管壁板之间及壁板与内隔板间均为全熔透的等强对接焊缝。因此，节点核心区一般不发生破坏，破坏通常位于较弱的梁端。

1) 内隔板梁柱节点 [76,77]

内隔板梁柱节点适用于焊接箱形柱，一般采用熔嘴电渣焊工艺使内隔板与钢管壁板全熔透焊接，钢梁采用全焊接或栓焊混合方式连接于钢管壁板。梁端完全焊接节点连接最为可靠，良好的焊接质量可提供足够的节点转动延性，但安装过程中定位困难且焊接量大，同时现场焊接残余应力和焊接变形给实际节点受力性能带来不利影响。梁端栓焊混合连接由于安装便利而得到了广泛应用，但在大震时腹板螺栓连接会产生滑移，其部分内力转移至翼缘连接焊缝处，造成翼缘连接位置处破坏。1994 年美国北岭地震和 1995 年日本阪神地震中出现了大量梁柱栓焊混合连接节点破坏。周天华等研究了方钢管混凝土梁柱节点的抗震性能，试验结果表明，试件破坏后节点域内隔板与钢管壁板焊缝完好，未见屈服迹象，混凝土核心处于钢管和隔板的三向约束，仅出现少量裂缝。理论分析表明，梁端出现塑性铰时内隔板尚未达到屈服。梁端出现应力集中且幅值较大时，内隔板中应力流相对均匀流畅。混凝土核心形成以主压应力为主的斜压带。工程设计中，节点域内隔板抗拉能力大于翼缘，同时混凝土核心提高了节点域的刚度和强度，设计中只需满足梁端连接位置的承载力，节点域的承载力按构造可自然满足。周天华等建议对于非抗震和抗震设防为 8 度 I、Ⅱ 类场地及 8 度以下抗震设防的框架结构的梁柱节点，以及框架不作为主要抗侧力结构体系 (框架–筒体结构、框架–剪力墙结构、框架–支撑结构等在大震时主要由核心筒、剪力墙以及支撑承担水平荷载) 的梁柱连接节点，可选用传统栓焊混合连接节点，按弹性阶段进行计算，梁端腹板连接的螺栓不应发生滑移，并同时承受剪力和弯矩。对于 8 度设防 Ⅲ、Ⅳ 类场地和 9 度设防框架结构的节点，宜采用能将梁端塑性铰外移的骨形连接，削弱后的梁翼缘截面积不宜大于原截面积的 90%，梁端腹板连接同时承受剪力和弯矩。聂建国等考虑了连续的混凝土楼板对内隔板梁柱节点受力性能的影响，研究了节点两侧梁高不等的三块内隔板梁柱节点的受力性能。研究结果表明，混凝土楼板对于节点试件的正向强度和刚度都有提高作用。建议节点域钢管壁厚和隔板厚度不宜过小，确保节点的承载力满足要求，避免出现节点剪切破坏模式，实现“强节点，弱构件” 设计原则。应采取措施确保焊缝的焊接质量，避免出现局部焊接破坏模式。传统内隔板梁柱节点钢梁翼缘焊接位置应力分布复杂，一般于此处破坏。采用合理的构造使梁端塑性铰位置远离节点区是提高节点抗震性能行之有效的措施。

2) 隔板贯通式梁柱节点 [78,79]

焊接机器人和热轧或冷成型矩形钢管的大量应用促进了隔板贯通式梁柱节点的推广。柱贯通式内隔板节点焊接难度大、效率低，很难应用于热轧或冷成型矩形钢管，对于截面尺寸小或壁厚薄的钢管也无法应用。隔板贯通式梁柱节点可实现高品质、高效率的自动水平焊接，尤其适用于热轧或冷成型矩形钢管。隔板贯通式梁柱节点在日本的应用较为广泛。1995 年日本阪神地震中部分隔板贯通式梁柱节点在柱与隔板连接焊缝处破坏，部分原因是未采用全熔透焊缝。庄磊等研究了贯通式内隔板梁柱节点的抗震性能，隔板贯通式节点与内隔板节点承载力和变形能力相近，隔板出挑长度会影响节点承载力。节点构造细节尤其是施焊工艺、连接焊缝形式等对节点抗震性能有一定影响，需进一步对构造细节进行研究。Iwashita 等研究了隔板贯通式节点带有缺陷的全熔透焊缝附近的断裂行为，不同的缺陷类型会对节点的塑性变形能力产生影响，文中考虑了塑性约束对断裂韧性的影响，能够更准确地预测大塑性应变下焊缝的脆性断裂。Qin 等研究了隔板贯通式梁柱节点的弹塑性受力模型，模型以解析屈服线理论为基础，考虑了水平轴向力在节点区的传递，模型较为准确地预测了节点的承载力。王万祯等研究了圆弧扩大头隔板贯通式梁柱节点的抗震性能，常规隔板贯通式梁柱节点在刚度较大、几何变化剧烈的大截面梁翼缘处因应力高度集中而脆断，节点塑性转角约为 0.015rad。圆弧扩大头梁柱节点在隔板圆弧扩大区形成塑性铰，节点塑性转角大于 0.03rad，承载力和耗能能力明显提高。贯通式隔板的圆弧扩大头构造减缓了节点区几何突变和应力集中，梁翼缘与隔板对接焊缝移至远离节点区的塑性铰以外，规避了节点区焊缝过于密集和焊接热影响区的交叉影响，防止了节点过早脆断。

2. 外加劲式梁柱节点

钢管混凝土外加劲式梁柱节点具有构造简单、传力明确、刚度大、承载力高、变形能力强等优点。内隔板节点隔板焊接工艺复杂，梁翼缘与隔板在柱壁同一处两侧施加溶透焊缝，柱壁经历 2 次热加工，产生较大的 Z 向焊接残余应力，导致节点焊缝附近容易产生脆性破坏。隔板贯通式节点解决了热轧、冷弯或小截面矩形钢管的连接问题，但需自动化焊接设备提高生产效率和焊接质量，同时此类型焊缝依旧集中，脆性断裂问题尚需进一步研究。外加劲式梁柱节点焊缝均位于钢管外侧，加工制作简单，焊缝质量容易保证。钢管内部无隔板等加劲板件，浇筑混凝土更加便利。

1) 外环板梁柱节点 [80−82]

外环板梁柱节点是典型的外加劲式梁柱节点之一，其需要足够大的水平环板以保证节点的刚度和强度。王文达等研究了轴压比和环板宽度对外环板节点抗震性能的影响。其环板厚度同钢梁翼缘，宽度分别取为翼缘宽度的 0.7、0.5 和 0.25。环板宽度为翼缘宽度的 0.7 时，节点域刚度和强度均较大，环板对节点域内的钢梁腹板提供了较大的约束而未发生较大变形，破坏为梁端出现塑性铰。环板宽度为翼缘宽度的 0.5 时，节点的破坏发生在钢梁与环板交接处的过渡截面。环板宽度为翼缘宽度的 0.25 时，由于环板宽度太小，环板区域破坏。随着轴压比增大，节点水平极限承载力下降，屈服状态提前，耗能能力和位移延性均降低。所有节点试件破坏均发生在钢梁或环板部位，钢管混凝土柱并没有发生破坏，进一步说明了外环板梁柱节点优越的抗震性能。牟犇等研究了分隔式外加强环不等高梁–钢管混凝土柱组合节点的抗震性能，节点均呈现良好的延性，钢材均未出现开裂，试件均因节点域剪切变形过大而破坏，破坏模式与加载方向和梁高度差有关。试件节点域承载力的下降主要由节点域内填混凝土开裂所致，并且试件在反向荷载作用下的承载力略高于其在受正向荷载作用下的承载力。随着两侧梁高度差的增大，节点域的承载力逐渐降低，当节点域到达屈服点时，外加强环处于弹性工作状态，当节点域达到塑性点时，外加强环屈服且钢管壁产生较大的平面外变形。Vulcu 等研究了骨形梁截面和盖板加强梁截面的外环板梁柱节点，单调加载和反复加载试验表明骨形梁截面和盖板加强梁截面的外环板梁柱节点抗震性能良好。文中验证了柱和节点板件中使用高强度钢材的可行性，以及外环板梁柱节点传力的可靠性。两种节点类型的抗震性能良好，节点的转动能力大于 0.04rad。

2) 外肋环板节点 [83,84]

外环板梁柱节点尤其是边角柱节点处的水平环板不仅妨碍墙板的布置，而且使得室内角部有凸角，影响建筑功能。外肋环板节点是将水平环板竖向设置，具有节点构造简单，加工安装方便，传力明确可靠等优点。苗纪奎等研究了外环肋板梁柱节点的受力性能，外肋环板节点的滞回曲线均为饱满的梭型，填充混凝土后滞回曲线比空钢管试件更为饱满，具有更好的耗能能力。节点的梁端极限塑性转角均大于 0.03rad。钢管中浇筑混凝土延缓了节点的刚度退化，能充分保证梁上塑性铰的产生，有利于提高节点的抗震性能。宗周红等研究了边柱肋板焊接连接节点的抗震性能，肋板焊接连接节点的抗震性能要优于常规内隔板栓焊连接节点。

3) T 形加劲板梁柱节点 [85,86]

框架梁柱刚性连接节点梁端弯矩转化为钢梁翼缘的一对压力和拉力。T 形加劲肋钢管混凝土梁柱节点压力由加劲肋和混凝土共同承担，拉力由 T 形加劲肋承担。T 形加劲肋由竖向加劲肋和水平加劲肋组成，由于柱翼缘平面外刚度较小，钢梁翼缘轴力通过加劲肋传递至柱腹板。加劲肋构造细节会直接影响应力传递和应力集中，加劲肋设置不当会导致节点难以满足抗震设计要求。

Shin 等研究了 T 形加劲肋梁柱节点的受力性能，节点破坏模式分为三类：水平加劲肋剪切破坏，竖向加劲肋拉断和钢梁屈曲并拉断。T 形加劲肋节点竖向加劲肋有效地传递钢梁翼缘荷载，水平加劲肋可有效提高节点的承载力和变形能力。设计良好的 T 形加劲肋节点塑性转动能力大于 0.03rad。常规 T 形加劲肋梁柱节点全熔透焊缝热影响区延性较差，T 形加劲肋与钢梁翼缘连接位置的裂纹扩展是主要的破坏模式。Ghobadi 等改进了 T 形加劲肋梁柱节点，数值分析结果表明使用角焊缝替代全熔透焊缝连接钢梁与加劲肋减少了热影响区产生裂纹的可能性，改进后的节点消除了裂纹扩展。

3. 侧板式梁柱节点

1994 年美国北岭地震中，大量多高层钢框架结构梁柱焊接节点脆性破坏，这些破坏主要由梁柱构件交接界面位置对接焊缝脆性断裂引起。防止这种破坏的有效措施是使塑性较远离钢柱翼缘，可分为两种：一种是采用翼缘削弱型钢梁截面，降低梁柱交接界面受力性能要求；另一种是梁端采取加强构造，提高梁柱交接界面的受力性能。钢梁翼缘削弱型节点连接使框架结构抗侧刚度降低，对于抗侧刚度需求较高的结构需要更大的梁截面，使结构用钢量增加。翼缘削弱后，钢梁平面外刚度降低，容易发生平面外失稳并伴随严重的局部屈曲，对震后修复带来不利影响。

侧板式梁柱节点是美国北岭地震后由 SidePlate 系统公司研发的新型梁端加强型节点，其采用一对全高的侧板连接钢梁和钢柱，替代了梁柱交接截面处梁端焊接于柱翼缘的节点形式。侧板式连接节点具有以下优点：梁端与柱分离，避免了梁柱交接界面处应力集中和焊接热影响引起的焊缝脆性断裂；侧板与柱腹板焊接，节点域被有效加强，避免了节点域过度的剪切扭曲变形，这种扭曲变形会产生应力集中进而导致焊缝金属脆断；侧板式节点具有简单明确的传力路径，简化了设计流程；侧板使节点两侧钢梁传力连续，节点抗连续倒塌能力优越；侧板大幅加强了梁端的刚度和承载力，计算时可考虑梁端刚域；钢梁的有效长度减小，同时结构抗侧刚度增加，有利于减少结构用钢量；侧板式节点加工制造和安装简单。

侧板式节点为 SidePlate 系统公司的专利产品,其公开研究资料较少。Houghton 等 [87] 介绍了侧板式节点在反复荷载作用下的受力性能。侧板式节点经过专门的设计和构造以确保主要的能力耗散和节点变形发生在柱、焊缝和连接板之外。侧板采用工厂角焊缝焊接于钢柱，焊缝质量容易保证，侧板为钢梁的安装提供定位和支承，实现了高效的安装和质量控制。角焊缝平行于受力方向承受剪力，具有良好的延性变形能力，避免了脆性断裂的缺陷。试验结果表明，侧板式节点均达到了预期破坏模式和承载力。节点在经历了反复加载后，塑性转动能力大于 0.036rad，后期承载力保持在 83% 的峰值荷载，说明了节点受力的稳定性和可靠性。

4. 贯通式梁柱节点

直接传力型钢管混凝土梁柱节点通常不考虑混凝土对节点受力性能的贡献，对钢管壁和连接板件变形能力和承载力的要求较高。间接传力型梁柱节点连接件贯通于节点核心区，改善了钢管节点域的应力分布，降低了钢管节点域的受力要求，提高了节点的抗震性能。Alostaz 和 Schneider[88] 研究了四种梁柱节点连接类型：① 钢梁翼缘与钢管壁焊接，腹板贯穿钢管。相对于钢梁直接焊接于钢管壁节点，该类型节点改善了非线性受力性能，但当钢梁翼缘焊缝断裂后，腹板需承担翼缘所卸载的内力，使腹板沿竖向撕裂，抗震性能一般。② 钢梁翼缘贯穿钢管，腹板焊接于钢管壁。该类型的抗震能力较差，翼缘与钢管连接焊缝不能将钢梁内力有效传递至节点域混凝土核心，导致节点域产生较大变形。节点滞回曲线捏拢，耗能能力差。③ 钢梁焊接于钢管壁，穿心钢筋焊接于钢梁翼缘并锚固于混凝土核心。相对于钢梁直接焊接于钢管壁节点，该类型节点显著加强了非线性受力性能，穿心钢筋能有效地将钢梁翼缘内力传递至节点域混凝土核心。④ 钢梁完全穿过钢管。该类型节点具有稳定的非线性受力行为，塑性铰发生于梁端，抗震性能良好。由于贯通式梁柱节点良好的抗震性能，国内外研究人员对其他类型的贯通式节点进行了更加深入的研究。

1) 竖板贯通式节点 [89,90]

竖板贯通式节点是基于钢管混凝土柱横向的拉压差异而提出的一种新型梁柱节点，其构造为沿钢梁外侧设置两块竖向穿心钢板，穿心钢板与钢管相交处焊接，在钢管外竖板与梁翼缘焊接，钢梁腹板与先焊接的连接板相连；节点连接在梁根部形成箱形截面，梁根部截面刚度大于梁的刚度。在弯矩作用下，梁根部的受力截面形状接近 Π 形，拉力主要由两块竖向穿心板组成的矩形截面直接传给节点核心区，钢管壁只承担少部分拉力，受压区为钢梁翼缘与穿心板组成的 T 形截面。这种节点外形较小，核心混凝土易于连续浇筑，整体性强。

徐礼华和童敏的研究表明，竖向穿心板有效地减小了钢梁上翼缘与钢管柱连接处的应力和应变梯度，减小了节点核心区所受剪力及梁柱连接焊缝应力，改善了节点核心区的受力性能。节点试件的屈服和破坏均发生在穿心板外附近的钢梁翼缘，穿心板范围内未发生过大的变形和破坏，调整穿心板长度可以控制塑性铰发生的位置，实现框架结构强柱弱梁的抗震目标，提高结构的延性。Mirghaderi 等研究了单竖板贯通式梁柱节点的受力性能，穿心竖板能够有效传递梁端内力，钢管内部无须设置其他类型加劲板件。梁端内力通过竖板平面内受力传递至钢管，与传统翼缘熔透连接节点相比，未发现连接焊缝破坏。经过合理设计后，节点转动能力可达到 0.06rad。节点域为弱节点时仍表现出较好的延性，但建议限值节点域的屈服应变，以控制节点区焊缝的破坏。

2) 穿芯螺栓式节点 [91−94]

穿芯螺栓–端板梁柱连接节点均为工厂焊缝，现场采用螺栓连接，减少了焊缝脆性断裂的可能性。由于安装速度快，其适用于装配式钢结构建筑。Wu 等研究了梁端扩大型穿芯螺栓–端板连接节点。节点区焊缝在工厂完成，容易控制焊接质量。混凝土达到设计强度后螺栓施加预应力。层间位移角达到 0.07rad 时试件仍保持较高承载力，各节点的塑性极限位移角均超过 0.05rad，具有良好的变形能力。钢梁端部翼缘扩大后使塑性铰远离焊接区域，加劲肋的设置减少了端板的翘曲。节点能量耗散机理与管壁宽厚比相关，较大的宽厚比会形成弱节点域，主要由节点域耗散能量。管壁宽厚比较小时，节点域相对较强，主要由钢梁端部塑性铰耗散能量。管壁宽厚比处于上述两者之间时，节点域和梁端塑性铰同时耗散能量。钢梁、柱和节点域的相对刚度是穿芯螺栓节点破坏机理的主要影响因素。较弱的位置会首先进入塑性而破坏。穿芯螺栓施加预应力后钢管翼缘对螺栓周围混凝土产生约束效应，这种约束效应限制了钢管翼缘的平面外屈曲并提高了混凝土的刚度和承载力，进而提高了节点的抗震性能。Wu 等还研究了双向穿芯螺栓梁柱节点的抗震性能，试验结果表明，试件的刚度、承载力、延性和能力耗散机制均表明穿芯螺栓节点具有良好的抗震性能，节点的转动能力达到 0.06rad。双向穿芯螺栓节点施加预应力后，节点域的承载力增强，能力耗散主要集中于梁端塑性铰，钢管壁板宽厚比越小，梁端塑性铰耗散能量所占比例越大。

宗周红等研究了穿芯螺栓双 T 板连接节点和加劲端板连接节点。两种节点均为钢梁屈服，上下 T 板和梁端加劲端板在加载过程中发生了较大的变形，穿芯螺栓发生松动、脱牙甚至螺帽掉落。节点荷载–位移滞回曲线饱满，具有较好的抗震性能。Sheet 等研究了常规穿芯螺栓–端板式梁柱节点和穿芯螺栓–端板梁柱节点。其中穿芯螺栓–端板梁柱节点钢管按钢梁截面形状开孔，钢梁仅贯穿钢柱而未焊接，以消除现场焊缝。试验结果表明，常规穿芯螺栓–端板式梁柱节点梁端产生塑性铰，层间位移角达到 0.05rad。穿芯螺栓将梁端内力有效传递至柱和对侧钢梁，钢管表面仅承受压力。荷载传递路径具有较大的刚性，节点域未发生破坏。穿芯螺栓–端板梁柱节点转动能力也达到了 0.05rad。钢梁翼缘净截面比小于 0.86 时，破坏可能发生在螺栓孔位置，从而大幅削弱了节点的抗震能力。Tao 等研究了反复荷载下常规穿芯螺栓–端板式梁柱节点的受力性能。按照“强柱弱梁”概念设计的节点抗震性能良好。端板钢材强度的提高和厚度的增加可增强节点的转动刚度和抗弯承载力。螺栓预应力的大小对节点的承载力有显著影响，节点初始刚度和极限承载力随预应力的增加而增加，螺栓预应力损失过大时应考虑其对节点受力性能的影响。对无侧移框架，可以假定节点刚性连接。有侧移框架对节点刚度较为敏感，需进一步研究该类型节点合理的力学模型。

5. 研究现状总结

矩形钢管混凝土结构梁柱节点是结构受力的枢纽，其抗震性能是影响结构整体抗震性能最重要的因素之一。屡次地震表明钢管混凝土结构或钢结构的梁柱节点均遭受不同程度的破坏，显著影响了结构的抗震性能。针对梁柱节点的震害，国内外研究者对传统梁柱节点的破坏机理进行了深入研究。在此基础上研究者改进了传统梁柱节点的构造细节，同时提出了多种形式的新型梁柱节点，以避免钢梁翼缘与钢管翼缘交接界面发生脆性断裂。这些改进的构造细节和新颖的抗震设计构造为壁式柱结构梁柱节点的设计提供了大量参考。

双侧板梁柱节点是 SidePlate 公司推出的极具创新性的梁柱连接节点，其抗震性能优越，且加工制造简单，便于现场安装。SidePlate 公司的双侧板节点主要应用于窄翼缘工字形钢柱，以方便节点的连接和构造。壁式柱的典型特点是截面高宽比大，将双侧板的设计概念移植于壁式柱节点，并采用装配化的节点构造，以克服窄翼缘工字形钢柱平面外受力性能较差的缺陷。双侧板梁柱节点是适用于壁式柱结构的新型节点形式，尚未见相关抗震性能研究资料。由于国外技术垄断，同时缺少必要的试验研究、受力机理分析和设计方法，尚需进一步开展以下工作：① 在高轴压比下的低周反复加载试验研究，深入了解双侧板节点的破坏形态、承载能力、变形能力和受力机理等，为数值模型和设计方法提供研究基础。② 建立精细化有限元模型，提出合理的材料本构模型和界面接触模型。③ 采用精细化有限元模型进行双侧板节点的全过程受力分析，研究双侧板节点在不同参数下的破坏形态、应力分布、承载能力和变形能力等。④ 提出合理的承载力设计方法和构造措施。

1.3.3　连梁研究现状

1. 钢筋混凝土连梁 [95−97]

只配有纵筋和箍筋的传统钢筋混凝土连梁仍是高层建筑中常用的连梁形式。传统的钢筋混凝土连梁跨度小于 2.5 时，通常会发生混凝土区的剪切破坏，这是连梁纵筋首先屈服造成的，这样会降低连梁的延性和耗能能力，采用增大箍筋用量的方法可以在一定程度上提高连梁的延性，但影响不大。

为了提高小跨高比钢筋混凝土连梁的延性和耗能能力，美国 ACI 318—08 规范规定：当连梁的跨高比小于 2 时，推荐使用交叉暗支撑配筋连梁，如图 1.3.5 所示。交叉暗支撑配筋连梁最早由新西兰的 Paulay 等提出，并先后被美国 ACI 318—08 规范、欧洲 Eurocode 8 规范和中国建筑抗震设计规范等采用。虽然交叉暗支撑配筋连梁与传统的钢筋混凝土连梁比起来，在延性和耗能能力方面已经有了较大的提升，但因为其施工时需将两个斜向钢筋骨架贯穿后装入连梁的普通钢筋骨架的操作较为复杂，施工比较麻烦，所以存在一定缺陷。

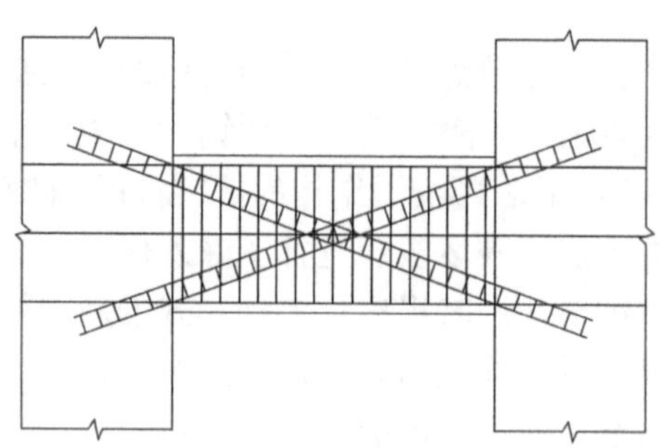

图 1.3.5　交叉暗支撑配筋连梁

除了交叉暗支撑配筋连梁，各国研究者还提出了其他改进配筋形式的钢筋混凝土连梁，主要包括菱形配筋连梁，对角交叉斜筋连梁，对角交叉斜筋和菱形筋综合配筋连梁以及三层封闭箍筋连梁等，如图 1.3.6 所示。相比普通配筋的钢筋混凝土连梁，各种改进配筋形式的钢筋混凝土连梁在变形和耗能能力上都有一定程度的提高，强度和刚度退化更为缓慢。

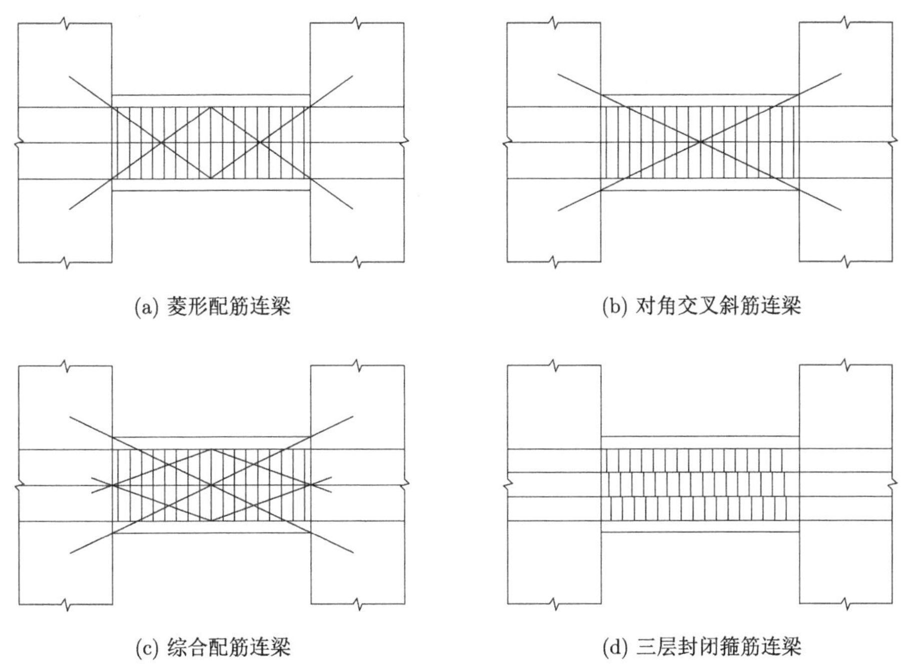

(a) 菱形配筋连梁　(b) 对角交叉斜筋连梁

(c) 综合配筋连梁　(d) 三层封闭箍筋连梁

图 1.3.6 改进配筋形式的钢筋混凝土连梁

Shiu 等对两个联肢剪力墙的缩尺模型做了抗震试验研究。分析结果表明，随着试件耦连比减小，联肢剪力墙的连梁破坏更严重，当连梁破坏时，墙肢并未屈服；联肢剪力墙的耦连比越大，其承载力越高；在外力荷载作用下，耦连比较小的试件，其连梁发挥的作用较小，联肢剪力墙更像两片独立的墙体，耦连比较大的试件，连梁的作用较大，墙肢之间的内力重分布现象比较明显，受压侧的墙肢承担了更多的水平剪力。

Subedi 根据已有的试验研究，对钢筋混凝土连梁做了较为详细的理论分析，当连梁的跨高比较大时，连梁通常发生斜向劈裂破坏，针对该破坏模式，Subedi 总结出了计算连梁极限承载能力的数值方法，并对 9 个联肢剪力墙试件的试验结果进行验证，验证结果说明文章中的数值方法能够很好地计算连梁的极限承载能力及受力分布情况。

2. 钢连梁 [98–103]

随着钢结构与钢–混凝土结构的发展，采用钢连梁代替传统的钢筋混凝土连梁正日益受到国内外学术界和工程界的关注。采用钢连梁代替传统钢筋混凝土连梁能够解决钢筋混凝土连梁在强烈地震作用下发生剪切劈裂破坏和延性差的难题，充分发挥联肢剪力墙双重抗震机制的优势。近十年来，国内关于钢连梁有不少研究，国外对于钢连梁的研究要早于国内。

Sherif 等研究了一系列不同剪跨比下的钢连梁的缩尺模型的试件，钢连梁埋入剪力墙一定长度，探究钢连梁联肢剪力墙在低周往复加载情况下的抗震性能。采用有限元数值分析方法模拟构件的性能，考虑了钢连梁伸入墙内部分与混凝土部分的张开和闭合，同时考虑了材料的非线性。

Park 等设计了三个钢连梁联肢剪力墙的缩尺模型，并对其进行了拟静力试验研究。在外力荷载作用下，通过滞回曲线、承载能力、耗能能力的分析，对不同构造措施的钢连梁联肢剪力墙进行评价。

Patrick 等发现在大震后，钢连梁联肢剪力墙中钢连梁修复的成本较高，难度较大，所以提出了“可更换钢连梁”的概念。在地震作用下，希望可更换的钢连梁发生破坏，连接区域变形减小，降低震后更换钢连梁的难度。作者进行了一个足尺模型的剪力墙与两个可更换钢连梁的试验研究，钢连梁的抗剪强度设计值分别取梁段截面抗剪强度的 70%和 50%，分析结果表明，试件的刚度有所降低，但试件具有良好的抗震性能，极大地降低了震后修复的难度，节约了成本。

柯晓军等设计了四个高强混凝土联肢剪力墙的试验研究，以探究其抗震性能。连梁为钢连梁或型钢混凝土连梁，型钢混凝土连梁通过型钢与墙内型钢构件焊接连接，剪力墙内配置桁架式钢骨架或实腹式钢骨架，通过低周往复加载方法进行试验。试验结果表明：采用焊接连接形式的高强混凝土联肢剪力墙–连梁节点表现出更好的抗震性能。

石韵等对一个五层钢连梁联肢剪力墙试件的缩尺模型进行了试验，研究其在水平荷载作用下的抗震性能。节点区域为焊接连接。分析表明：在水平荷载作用下，焊接连接节点可以保证钢连梁充分发挥剪切变形耗能，体现了良好的延性，符合多道设防的思路。

纪晓东等研究了 12 个可更换钢连梁的拟静力试验，探究钢连梁的抗震性能。通过改变钢连梁的钢材种类、跨度、加劲肋的布置方式、加载制度来探究钢连梁的抗震性能。分析结果表明，构件的破坏模式符合剪切型屈服机制，破坏模式为钢连梁的加劲肋-腹板焊缝断裂或翼缘-端板焊缝断裂。改变钢连梁腹板的材料为 LY225 时，相较于 Q235 钢，梁段的极限塑性转角增大 23%，累计塑性转角增大 52%。加劲肋布置方式为单面或双面，对试件的抗震性能影响不大，加劲肋间距在一定程度上会影响试件的抗震性能，建议采用规范 AISC 341—10 和 GB

50011—2010《建筑抗震设计规范 (附条文说明)(2016 年版)》对一般消能梁段的规定设计。

3. 研究现状总结

目前，混凝土连梁及混凝土剪力墙–钢连梁的研究较为充分，包括试验研究、受力机理分析和关键影响因素分析等，壁式柱是一种新型的截面形式，与其相适应的钢连梁也是一种新型的结构形式，尚未见相关抗震性能研究资料。由于缺少必要的试验研究、受力机理分析和设计方法，尚需进一步开展以下工作：① 低周反复加载试验研究，深入了解钢连梁的破坏形态、承载能力、变形能力和受力机理等，为数值模型和设计方法提供研究基础。② 建立精细化有限元模型，提出合理的材料本构模型和界面接触模型。③ 采用精细化有限元模型进行钢连梁构件的全过程受力分析，研究在不同参数下的破坏形态、应力分布、承载能力和变形能力等。④ 提出合理的承载力设计方法和构造措施。

1.4 本书主要内容

本书将系统介绍作者在装配式壁式钢管混凝土柱钢结构体系方面的研究内容和成果，阐述各关键构件和关键节点的性能和特点，主要有以下内容：

(1) 系统思维下的装配式建筑。具体内容包括：基于一般系统论，结合装配式建筑特点，提出装配式建筑系统论；系统思维下的装配式壁柱通用构件与通用结构体系；系统思维下的装配式壁柱通用建筑体系。

(2) 壁式钢管混凝土柱的力学性能及设计方法。具体内容包括：壁式柱抗震性能试验研究；基于精细化有限元模型对壁式柱进行受力机理研究；采用纤维模型系统研究壁式柱基本受力性能；壁式柱简化设计方法研究。

(3) 壁式钢管混凝土柱-钢梁平面内双侧板梁柱节点的力学性能及设计方法。具体内容包括：双侧板梁柱节点试验研究；基于精细化有限元模型对双侧板梁柱节点进行受力机理研究；双侧板梁柱节点简化设计方法研究。

(4) 壁式钢管混凝土柱-钢梁平面外穿芯拉杆–端板梁柱节点的力学性能及设计方法。具体内容包括：穿芯拉杆–端板梁柱节点试验研究；基于精细化有限元模型对穿芯拉杆–端板梁柱节点进行受力机理研究；穿芯拉杆–端板梁柱节点简化设计方法研究。

(5) 壁式钢管混凝土柱–钢连梁平面内双侧板梁柱节点的力学性能及设计方法。具体内容包括：钢连梁双侧板梁柱节点试验研究；基于精细化有限元模型对钢连梁双侧板梁柱节点进行受力机理研究；钢连梁双侧板梁柱节点简化设计方法研究。

(6) 壁式钢管混凝土柱建筑体系实践应用。重点介绍了壁式钢管混凝土柱建筑体系在重庆某钢结构住宅、山东淄博某钢结构住宅和阜阳某钢结构住宅中的应用概况。

参考文献

[1] 孙晓岭, 郝际平, 薛强, 等. 壁式钢管混凝土抗震性能试验研究 [J]. 建筑结构学报, 2018, 39(6): 92-101.

[2] 孙晓岭. 壁式钢管混凝土柱抗震试验与力学性能研究 [D]. 西安: 西安建筑科技大学, 2018.

[3] 何梦楠. 大高宽比多腔钢管混凝土柱抗震性能研究 [D]. 西安: 西安建筑科技大学, 2017.

[4] 尹伟康. 双腔室钢管混凝土柱抗震性能研究 [D]. 西安: 西安建筑科技大学, 2017.

[5] 张益帆. 带约束拉杆的壁式钢管混凝土柱抗震性能研究 [D]. 西安: 西安建筑科技大学, 2019.

[6] Liu H C, Hao J P. Xue Q, et al. Seismic performance of a wall-type concrete-filled steel tubular column with a double side-plate I-beam connection[J]. Thin-Walled Structures, 2021, 159: 1-17.

[7] Huang Y Q, Hao J P, Bai R, et al. Mechanical behaviors of side-plate joint between walled concrete-filled steel tubular column and H-shaped steel beam [J]. Advanced Steel Construction, 2020, 16(4): 346-353.

[8] 黄育琪, 郝际平, 樊春雷, 等. WCFT 柱–钢梁节点抗震性能试验研究 [J]. 工程力学, 2020, 37(12): 41-49.

[9] 张峻铭. 壁式钢管混凝土柱–钢梁双侧板螺栓连接节点抗震性能研究 [D]. 西安: 西安建筑科技大学, 2018.

[10] 黄心怡. 壁式钢管混凝土柱-H 型钢梁双侧板节点受力性能研究 [D]. 西安: 西安建筑科技大学, 2019.

[11] 惠凡. 壁式钢管混凝土柱–钢梁嵌入式双侧板节点抗震性能研究 [D]. 西安: 西安建筑科技大学, 2020.

[12] 刘瀚超, 郝际平, 薛强, 等. 壁式钢管混凝土柱平面外穿芯拉杆–端板梁柱节点抗震性能试验研究 [J]. 建筑结构学报, 2020, https://doi.org/10.14006/j.jzjgxb.2020.0248.

[13] 孙航. 壁式钢管混凝土柱–面外穿芯螺栓连接节点抗震性能研究 [D]. 西安: 西安建筑科技大学, 2018.

[14] 赵子健. 钢连梁与壁式钢管混凝土柱双侧板节点抗震性能研究 [D]. 西安: 西安建筑科技大学, 2017.

[15] 郝际平, 孙晓岭, 薛强, 等. 绿色装配式钢结构建筑体系研究与应用 [J]. 工程力学, 2017, 34(1): 1-13.

[16] 沈祖炎, 罗金辉, 李元齐. 以钢结构建筑为抓手推动建筑行业绿色化、工业化、信息化协调发展 [J]. 建筑钢结构进展, 2016, 18(2): 1-6.

[17] 秦姗, 伍止超, 于磊. 日本 KEP 到 KSI 内装部品体系的发展研究 [J]. 建筑学报, 2014, 7: 17-23.

[18] 尹静, 查晓雄. 箱式集成房折叠单元刚性试验及有限元分析 [J]. 工业建筑, 2010, 40(S1): 446-448.

[19] 张爱林. 工业化装配式高层钢结构体系创新、标准规范编制及产业化关键问题 [J]. 工业建筑, 2014, 44(8): 1-6.

[20] 李砚波, 曹晟, 陈志华, 等. 钢管束混凝土组合墙–梁翼缘加强型节点抗震性能试验 [J]. 天津大学学报 (自然科学与工程技术版), 2016, 49(S1): 41-47.

[21] 浙江东南网架股份有限公司. 一种多腔体钢板剪力墙及其操作方法: CN105952032B[P]. 2019-01-11.

[22] 周婷. 方钢管混凝土组合异形柱结构力学性能与工程应用研究 [D]. 天津: 天津大学, 2012.

[23] 郝际平, 曹春华, 王迎春, 等. 开洞薄钢板剪力墙低周反复荷载试验研究 [J]. 地震工程与工程振动, 2009, 29(2): 79-85.

[24] 郝际平, 郭宏超, 解崎, 等. 半刚性连接钢框架–钢板剪力墙结构抗震性能试验研究 [J]. 建筑结构学报, 2011, 32(2): 33-40.

[25] 郝际平, 袁昌鲁, 房晨. 薄钢板剪力墙结构边框架柱的设计方法研究 [J]. 工程力学, 2014, 31(9): 211-238.

[26] 陈东, 沈小璞. 带桁架钢筋的混凝土双向自支承叠合板受力机理研究 [J]. 建筑结构, 2015, 45(15): 93-96.

[27] 张鹏丽. 四边简支 PK 预应力混凝土叠合楼板受力性能分析及应用 [D]. 长沙: 湖南大学, 2013.

[28] 张爱林, 胡婷婷, 刘学春. 装配式钢结构住宅配套外墙分类及对比分析 [J]. 工业建筑, 2014, 44(8): 7-9.

[29] 耿悦, 王玉银, 丁井臻, 等. 外挂式轻钢龙骨墙体–钢框架连接受力性能研究 [J]. 建筑结构学报, 2016, 37(6): 141-150.

[30] 郝际平, 刘斌, 邵大余, 等. 交叉钢带支撑冷弯薄壁型钢骨架–喷涂轻质砂浆组合墙体受剪性能试验研究 [J]. 建筑结构学报, 2014, 35(12): 20-28.

[31] Clevenger C M, Khan R. Impact of BIM-enabled design-to-fabrication on building delivery [J]. Practice Periodical on Structural Design and Construction, 2014, 19(1): 122-128.

[32] 韩林海. 钢管混凝土结构 [M]. 3 版. 北京: 科学出版社, 2016.

[33] Bradford M A, Wright H D, Uy B. Local buckling of the steel skin in lightweight composites induced by creep and shrinkage[J]. Advances in Structural Engineering, 1998, 2(1): 25-34.

[34] 何保康, 杨晓冰, 周天华. 矩形钢管混凝土轴压柱局部屈曲性能的解析分析 [J]. 西安建筑科技大学学报 (自然科学版), 2002, 34(3): 210-213.

[35] Uy B, Bradford M A. Elastic local buckling of steel plates in composite steel-concrete members[J]. Journal of Engineering Structures, 1996, 18(3): 193-200.

[36] Liang Q Q, Uy B. Theoretical study on the post-local buckling of steel plates in concrete-filled box columns[J]. Computers and Structures, 2000, 75(5): 479-490.

[37] 郭兰慧, 张素梅, Kim W J. 钢管填充混凝土后弹性与弹塑性屈曲分析 [J]. 哈尔滨工业大学学报, 2006, 38(8): 1350-1354.

[38] 侯红伟, 高轩能, 张惠华. 薄壁矩形钢管混凝土受压柱临界宽厚比 [J]. 科学技术与工程, 2012, 12(32): 8770-8780.

[39] Mander J B, Priestley M J N, Park R. Theoretical stress-strain model for confined concrete [J]. Journal of Structural Engineering, 1988, 144(8): 1804-1826.

[40] Gardner N J, Jacobson E R. Structural behavior of concrete filled steel tubes[J]. Journal of the American Concrete Institute, 1967, 64(11): 404-413.

[41] Knowles R B, Park R. Strength of concrete filled steel tubular columns [J]. Journal of the Structural Division, ASCE, 1969, 95(ST12): 2565-2587.

[42] Tsuji B, Nakashima M, Morita S. Axial compression behavior of concrete filled circular steel tubes[C]// Proceedings of the Third International Conference on Steel-Concrete Composite Structures, Fukuoka, Japan, 1991: 19-24.

[43] Lee G, Xu J, Guo A, et al. Experimental studies on concrete filled steel tubular short columns under compression and torsion[C]// Proceedings of the Third International Conference on Steel-Concrete Composite Structures, Fukuoka, Japan, 1991: 143-148.

[44] Ge H B, Usami T. Strength of concrete-filled thin-walled steel box columns: experiment[J]. Journal of Structural Engineering, 1992, 118(11): 3036-3054.

[45] Susantha K A S, Ge H B, Usami T. A capacity prediction procedure for concrete filled-steel columns[J]. Journal of Earthquake Engineering, 2001, 5(4): 483-520.

[46] Tao Z, Wang Z B, Yu Q. Finite element modelling of concrete-filled steel stub columns under axial compression[J]. Journal of Constructional Steel Research, 2013, 89(5): 121-131.

[47] Thai H T, Uy B, Khan M, et al. Numerical modelling of concrete-filled steel box columns incorporating high strength materials[J]. Journal of Constructional Steel Research, 2014, 102(11): 256-265.

[48] 周继忠, 郑永乾, 陶忠. 带肋薄壁和普通方钢管混凝土柱的经济性比较 [J]. 福州大学学报 (自然科学版), 2008, 36(4): 598-602.

[49] Ge H B, Usami T. Strength analysis of concrete-filled thin-walled steel box columns[J]. Journal of Constructional Steel Research, 1994, 30(3): 259-281.

[50] 陈勇, 张耀春, 唐明. 设置直肋方形薄壁钢管混凝土长柱优化设计 [J]. 沈阳建筑大学学报 (自然科学版), 2005, 21(05): 478-481.

[51] 黄宏, 张安哥, 李毅, 等. 带肋方钢管混凝土轴压短柱试验研究及有限元分析 [J]. 建筑结构学报, 2011, 32(2): 75-82.

[52] 郭兰慧, 张素梅, 徐政, 等. 带有加劲肋的大长宽比薄壁矩形钢管混凝土试验研究与理论分析 [J]. 土木工程学报, 2011, 44(1): 42-49.

[53] 薛立红, 蔡绍怀. 钢管混凝土柱组合界面的粘结强度 (上)[J]. 建筑科学, 1996, (3): 22-28.

[54] Parsley M A. Push-out behavior of concrete-filled steel tubes[D]. Texas: Austin University of Texas, 1998.

[55] 刘永健, 池建军. 钢管混凝土界面抗剪粘结强度的推出试验 [J]. 工业建筑, 2006, 36(4): 78-80.

[56] Qu X S, Chen Z H, Nethercot D A, et al. Load-reversed push-out tests on rectangular CFST columns[J]. Journal of Constructional Steel Research, 2013, 81(3): 35-43.

[57] Tao Z, Song T Y, Uy B, et al. Bond behavior in concrete-filled steel tubes[J]. Journal of Constructional Steel Research, 2016, 120: 81-93.

[58] Nakai H, Kurita A, Ichinose L H. An experimental study on creep of concrete filled steel pipes[C]// Proceedings of the Third International Conference on Steel-Concrete Composite Structures, Fukuoka, Japan, 1991: 55-60.

[59] Terrey P J, Bradford M A, Gilbert R I. Creep and shrinkage in concrete-filled tubes[C]// Proceedings of the Sixth International Symposium on Tubular Structures, Melbourne, Australia, 1994: 293-298.

[60] 冯斌. 钢管混凝土中核心混凝土的水化热、收缩与徐变计算模型研究 [D]. 福州: 福州大学, 2004.

[61] 韩林海, 杨有福, 李永进, 等. 钢管高性能混凝土的水化热和收缩性能研究 [J]. 木工程学报, 2006, 39(3): 1-9.

[62] 韩林海, 陶忠. 长期荷载作用下方钢管混凝土轴心受压柱的变形特性 [J]. 中国公路学报, 2001, 14(2): 52-57.

[63] Molodan A, Hajjar J F. A cyclic distributed plasticity formulation for three-dimensional rectangular concrete-filled steel tube beam-columns and composite frames[R]. University of Minnesota, Structural Engineering Report No. ST-96-6, 1997.

[64] Hajjar J F, Gourley B C. Cyclic nonlinear model for concrete-filled tubes. I: formulation[J]. Journal of Structural Engineering, 1997, 123 (6): 736-744.

[65] Ge H B, Usami T. Cyclic tests of concrete-filled steel box columns[J]. Journal of Structural Engineering, 1996, 122(10): 1169-1177.

[66] Usami T, Ge H B. Ductility of concrete-filled steel box columns under cyclic loading[J]. Journal of Structural Engineering, 1996, 122(10): 2021-2040.

[67] Susantha K A S, Ge H B, Usami T. Cyclic analysis and capacity prediction of concrete-filled steel box columns[J]. Earthquake Engineering and Structural Dynamics, 2002, 31(2): 195-216.

[68] Varma A H, Ricles J M, Sause R, et al. Seismic behavior and design of high-strength square concrete-filled steel tube beam columns[J]. Journal of Constructional Steel Research, 2002, 58(5): 725-758.

[69] 吕西林, 陆伟东. 反复荷载作用下方钢管混凝土柱的抗震性能试验研究 [J]. 建筑结构学报, 2000, 21(02): 2-11.

[70] 李学平, 吕西林, 郭少春. 反复荷载下矩形钢管混凝土柱的抗震性能 I: 试验研究 [J]. 地震工程与工程振动, 2005, 25(5): 97-103.

[71] 陶忠, 杨有福, 韩林海. 方钢管混凝土构件弯矩-曲率滞回性能研究 [J]. 工业建筑, 2000, 30(6): 7-12.

[72] 韩林海, 陶忠. 方钢管混凝土柱的延性系数 [J]. 地震工程与工程振动, 2000, 20(4): 56-65.

[73] Chung K S, Chung J, Choi S. Prediction of pre- and post-peak behavior of concrete-filled square steel tube columns under cyclic loads using fiber element method [J]. Thin-Walled Structures, 2007, 45: 747-758.

[74] Yang I, Chung J, Chung K S, et al. Cumulative limit axial load for concrete-filled

square steel tube columns under combined cyclic lateral and constant axial load[J]. International Journal of Steel Structure, 2010, 10(3): 283-293.

[75] Chung K S, Kim J H, Yoo J H. Prediction of hysteretic behavior of high-strength square concrete-filled steel tubular columns subjected to eccentric loading[J]. International Journal of Steel Structure, 2012, 12(2): 243-252.

[76] 周天华, 聂少锋, 卢林枫, 等. 带内隔板的方钢管混凝土柱–钢梁节点设计研究 [J]. 建筑结构学报, 2005, (5): 23-29+39.

[77] 聂建国, 秦凯, 张桂标. 方钢管混凝土柱内隔板式节点的抗弯承载力研究 [J]. 建筑科学与工程学报, 2005, (1): 42-49, 54.

[78] Iwashita T, Kurobane Y, Azuma K, et al. Prediction of brittle fracture initiating at ends of CJP groove welded joints with defects: study into applicability of failure assessment diagram approach[J]. Engineering Structures, 2003, 25(14): 1815-1826.

[79] Qin Y, Chen Z H, Rong B. Modeling of CFRT through-diaphragm connections with H-beams subjected to axial load[J]. Journal of Constructional Steel Research, 2015, 114: 146-156.

[80] 王文达, 韩林海, 游经团. 方钢管混凝土柱–钢梁外加强环节点滞回性能的实验研究 [J]. 土木工程学报, 2006, 39(9): 17-25.

[81] 牟犇, 陈功梅, 张春巍, 等. 带外加强环不等高梁–钢管混凝土柱组合节点抗震性能试验研究 [J]. 建筑结构学报, 2017, 038(5): 77-84.

[82] Vulcu C, Stratan A, Ciutina A, et al. Beam-to-CFT high-strength joints with external diaphragm. I: Design and experimental validation[J]. Journal of Structural Engineering, 2017, 143(5): 04017001.

[83] 苗纪奎, 陈志华. 方钢管混凝土柱–钢梁节点形式探讨 [J]. 山东建筑工程学院学报, 2005, 20(3): 64-68, 85.

[84] 宗周红, 林于东, 陈慧文, 等. 方钢管混凝土柱与钢梁连接节点的拟静力试验研究 [J]. 建筑结构学报, 2005, 26(1): 77-84.

[85] Shin K J , Kim Y J , Oh Y S . Seismic behaviour of composite concrete-filled tube column-to-beam moment connections[J]. Journal of Constructional Steel Research, 2008, 64(1): 118-127.

[86] Ghobadi M S, Ghassemieh M, Mazroi A, et al. Seismic performance of ductile welded connections using T-stiffener[J]. Journal of Constructional Steel Research, 2009, 65(4): 766-775.

[87] Houghton D L. The SidePlateTM moment connection system: a design breakthrough eliminating recognised vulnerabilities in steel moment-resisting frame connections[J]. Journal of Constructional Steel Research, 1998, 46(1): 260-261.

[88] Schneider S P, Alostaz Y M. Experimental behavior of connections to concrete-filled steel tubes[J]. Journal of Constructional Steel Research, 1998, 45(3): 321-352.

[89] 徐礼华, 童敏. 方钢管混凝土柱–钢梁双侧板贯穿式节点抗震性能试验研究 [J]. 土木工程学报, 2012, 45(3): 49-57.

[90] Mirghaderi S R, Torabian S, Keshavarzi F. I-beam to box-column connection by a

vertical plate passing through the column[J]. Engineering Structures, 2010, 32(8): 2034-2048.

[91] Wu L Y, Chung L L, Tsai S F, et al. Seismic behavior of bidirectional bolted connections for CFT columns and H-beams[J]. Engineering Structures, 2007, 29(3): 395-407.

[92] 宗周红, 林于东, 林杰. 矩形钢管混凝土柱与钢梁半刚性节点的抗震性能试验研究 [J]. 建筑结构学报, 2004, 25(6): 29-36.

[93] Sheet S, Gunasekaran U, MacRae G A. Experimental investigation of CFT column to steel beam connections under cyclic loading. Journal of Constructional Steel Research, 2013, 86: 167-182.

[94] Tao Z, Li W, Shi B L, et al. Behaviour of bolted end-plate connections to concrete-filled steel columns[J]. Journal of Constructional Steel Research, 2017, 134: 194-208.

[95] Paulay T, Binney J R. Diagonally reinforced coupling beams of shear walls[J]. ACI Special Publication 42, 1974, 2: 579-598.

[96] Shiu K N, Corley W G. Seimic behavior of coupled wall systems[J]. Journal of Structural Engineering, ASCE, 1984, 110(5): 1051-1066.

[97] Subedi N K. RC-coupled shear wall structures. I. Analysis of coupling beams[J]. Journal of Structural Engineering, ASCE, 1991, 117(3): 667-680.

[98] El-Tawil S, Kuenzli C M, Hassan M. Pushover of hybrid coupled walls. I. Design and modeling[J]. Journal of Structural Engineering, ASCE, 2002, 128(10): 1272-1281.

[99] Park W S, Yun H D. Bearing strength of steel coupling beam connections embedded reinforced concrete shear walls[J]. Engineering Structures, 2006, 28(9): 1319-1334.

[100] Patrick J F, Bahram M S, Gian A R. Large-scale testing of a replaceable "fuse" steel coupling beam[J]. Journal of Structural Engineering, ASCE, 133(12): 1801-1807.

[101] 柯晓军, 苏益声, 陈宗平, 等. 型钢高强混凝土短肢剪力墙–连梁节点抗震性能试验研究 [J]. 地震工程与工程振动, 2013, 33(1): 61-66.

[102] 石韵, 苏明周, 梅许江. 含型钢边缘构件混合连肢墙结构抗震性能试验研究 [J]. 地震工程与工程振动, 2013, 33(3): 133-139.

[103] 纪晓东, 马琦峰, 王彦栋, 等. 钢连梁可更换消能梁段抗震性能研究 [J]. 建筑结构学报, 2014, 35(6): 1-11.

第 2 章　系统思维下的装配式建筑

装配式建筑指标准化设计、工业化生产、装配化施工、一体化装修、信息化管理、智能化应用，支持标准化部品、部件的建筑。建筑采用装配的方式进行建造，具有了工业化产品的属性，同时涉及设计、生产、管理等多个环节，相比传统建筑，建造效率得到极大提高，但是两者的建造技术、方法有本质的不同。要将多个子系统高效集成，就需要采用整体的、综合的方法，即系统的方法进行整合。

基于一般系统论，结合装配式建筑特点，提出装配式建筑系统论 [1]。参考工程系统论研究方法，将装配式建筑作为一个由诸多要素构成的有机整体，这些要素通过一定的规则，有序分层地组织联系在一起。建立装配式建筑系统论的理论框架，在装配式建筑系统的不同层次，全面地运用系统理论和方法重塑装配式建筑理念，提升装配式建筑的研究起点，促进装配式建筑研究和应用的科学化。

2.1　系统思维下的装配式建筑研究

2.1.1　研究背景

工业革命以来，世界各国取得了无数的科技成果，但也随之产生了人口爆炸、资源匮乏、环境污染等一系列问题。21 世纪，我国进入工业化和城镇化的快速发展期，对能源和经济资源的需求亦非常迫切。据统计，2015 年我国建筑业能源消费总量占能源消费总量的 1.79%，而同时建筑用能的温室气体排放、水资源浪费、建筑垃圾排放严重等现象日益显著，严重影响了建筑行业和整个社会的可持续发展。现今我国建筑业建设方式粗放、能源消耗大、生产效率低、技术含量低、对劳动力依赖度高、集约化和规模化程度低，建筑质量无法保证，对环境和资源造成极大的浪费和破坏，面对当前困局，我国建筑行业必须顺应时代发展进行转型升级，走可持续发展之路，走绿色发展之路，走工业化发展之路，关注建筑全生命周期的绿色化理念，推广绿色建筑，推进建筑产业现代化发展，即走工业化的发展道路，这是我国建筑业实现转型升级的必由之路，而装配式建筑最贴合建筑工业化内涵，发展装配式建筑是建筑行业转型的最佳选择。

装配式建筑不同于传统建筑产品，也不同于一般的工业产品，照搬已有的经验难以形成科学化的装配式建筑发展模式，这有碍于装配式建筑体现其优越性，从而影响建筑行业的转型升级。装配式建筑不仅仅是一种建筑形式，更是一个复杂的系统科学，正如我国著名科学家钱学森 [2,3] 所说：“任何一种社会活动都会形成一个系统，这个系统的组织建立、有效运转就成为一项系统工程”。这其中应包含两层含义：第一层含义是从工程或实践角度来看，这是系统的工程或实践；另一层含义是从科学技术来看，既然是系统的工程或实践，那就应该用系统工程技术去处理它的组织管理，因为系统工程就是直接用来组织管理系统的一门技术。人们在工程或实践中遇到复杂问题时往往注意到了第一层含义，却忽视了用系统工程技术去解决问题，从而造成了什么都是系统工程，但又没有用真正的系统工程技术去解决问题的局面。装配式建筑单用现有的研究方法已经无法满足其多层次、多领域、多学科融合的特点，本书另辟蹊径，从系统论的角度出发，运用系统工程的理念，将装配式建筑作为一个系统加以研究。

2.1.2 系统论概述

系统一词起源于古希腊语，原意是指事物中共性部分和每一事物应占据的位置，即部分构成整体的意思。一般系统论的创始人冯 • 贝塔朗菲 (Ludwig von Bertalanffy)[4] 把系统定义为“相互作用的诸要素的综合体”，并强调必须把有机体当作一个整体或系统来研究，才能发现不同层次上的组织原理。美国著名学者阿柯夫 (Ackoff) 认为：系统是由两个或两个以上相互联系的任何种类的要素所构成的几何。我国著名科学家钱学森认为：系统是相互作用和相互依赖的若干组成部分结合的具有特定功能的有机整体。对于大型复杂的系统 (图 2.1.1)，特别是各种应用型人工系统，由于具有酝酿、设计、研制周期长，涉及相关学科专业多，性能指标体系庞杂，组织管理任务繁重，受运作机制、社会意识、经济和政治因素影响等特征，因此无论在人力、物力、财力还是时间成本上都需要有很大的投入。

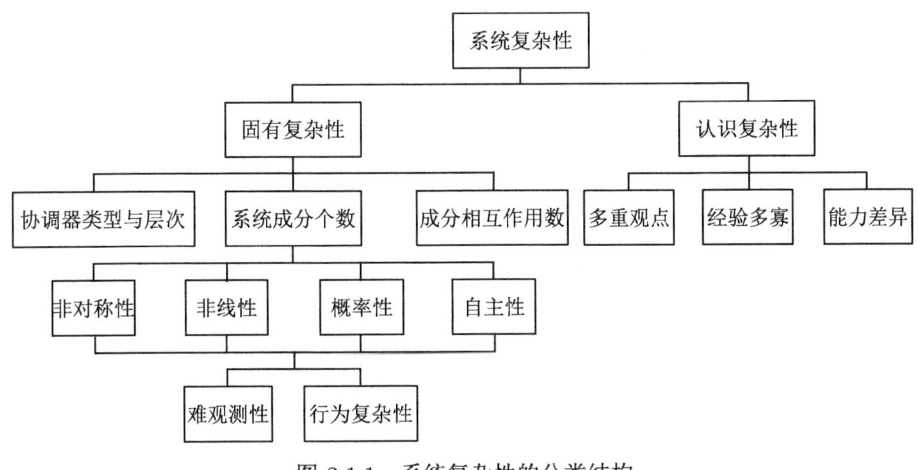

图 2.1.1 系统复杂性的分类结构

而对于此类复杂人工系统，客观上迫切要求应用系统思维对其进行综合分析、系统设计管理及系统评价，把握系统客观规律，以提高系统设计和运行水平，这是系统论存在的客观要求。

系统论给人们提供了一种科学的思维方法，即系统思维方法 [5,6]。系统思维，就是把研究对象作为一个系统整体进行思考、研究，强调从系统的整体出发，注重对事物的全面思考，使人们的思维方式从时空分离走向时空统一，从局部走向整体，从离散方法走向系统方法。

2.1.3　装配式建筑系统框架

钱学森指出：系统论是整体论与还原论的辩证统一。在应用系统论方法时，也要从系统整体出发将系统分解，在分解后研究的基础上，再提炼综合到系统整体，实现系统的整体涌现，最终从整体上研究和解决问题。为处理系统问题，人们所应做的第一步工作 (起步工作) 是要把具体问题抽象为一个具体系统问题，即完成系统识别和系统描述工作。本书以装配式建筑内容和特征为基础，结合装配式建筑信息流、管理流和工作流，将装配式建筑系统分解为如图 2.1.2 所示的六个子系统。

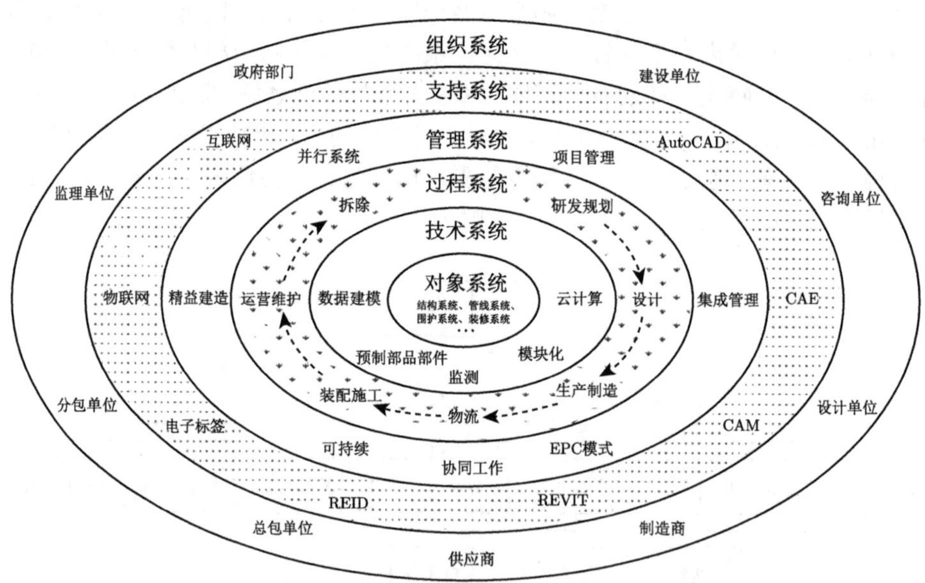

图 2.1.2　装配式建筑系统结构图

由图 2.1.2 可见，这六个子系统分别是：

(1) 装配式建筑对象系统。对象系统是用户 (包括中间顾客和最终用户) 所期望的产品，这类产品包含两种存在形态，第一种是概念的对象系统，即接触客观现象时，在其头脑中显示出的各式各样的概念对象。第二种是实现的对象系统，即真实呈现给用户的客观对象。装配式建筑对象系统包含以下四类子系统：主体结构系统、设备管线系统、建筑围护系统和装饰装修系统。这四类子系统下又包含各自的子系统，如图 2.1.3 所示。

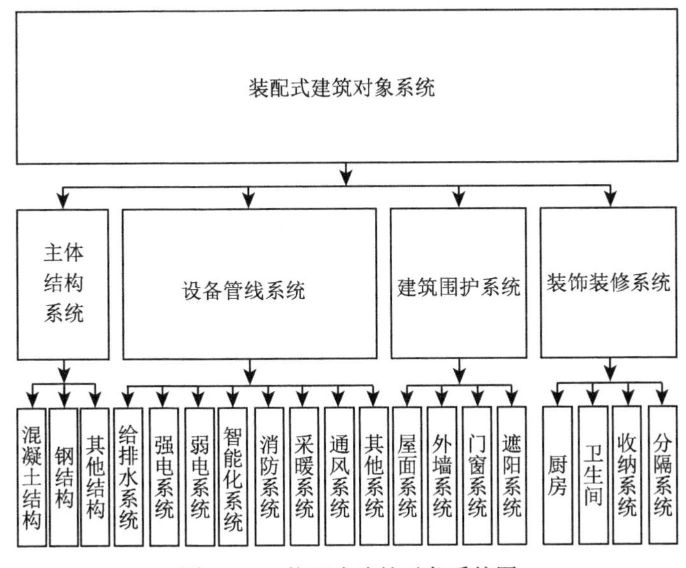

图 2.1.3 装配式建筑对象系统图

(2) 装配式建筑技术系统。技术系统是装配式建筑中运用的技术活动及其全部方法和原理的有机集合体。在系统层次上，不同活动技术领域内使用的系统方法和原理之间存在着空间联系，它们之间存在一定程度的逻辑依赖性。基于此原理，绘制装配式建筑技术系统空间剖面图，如图 2.1.4 所示。图中的双向箭头表示技术系统不同指标之间的逻辑相依关系。

(3) 装配式建筑过程系统。概念的对象系统经由过程系统转换为实现的对象系统。装配式建筑过程系统包含三大组成部分：装配式建筑对象系统活动过程系统、装配式建筑支持系统活动过程系统和装配式建筑管理系统活动过程系统。由于过程系统的主要目标之一是获取用户需要的对象系统，因此在过程系统中，对象系统活动过程系统在整个过程系统中占据支配地位，它在一定程度上决定其他两个过程系统的体系结果，是整个过程系统的中心。本书所研究的过程系统即为装配式建筑对象系统的活动过程系统，装配式建筑过程系统体系如图 2.1.5 所示。

(4) 装配式建筑管理系统。装配式建筑系统具有不同于传统建筑和一般加工制造业的复杂性，相应的装配式建筑管理系统也体现出复杂性。作为生产力支配性要素的管理，在当代社会生产力发展阶段通常是社会生产力系统诸要素中最重要的要素。管理系统是整个装配式系统的协调器，与技术系统相比，管理系统更重要。对于许多大型复杂系统工程案例分析，造成工程失败的主要原因大部分不是技术上的失误，而是管理决策上的失误。管理系统涉及装配式建筑过程系统中的各个环节，所以管理系统的复杂性是多种复杂性的综合体。

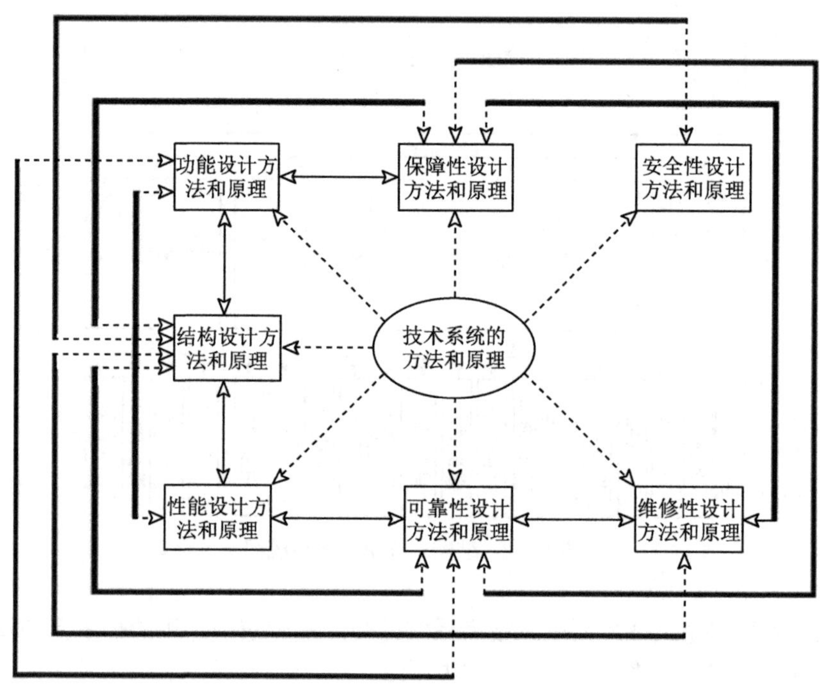

图 2.1.4　装配式建筑技术系统图

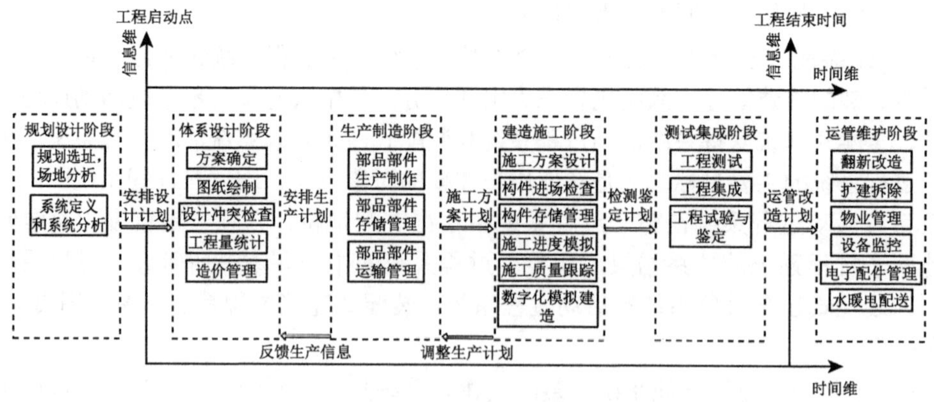

图 2.1.5　装配式建筑过程系统图

鉴于管理系统的复杂性 (涉及方法论、认识论)，难以通过某一两种方法解决，有必要根据装配式建筑系统各要素间的特性和联系的本质属性，采用集成化管理装配式建筑。通过集成化管理实现科学化管理。集成化管理以建设项目全生命周期为对象，以运营期目标为导向，采用组织、经济、信息和技术等手段，综合考虑项目管理各要素间的协调统一，实现项目各阶段的有效衔接，注重各阶段和各参与方的知识运用，从而实现项目效益的最大化。集成化管理包含三个维度，分别是管理要素维度、管理过程维度和知识维度，如图 2.1.6 所示。

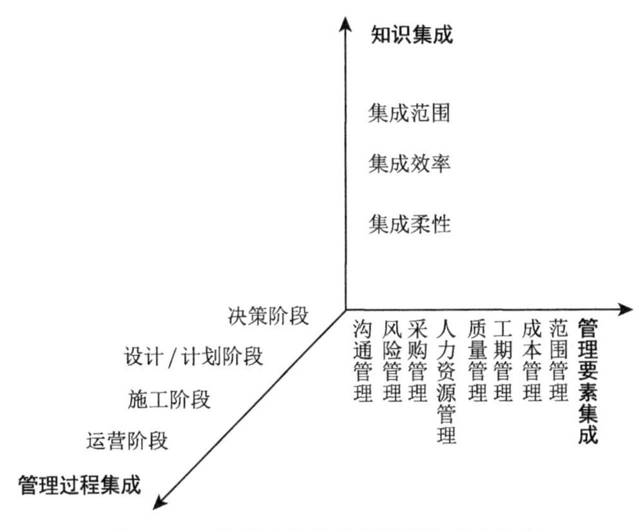

图 2.1.6 装配式建筑管理系统的集成维度

(5) 装配式建筑支持系统。支持系统是工程组织进行工程技术活动和工程管理活动所要求的全部支持活动和工程手段的有机集合体。支持系统是除工程人员之外的另一生产力关键要素。当且仅当使用适当而有效的装配式建筑支持系统去解决装配式建筑系统的问题时，才可能获得最高的工程效率。装配式建筑支持系统的支持能力水平不仅是判断最后实现的装配式建筑对象系统可能达到的能力和性能水平的基础，而且是鉴定装配式建筑系统与时俱进的重要标志。装配式建筑支持系统日新月异的更新速度要求参与组织人员及工程人员摆脱传统建筑业习惯的束缚，以不断更新的支持系统迎接日益复杂的装配式建筑对象系统所提出的新挑战。本书采用工程系统分解结构 (Engineering Breakdown Structure，EBS) 方法，按功能和专业将装配式建筑支持系统分解为一定细度的工程子系统而形成的树状结构，如图 2.1.7 所示。

(6) 装配式建筑组织系统。组织系统是直接从事工程技术活动、管理活动和支持活动的组织。装配式建筑项目有多个参与方，他们拥有各自领域的能力和知识。

各个参与方都在实施自己的项目管理，他们之间应该形成有机的协同匹配，参与方的人员目标需与装配式建筑对象系统的大目标相适应，尽量减弱直至消除争执或冲突，从而实现对象系统的优势聚变，求得“最优”的系统问题解 (图 2.1.8 和图 2.1.9)。

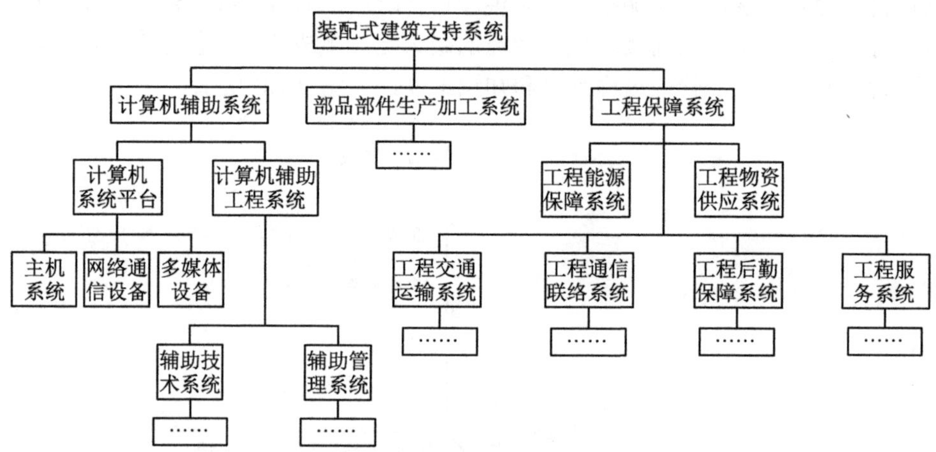

图 2.1.7　装配式建筑支持系统的体系结构

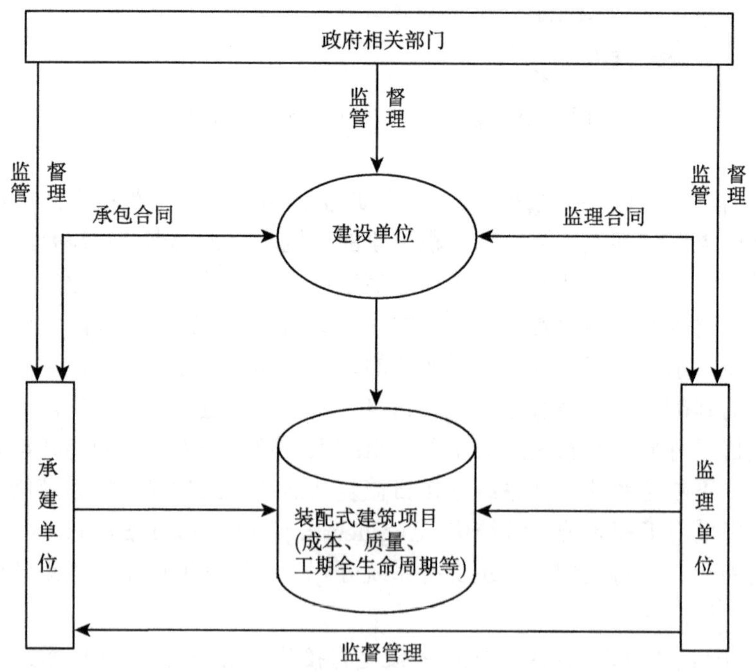

图 2.1.8　装配式建筑组织系统格局一

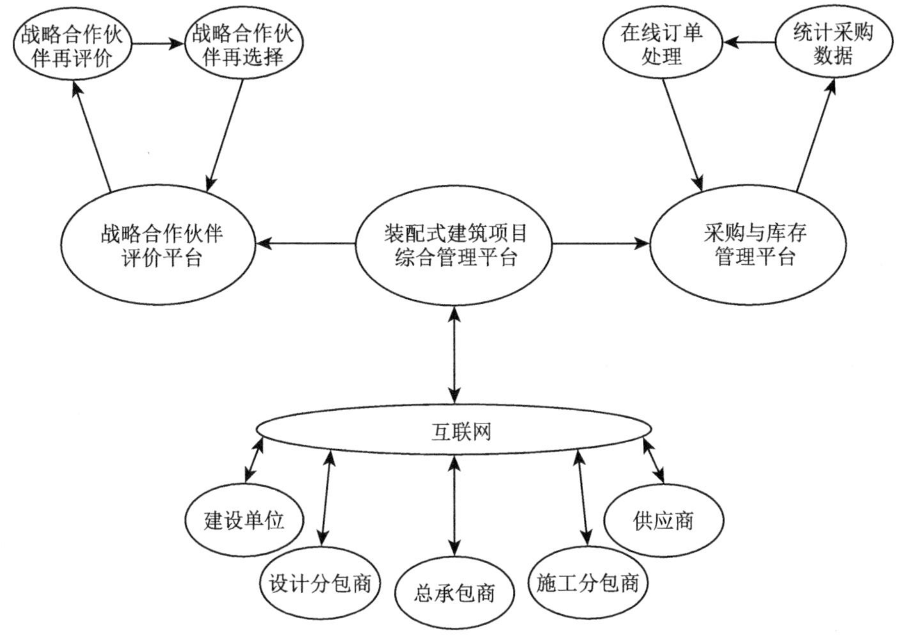

图 2.1.9 装配式建筑组织系统格局二

2.1.4 装配式建筑系统模型

1. 装配式建筑系统层级与分类

装配式建筑系统模型将装配式建筑分为 5 个层级系统，模型的层级关注系统工程在不同层面的应用，如表 2.1.1 所示。五层系统模型，每层位于上一层的"内部"，多个产品可以组成建筑技术体系和项目，多个建筑体系和项目可以组成企业，多个企业可以组成工业系统，多个工业系统可以组成社会经济系统，系统嵌套并关联。

表 2.1.1 装配式建筑系统模型

层级	分类	范围
5	装配式建筑社会系统	受政府调控，有关装配式建筑整体产业规划及相关标准制定
4	装配式建筑工业系统	生产装配式建筑的原材料、设备、研发、软件编制的全产业链的工业系统
3	装配式建筑企业系统	设计、生产、施工装配式建筑的相关企业或产业园
2	装配式建筑技术体系	由多个子系统构成的建筑技术体系及项目
1	产品或子系统工程	结构、围护、设备、内装等多个子系统

目前研发的装配式建筑体系多关注第 1 层和第 2 层，即建筑物理体系的本体，一般没有从大系统来考虑，例如当地的产业基础、产业工人、材料供应等，造成

体系无法落地或成本过高。很多建筑体系的研发仍然停留在结构体系或某个子系统，没有从建筑体系整体去进行研发，未考虑结构、围护、设备、内装以及系统自身协调性。

研发子系统时，仅考虑单一需求去进行研发，例如只考虑装配，不考虑工业化批量化生产；又如仅考虑不外露梁柱建筑功能，不关注工业化生产；或仅关注工业化生产和快速装配，不关注最终建筑产品功能的合理性和造价。目前多只关注物理系统，对多个厂家系统的流程管理和系统协同缺乏认识和研究。

2. 装配式建筑系统集成方法

建筑不同于其他工业产品的最大特征是多样化与个性化的统一，装配式建筑需要将部品尽可能地标准化、工业化。要实现工业化目标，需要从全系统的角度解决，从标准化设计、柔性生产制造、信息化管理、通用建筑体系技术集成四方面出发解决问题，技术路径如图 2.1.10 所示。

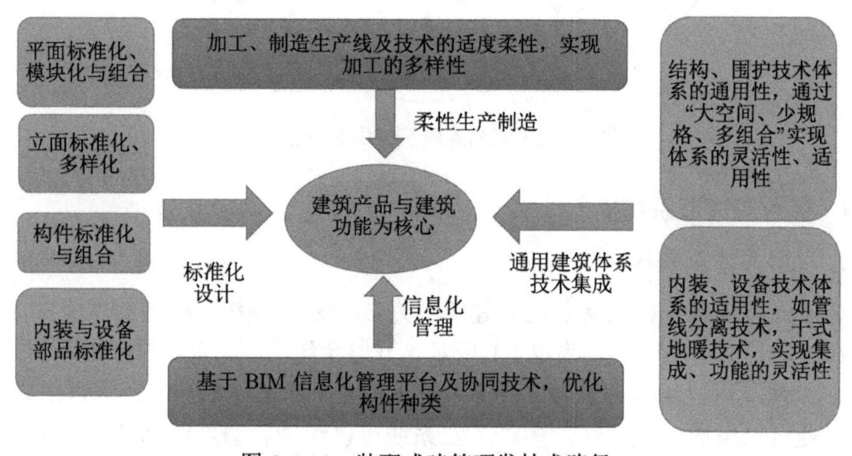

图 2.1.10　装配式建筑研发技术路径

参照日本精益化联合研发和供销模式，从产品系统研发开始，联合产品研发、设备供应、软件编制共同参与开发，做到成本、技术风险共担的模式，实现技术合理、成本可控，如图 2.1.11 所示。

在集成建筑产品体系时，注重区域性：气候、地理，居住习性、文化，材料的供应；体系的通用性：体系的开放性、通用替换性、易加工性、既有成熟的技术利用和集成；体系的适用性：根据具体项目，合理制定装配率，逐步提升装配体系的配置和要求，如图 2.1.12 所示。

除系统自身合理性外，装配式建筑系统集成研发应至少从第 3 层出发去集成，从全产业角度关注系统的合理性，从建筑功能、本身成本、装配性、生产线投资成本、可扩展性综合考虑。装配式建筑系统集成基本步骤如下：将功能需求量化

→ 确定系统的功能及各个部品功能 → 确定系统模型 → 测试仿真系统功能 → 系统评价，如图 2.1.13 所示。

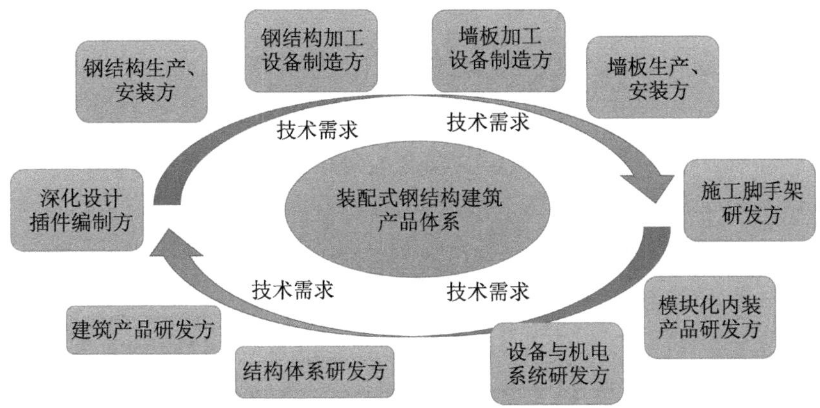

图 2.1.11 多厂家精益化联合研发技术路径

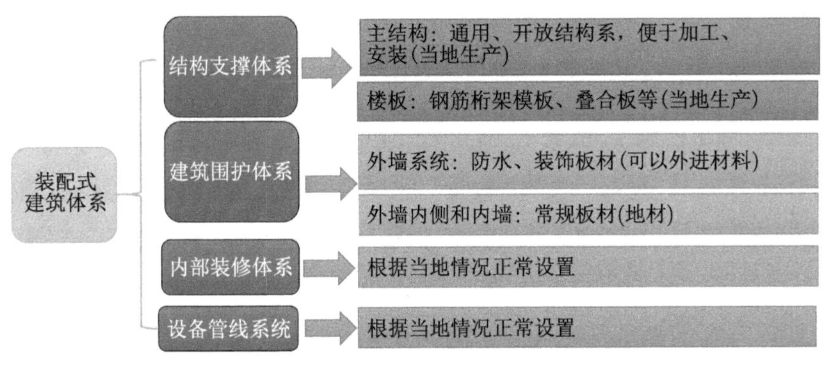

图 2.1.12 多层次系统集成

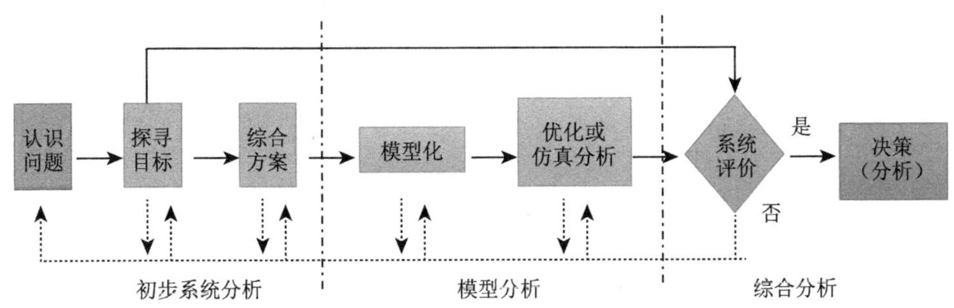

图 2.1.13 装配式建筑系统集成基本步骤

装配式建筑系统化设计流程采用一体化、系统化的集成设计。设计模式从方案开始，建筑、结构和设备等专业以及深化设计、加工等全流程参与。同步优化建筑体系中部品与部件工业化程度和标准化程度，如图 2.1.14 所示。

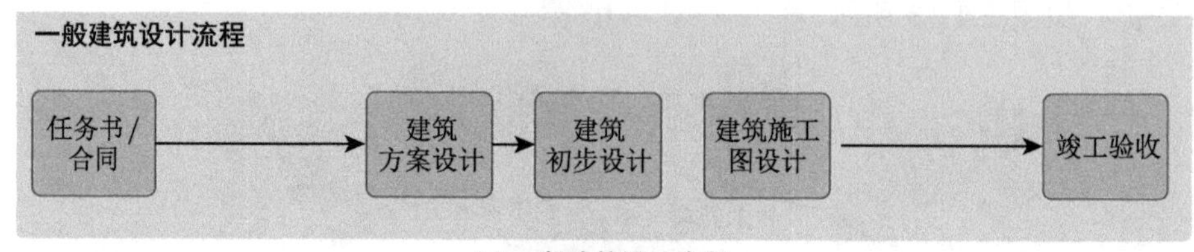

(a) 一般建筑设计流程

(b) 装配式建筑设计流程

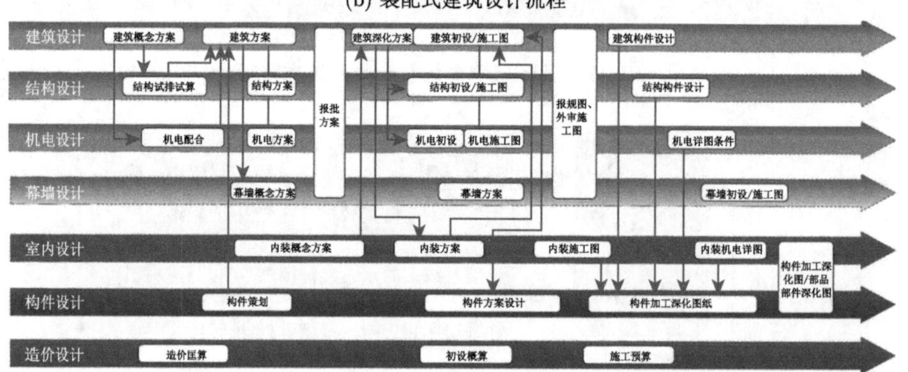

(c) 多专业多线程同步设计

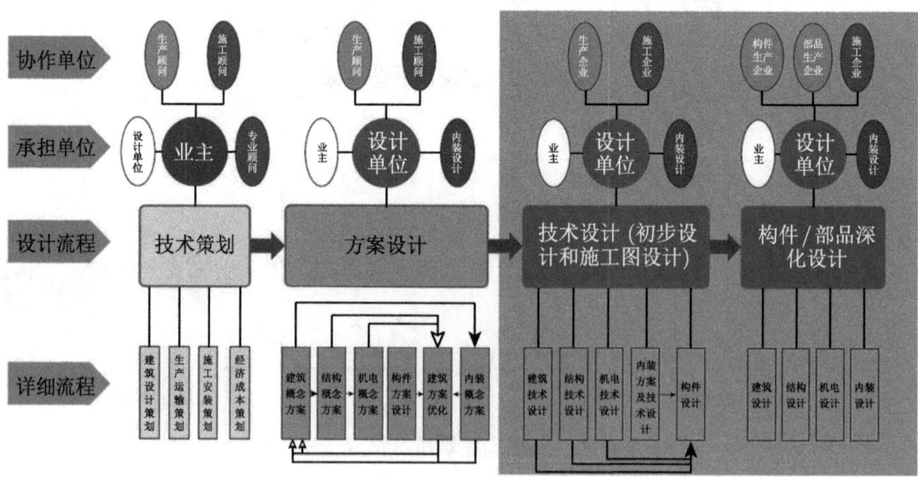

(d) 多单位多线程同步设计

图 2.1.14　装配式建筑与一般建筑设计流程

实现装配式建筑建造管理的基础是以系统和工业化产品方式进行管理。管理的最有效手段是信息化，模型的精度越高，管理的效力和精细化程度越高。采用设计一体化的 LOD400 加工精度 BIM 模型，实现工业产品级设计。以该模型为基础进行项目管理，方便从技术上整合整个产业链条。由于装配式建筑参与方较多，以高精度模型为基础，以设计、安装、加工流程管理为主线链条，采用 BIM 协同管理平台系统，可有效提高各方配合效率。做到四个协同：设计协同、深化协同、加工协同、施工协同，实现项目全生命周期管理。同时通过 BIM4D、BIM5D、进度填报及成本预算等实现对工程建设成本有效过程管控。图 2.1.15 为装配式建筑管理平台系统的功能模块和在各个阶段的应用。

功能模块	设计	施工	成本	运营	招采	营销	物业	管理层	信息
文档、模型管理	√	√	√	√	√	√	√		
协同设计（BIM,CAD）	√	√							
标准化管理、族库管理	√	√	√	√	√	√			
模型轻量化浏览及二三维联动	√	√	√	√	√	√	√		
工作流程、变更管理	√	√	√	√	√	√	√	√	
质量管理、质检、实测实量、验房	√	√				√	√		
进度管理、BIM4D	√	√	√	√	√	√			
成本管理、BIM5D	√	√	√	√	√				
产销匹配		√		√				√	
材料管理		√			√				
档案知识管理，含工艺工法	√	√	√	√	√	√	√		
招采与合同管理		√	√	√	√				
营销模拟				√		√			
物业运维							√		
统计分析	√	√	√	√	√	√	√	√	√
系统管理与平台									√

图 2.1.15　装配式建筑管理平台系统

2.2　装配式壁柱通用构件与结构体系

2.2.1　装配式壁柱建筑体系总体构成

装配式壁柱建筑体系由壁柱钢框架结构体系、高层抗侧力体系、装配式楼承板体系、装配式轻质内墙体系、装配式一体化外墙体系、集成化设备管线体系和模块化内装体系构成，如图 2.2.1 所示 [7]。

壁式框架结构由壁式钢管混凝土柱结合矩形钢管混凝土柱和 H 形钢梁组成，壁式钢管混凝土柱解决了传统框架结构室内框架柱墙体突出，影响建筑使用功能的难题。高层抗侧力体系包括模块化钢板剪力墙、模块化组合钢板剪力墙和围护支撑一体化支撑体系，抗侧效率高，用钢量经济，与建筑围护体系具有较好的相容性。其中，模块化钢板组合墙可结合钢连梁形成高效的抗侧力核心筒，适用于公共办公建筑和公寓等，核心筒还可采用预制混凝土剪力墙核心筒。楼板是协调各抗侧力构件传力的关键构件，必须具有足够的整体性并具有工业化施工的特点，可采用钢筋桁架模板和钢筋桁架叠合板，也可采用标准化工业化的挂梁支模体系。

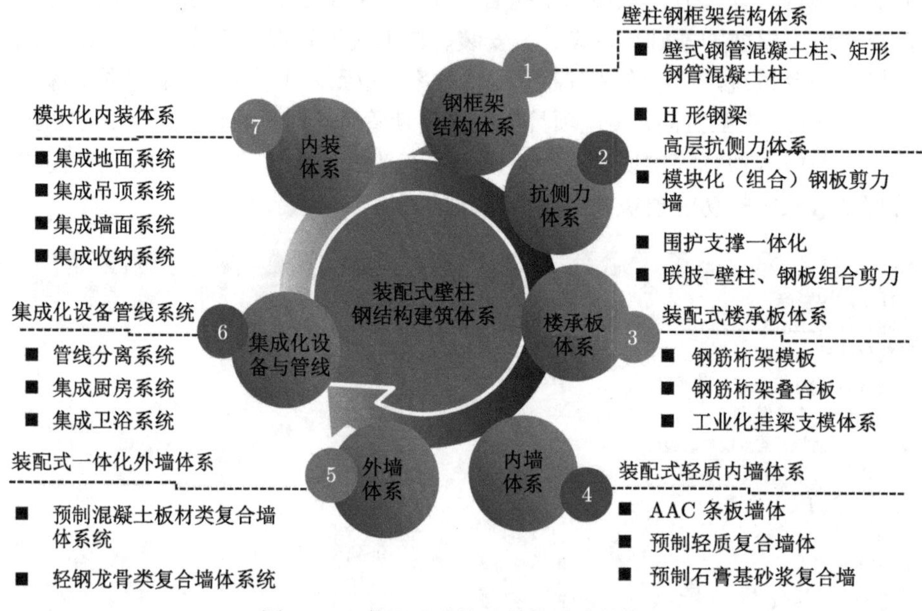

图 2.2.1　装配式壁柱建筑体系总体构成

围护墙体系统决定了建筑的使用品质，如何做到既具有良好的承载力和变形性能，以及保温隔热、隔音、防水和耐久性，又能工业化生产和装配化施工，同时具有良好的经济性，涉及科研、设计、生产和施工各个环节。设备管线分离系统、集成厨房系统、集成卫浴系统以及模块化内装体系保证了装配式建筑的全生命周期设计，使设备与装修达到与主结构相同的设计寿命，彻底改变了传统建筑后期维护改造费用高昂的缺点。

2.2.2　装配式壁柱通用结构体系研发

1. 装配式建筑对结构体系的功能需求

建筑布局方面要求主结构体系框架梁和框架柱隐藏于墙体内；框架梁跨度大以实现大空间，便于全生命周期内改变建筑布局。工业化制造方面要求构件和节点标准化，便于工业化生产制造；采用通用制造设备即可生产，不需专用设备，实现较高的经济性。现场安装方面要求连接节点标准化且简单方便，便于运输和装配，提高安装效率，缩短工期。结构受力方面要求构件和连接节点受力效率高，抗震性能好，实现较好的安全性和经济性。

2. 装配式建筑通用竖向构件 [8−13]

单一竖向构件类型难以同时满足装配式建筑对结构构件的全部需求，同一结构体系也对竖向构件具有不同需求。因此，需预先确定几种不同的竖向构件类型，以适用于不同的需求，如图 2.2.2 所示。

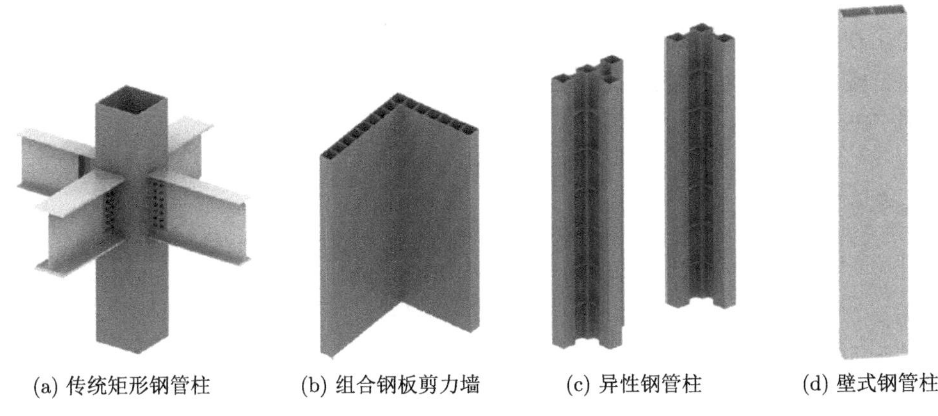

(a) 传统矩形钢管柱　(b) 组合钢板剪力墙　(c) 异性钢管柱　(d) 壁式钢管柱

图 2.2.2 装配式建筑通用竖向构件

3. 装配式建筑通用竖向构件综合性能评估

各竖向构件应用于装配式建筑均具有不同的优点与不足，可以从以下四方面评估其综合性能：① 对建筑功能的适应性；② 工厂标准化和工业化生产的可实现性；③ 运输与装配效率；④ 抗震性能与经济性。表 2.2.1 给出了四种类型通用

表 2.2.1 装配式建筑通用竖向构件综合性能评估

实现方式	不外露框架柱的建筑功能	标准化和工业化生产	连接、装配、运输效率	抗震性能及成本
矩形钢管柱	指数：良，通过建筑功能排布，外凸或偏移做到，但个别情况下无法实现，易于实现大空间	指数：优，加工工艺成熟，便于工业化	指数：优，便于连接，便于运输	指数：优，成熟可靠，成本可控，企业固定投资低，含钢量适中
组合钢板剪力墙	指数：优，完全可以做到不外露，不易实现大空间	指数：良，需要专门设备加工	指数：差，现场焊缝多，构件尺寸大，运输不便	指数：差，延性相比矩形钢管柱稍差，企业固定投资大，含钢量较高
异形钢管柱	指数：优，完全可以做到不外露，易于实现大空间	指数：差，手工作业较多	指数：良，连接总体难度一般，便于运输	指数：差，延性相比矩形钢管柱稍差，含钢量较高
壁式钢管柱	指数：优，完全可以做到不外露，易于实现大空间	指数：优，加工工艺成熟，便于工业化	指数：优，便于连接，便于运输	指数：良，面内延性好，面外延性稍差，含钢量适中

竖向构件的综合性能评估。可见，各类构件在不同方面均有其优点，并伴随着其他方面的缺点，需综合评估其性能。

4. 装配式建筑通用竖向构件扩展 [14−22]

对现有通用竖向构件重新模块化、组合化，通过连接技术的突破和创新，实现了结构体系在多层、高层、超高层建筑，住宅和公共建筑的全面应用。图 2.2.3(a) 为优化和组合后的联肢钢板组合墙，其刚度大、布置灵活，适合用于超高层住宅或办公楼。图 2.2.3(b) 为优化和组合后的联肢壁柱，其适合住宅建筑角部布置或个别中柱布置。

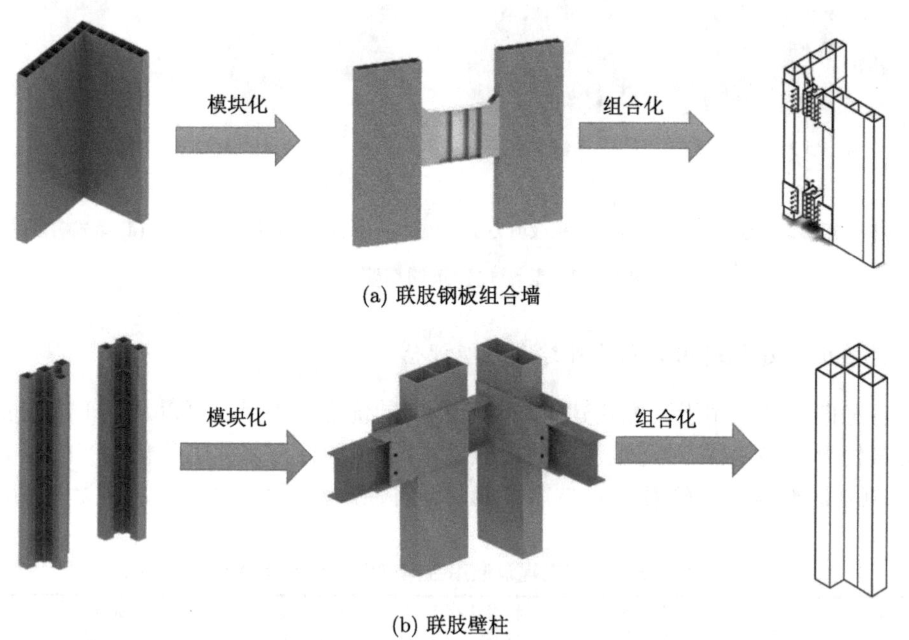

图 2.2.3　通用竖向构件模块化和组合化

为适应不同方式的规模化生产，同时产品便于形成系列化，对不同的成柱方式进行了系统性研究。除矩形钢管柱外，主要分为热轧和焊接两类，截面高宽比在 2~4，如图 2.2.4 所示。小截面宽高比的矩形钢管柱加工制造简单，可用于低层和多层建筑。大截面宽高比的壁式钢管柱构造更加复杂，但其承载力高，抗侧刚度大，可用于高层建筑。

5. 装配式建筑通用梁柱连接节点 [23−34]

对不同的成柱方式连接节点进行了系统化的扩展和研究，方便加工与施工。矩形钢管柱可采用传统的隔板式梁柱连接节点，同时也研发了高效装配的全螺栓梁柱连接节点，如图 2.2.5 所示。针对壁式钢管混凝土柱，为实现高效装配且便于混凝土浇筑，研发了局部内隔板梁柱连接节点、双侧板梁柱连接节点和穿芯拉杆–端板梁柱连接节点，如图 2.2.6 所示。

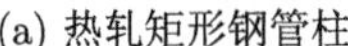
(a) 热轧矩形钢管柱

(b) 热轧壁式钢管柱

(c) 焊接壁式钢管柱

图 2.2.4 通用矩形钢管柱和壁式钢管柱

(a) 内隔板梁柱连接节点

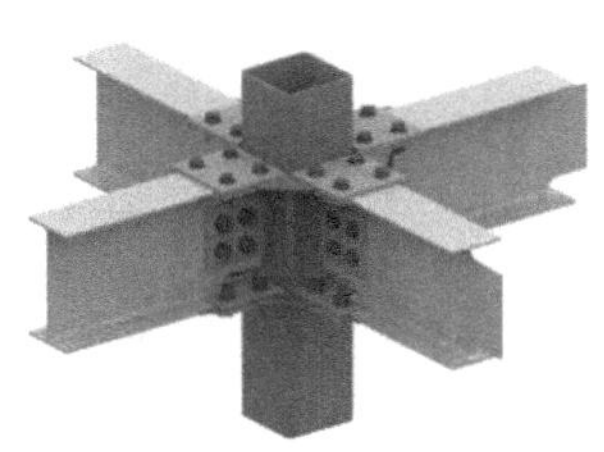
(b) 高效螺栓梁柱连接节点

图 2.2.5 矩形钢管柱梁柱连接节点

(a) 局部内隔板梁柱连接节点

(b) 双侧板梁柱连接节点

(c) 穿芯拉杆–端板梁柱连接节点

图 2.2.6 壁式钢管柱梁柱连接节点

6. 装配式建筑通用结构体系 [35–38]

选定通用竖向及抗侧力构件后，将其与消能减震构件、隔震构件、钢支撑、防屈曲钢板剪力墙、钢板组合剪力墙和预制混凝土剪力墙等抗侧力构件组合，得到组合壁式柱、联肢钢板组合剪力墙等组合构件，配合侧板式与对穿螺栓梁柱连接节点、局部隔板梁柱连接节点和高效高强螺栓梁柱连接节点形成完整的结构承载体系。最终形成了壁式柱框架体系、壁式柱框架–支撑 (剪力墙) 结构体系和壁式柱框架–核心筒结构体系等，如图 2.2.7 所示。

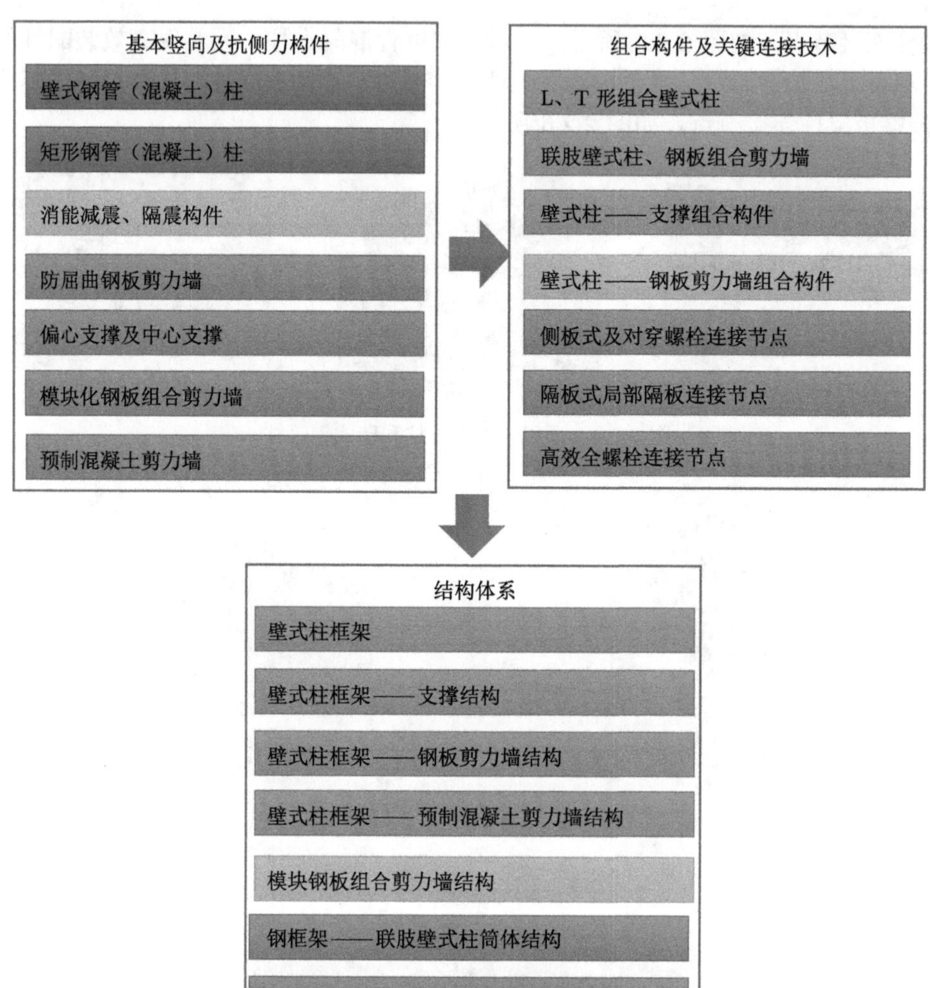

图 2.2.7　装配式建筑通用结构体系框架图

7. 装配式建筑通用楼板体系 [39,40]

钢结构建筑工业化楼板是提高劳动效率、提升建筑质量的重要方式，其克服了传统楼板体系施工速度慢，施工质量差等问题，能更好地适用于绿色装配式建筑结构体系之中。常用的工业化楼板体系包括可拆卸钢筋桁架楼承板、钢筋桁架混凝土叠合板、压型钢板楼承板、PK 叠合板和工业化模板等，如图 2.2.8 所示。结合钢结构建筑的特点，免脚手架工业化混凝土楼板是一种高效和经济的楼板体系，如图 2.2.9 所示。免脚手架工业化混凝土楼板荷载直接通过龙骨传递至钢结构主体，无须搭设脚手架；底模与混凝土楼板浇筑为一体，免拆模；龙骨和底模为标准化产品，便于生产与安装；与现浇混凝土楼板具有相同的使用品质和受力性能；造价低廉，性价比高。

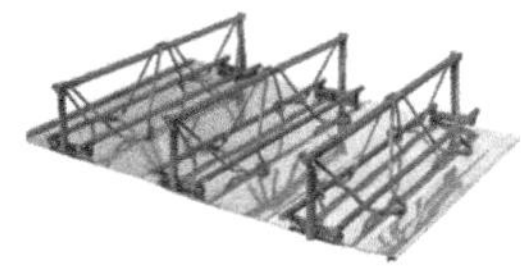

(a) 可拆卸钢筋桁架楼承板 a

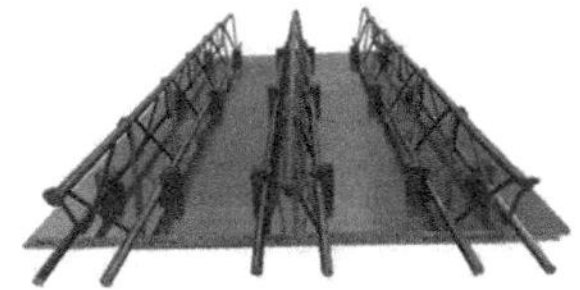

(b) 可拆卸钢筋桁架楼承板 b

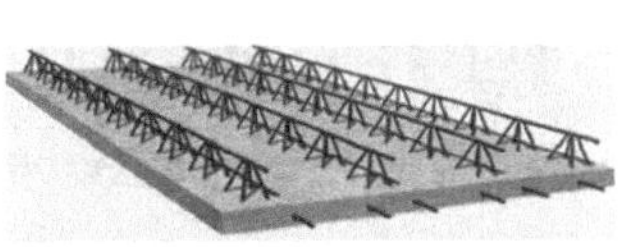

(c) 钢筋桁架混凝土叠合板

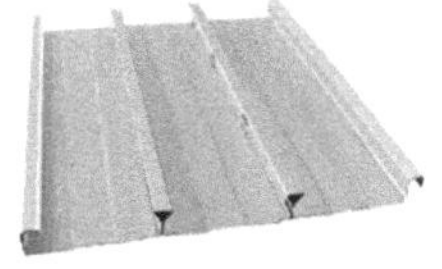

(d) 压型钢板楼承板

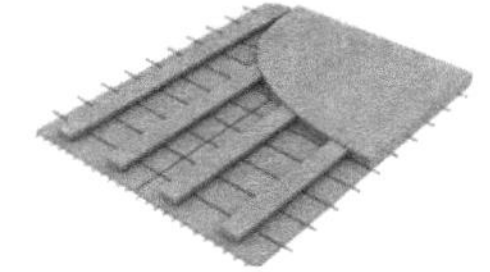

(e) PK 叠合板

(f) 工业化模板

图 2.2.8 装配式建筑通用楼板体系

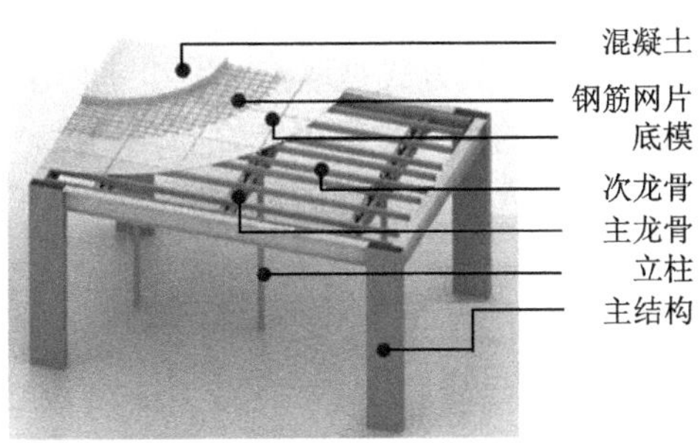

图 2.2.9 免脚手架工业化混凝土楼板

8. 装配式建筑通用结构布置

根据装配式建筑的平面布置、结构高度和建筑品质要求，结合加工制造厂和施工单位制造和安装能力，可灵活采用传统矩形钢管柱框架体系、矩形钢管柱 + 壁式柱框架体系、组合钢板剪力墙体系和异形钢管柱框架体系等通用结构体系，以满足不同的需求，如图 2.2.10 所示。

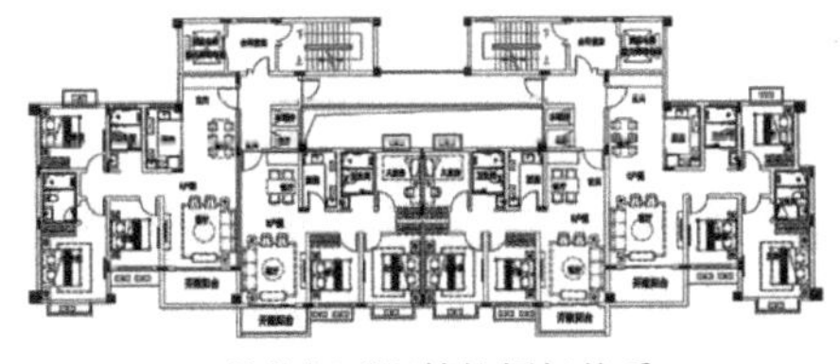

(a) 传统矩形钢管柱框架体系

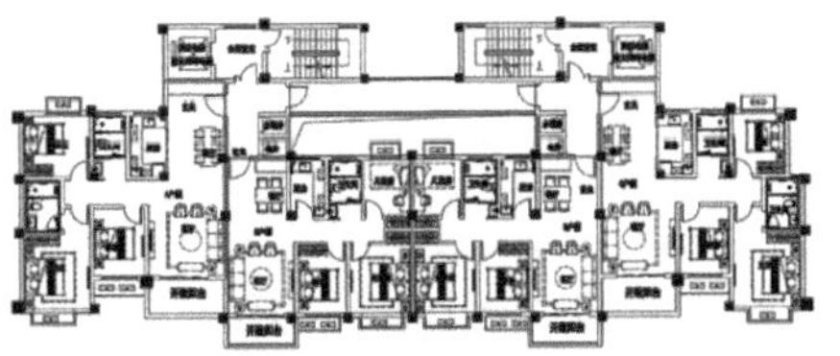

(b)矩形钢管柱＋壁式柱框架体系

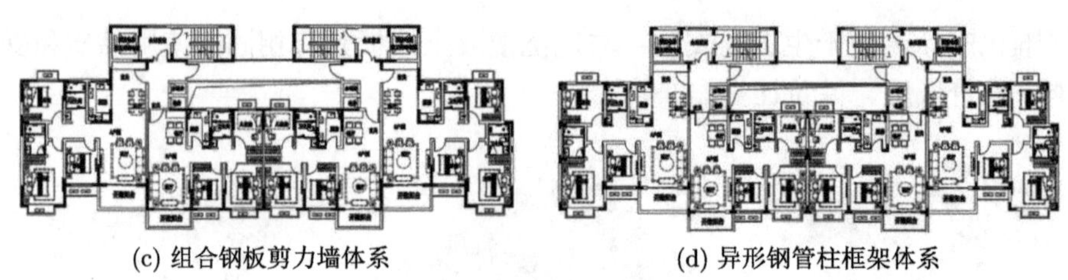

(c) 组合钢板剪力墙体系　　(d) 异形钢管柱框架体系

图 2.2.10 装配式建筑通用结构布置

2.3 壁式钢管混凝土柱建筑体系

2.3.1 建筑设计研究

1. 全生命周期节能减排住宅

全生命周期住宅概念源于日本，其本质在于通过空间的变化、功能的转化，使住宅可以随着家庭在不同阶段的需求变更而"进化"，契合不同生命阶段的不同需求。我们建设全生命周期住宅的目的是提高住宅户型适应性、空间灵活性，提高建筑实际使用年限，节能减排，其方式是取消或减少室内承重墙，采用轻质隔墙，实现大跨度空间，为将来户型的可变预留可能性和自由度，实现在不同家庭人口模式下，使用者可以根据居住人数来选择居住房间的数量和大小，满足不同人生阶段家庭生活需要 (图 2.3.1)。

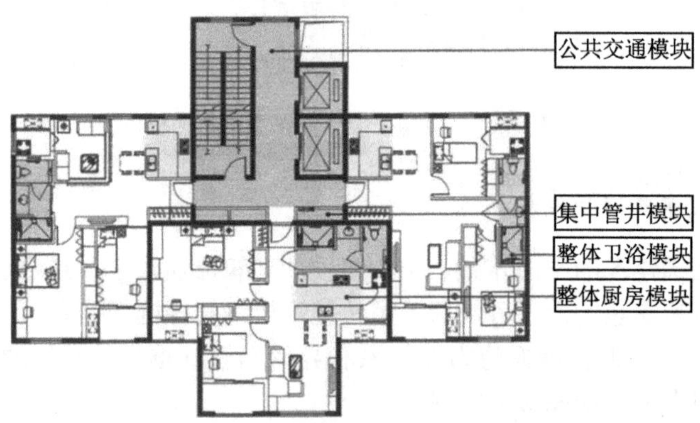

图 2.3.1 户型模数化、部品规格规范

全生命周期住宅意义重大，户型设计开创定制化设计，是一次对传统住宅的划时代革新，在"互联网 + 时代"满足年轻一代对住宅的实际需求，在全生命周期中为业主提供一个舒适的生活空间。本团队在标准化户型和部品模块上做了一些研发 (图 2.3.2)，开发了适用于结构体系的建筑及立面户型库，同时制订了相应

的设计标准，通过模数化设计解决结构和围护系统工业化水平低的问题，套内灵活分割，适应阶段性变化，更可以让用户参与设计，满足个性化需求。

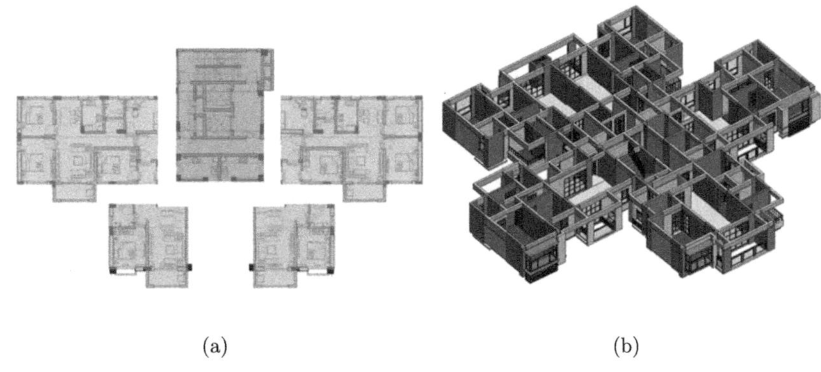

(a) (b)

图 2.3.2 不同模块和户型组合

2. 装配式 SI 体系

在装修方面，采用结构与内装修分离的 SI 体系，同时解决了当前一些装配式建筑装修敲击有空鼓声的问题。

SI 是支撑体 (Skeleton) 和填充体 (Infill) 的缩写，其核心是将住宅中不同寿命的主体结构和内装及管线等填充体进行分离。SI 设计将结构与管线分离，如图 2.3.3 所示，提高建筑物使用年限，打造百年住宅实现节能减排。

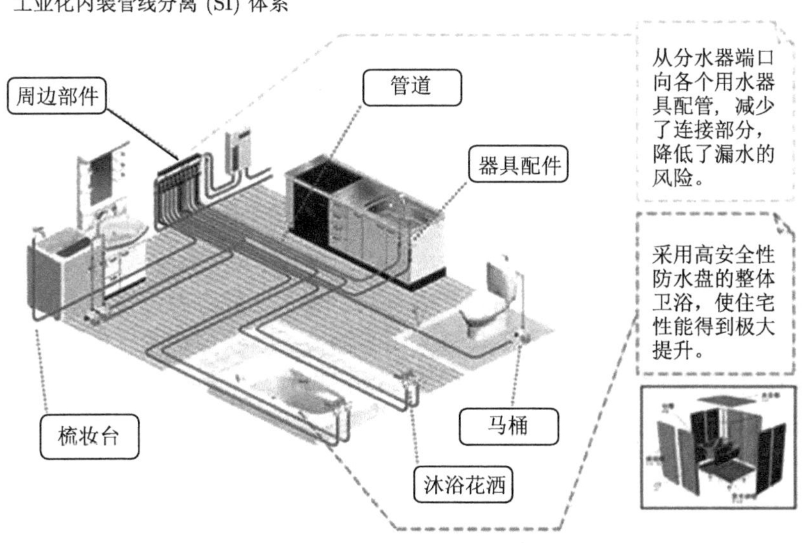

图 2.3.3 工业化内装管线分离 (SI) 体系

钢结构与 SI 契合度非常高，钢结构可以实现大空间，利于 SI 的实现；钢结构的施工安装精度高，利于部品安装；钢梁腹板可以开洞，利于管线的布置 (图 2.3.4)。

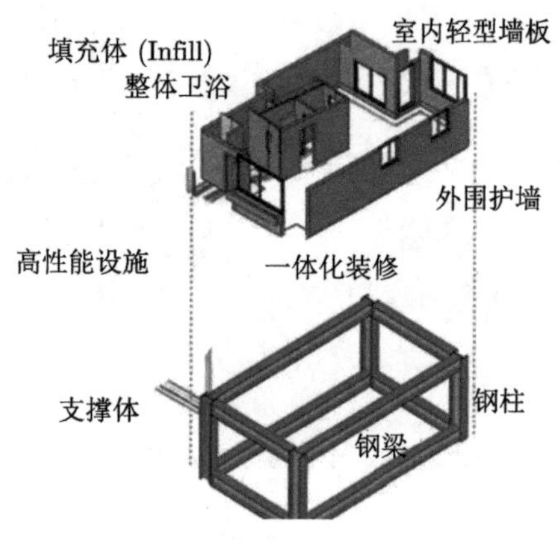

图 2.3.4 建筑 SI 体系示意图

SI 完全符合全生命周期住宅要求，可以根据家庭构成和居住者生活方式的变化，改变房间的布局和内部的装修；居住体每 10~30 年就可以更新一次，可自由地分隔空间，可变性强；主体结构可维持 50~100 年；经久耐用。

2.3.2 围护体系研究 [41–45]

三板问题一直是装配式钢结构建筑推广过程中最大的问题之一，引起该问题的原因除了墙板本身构造外，其中最为关键的是装配式墙板与钢梁相接处构造处理不当。针对此问题，结合国内外研究成果，研发了一种新型特种砂浆来处理墙板与梁柱接缝处，砂浆采用喷涂作业，操作简单，施工速度快，同时兼具防火和保温功能；另外，研发轻钢龙骨–石膏基砂浆复合墙体、ALC(蒸压轻质混凝土) 墙板、装配式板材 BIM 软件信息化管理核心技术、安装工法和设备等全套技术。

本课题组研发了一种主要由灰浆混合料、聚苯乙烯颗粒、石膏和矿物基础黏合剂的防护砂浆组成的材料，该材料采用喷涂方式，快速初凝，经过一定时间养护形成具有一定强度，并兼有良好保温、隔声以及耐火等性能的轻质材料。材料采用脱硫石膏、再生 EPS (聚苯乙烯泡沫) 颗粒，是一种绿色、可循环、低成本、高性能材料，如图 2.3.5(a) 和 (b) 所示。

基于防护砂浆材料，本课题组研发了与结构配套的轻钢龙骨–石膏基砂浆复合墙体，墙体分为现场喷涂式和干挂预制式，如图 2.3.5(c) 和 (d) 所示。墙体具有良好的耐火性能和保温、隔声性能，编制了陕西工程建设标准 DBJ61/T 99—2015

《冷弯薄壁型钢–石膏基砂浆复合墙体技术规程》和图集陕 2015TG004《冷弯薄壁型钢–石膏基砂浆复合墙体构造图集》。

(a) 特种石膏基防护砂浆

(b) 喷涂砂浆设备

(c) 喷涂式轻钢龙骨复合墙体

(d) 干挂预制式墙板轻钢龙骨复合墙体

图 2.3.5　喷涂式复合墙体

基于防护砂浆特点，开发钢结构梁柱包裹防护系统。对不同厚度的砂浆包裹的梁柱进行耐火试验，可以达到相关防火要求，如图 2.3.6(a)~(c) 所示。

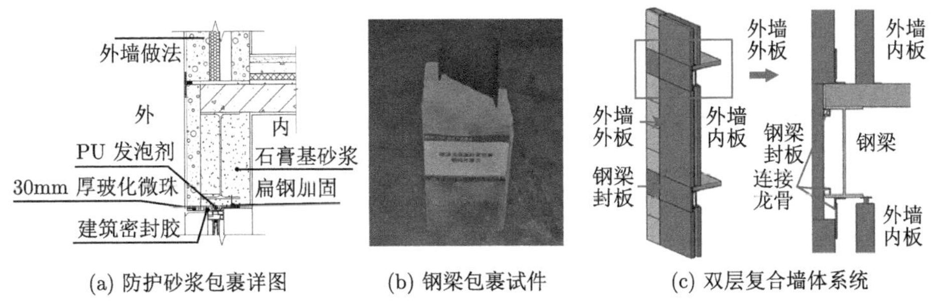

(a) 防护砂浆包裹详图　(b) 钢梁包裹试件　(c) 双层复合墙体系统

图 2.3.6　石膏基砂浆包裹防护系统

研发了 ALC 装配式板材 BIM 软件信息化管理核心技术，如图 2.3.7 所示。集成了 Revit、CAD、Sketch Up、ERP、3Dmax、广联达等软件，建立装配式建筑从设计、生产、物流、施工全过程信息化管理平台。通过 BIM 系统建模，在完成立面设计后可以通过 Revit 系统与 Sketch Up 或 3Dmax 系统的数据对接，生成建筑立面的整体效果图，同时自动形成生产材料表，并与 ERP 生产制造系统对接后进行批量生产，按施工顺序进行包装物流。同时实现工艺模拟和防碰撞检查，借助 BIM 信息平台，结合物联网技术实时掌控构件在设计、生产、运输、施工过程中的信息，通过移动终端关联 BIM 信息平台指导构件现场安装，达到现场施工进度管理、施工方案、平面布置三维模拟及可视化，实现全过程信息共享，协同工作。

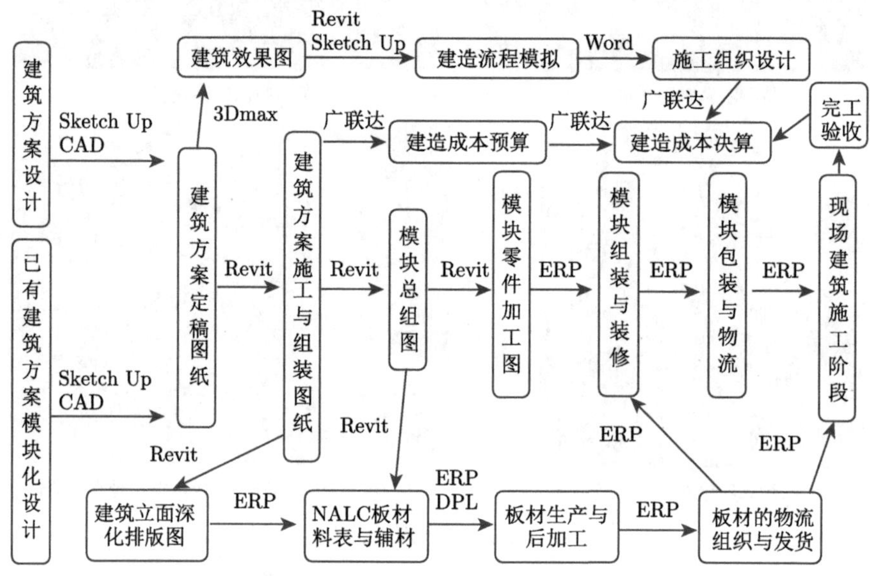

图 2.3.7　BIM 在模块化 ALC 建筑全过程中的应用流程

2.3.3　生产工艺研究

壁柱长宽比大于 1:2，传统矩形柱组装及焊接设备不能顺利实现自动化生产，本课题组针对壁柱特点，研发其生产工艺流程，其构件组装及焊接顺序如下所示。

(1) 箱形构件拼装前必须将焊缝边缘 50mm 和钝边处氧化皮清除，方可进行拼装。

(2) 拼装时应在经检测合格的拼装胎架或组立胎架上，并保障截面对角线公差小于规范要求。

(3) 为保证箱形构件在组装和焊接过程尽量不变形，采用在箱形两端加 35mm 厚的工艺定位板，在箱形中间加隔板。工艺定位板的四个面为保证其精确性采用刨加工。

(4) 箱形构件组装前应仔细检查各零件板，检验其材质、尺寸是否符合设计图纸要求、切割面质量是否符合要求、零件板拼接面是否已清除干净。待各零件板均符合要求后方可进行组装。

(5) 先对开坡口的箱形构件的腹板点焊定位衬垫。先精确地测量钢板的具体尺寸，然后根据图纸上的焊接间隙要求对衬垫进行定位，具体如图 2.3.8(a) 所示。其中，L 为设计图纸上的焊接间隙，在钢板两端留出 40mm 余量不垫衬垫，可用来安装工艺定位板。

(6) 制作如图 2.3.8(b) 所示的拼装胎架。

(7) 吊上已加工好的箱形构件零件板如图 2.3.8(c) 所示。

(8) 通过临时支撑固定钢柱壁板，中部连接腹板通过单边角焊缝与壁板焊接，如图 2.3.8(d) 所示。

(9) 吊装钢柱另外两侧壁板，按照图纸位置放好。用直尺检查矩形端面尺寸、

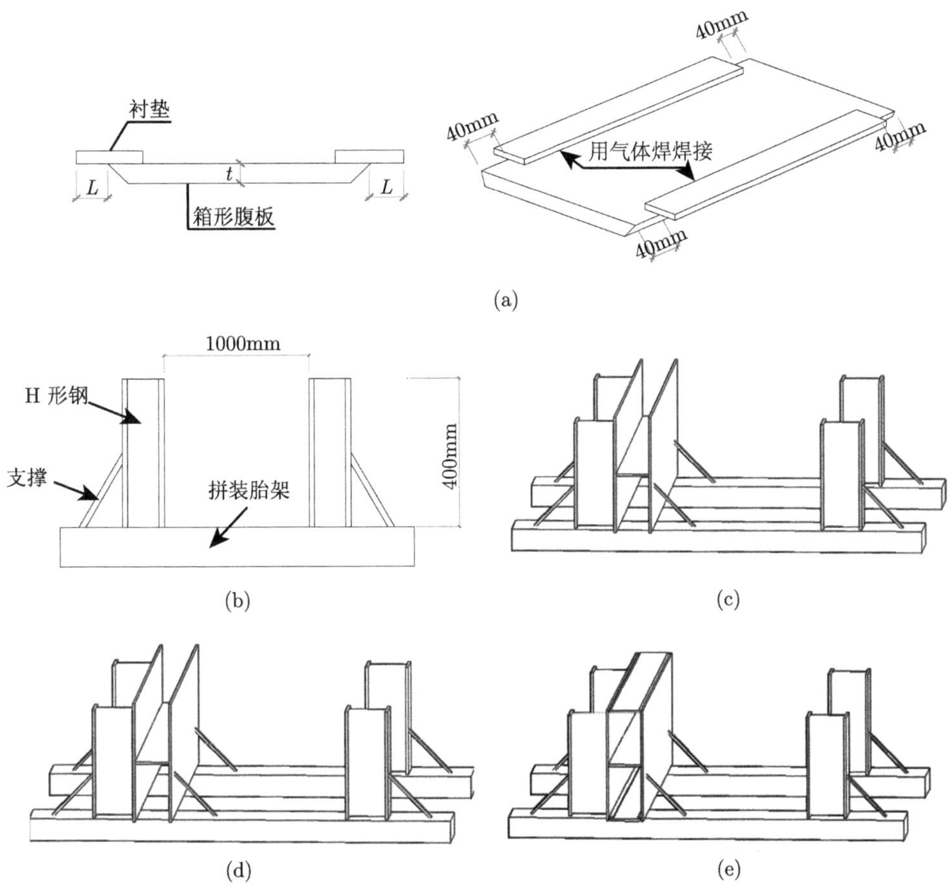

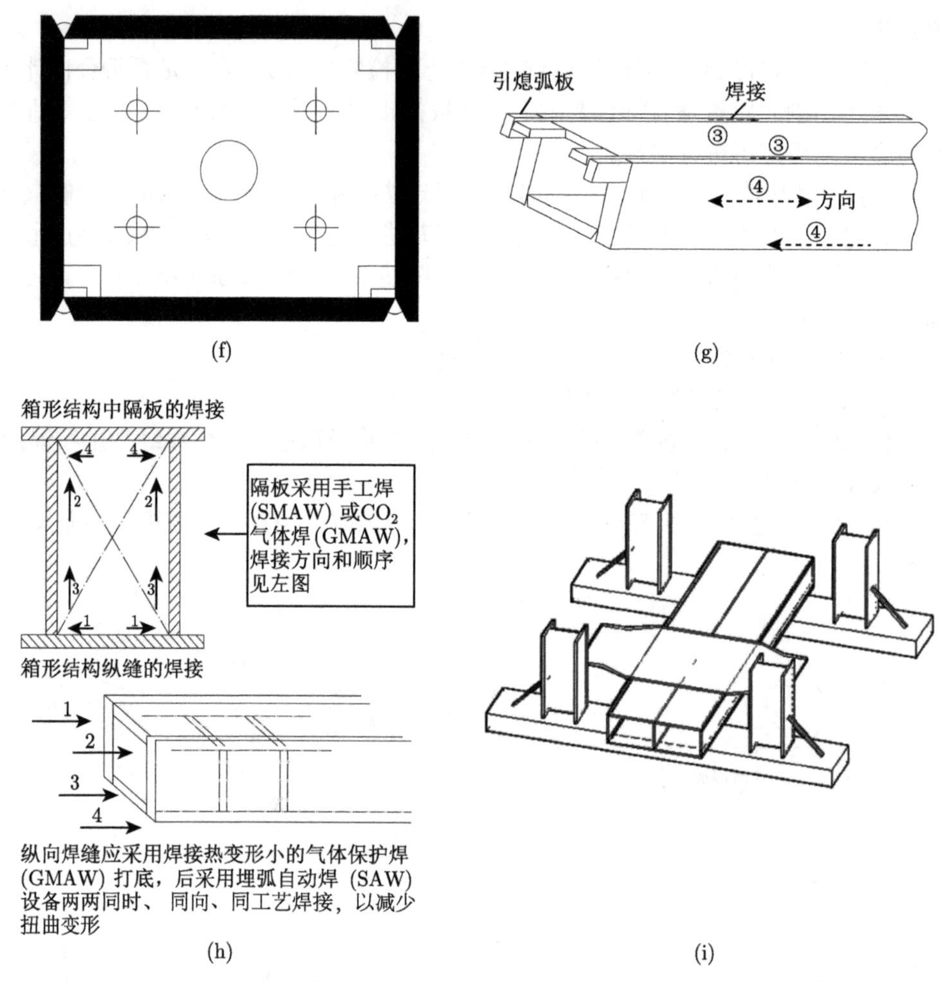

图 2.3.8　壁式柱生产工艺流程

对角线偏差是否在规范允许范围内，如果超出规范要求应立即用千斤顶或铁锤敲打进行校正。符合要求后用二氧化碳气体保护焊在坡口底部将剩余两块零件板点牢，如图 2.3.8(e) 所示。

(10) 将组装好的箱形构件吊离拼装台，先用二氧化碳保护焊将四条熔透焊缝打底一道，然后用埋弧焊将焊缝焊满，最后箱形两端不垫衬垫的地方采用反面清根的方法进行焊接，如图 2.3.8(f) 所示。

(11) 箱形焊缝打底顺序如图 2.3.8(g) 所示。隔板和两侧腹板及下翼板应采用 CO_2 气体焊，焊后 100%UT 检测，合格后方可盖板，如图 2.3.8(h) 所示，四条纵向主焊缝必须严格遵守同向、同步并且焊中途不得间断，以免产生扭曲。

(12) 将组装好的箱形构件吊至拼装台，满焊外贴双侧板，如图 2.3.8(i) 所示。

2.3.4 配套软件研究 [46−49]

基于构件属性的绘图软件研发如图 2.3.9 所示，其打破传统粗线绘图模式，按 1:1 实际尺寸绘图模式，梁柱墙关系更加清晰。同时根据已有研究成果，设计的壁柱构件设计校核软件如图 2.3.10 所示，该软件可直接读取主流设计软件的内力信息，根据本研究设计公式，校核壁柱。

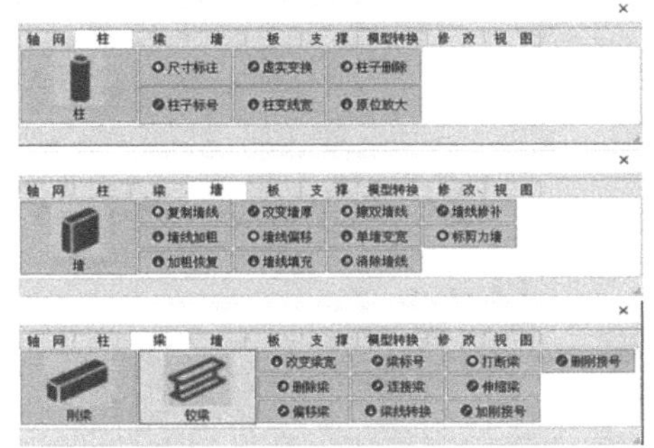

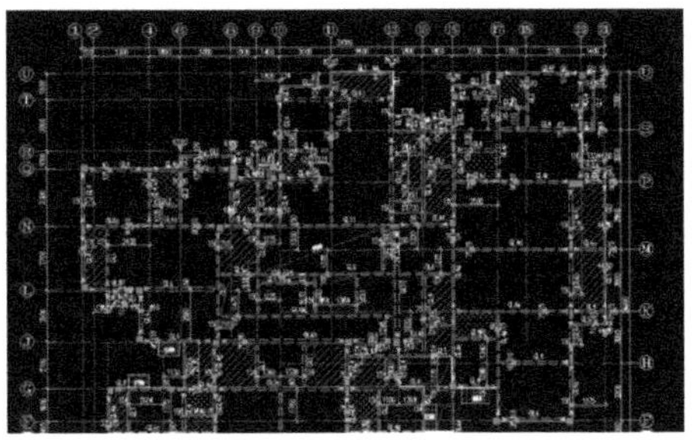

图 2.3.9 基于构件属性的绘图软件示意图

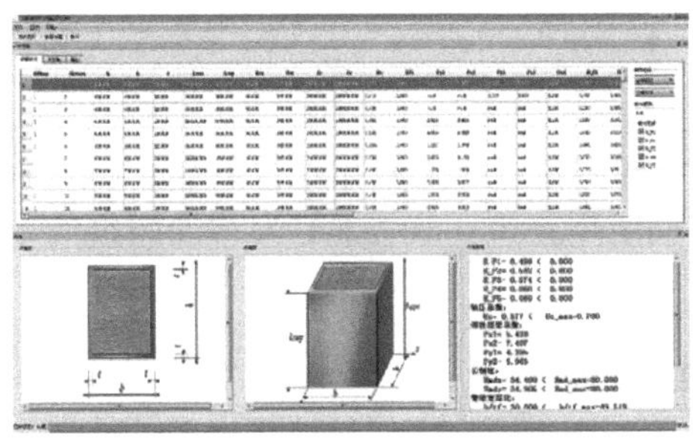
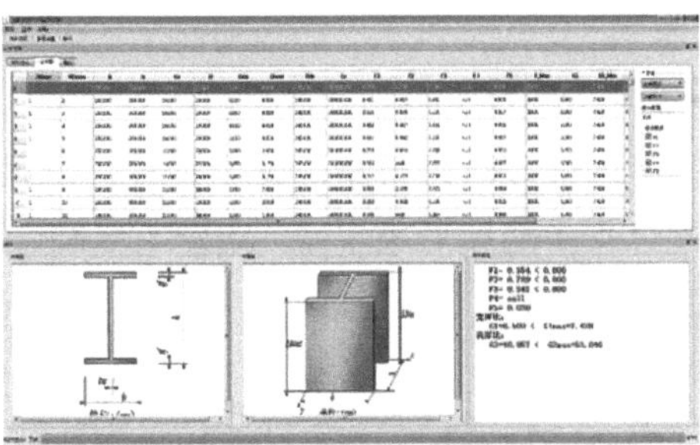
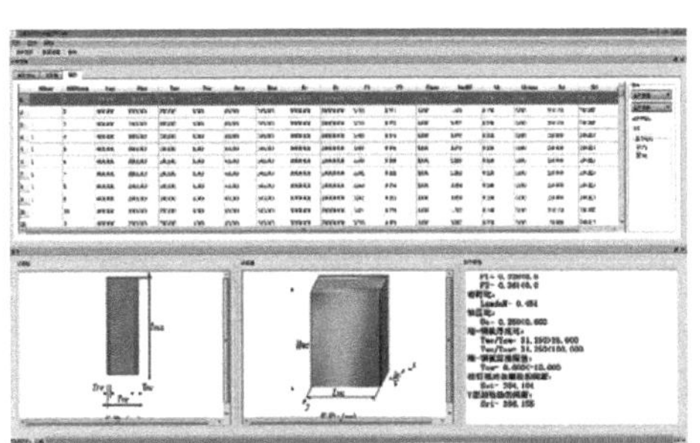
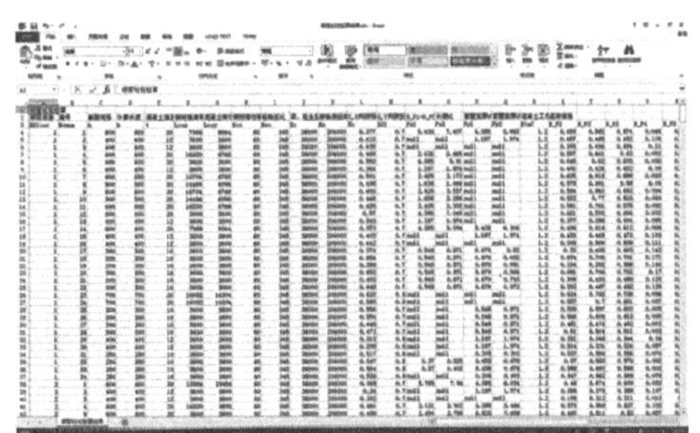

图 2.3.10 壁柱校核软件示意图

由于装配式建筑参与方较多，采用 BIM 协同管理平台系统可有效提高各方配合效率。做到四个协同：设计协同、深化协同、加工协同、施工协同，实现项目全生命周期管理。同时通过 BIM4D、BIM5D、进度填报及成本预算等实现对工程建设成本的有效过程管控，如图 2.3.11 所示。

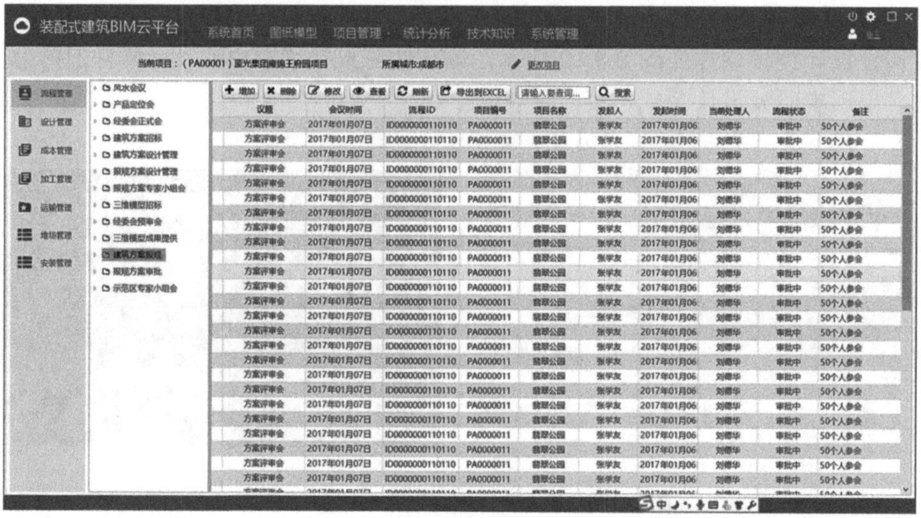

图 2.3.11　BIM 协同管理平台

2.3.5　专利体系

本课题组以系统思维为指导，注重全过程研发，注重知识产权的保护，在研发过程中陆续形成了 33 项发明专利，88 项实用新型。表 2.3.1 为本课题组的主要发明专利。

表 2.3.1　主要发明专利

名称	类型	简图
T 形贯穿隔板式多腔室钢管混凝土组合柱钢梁节点及装配方法	发明	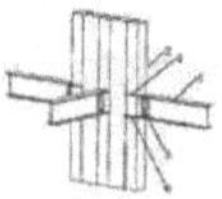
一种装配式建筑内墙与相邻楼板的连接结构	发明 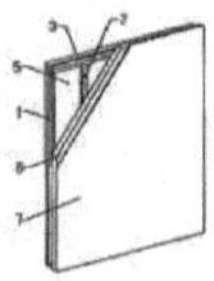 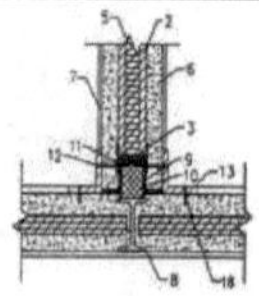	

续表

名称	类型	简图	
一种用于偏心梁柱连接的三侧板节点及装配方法	发明	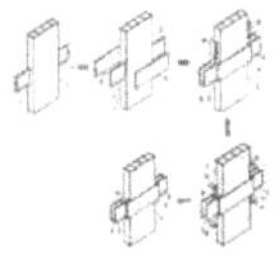	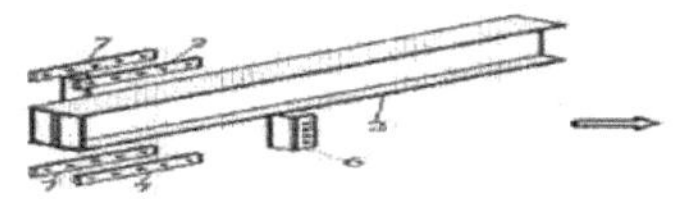
一种螺栓连接的双侧板节点及装配方法	发明	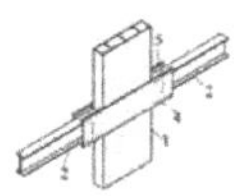	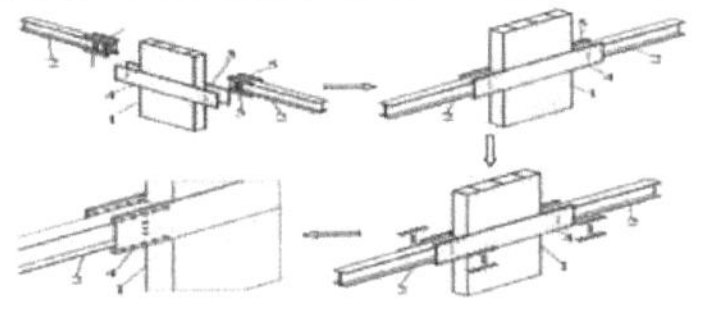
一种支撑平推式多腔钢管混凝土组合柱支撑框架体系	发明	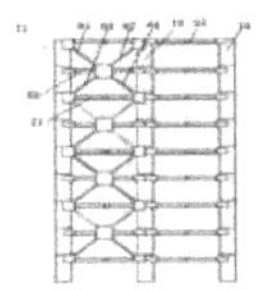	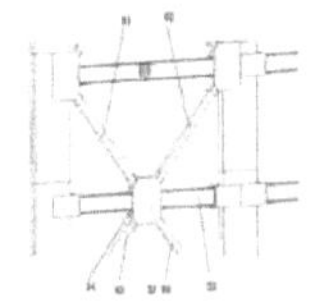
一种支撑插入式梁柱支撑双侧板节点	发明	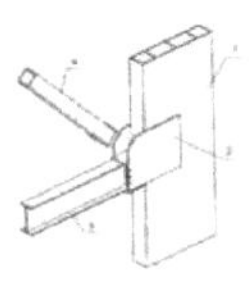	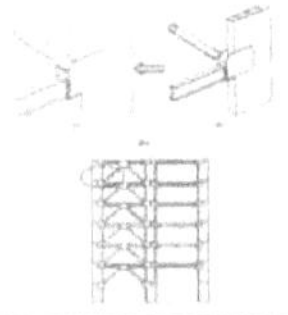
一种装配式非承重外墙与相邻墙体的连接结构	发明	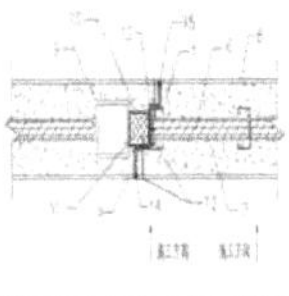	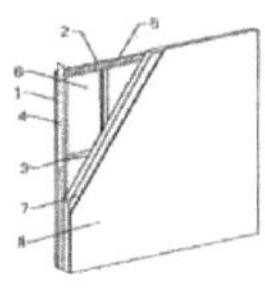
一种装配式非承重墙体与相邻楼板的连接结构	发明	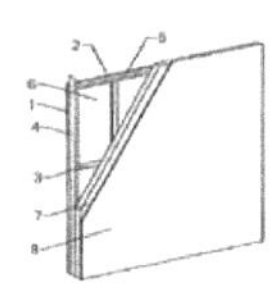	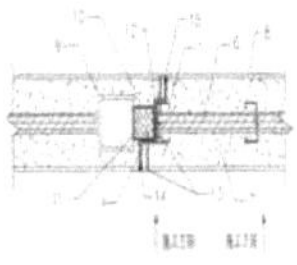
一种装配式建筑两墙的连接结构	发明	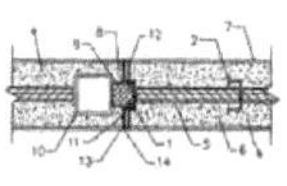	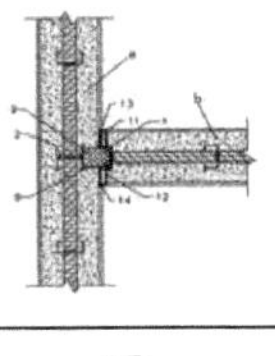
一种分层装配式钢结构的梁柱节点	发明	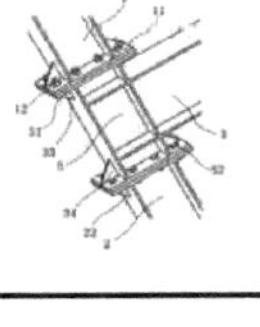	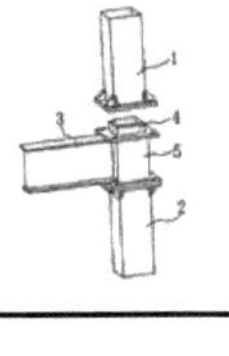

续表

名称	类型	简图	
一种装配式梁柱节点连接结构	发明	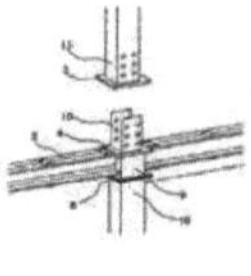	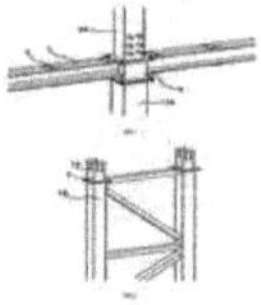
一种预制 T 形异形钢管混凝土组合柱	发明	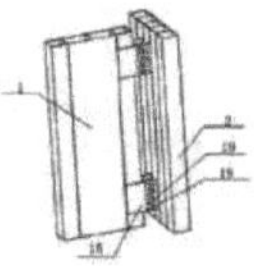	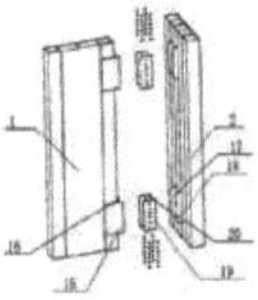
一种预制 T 形耗能连接节点	发明	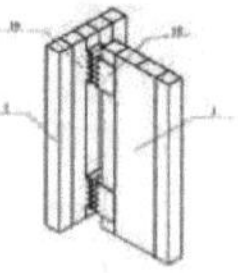	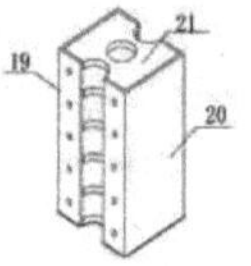
一种带侧板的预制梁柱节点一榀框架	发明	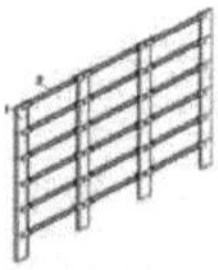	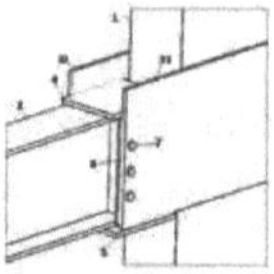
一种支撑平推装配的多腔钢管混凝土组合柱支撑框架体系	发明	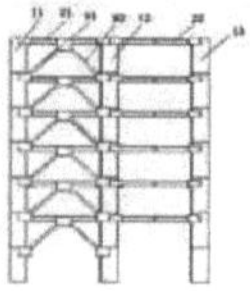	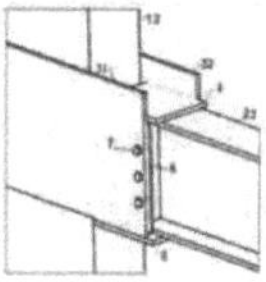
一种支撑插入安装的多腔钢管混凝土组合柱支撑框架体系	发明	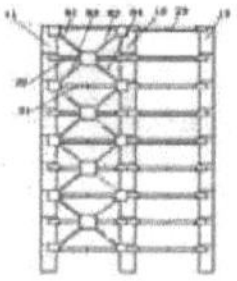	
一种插入式梁支撑节点	发明	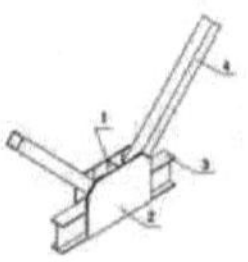	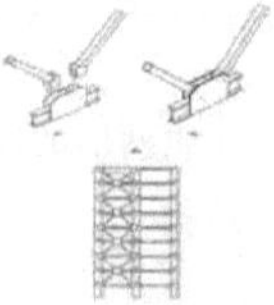
多腔钢管混凝土组合柱与钢梁 U 形连接节点及装配方法	发明	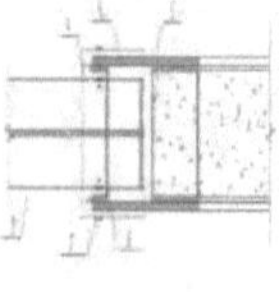	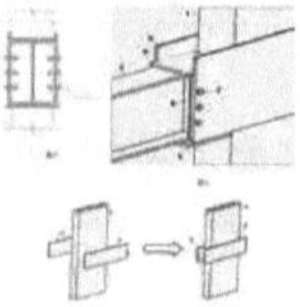

续表

名称	类型	简图	
多腔钢管混凝土组合柱与钢梁螺栓连接节点及装配方法	发明	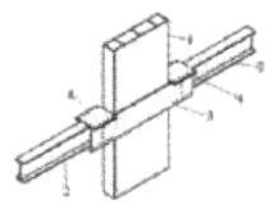	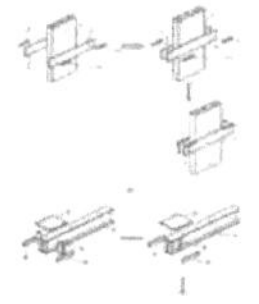
一种通过下翼缘连接的双侧板节点及装配方法	发明	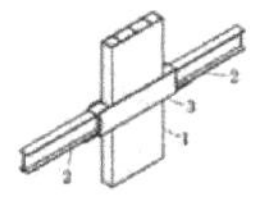	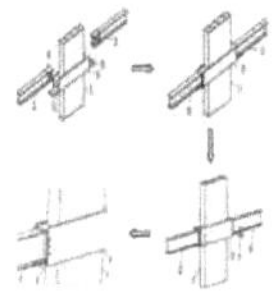
一种用于梁柱的双侧板螺栓节点及装配方法	发明	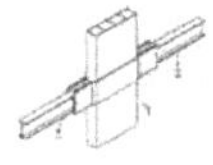	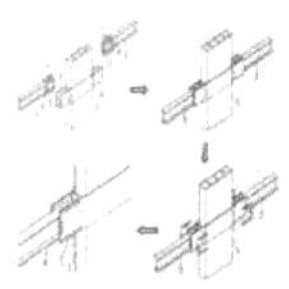
贯穿隔板式多腔室钢管混凝土组合柱钢梁节点及装配方法	发明	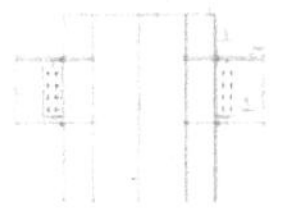	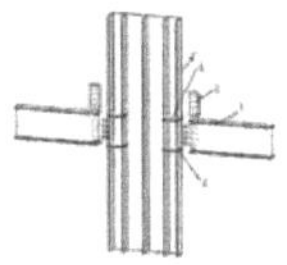
一种 T 形梁柱连接节点	发明	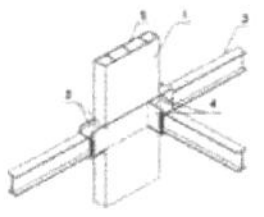	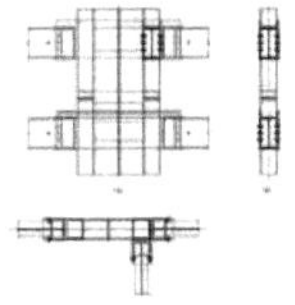
一种基于方钢管连接件的预制 L 形异形钢管混凝土组合柱	发明	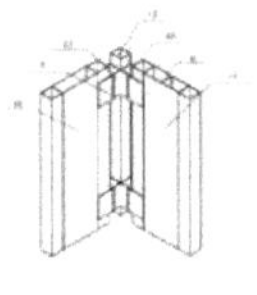	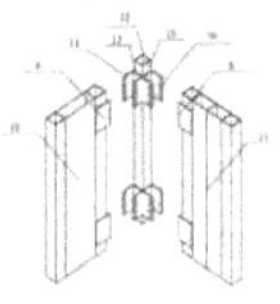
一种用于偏心梁柱的带侧板螺栓节点及装配方法	发明	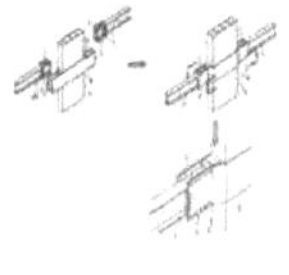	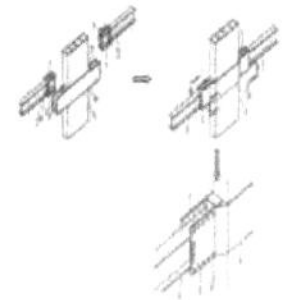
一种支撑插入式支撑双侧板节点	发明	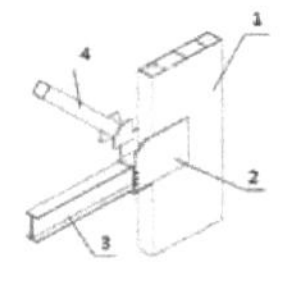	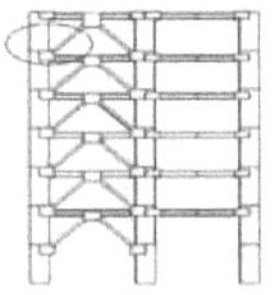

续表

名称	类型	简图	
一种预制L形异形钢管混凝土组合柱	发明	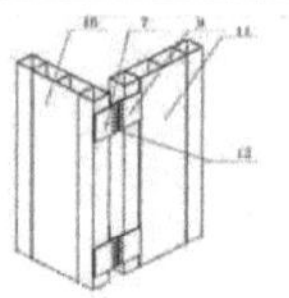	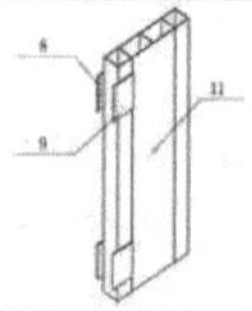
一种预制 L 形柱耗能连接节点	发明	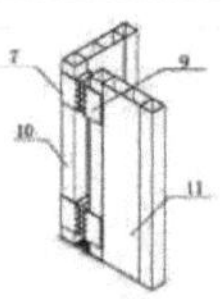	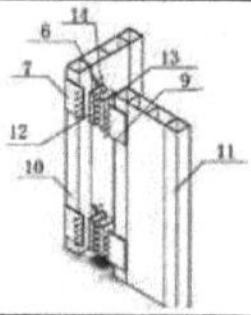
一种外伸盖板的支撑双侧板节点	发明	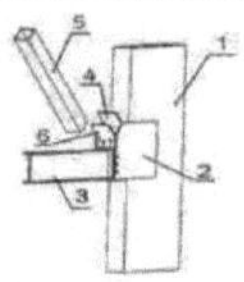	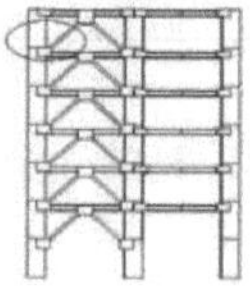
一种支撑插入式梁柱支撑 U 形双侧板节点	发明	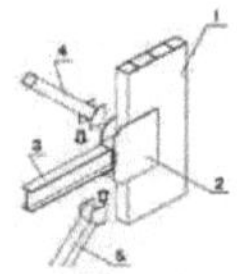	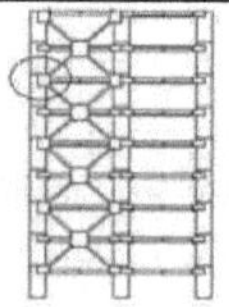
一种支撑插入式梁柱支撑双侧板节点	发明	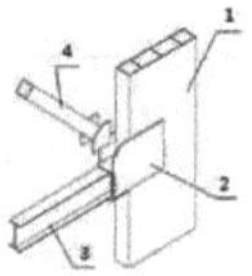	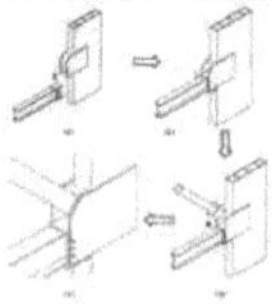
一种梁端拼接的带外伸盖板的双侧板支撑节点	发明	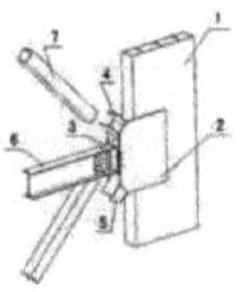	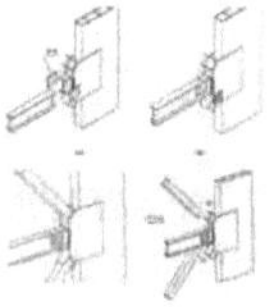
多腔钢管混凝土组合柱与钢梁刚性连接节点及装配方法	发明	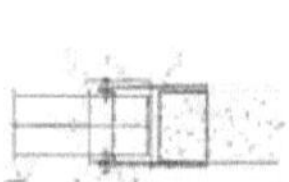	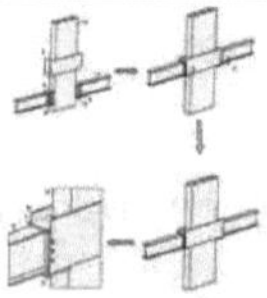

2.4 本章小结

国内外尚无将工程系统论和一般系统论应用在装配式建筑的先例，在这方面的研究方向领域很宽。装配式建筑体系作为一项大型复杂人工系统，与系统科学联系非常密切。装配式建筑体系的技术和方法贯穿着系统科学的基本思想，它的核心思想是将装配式建筑作为一项工程产品推向市场，把功能需求计划、可行性研究和工程质量监督等理念引入装配式建筑的设计、生产和建造中，以期获得项目的三项基本要素：进度、综合成本和工程质量。

装配式建筑的研发和生产建造过程具有酝酿、研发、设计周期较长，涉及相关学科门类多、知识面宽、系统指标体系庞杂、组织管理任务重，且受运作机制、参与人员素质、市场环境诸多因素影响等特征，因此客观上极为迫切地需要应用系统科学思想对其进行综合性管理及评价，从而给出装配式建筑系统范式，把握系统内在的客观规律，促进装配式建筑研发、生产及建造水平。

本章根据装配式建筑管理、产业、技术特点，提出装配式建筑系统工程五层模型和系统工程应用维度。进一步研究了装配式建筑体系研发技术路径，整体建筑系统或子系统整体集成方法。提出了装配式建筑设计流程管理系统解决方法和装配式建筑建造流程管理系统解决方法。最终，以系统工程方法进行结构子系统的研发，形成适用于多层、高层、超高层，并且广泛适用于住宅和商业各种建筑功能的壁柱通用钢结构体系。

装配式钢结构建筑是一个建筑的完整有机体，它包含和钢结构配套的绿色围护板材、门窗、新型装饰材料、整体厨卫产品的集成，是对楼宇自动控制、装修一体化、雨水收集、太阳能、地热源等智能化集成技术的综合运用。本章以系统工程学为引领，以壁柱钢管混凝土结构体系为基础，全面针对建筑设计、围护体系、生产施工等各个方面进行研究，形成了具有特色的壁式钢管混凝土柱建筑体系。

参 考 文 献

[1] 郝际平, 薛强, 黄育琪, 等. 装配式建筑的系统论研究 [J]. 西安建筑科技大学学报 (自然科学版), 2019, (26): 14-20.

[2] 钱学森. 创建系统学 (新世纪版)[M]. 上海: 上海交通大学出版社, 2007.

[3] 钱学森. 论系统工程 (新世纪版)[M]. 上海: 上海交通大学出版社, 2007.

[4] 冯・贝塔朗菲. 一般系统论: 基础、发展和应用 [M]. 北京: 清华大学出版社，1987.

[5] 汪应洛. 系统工程理论、方法与应用 [M]. 北京: 高等教育出版社, 2002.

[6] 王连成. 工程系统论 [M]. 北京: 中国宇航出版社, 2002.

[7] 郝际平, 孙晓岭, 薛强, 等. 绿色装配式钢结构建筑体系研究与应用 [J]. 工程力学, 2017, 34(1): 1-13.

[8] 郝际平, 何梦楠, 薛强, 等. 一种带螺旋箍筋与拉杆的多腔钢管混凝土柱 [P]. 中国: 206800791U, 2017-12-26.

[9] 郝际平, 樊春雷, 薛强, 等. 一种基于 H 型钢的全焊接一字型多腔钢管混凝土柱 [P]. 中国: 207484828U, 2018-06-12.

[10] 樊春雷, 郝际平, 孙晓岭, 等. 一种带加劲肋多腔钢管混凝土组合柱 [P]. 中国: 205822593U, 2016-12-21.

[11] 郝际平, 黄育琪, 薛强, 等. 一种采用环形连接件的多腔钢管混凝土组合柱 [P]. 中国: 205637339U, 2016-10-12.

[12] 郝际平, 薛强, 孙晓岭, 等. 采用内置连接板的多腔钢管混凝土组合柱 [P]. 中国: 205822592U, 2016-12-21.

[13] 郝际平, 薛强, 樊春雷, 等. 一种对穿平头内六角螺栓的多腔钢管混凝土柱 [P]. 中国: 206800792U, 2017-12-26.

[14] 郝际平, 薛强, 孙晓岭, 等. 预制 L 型异形钢管混凝土组合柱 [P]. 中国: 205637335U, 2016-10-12.

[15] 刘瀚超, 郝际平, 樊春雷, 等. 基于方钢连接件的预制 L 型异形钢管混凝土组合柱 [P]. 中国: 205637332U, 2016-10-12.

[16] 刘瀚超, 郝际平, 樊春雷, 等. 预制 T 型异形钢管混凝土组合柱 [P]. 中国: 205663030U, 2016-10-26.

[17] 郝际平, 孙晓岭, 樊春雷, 等. 一种十字型多腔钢管混凝土柱 [P]. 中国: 206800793U, 2017-12-26.

[18] 郝际平, 薛强, 刘斌, 等. 一种焊接 L 型多腔钢管混凝土柱 [P]. 中国: 206800790U, 2017-12-26.

[19] 郝际平, 刘斌, 薛强, 等. 一种基于 H 型钢的全焊接 T 型多腔钢管混凝土柱 [P]. 中国: 206829499U, 2018-01-02.

[20] 郝际平, 孙晓岭, 薛强, 等. 一种基于 H 型钢的全焊接十字型多腔钢管混凝土柱 [P]. 中国: 206829494U, 2018-01-02.

[21] 郝际平, 刘瀚超, 孙晓岭, 等. 一种基于全焊接的 T 型多腔混凝土柱 [P]. 中国: 207211521U, 2018-04-10.

[22] 郝际平, 薛强, 孙晓岭, 等. 一种基于 H 型钢的全焊接 L 型多腔钢管混凝土柱 [P]. 中国: 207484829U, 2018-06-12.

[23] 郝际平, 孙晓岭, 张伟, 等. 一种用于偏心梁柱连接的三侧板节点及装配方法 [P]. 中国: 106436923B, 2018-08-07.

[24] 郝际平, 樊春雷, 苏海滨, 等. 一种螺栓连接的双侧板节点及装配方法 [P]. 中国: 106013466B, 2018-01-29.

[25] 郝际平, 薛强, 孙晓岭, 等. 一种支撑插入式梁柱支撑双侧板节点 [P]. 中国: 105971127B, 2018-07-31.

[26] 孙晓岭, 郝际平, 薛强, 等. 多腔钢管混凝土组合柱与钢梁 U 形连接节点及装配方法 [P]. 中国: 105821968B, 2018-07-17.

[27] 郝际平, 薛强, 樊春雷, 等. 多腔钢管混凝土组合柱与钢梁螺栓连接节点及装配方法 [P]. 中国: 105863081B, 2018-07-10.

[28] 薛强, 郝际平, 樊春雷, 等. 一种通过下翼缘连接的双侧板节点及装配方法 [P]. 中国: 105863080B, 2018-09-07.

[29] 郝际平, 陈永昌, 薛强, 等. 一种用于梁柱的双侧板螺栓节点及装配方法 [P]. 中国: 105863-056B, 2018-07-10.

[30] 樊春雷, 郝际平, 孙晓岭. 一种用于偏心梁柱的带侧板螺栓节点及装配方法 [P]. 中国: 105839779B, 2018-10-02.

[31] 郝际平, 孙晓岭, 张伟, 等. 一种支撑插入式梁柱支撑 U 型双侧板节点 [P]. 中国: 105863077B, 2018-10-12.

[32] 郝际平, 孙晓岭, 刘斌, 等. 一种采用对穿钢棒的多腔钢管混凝土柱–钢梁平面外装配式连接节点 [P]. 中国: 206681150U, 2017-11-28.

[33] 郝际平, 刘斌, 刘瀚超, 等. 用对穿钢棒的多腔体钢管混凝土柱–钢梁面外塞焊装配式连接节点 [P]. 中国: 206693391U, 2017-12-01.

[34] 郝际平, 樊春雷, 黄育琪, 等. 用对穿螺杆的多腔体钢管混凝土柱–钢梁面外螺栓装配式连接节点 [P]. 中国: 206800624U, 2017-12-26.

[35] 陈永昌, 郝际平, 樊春雷, 等. 一种支撑平推式多腔钢管混凝土组合柱支撑框架体系 [P]. 中国: 105821966B, 2019-02-01.

[36] 薛强, 郝际平, 孙晓岭, 等. 一种支撑平推装配的多腔钢管混凝土组合柱支撑框架体系 [P]. 中国: 105821959B, 2018-08-31.

[37] 刘斌, 郝际平, 樊春雷, 等. 一种支撑插入安装的多腔钢管混凝土组合柱支撑框架体系 [P]. 中国: 105821965B, 2018-03-30.

[38] 郝际平, 何梦楠, 孙晓岭, 等. 一种带侧板的预制梁柱节点一榀框架 [P]. 中国: 105839778B, 2018-07-06.

[39] 郝际平, 薛强, 何梦楠, 等. 一种钢筋桁架预制楼承板拼接节点 [P]. 中国: 206800739U, 2017-12-26.

[40] 郝际平, 张峻铭, 薛强, 等. 一种钢筋桁架混凝土楼承板与钢梁连接节点 [P]. 中国: 206800641U, 2017-12-26.

[41] 郝际平, 赵子健, 何梦楠, 等. 一种采用喷涂砂浆钢梁. 内墙连接节点 [P]. 中国: 206800628U, 2017-12-26.

[42] 郝际平, 樊春雷, 薛强, 等. 一种喷涂砂浆外包钢梁. 内墙管卡连接节点 [P]. 中国: 206800711U, 2017-12-26.

[43] 郝际平, 薛强, 陈永昌, 等. 采用喷涂式轻质砂浆处理的钢柱围护墙体柔性连接节点 [P]. 中国: 207003646U, 2018-02-13.

[44] 郝际平, 樊春雷, 薛强, 等. 一种喷涂砂浆外包钢梁外墙连接节点 [P]. 中国: 206693388U, 2017-12-01.

[45] 郝际平, 刘斌, 薛强, 等. 一种外包喷涂砂浆钢梁 AAC 砌块内墙角钢式连接节点 [P]. 中国: 206829373U, 2018-01-02.

[46] 西安建筑科技大学. 壁式柱结构设计程序软件 [CP]. 2018SR631279, 软件著作, 2018-8.

[47] 西安建筑科技大学. 考虑钢管局部屈曲的整体稳定分析程序 [CP]. 2018SR210544, 软件著作, 2018-3.

[48] 西安建筑科技大学. 空间钢管结构整体稳定分析软件 [CP]. 2018SR210536, 软件著作, 2018-3.

[49] 西安建筑科技大学. 钢管构件设计软件 [CP]. 2018SR210434, 软件著作, 2018-3.

第 3 章　壁式钢管混凝土柱的力学性能

壁式钢管混凝土柱是壁式钢管混凝土柱高层建筑体系的关键部件，这种体系是一种新型装配式钢结构建筑体系，避免了框架柱凸出墙体，显著提升了钢结构建筑品质，并满足装配式钢结构建筑绿色化、工业化和信息化的发展需求 [1−6]。

壁式钢管混凝土柱是矩形钢管混凝土柱的特殊形式，由大截面高宽比矩形钢管内设纵向隔板浇筑混凝土而成。本章对壁式钢管混凝土柱进行了抗震性能试验，基于精细化有限元模型对壁式钢管混凝土柱进行了受力机理研究，采用纤维梁模型分析了壁式钢管混凝土柱在轴心受压、压弯和反复荷载作用下的力学性能，提出了壁式钢管混凝土柱简化设计方法 [7−11]。

3.1　壁式钢管混凝土柱抗震性能试验研究

遭遇罕遇地震作用时，结构构件往往承受超过自身承载力的反复地震力，并具有持时短、反复次数少、塑性变形大的特点，表现为塑性低周疲劳破坏。本节以某钢结构高层住宅工程典型的框架柱为研究模型，对截面高宽比为 3.0 的壁式柱足尺试件进行高轴压比下的低周反复加载试验，研究其破坏模式、滞回行为、承载能力、变形能力和能量耗散能力等。分析壁式柱轴压比和含钢率对抗震性能的影响，为壁式柱理论分析和工程抗震设计提供研究基础。

3.1.1　试验概况

1. 研究对象和试验模型

试验以框架柱为研究对象。目前，钢管混凝土柱抗震性能试验研究中所采用的试验模型可以分为两种：两端铰接模型和两端固接模型，如图 3.1.1(a) 和 (b) 所示。这两种模型均能反映地震中框架柱的工作机理。设两种框架柱试验模型总长度为 $2L$，忽略局部边界条件影响，两种试验模型均可对称简化为长度 L 的悬臂柱，如图 3.1.1(c) 所示。相对于两端铰接试验模型和两端固接试验模型，悬臂柱模型具有加载装置简单、加载方便和可考虑 P-Δ 效应等优点。因此，选取悬臂柱构件作为试验单元，竖向保持恒定轴向压力的同时，在试件顶部施加反复水平荷载。

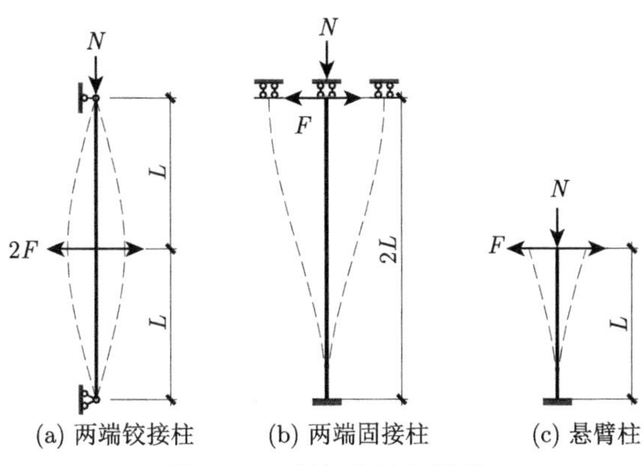

(a) 两端铰接柱 (b) 两端固接柱 (c) 悬臂柱

图 3.1.1 框架柱简化模型

2. 试件设计

本试验选用某住宅工程中典型的壁式柱为研究对象，设计了足尺壁式柱试件，其编号为 C1~C3。试件截面尺寸为 600mm×200mm，高度为 2800mm。试件底部设置钢靴梁与柱底焊接，顶部设置钢加载梁与柱顶高强螺栓连接。试件 C1~C3 腹板宽厚比较大，为防止钢管达到屈服强度之前过早出现局部屈曲，并对混凝土形成有效约束，在钢管腹板中部设置 5mm 厚分隔钢板，如图 3.1.2 所示。设置分隔钢板后各试件钢管壁板宽厚比均小于 60，满足 CECS 159—2004《矩形钢管混凝土结构技术规程》[12] 的宽厚比要求。

主要研究轴压比和含钢率 (钢管截面面积与柱全截面面积之比) 对壁式柱抗震性能的影响。表 3.1.1 列出了各试件的主要设计参数。计算轴压比时考虑钢管的作用，设计值和试验值分别为

$$n_{\mathrm{d}} = \frac{1.2N}{f_{\mathrm{s}}A_{\mathrm{s}} + f_{\mathrm{c}}A_{\mathrm{c}}} \tag{3.1.1}$$

$$n_{\mathrm{t}} = \frac{N}{f_{\mathrm{sm}}A_{\mathrm{s}} + f_{\mathrm{cm}}A_{\mathrm{c}}} \tag{3.1.2}$$

式中，f_{s} 为钢材屈服强度设计值；f_{sm} 为钢材屈服强度平均值；A_{s} 为钢管截面面积，其中分隔钢板为拉结构造作用，轴压比及承载力计算均未考虑其作用；f_{c} 为混凝土轴心抗压强度设计值；f_{cm} 为混凝土轴心抗压强度平均值，取混凝土立方体抗压强度平均值的 76%；A_{c} 为混凝土截面面积。

3. 试件制作

试件由 5 块钢板拼接而成，钢材材质为 Q235B，其制作流程如图 3.1.3 所示。首先，将纵向隔板与钢管腹板组装形成 H 形构件，焊缝采用角焊缝，焊缝

高度按 GB 50017—2017《钢结构设计规范 (附条文说明 [另册])》[13] 设计，如图 3.1.3(a) 所示。然后，组装钢管翼缘与 H 形构件形成两腔柱，焊缝采用全熔透焊缝，如图 3.1.3(b) 所示。最后，组装柱底钢靴梁和柱顶连接端板，组装时控制靴梁和端板与试件纵向的垂直度，如图 3.1.3(c) 所示。试件顶部端板留设混凝土浇筑孔和透气孔，方便混凝土浇筑。

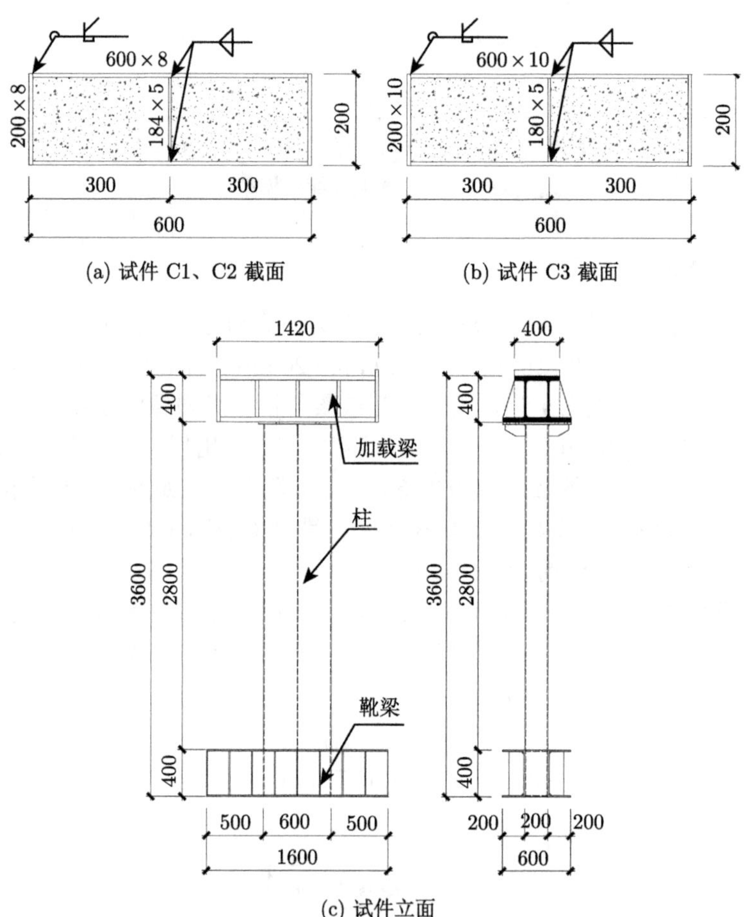

图 3.1.2　试件构造详图 (单位：mm)

表 3.1.1　试件主要设计参数

试件编号	轴压荷载 N/kN	轴压比		宽厚比		含钢率 /%
		n_d	n_t	翼缘	腹板	
C1	2196.5	0.69	0.34	23.0	36.5	10.04
C2	1757.2	0.54	0.27	23.0	36.5	10.04
C3	2196.5	0.58	0.30	18.0	29.0	12.58

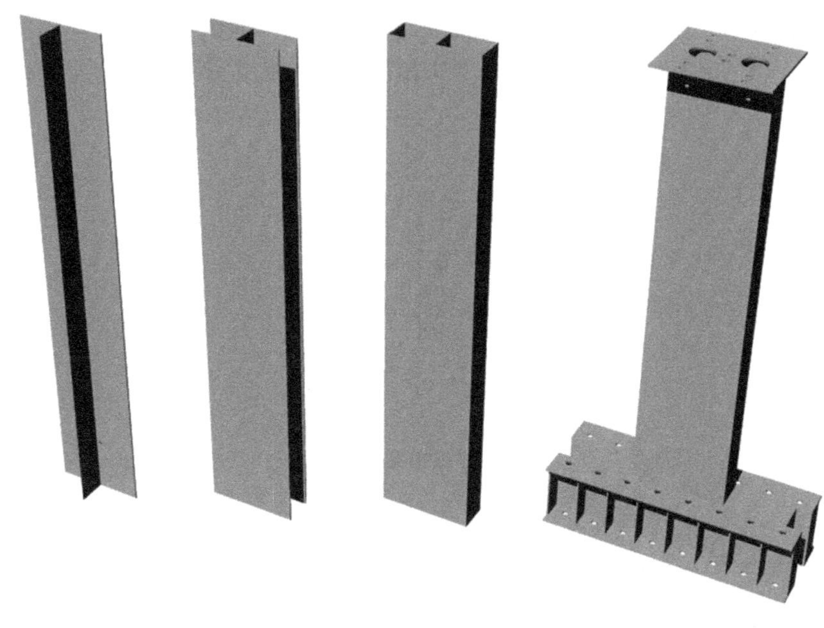

(a) 组装 H 形截面　(b) 组装翼缘　(c) 组装靴梁和端板

图 3.1.3　试件制作流程

钢管加工完毕后统一浇筑混凝土。由于试验装置竖向加载能力受限制，降低混凝土强度等级至 C25。混凝土采用商品细石混凝土，加入高效减水剂以保证混凝土的流动性，采用少量膨胀剂保证钢管和混凝土之间紧密结合。从钢管顶部分层浇筑混凝土，同时采用加长插入式振捣棒充分振捣，以保证混凝土密实度。浇筑完毕后抹平钢管顶部混凝土并进行自然养护。

4. *材料力学性能*

1) 钢材力学性能

对试件各部位钢板进行材料性能试验。材料性能试验为单向拉伸试验，按照 GB/T 2975—2018《钢及钢产品力学性能试验取样位置及试样制备》[14] 的要求从母材中切取试件单元，如图 3.1.4(a) 所示。然后按照 GB/T 228.1—2010《金属材料拉伸试验 第 1 部分：室温试验方法》[15] 的规定加工成条状试样，如图 3.1.4(b) 所示。

采用液压万能试验机进行钢材材性试验。按照 GB/T 228.1—2010 的要求，试件两端被夹持前设定力测量系统零点。按照标准规定的应变速率测定屈服强度、极限强度和伸长率。钢材力学性能试验结果见表 3.1.2。由表中数据可见：钢材均满足 GB/T 700—2006《碳素结构钢》[16] 和 GB 50011—2010《建筑抗震设计规范

(附条文说明)(2016 年版)》[17] 的性能要求。钢材拉伸曲线具有明显的屈服台阶，且伸长率大于 20%；钢材的抗拉强度实测值与屈服强度实测值的比值大于 1.4。

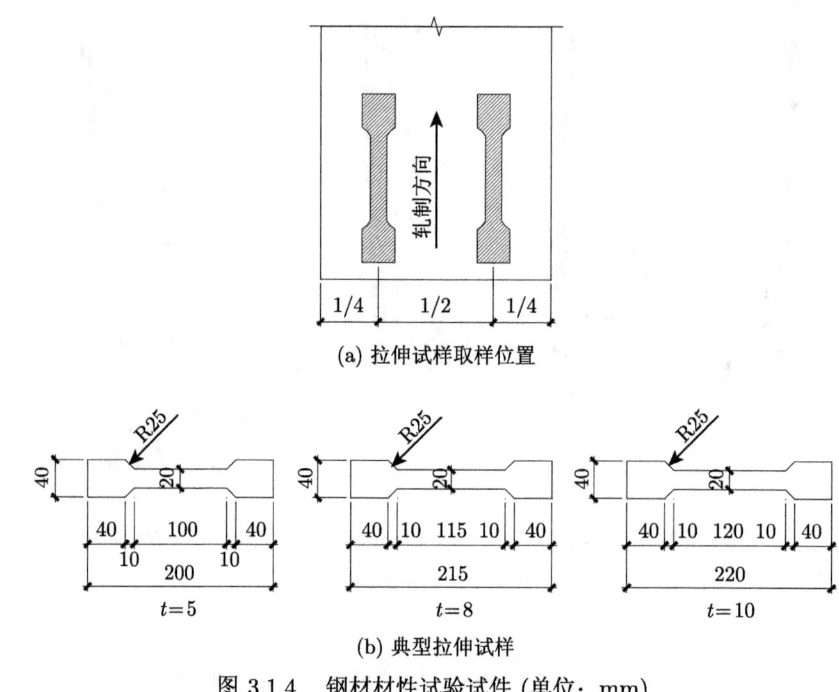

(a) 拉伸试样取样位置

(b) 典型拉伸试样

图 3.1.4　钢材材性试验试件 (单位：mm)

表 3.1.2　钢材力学性能

组件名称	名义厚度 /mm	实测厚度/mm	屈服强度/MPa		抗拉强度/MPa		弹性模量 E_s/MPa	δ/%	f_{su}/f_{sm}
			测试值	平均值	测试值	平均值			
柱隔板	5	4.60	315.74	318.52	476.71	475.22	2.05×10^5	40.1	1.49
			321.30		473.73				
			325.60		477.63				
柱壁板	8	7.68	314.60	317.86	477.93	481.89	2.08×10^5	40.1	1.52
			321.11		485.85				
			308.77		480.04				
柱壁板	10	9.67	318.73	315.36	456.60	454.41	2.06×10^5	27.5	1.44
			314.16		453.17				
			313.21		453.47				

注：f_{sm} 为屈服强度平均值；f_{su} 为抗拉强度平均值；E_s 为弹性模量；δ 为断后伸长率。

2) 混凝土力学性能

试件混凝土强度等级为 C25，所用材料为 P42.5 级普通硅酸盐水泥、粒径 0.3~0.5mm 的中粗砂和骨料粒径不大于 12mm 的碎石。在浇筑试件混凝土的同时，按照 GB 50107—2010《混凝土强度检验评定标准》[18] 要求制作一组边长为

150mm 的立方体试块，随同试件在相同条件下养护。试件加载时，测定混凝土立方体试块抗压强度，如表 3.1.3 所示。

表 3.1.3 混凝土立方体试块抗压强度

序号	测试值/MPa	平均值/MPa	标准值/MPa
1	32.87		
2	31.24	32.25	28.14
3	32.64		

3.1.2 试验装置、加载制度和量测内容

1. 试验装置

按照 JGJ/T 101—2015《建筑抗震试验规程》[19] 的规定，试验为低周反复加载拟静力试验，采用可考虑 $P\text{-}\Delta$ 效应的柱端加载试验装置，如图 3.1.5 所示。柱底采用刚性连接构造。首先采用高强螺栓将钢靴梁固定于刚性台座，防止柱底与台座间的相对滑移，然后采用压梁固定靴梁两端，防止柱底与台座间发生相对转动，如图 3.1.6(a) 所示。柱顶水平荷载采用电液伺服作动器施加低周反复水平荷载。电液伺服作动器承载力为 100t，位移行程为 ±250mm。柱顶竖向荷载采用 500t 液压千斤顶，千斤顶与反力梁间设置滚轴，以保证水平自由滑动，千斤顶与柱顶采用球铰连接，使柱顶可自由转动，如图 3.1.6(b) 所示。液压千斤顶油路与稳压装置串联，以保证在加载过程中柱顶竖向荷载保持恒定，如图 3.1.6(c) 所示。

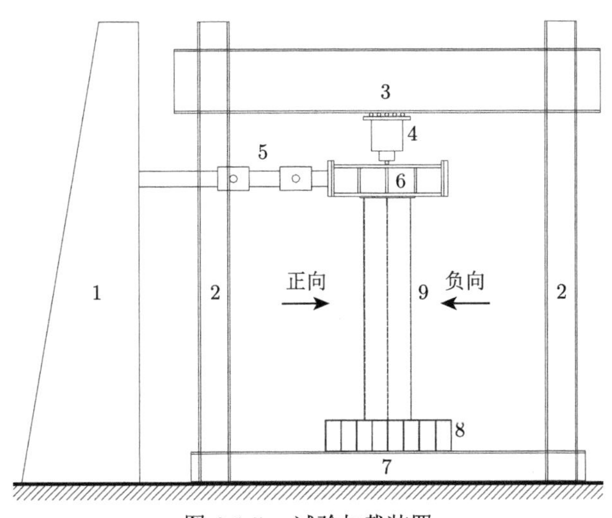

图 3.1.5 试验加载装置

1. 反力墙；2. 反力刚架；3. 反力梁；4. 千斤顶；5. 伺服作动器；6. 加载梁；7. 台座；8. 靴梁；9. 试件

(a) 柱底刚性连接

(b) 柱顶千斤顶及滚轴

(c) 千斤顶稳压装置

(d) 防平面外压溃装置

图 3.1.6　试验装置细部

此外，壁式柱试件平面外刚度小，为防止试件平面外压溃时出现危险，在试件侧面设置防压溃安全装置，如图 3.1.6(d) 所示。在加载过程中安全装置与试件间留设 100mm 空隙，防止其影响试件受力性能。

2. 加载制度

试验采用力–位移双控制的加载制度，使试件从弹性阶段直至破坏，如图 3.1.7 所示。加载过程如下：试件顶部分级施加轴向压力，通过稳压系统保持轴压力恒定；试件顶部分级施加往复水平荷载，其加载点距柱底距离为 3000mm。试件屈服前采用力控制，水平荷载加载等级为预测屈服荷载的 20%，每级荷载反复 1 次；试件屈服后采用位移控制，加载等级对应的主控点水平位移增量为 10mm，每级位移反复 3 次。正向加载施加水平推力，反向加载施加水平拉力。试件水平荷载下降至 85%的峰值荷载或不能维持轴向承载力时，加载结束。

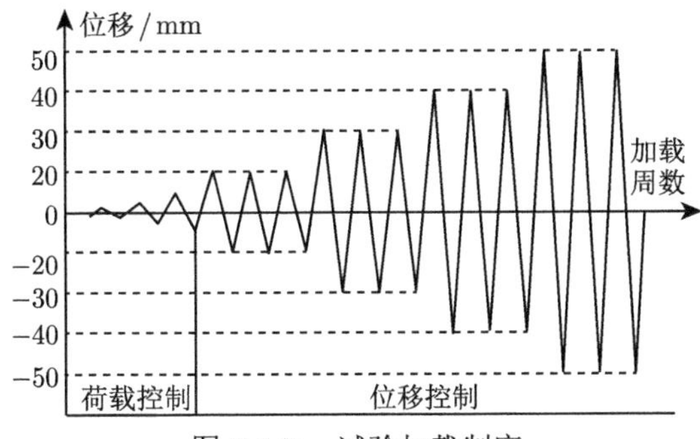

图 3.1.7 试验加载制度

3. 量测内容

试验过程中测量柱顶施加的轴力和水平荷载，试件的位移和转角，以及柱底塑性区应变，数据采集使用 TDS602 数据采集仪。观察记录钢管壁板局部屈曲发展，钢管纵向焊缝开裂及混凝土压碎等试验现象。图 3.1.8 给出了试件的测点布置，D2~D5 为水平位移计，D1 为精度更高的磁致伸缩位移计，沿柱高均匀布置，

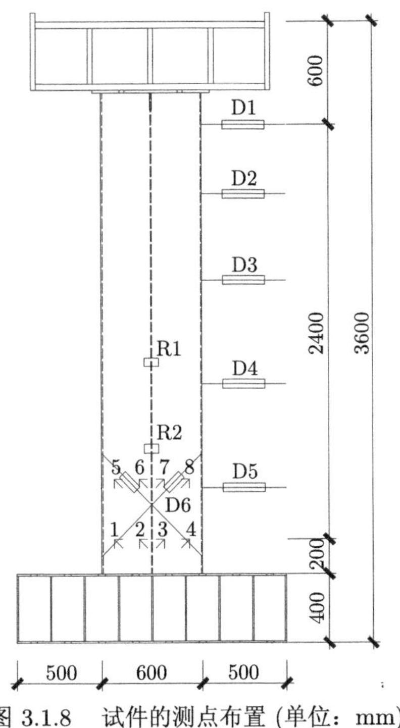

图 3.1.8 试件的测点布置 (单位：mm)

D1. 磁致伸缩位移计；D2~D5. 水平位移计；D6. 交叉位移计；R1, R2. 倾角仪；1~8. 应变花

其中 D1 为主控测点，距柱底截面 2600mm；D6 为交叉位移计，测量试件底部塑性区的剪切变形；R1～R2 为倾角仪，测量试件底部截面转角；距柱底 200mm 和 550mm 处布设应变花，测量试件塑性区的纵向、环向和剪切应变分布。

3.1.3 试验现象分析

1. 试件 C1 试验现象

加载过程可对应试件的弹性阶段、弹塑性阶段和破坏阶段。

弹性阶段。水平位移约为 15mm(位移角约为 0.006rad)，试件基本处于弹性状态，残余变形微小，钢管未发生局部屈曲。

弹塑性阶段。该阶段为名义屈服后至水平荷载达到峰值的受力过程。位移达到 20mm(位移角约为 0.0075rad) 时，试件钢管受压翼缘开始屈服。试件底部受压翼缘出现微鼓曲，受拉翼缘微凹陷。随着位移增大，钢管受压腹板出现微鼓曲。此受力过程中，受压翼缘压应力较大，同时此处混凝土竖向压缩变形最大，由于泊松效应产生横向膨胀，导致钢管翼缘早于腹板鼓曲。当位移达到 40mm(位移角约为 0.015 rad) 时，试件底部钢管受压区钢板鼓曲发展，如图 3.1.9(a) 所示。此时试件水平荷载达到峰值。

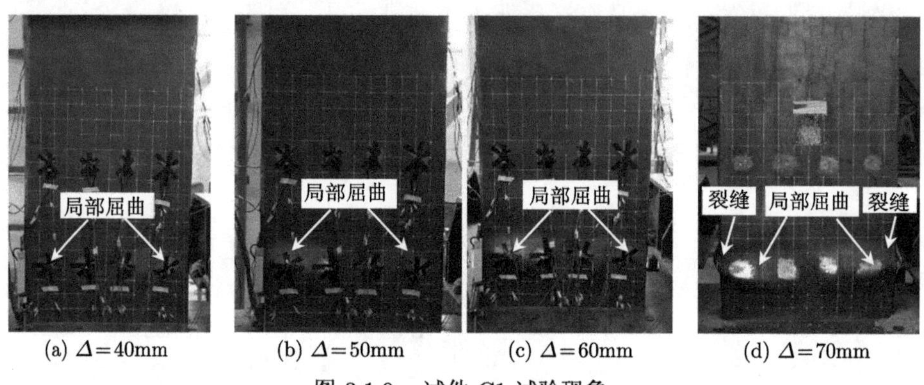

(a) $\Delta=40$mm (b) $\Delta=50$mm (c) $\Delta=60$mm (d) $\Delta=70$mm

图 3.1.9 试件 C1 试验现象

破坏阶段。该阶段为水平荷载达到峰值后，开始下降直至 85%的峰值荷载以下或丧失轴向承载力。当位移达到 50mm(位移角约为 0.020 rad) 时，试件底部矩形钢管受压区钢板的鼓曲现象明显，受拉区钢板鼓曲已无法恢复，如图 3.1.9(b) 所示。鼓曲范围均集中在距底部 50～300mm 高度范围。由于腹板宽厚比大于翼缘宽厚比，腹板比翼缘鼓曲现象发展更快。试件轴压比大，受压区钢板鼓曲现象明显，受拉区残余鼓曲变形较大。当位移达到 60mm(位移角约为 0.025 rad) 时，试件钢管受压区角部焊缝出现竖向裂缝，残余鼓曲变形明显增加，如图 3.1.9(c) 所示。当位移达到 70mm(位移角约为 0.030 rad) 时，试件钢管角部纵向裂缝迅速扩展，混凝土揉碎散落，水平力急剧下降，加载结束，如图 3.1.9(d) 所示。试件在全受力过程中均能保持轴力不变，竖向承载力未出现明显下降。

2. 试件 C2 试验现象

试件 C2 和试件 C1 试验现象基本相同。

弹性阶段。水平位移约为 15mm(位移角约为 0.006rad)，试件基本处于弹性状态，残余变形微小，钢管未发生局部屈曲。

弹塑性阶段。位移达到 18mm(位移角约为 0.007rad) 时，试件钢管受压翼缘开始屈服，底部受压翼缘出现微鼓曲，受拉翼缘微凹陷。随着位移增大，钢管受压腹板出现微鼓曲。当位移达到 40mm(位移角约为 0.015rad) 时，试件底部钢管受压区钢板鼓曲发展，但不明显，如图 3.1.10(a) 所示。此时试件水平荷载达到峰值。

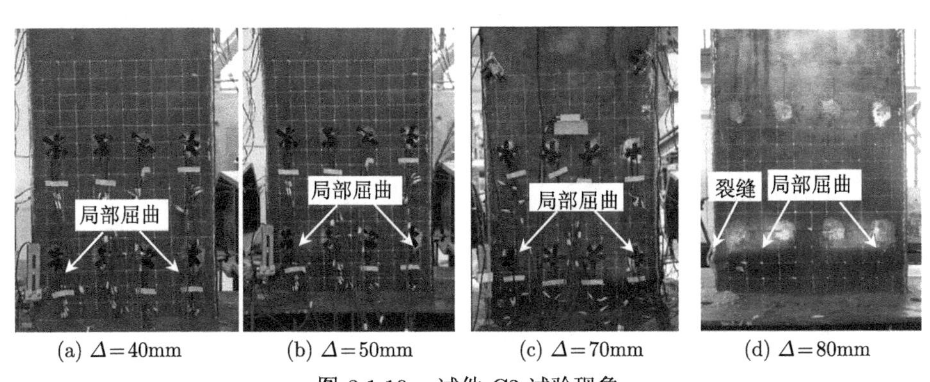

(a) $\Delta=40$mm (b) $\Delta=50$mm (c) $\Delta=70$mm (d) $\Delta=80$mm

图 3.1.10 试件 C2 试验现象

破坏阶段。当位移达到 50mm(位移角约为 0.020rad) 时，试件底部矩形钢管受压区钢板的鼓曲现象明显，受拉区钢板鼓曲已无法恢复，如图 3.1.10(b) 所示。鼓曲范围集中在距底部 50~300mm 高度范围。由于腹板宽厚比大于翼缘宽厚比，腹板比翼缘鼓曲现象发展更快。受压区钢板鼓曲现象明显，受拉区残余鼓曲变形较大。当位移达到 70mm(位移角约为 0.025rad) 时，钢管壁板鼓曲继续发展，范围扩大，如图 3.1.10(c) 所示。当位移达到 80mm(位移角约为 0.031rad) 时，试件钢管角部纵向裂缝迅速扩展，混凝土揉碎散落，水平力急剧下降，加载结束，如图 3.1.10(d) 所示。试件在全受力过程中均能保持轴力不变，竖向承载力未出现明显下降。

3. 试件 C3 试验现象

与试件 C1、C2 相比，试件 C3 具有更高的承载力和更好的变形能力，破坏现象延后。

弹性阶段。水平位移约为 15mm(位移角约为 0.006rad)，试件基本处于弹性状态，残余变形微小，钢管未发生局部屈曲。

弹塑性阶段。位移达到 20mm(位移角约为 0.0075rad) 时，试件钢管受压翼缘开始屈服，未发现可见局部鼓曲。当位移达到 40mm(位移角约为 0.015rad) 时，试件底部受压区翼缘和腹板开始鼓曲，由于其鼓曲现象微小，未见明显的先后鼓曲次序，此时试件水平荷载达到峰值。

破坏阶段。当位移达到 50mm(位移角约为 0.020rad) 时，试件底部矩形钢管受压区钢板的鼓曲现象有所发展。当位移达到 70mm(位移角约为 0.025rad) 时，钢管壁板鼓曲继续发展，范围扩大，如图 3.1.11(a) 所示。鼓曲范围集中在距底部 100~350mm 高度范围。由于腹板宽厚比大于翼缘宽厚比，腹板比翼缘鼓曲现象发展明显。受压区钢板鼓曲现象明显，受拉区残余鼓曲变形较大。当位移达到 80mm(位移角约为 0.031rad) 时，柱底钢管角部焊缝崩裂，内部混凝土碎落，水平力急剧下降，加载结束，如图 3.1.11(b) 所示。试件在全受力过程中均能保持轴力不变，竖向承载力未出现明显下降。

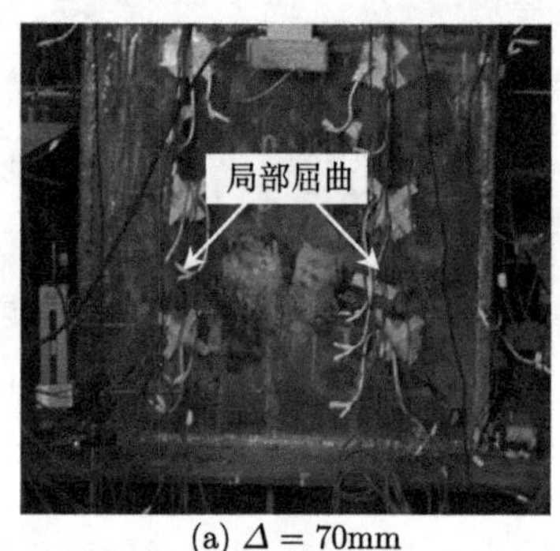

(a) $\Delta = 70$mm

(b) $\Delta = 80$mm

图 3.1.11　试件 C3 试验现象

4. 试件破坏模式对比分析

各试件塑性区破坏模式如图 3.1.12 所示。试件 C1、C2 在距柱底约 200mm 位置形成压弯塑性区，试件 C3 在距柱底约 250mm 位置形成压弯塑性区。各试件底部钢管翼缘和腹板均出现了明显的残余鼓曲变形，钢管腹板受到隔板有效约束，被强制分为两个鼓曲半波。加载后期混凝土已远远超过受压峰值应变，由于钢管和隔板形成的腔室对混凝土形成有效横向约束，且钢管鼓曲后混凝土有效受压面积增加，试件宏观水平承载力并未出现明显下降。随着试件水平位移和荷载循环次数增加，在混凝土膨胀应力和竖向拉压应力联合作用下，钢管角部焊缝出现累积损伤，最终焊缝均被胀裂。试件 C3 钢管对混凝土的约束最强，混凝土膨胀应力最大，钢管焊缝崩裂时速度较快且发出较大响声，焊缝撕裂长度较大。焊缝崩裂后钢管壁板间相互约束消失，混凝土失去横向约束，导致试件水平承载力迅速下降。工程设计中，柱塑性区钢管壁板间应采用全熔透等强焊缝，延迟或避免焊缝撕裂，以保证构件具有足够的承载力和变形能力。

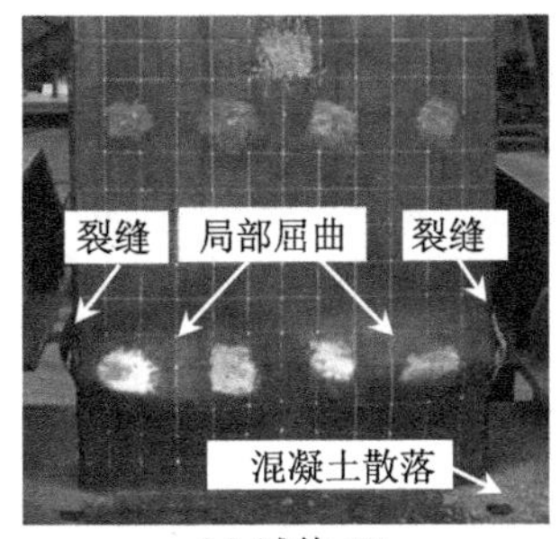

(a) 试件 C1

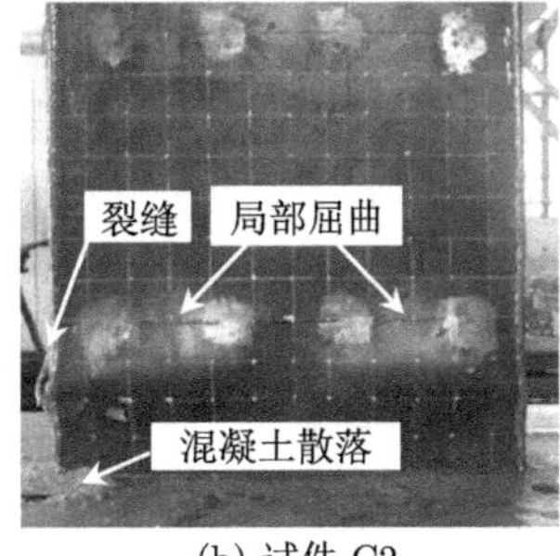

(b) 试件 C2

(c) 试件 C3

图 3.1.12 各试件塑性区破坏模式

各试件钢板和混凝土细部破坏模式基本相同，图 3.1.13 给出了试件 C1 细部破坏模式。非塑性区钢板与混凝土间未出现明显的相对滑移；混凝土破坏位置较为集中，靠近翼缘位置混凝土被反复荷载揉碎，塑性区上下临近区域仅有少量可见混凝土裂缝；塑性区位置管壁板件鼓曲，纵向隔板能有效约束钢板平面外局部屈曲，其在膨胀力作用下产生横向残余变形；纵向隔板和腹板组成的 H 形截面对混凝土的约束作用显著，形成了中部“受压核心区”，保证了试件在整个受力过程中的竖向承载力。

(a) 钢管焊缝撕裂

(b) 隔板残余变形

(c) 混凝土压碎

(d) 受压核心区

图 3.1.13 试件 C1 钢板和混凝土破坏模式

3.1.4 试验结果分析

1. 滞回曲线和骨架曲线

图 3.1.14 为各试件荷载–位移滞回曲线。水平位移小于 15mm 时，试件基本处于弹性状态，荷载–位移曲线为线性。水平位移大于 15mm 时，钢管翼缘开始

屈服，试件刚度下降，荷载–位移曲线为非线性，残余变形和滞回环包围的面积随位移增加而变大。水平位移为 40mm 时，试件刚度下降明显，荷载达到峰值，滞回环包围的面积增加，累积损耗的能量不断增大。继续加载，试件承载力和刚度退化明显，残余变形增加显著。同一级位移荷载下，滞回环包围的面积随荷载循环次数的增加而逐步减小，表明试件内部产生累积损伤，耗能能力不断减弱。各试件的滞回曲线稳定饱满，无明显的捏拢效应，抗震性能良好。试件轴压比越小，承载力下降越平缓，累积耗散的能量越多，变形能力越强。试件含钢率增加，钢板宽厚比减小，其耗能能力和变形能力明显增强。

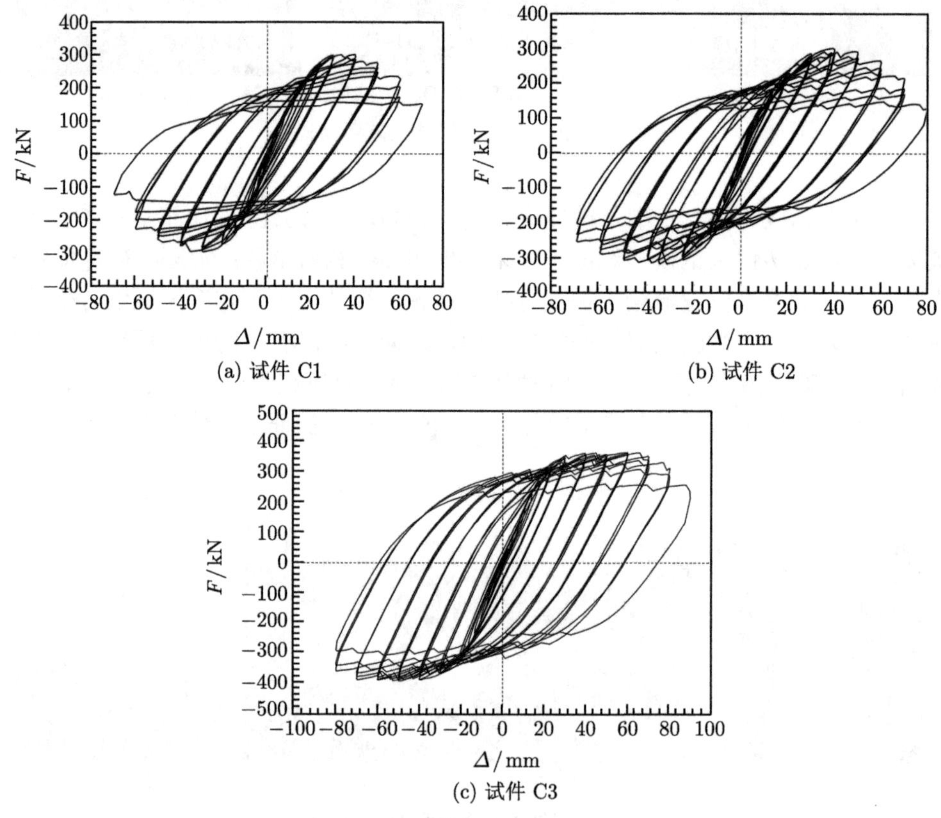

(a) 试件 C1　(b) 试件 C2　(c) 试件 C3

图 3.1.14　试件滞回曲线

图 3.1.15 为各试件荷载–位移骨架曲线。试件在全受力过程中的刚度变化、承载能力和变形能力由骨架曲线集中体现。各试件骨架曲线基本关于原点对称，表明试件正反向受力性能稳定。弹性阶段，各试件刚度基本一致。弹塑性阶段，各试件钢材屈服，钢板先后出现局部屈曲，骨架曲线开始出现差异。达到水平峰值

荷载时，试件 C1、C2 承载力基本相同，试件 C3 钢管壁厚大，承载力最高。超过峰值荷载后，试件 C1、C2 骨架曲线进入下降段，试件 C2 轴压比较小而下降段更为平缓，试件 C3 钢管宽厚比小，轴压比亦较小，钢板局部屈曲较晚出现，钢管对混凝土的约束能力较强，试件屈服后承载力基本保持不变，直至钢管壁板间焊缝崩裂。

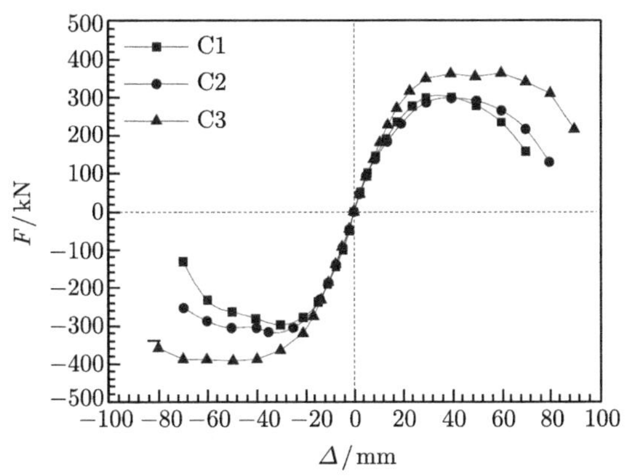

图 3.1.15 试件骨架曲线

2. 承载能力和变形能力

壁式柱骨架曲线没有明显的屈服点，名义屈服位移取骨架曲线弹性段延伸线与过峰值点水平切线交点处的位移，所对应荷载为名义屈服荷载；极限位移取试件水平荷载下降至 85%的峰值荷载时对应的位移。

试验得到的各阶段荷载和位移指标见表 3.1.4。试件名义屈服荷载约为 75%的峰值荷载。试件 C1 和试件 C2 承载力接近，试件 C3 承载力较高。试件 C3 与试件 C1 轴压力相同，但试件 C3 比试件 C1 含钢率增加 28.9%，其承载力比试件 C1 增加约 22.4%。试件 C1~C3 极限位移角均大于 0.02rad，满足我国现行规范对多、高层壁式钢管混凝土结构弹塑性层间位移角限值的要求。试件 C2 比试件 C1 轴压比低 25.0%，极限变形增加约 16.1%，减小轴压比能有效增加构件变形能力。相对于试件 C1，试件 C3 含钢率增加，试验轴压比降低约 14.8%，但极限变形大幅增加约 47.4%。这是由于增加含钢率能降低试件轴压比，减小钢板宽厚比，更有效地发挥钢材塑性变形能力，同时钢管对混凝土提供更强的横向约束，显著改善了混凝土材料的脆性受力特性，从而使试件具有更好的变形能力。

3. 延性和耗能能力

试件的位移延性系数 μ 由表 3.1.4 中极限位移 Δ_u 和屈服位移 Δ_y 之比确定。试件的耗能能力以荷载–位移滞回曲线所包围的面积衡量，采用等效黏滞阻尼系数

ζ_{eq} 和累积能量耗散 E_{d} 评估。ζ_{eq} 按图 3.1.16 中曲线 $ABCD$ 所围面积与$\triangle OBE$、$\triangle ODG$ 面积计算：

$$\zeta_{\mathrm{eq}}=\frac{1}{2\pi}\frac{S_{(ABCD)}}{S_{(\triangle OBE+\triangle ODG)}} \tag{3.1.3}$$

表 3.1.4 主要试验结果

试件编号	加载方向	屈服点			峰值点			破坏点		
		F_{y}/kN	Δ_{y}/mm	θ_{y}/rad	F_{p}/kN	Δ_{p}/mm	θ_{p}/rad	F_{u}/kN	Δ_{u}/mm	θ_{u}/rad
C1	正向	223.8	17.2	0.0066	301.1	39.9	0.0153	255.9	55.0	0.021
	反向	244.3	15.9	0.0061	297.3	29.9	0.0115	255.7	54.2	0.021
C2	正向	205.3	16.2	0.0062	298.8	39.9	0.0153	254.0	65.9	0.024
	反向	246.0	15.6	0.0060	316.7	34.8	0.0134	269.2	65.6	0.025
C3	正向	287.1	19.3	0.0074	364.0	39.6	0.0152	309.4	79.9	0.031
	反向	318.4	20.1	0.0077	391.9	39.6	0.0152	358.5*	80.0	0.031

注：F_{y}、F_{p} 和 F_{u} 分别为名义屈服荷载、峰值荷载和破坏荷载；Δ_{y}、Δ_{p} 和 Δ_{u} 分别为名义屈服荷载、峰值荷载和破坏荷载对应的位移；θ_{y}、θ_{p} 和 θ_{u} 分别为 Δ_{y}、Δ_{p} 和 Δ_{u} 对应的层间位移角，$\theta=\Delta/H$，H 为主控测点距柱底高度；* 表示正向加载时钢管崩裂，反向未继续加载，荷载未下降至峰值荷载的 85%。

位移延性系数与荷载峰值所在循环正向和反向加载的 $\zeta_{\mathrm{eq,p}}$ 和最后一级循环加载的 $\zeta_{\mathrm{eq,u}}$ 的计算结果列于表 3.1.5。各试件的累积能量耗散 E_{d} 见图 3.1.17。结果表明：壁式柱具有良好的变形能力，其位移延性系数大于 3.0；减小轴压比或提高含钢率可有效增强试件延性；试件 C1~C3 等效黏滞阻尼系数均大于 0.4，具有较强的耗能能力；试件 C3 充分发挥了钢材与混凝土的组合作用，能耗散更多的能量，其累积耗散的能量约为试件 C1 的 2 倍。

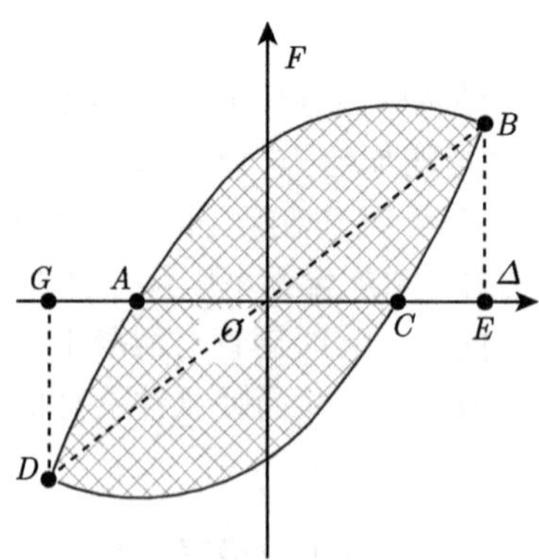

图 3.1.16 等效黏滞阻尼系数计算

表 3.1.5 试件延性系数和等效黏滞阻尼系数

试件编号	加载方向	μ	$\zeta_{eq,p}$	$\zeta_{eq,u}$
C1	正向	3.20	0.234	0.449
	反向	3.41	0.262	
C2	正向	3.88	0.224	0.464
	反向	4.21	0.250	
C3	正向	4.14	0.212	0.436
	反向	3.98	0.210	

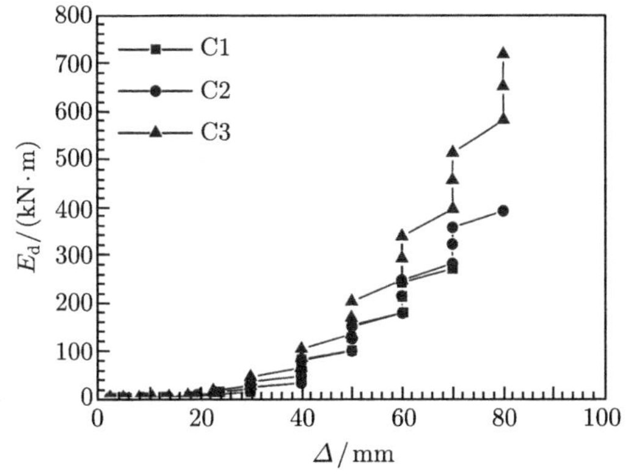

图 3.1.17 试件累积能量耗散曲线

4. 刚度退化

试件加载过程中的刚度退化反映了构件累积损伤的影响，一般采用割线刚度变化表示。同一级荷载下，割线刚度取各级加载循环峰值荷载和对应位移之比的平均值。图 3.1.18 为各试件刚度退化曲线，试件割线刚度在进入弹塑性阶段后迅速退化，随着钢材的塑性发展，刚度退化趋于平缓。试件正向加载刚度略小于负向加载刚度。这是由于正向加载时钢材进入强化阶段，反向加载时钢材强度提高，试件具有更高的承载力。轴压比较小的试件刚度退化更平缓，含钢率增加使试件割线刚度提高，抗震性能更好。

5. 柱底截面钢材应变

图 3.1.19 为试件底部翼缘位置水平荷载–钢板竖向应变滞回曲线。水平荷载到达试件名义屈服荷载时钢材开始屈服，压应变略大于拉应变。水平荷载到达试件极限承载力时，钢材应变超过屈服应变，在往复荷载下进入强化阶段。继续增加水平位移，钢板开始鼓曲，混凝土逐步失去横向约束，钢材压应变迅速发展。此后，混凝土压碎，钢材压应变曲线发散，不再产生拉应变。试件 C1 压应变发散后水平承载力迅速降低；C2 压应变在经历多个循环后亦逐渐丧失水平承载力；试

件 C3 钢板局部屈曲发展缓慢，在加载后期基本能完成完整拉、压应变循环，表现出较好的变形能力。

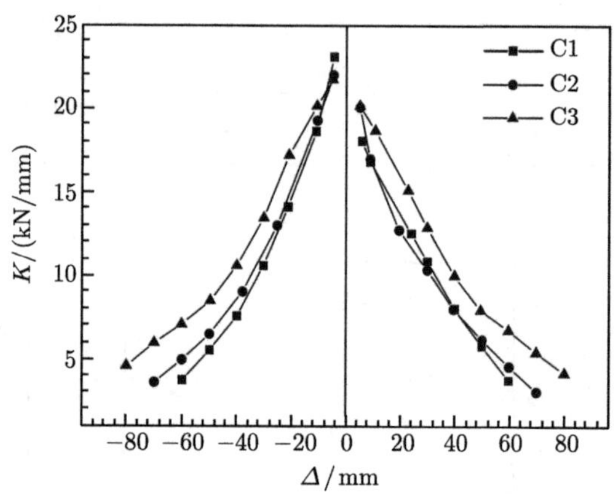

图 3.1.18　试件刚度退化曲线

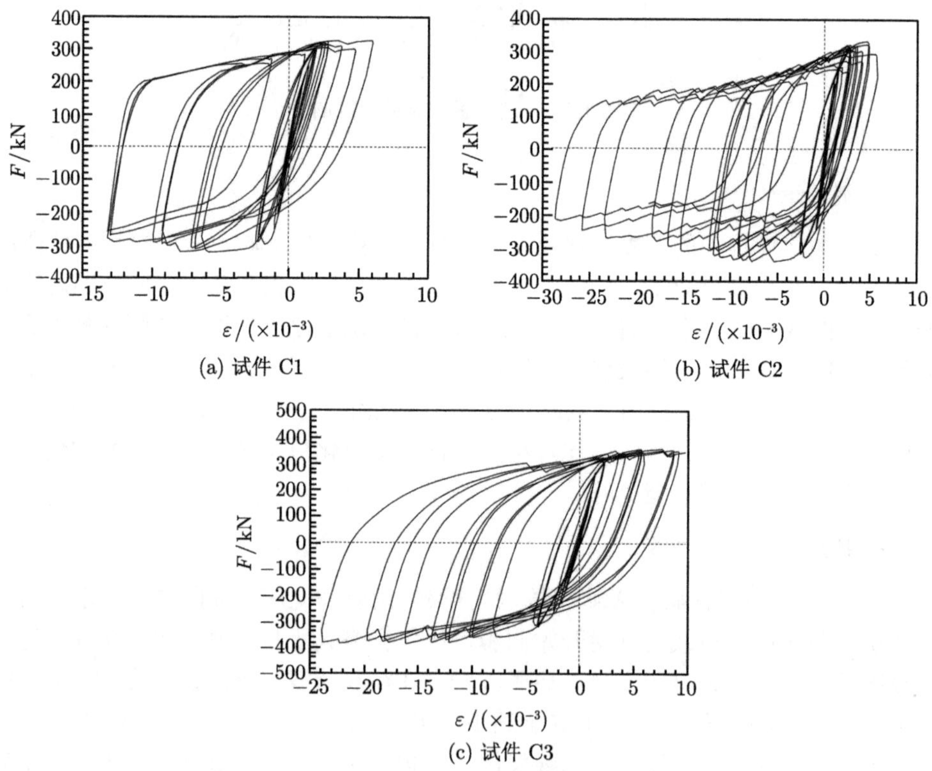

(a) 试件 C1

(b) 试件 C2

(c) 试件 C3

图 3.1.19　水平荷载–钢板竖向应变滞回曲线

图 3.1.20 给出了柱底塑性区截面竖向应变沿柱截面高度的分布。由图可知，名义屈服荷载时，截面应变分布基本符合平截面假定；水平力达到峰值荷载时，钢管翼缘出现微鼓曲，翼缘钢板外侧应变发展较快，但截面应变分布总体上符合平截面假定。

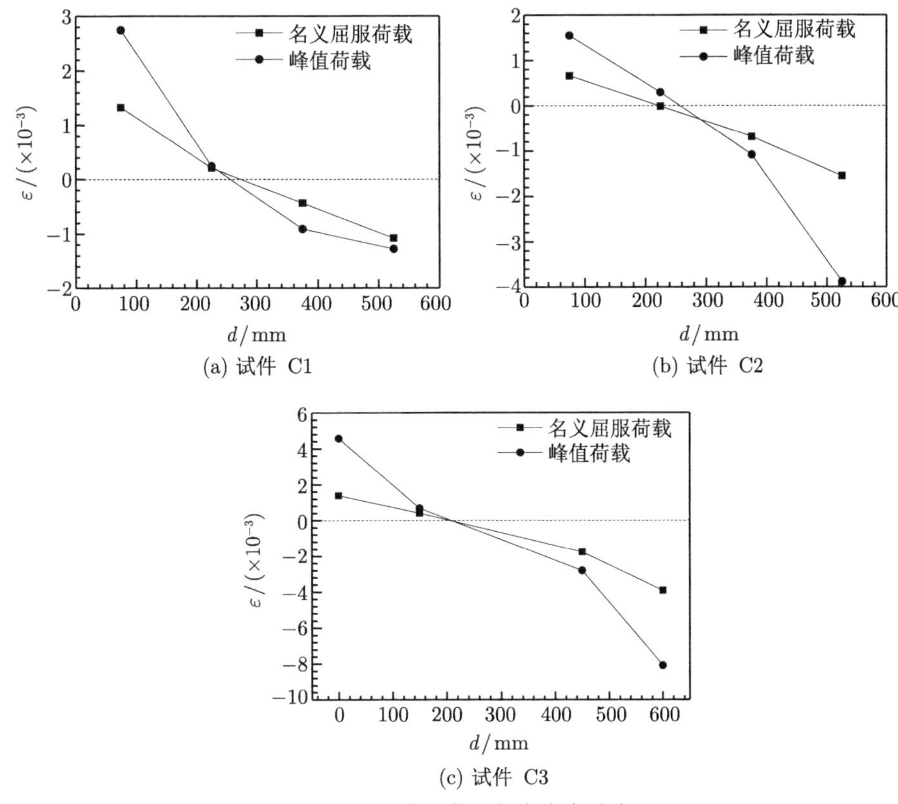

(a) 试件 C1 (b) 试件 C2

(c) 试件 C3

图 3.1.20 底部截面竖向应变分布

3.2 壁式钢管混凝土柱非线性有限元分析

非线性有限元为壁式柱构件受力机理研究提供了强有力的手段。这一方法可以在短时间内得到不同参数下构件的受力行为，其不仅能够准确预测构件的承载力，而且能够细致了解构件在反复荷载作用下全过程的受力状态。与试验研究相比，非线性有限元综合成本显著降低。

本节在试验研究的基础上，结合壁式柱受力特点，考虑钢材和混凝土材料的非线性行为，钢管与混凝土之间的相互约束、滑移和摩擦，管壁板件的局部屈曲，大位移状态下的几何非线性，以及边界条件对试件受力性能的影响，建立壁式柱精细化有限元模型。采用精细化有限元模型进行壁式柱在恒定轴力和反复水平荷载作用下的全过程分析，并利用试验数据验证模型的准确性。分析不同参数对壁式柱承载能力和变形能力的影响，研究壁式柱整体和局部破坏模式、受力机理、材料滞回关系变化规律和钢管与混凝土间的相互作用等。

3.2.1　精细化有限元模型

1. 材料弹塑性本构模型

1) 钢材弹塑性本构模型

建筑工程中常用的低碳钢和合金钢具有明显的屈服平台和良好的延性，单向加载时，其应力–应变关系曲线一般可分为弹性阶段、塑性流动阶段、强化阶段和软化阶段。Esmaeily 等 [20] 提出的二次塑性流动简化模型较好地描述了钢材的单向加载屈服和硬化现象，此模型使用二次抛物线拟合强化阶段和软化阶段的受力性能，表达式为

$$\sigma=\begin{cases}E_{\mathrm{s}}\varepsilon, & \varepsilon\leqslant\varepsilon_{\mathrm{y}}\\ f_{\mathrm{y}}, & \varepsilon_{\mathrm{y}}<\varepsilon\leqslant k_1\varepsilon_{\mathrm{y}}\\ k_3f_{\mathrm{y}}+E_{\mathrm{s}}(1-k_3)(\varepsilon-k_2\varepsilon_{\mathrm{y}})^2/\left[\varepsilon_{\mathrm{y}}(k_2-k_1)^2\right], & \varepsilon>k_1\varepsilon_{\mathrm{y}}\end{cases}\tag{3.2.1}$$

式中，E_{s} 为钢材弹性模量；f_{y} 为屈服应力；ε_{y} 为屈服应变；k_1，k_2 和 k_3 用于控制单向加载曲线的形状，对于 Q235B 和 Q345B 钢材可取 k_1=4.5，k_2=45 和 k_3=1.40。图 3.2.1 给出了拟合公式与试验结果曲线。由图可见，钢材应变小于 10% 时，上述参数能够很好地拟合试验数据。

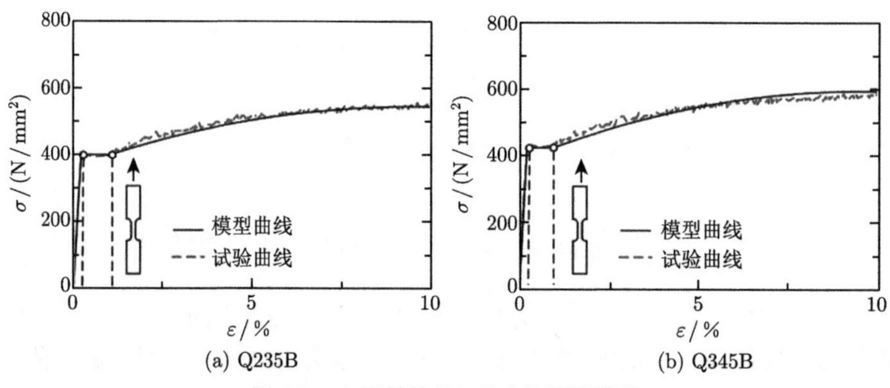

图 3.2.1　钢材单向加载本构关系模型

发生强烈地震时，构件往往经历非常大的低周反复荷载，表现出较小的荷载持续时间和较大的塑性变形。此时构件的性能主要取决于钢材承受大应变低周疲劳破坏的力学性能，常见的钢材应力–应变曲线关系如图 3.2.2 所示。

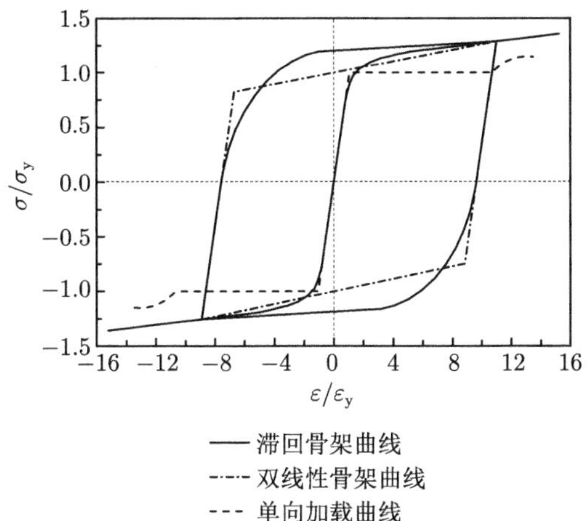

图 3.2.2　钢材应力–应变曲线

为准确模拟材料的滞回性能，钢材本构关系采用 Chaboche 模型 [21]。该模型包含金属材料在循环荷载作用下的等向强化行为和运动强化行为，可很好地描述金属材料反向加载过程中的应变强化效应和 Bauschinger 效应。Chaboche 模型由弹性法则、屈服法则、流动法则和硬化法则组成，本构关系如下。

应变张量可分解为弹性变形张量与塑性变形张量之和：

$$\boldsymbol{\varepsilon}=\boldsymbol{\varepsilon}^{\mathrm{e}}+\boldsymbol{\varepsilon}^{\mathrm{p}} \tag{3.2.2}$$

弹性法则可表达为

$$\boldsymbol{\sigma}=\boldsymbol{D}^{\mathrm{e}}:\boldsymbol{\varepsilon}^{\mathrm{e}}=2G\boldsymbol{\varepsilon}_{\mathrm{d}}^{\mathrm{e}}+K\boldsymbol{\varepsilon}_{\mathrm{v}}^{\mathrm{e}}\boldsymbol{I} \tag{3.2.3}$$

式中，$\boldsymbol{D}^{\mathrm{e}}$ 为四阶弹性张量；$\boldsymbol{\sigma}$ 和 $\boldsymbol{\varepsilon}$ 分别为二阶应力张量和应变张量；G 为剪切弹性模量；K 为体积弹性模量。

屈服函数采用 von Mises 屈服准则：

$$f=J_2(\boldsymbol{\sigma}-\boldsymbol{\alpha})-\sigma_{\mathrm{y}}=0 \tag{3.2.4}$$

式中，J_2 表示偏应力张量第二不变量；$\boldsymbol{\alpha}$ 为背应力张量，表征运动强化行为；σ_{y} 为屈服应力，表征屈服面大小。

模型采用关联流动法则，塑性流动率为

$$\dot{\varepsilon}^{\mathrm{p}}=\frac{\partial f}{\partial \boldsymbol{\sigma}}\dot{\bar{\varepsilon}}^{\mathrm{p}} \tag{3.2.5}$$

式中，$\dot{\bar{\varepsilon}}^{\mathrm{p}}$ 为等效塑性应变率，$\dot{\bar{\varepsilon}}^{\mathrm{p}}=\sqrt{\dfrac{2}{3}\dot{\boldsymbol{\varepsilon}}^{\mathrm{p}}:\dot{\boldsymbol{\varepsilon}}^{\mathrm{p}}}$。

硬化法则由等向硬化和运动硬化两部分组成，等向硬化由屈服应力 σ_{y} 确定，σ_{y} 为等效塑性应变 $\bar{\varepsilon}^{\mathrm{p}}$ 的函数，可根据试验数据拟合，也可采用简单的指数函数模拟循环硬化：

$$\sigma_{\mathrm{y}}=\sigma_0+Q_{\infty}(1-\mathrm{e}^{-b\bar{\varepsilon}^{\mathrm{p}}}) \tag{3.2.6}$$

式中，σ_0 为初始屈服应力；Q_{∞} 和 b 为材料参数，由单轴拉伸试验数据标定。

运动硬化由背应力张量 $\boldsymbol{\alpha}$ 确定，背应力张量由多个背应力张量分量叠加而成，背应力张量可定义为

$$\boldsymbol{\alpha}=\sum\boldsymbol{\alpha}_k \tag{3.2.7}$$

$$\dot{\boldsymbol{\alpha}}_k=C_k\dot{\bar{\varepsilon}}^{\mathrm{p}}\frac{1}{\sigma_{\mathrm{y}}}(\boldsymbol{\sigma}-\boldsymbol{\alpha})-\gamma_k\boldsymbol{\alpha}_k\dot{\bar{\varepsilon}}^{\mathrm{p}}+\frac{1}{C_k}\boldsymbol{\alpha}_k\dot{C}_k \tag{3.2.8}$$

式中，C_k 和 γ_k 为材料参数，由单轴拉伸试验数据标定。

2) 混凝土弹塑性本构模型

混凝土作为一种非匀质、各向异性的多相复合材料，内部存在大量的微裂缝和微孔洞等初始缺陷。这些微初始缺陷在混凝土承载过程中形成、发展、聚集，进而出现宏观裂缝导致混凝土具有非常复杂的非线性行为。塑性–损伤模型基于塑性损伤和连续损伤模型，对混凝土材料循环加载具有较好的适应性。该模型假定混凝土的两种主要破坏模式为受拉开裂和受压破碎。混凝土两种不同的破坏模式由受拉损伤变量、受压损伤变量，以及具有多硬化变量的屈服方程确定。

混凝土受拉时，钢管对混凝土受力行为的影响较小，可采用普通混凝土受拉滞回应力–应变关系。GB 50010—2010《混凝土结构设计规范 (2015 年版)》的附录 C 给出了混凝土受拉塑性–损伤本构关系曲线。

混凝土受压时，钢管约束使核心混凝土处于三轴受压状态，混凝土抗压强度随侧压力的加大而提高，峰值应变增长幅度更大。混凝土应力达到极限抗压强度前，纵向裂缝的出现和开展被钢管约束所延缓，横向膨胀被限制，混凝土的极限抗压强度提高且塑性变形有很大发展，其应力–应变曲线平缓上升。混凝土应力超过极限抗压强度后，在侧压力的支撑下混凝土应力–应变曲线下降平缓，残余强度随侧压力的增大而显著提高。

壁式柱核心混凝土被钢管约束，由于弹性阶段混凝土泊松比小于钢材，这种约束作用可忽略不计。随着压应力增加，混凝土泊松比迅速增加，横向膨胀逐渐大于钢管，混凝土和钢管间产生约束应力。因此，约束混凝土可采用图 3.2.3 所示的应力–应变关系曲线。初始阶段钢管和混凝土交互作用微小，上升段 (OA 段) 采用非约束混凝土应力–应变关系，直至混凝土应力达到 f_{c}。之后进入平台段 (AB 段)，混凝土应力保持 f_{c} 不变，直至到达约束混凝土峰值应变。此阶段通过有限元模型中混凝土与钢管相互作用反映约束混凝土强度的提高。超过约束混凝土峰

值应变后曲线进入软化段 (BC 段)，此阶段考虑钢管约束对混凝土材料延性的提高。

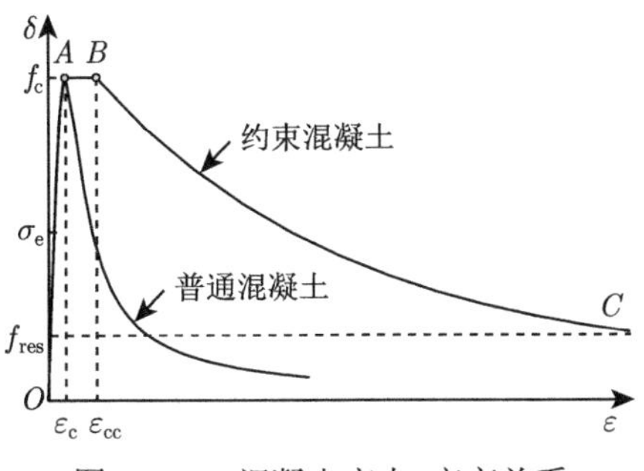

图 3.2.3 混凝土应力–应变关系

经大量试算，壁式柱核心混凝土采用基于 Binici 模型 [22] 的约束混凝土单轴应力–应变关系曲线。其表达式为

$$\sigma=\begin{cases} E_c\varepsilon, & \varepsilon\leqslant\varepsilon_e \\ \sigma_e+(f_c-\sigma_e)x\dfrac{r}{r-1+x^r}, & \varepsilon_e<\varepsilon\leqslant\varepsilon_c \\ f_c, & \varepsilon_c<\varepsilon\leqslant\varepsilon_{cc} \\ f_{res}+(f_c-f_{res})\exp\left[-\dfrac{\varepsilon-\varepsilon_{cc}}{\varsigma}\right], & \varepsilon>\varepsilon_{cc} \end{cases} \tag{3.2.9}$$

式中，$E_c=4700\sqrt{f_c'}=4205\sqrt{f_{cu}}$；$\sigma_e=0.45f_c$；$\varepsilon_e=\sigma_e/E_c$；$x=(\varepsilon-\varepsilon_e)/(\varepsilon_c-\varepsilon_e)$；$r=E_c/(E_c-E_t)$；$E_t=(f_c-\sigma_e)/(\varepsilon_c-\varepsilon_e)$；$f_{res}$ 为混凝土残余强度，$f_{res}=0.1f_c$；ς 决定下降段形状，$\varsigma=0.005+0.0075\xi_c$，$\xi_c=f_yA_s/(f_cA_c)$。

混凝土受压加载和卸载关系采用如图 3.2.4 所示的混凝土应力–应变滞回关系。塑性应变、卸载刚度和受压损伤系数由下式确定：

$$\varepsilon^p=\frac{\kappa f_c\varepsilon_{un}}{\sigma_{un}+\alpha f_c} \tag{3.2.10}$$

$$E_{un}=\frac{\sigma_{un}}{\varepsilon_{un}-\varepsilon^p} \tag{3.2.11}$$

$$d_c=1-\frac{E_{un}}{E_c} \tag{3.2.12}$$

式中，σ_{un} 和 ε_{un} 分别为卸载点应力和应变；$\kappa=(E_c\varepsilon_{cc}-f_c)/f_c$。

混凝土在循环荷载作用下刚度退化机制非常复杂，涉及先前微裂纹的张开和闭合及其相互作用。荷载改变方向时混凝土弹性刚度有所恢复，称为“单边效应”。

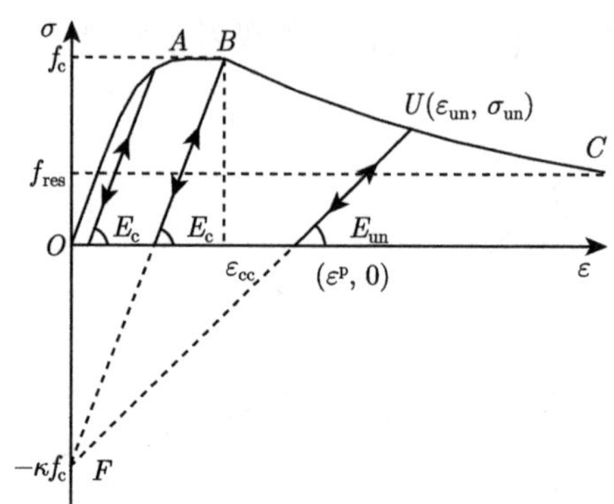

图 3.2.4　反复荷载下混凝土受压应力–应变关系

当混凝土从受拉变化为受压时，拉伸裂缝闭合，压缩刚度得到恢复，该效应通常很明显。为使刚度退化损伤系数 d 能同时反映受拉和受压损伤，其定义为受拉损伤变量 d_t 和受压损伤 d_c 的函数：

$$1-d=(1-s_t d_t)(1-s_c d_c) \tag{3.2.13}$$

$$s_t=1-w_t r(\hat{\bar{\boldsymbol{\sigma}}}), \quad 0 \leqslant w_t \leqslant 1 \tag{3.2.14}$$

$$s_c=1-w_c[1-r(\hat{\bar{\boldsymbol{\sigma}}})], \quad 0 \leqslant w_c \leqslant 1 \tag{3.2.15}$$

$$r(\hat{\bar{\boldsymbol{\sigma}}})=\begin{cases} 0, & \hat{\bar{\boldsymbol{\sigma}}}=\mathbf{0} \\ \left(\sum\limits_{i=1}^{3}\langle\hat{\bar{\sigma}}_i\rangle\right)\Big/\left(\sum\limits_{i=1}^{3}\left|\hat{\bar{\sigma}}_i\right|\right), & \hat{\bar{\boldsymbol{\sigma}}}\neq\mathbf{0} \end{cases}, \quad 0 \leqslant r(\hat{\bar{\boldsymbol{\sigma}}}) \leqslant 1 \tag{3.2.16}$$

式中，s_t 和 s_c 为应力反向时刚度恢复系数；w_t 和 w_c 为受拉和受压刚度恢复权重系数，控制荷载反向时受拉和受压的刚度恢复，其含义如图 3.2.5 所示；$r(\hat{\bar{\boldsymbol{\sigma}}})$ 为多轴应力权重系数；$\hat{\bar{\boldsymbol{\sigma}}}$ 为有效主应力；运算符 $\langle\cdot\rangle$ 定义为 $\langle x\rangle=(|x|+x)/2$。

2. 接触分析模型

承受反复循环荷载时，混凝土与钢板之间的黏结性能较差，黏结力在加载过程中逐渐消失，且伴随钢管板件的局部屈曲，混凝土与钢管脱离。因此，需考虑混凝土与钢管、混凝土与隔板界面的接触滑移行为。

接触问题是典型的边界非线性问题，接触非线性来源于两个方面：接触界面的区域大小、相互位置以及接触状态未知，且随时间变化；接触条件的非线性，包括接触界面之间需避免相互侵透，接触力的法向分量和切向分量类型不同，分别为压力和摩擦力。与常规约束边界条件不同，接触边界非线性是单边不等式约束，具有强烈的非线性。在数值上，接触问题属于严重不连续非线性，通常数值分析

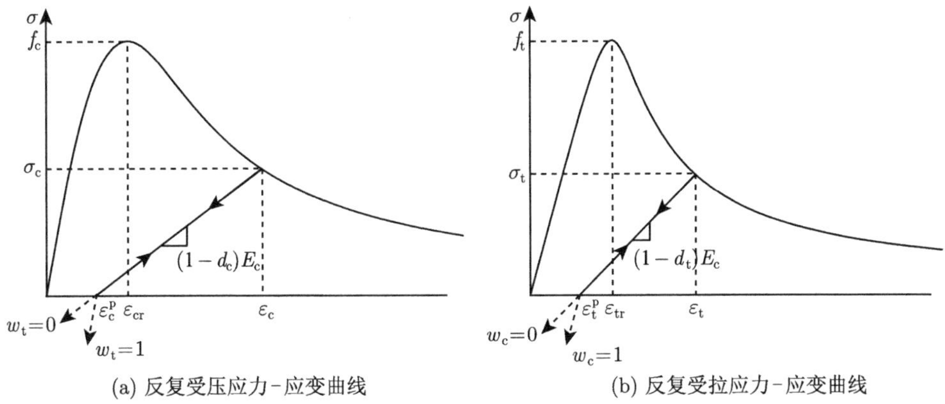

(a) 反复受压应力-应变曲线　(b) 反复受拉应力-应变曲线

图 3.2.5　反复荷载下混凝土刚度恢复

需要确定接触区域及其应力传递。接触问题的构造基于接触区域的离散形式、接触状态的追踪方法和接触区域的主从关系。

接触问题按离散形式可分为点–面接触和面–面接触。其中，面–面接触可考虑接触区域主面和从面的形状，通常能比点–面接触给出更精确的应力和压力分布结果。面–面接触形式采用一个区域内若干临近从节点的平均位置确定接触状态，而不是只在某些独立从节点上确定接触状态。平均化的区域近似以从节点为中心，每个接触约束考虑一个从节点的同时也会考虑临近的从节点状态。面–面接触会存在某些主节点轻微的穿透现象，但不会发生主节点大量穿透从面而不被探测到的情况。接触方向根据从节点周围曲面的平均法向确定。

接触状态的追踪方法可分为小滑移接触和有限滑移接触。小滑移接触假定接触对之间的滑移较小，主面的每个约束条件线性相似。小滑移分析中建立接触关系的节点组始终不变，即使分析过程中接触状态发生变化。有限滑移接触允许接触对之间任意的相对分离、滑移和旋转。有限滑移接触约束随模型的相对切向运动而改变。

接触模型中的法向行为通过压力–封闭关系描述，可分为“硬接触”和“软接触”。“硬接触”能最大程度地减小主面对从面的穿透，且不允许在接触界面位置传递拉应力。主从面接触时可以传递任意的接触压力，接触压力为零时两面分开。“软接触”的接触压力为两面之间间隙的函数，可以是线性函数，也可以是幂函数。当采用“软接触”时，主从面间隙为零时接触压力并不为零。

接触模型中的切向行为采用改进的各向同性库仑摩擦模型，可以考虑抗剪强度、各向异性和定义“割线”摩擦系数。经典的库仑摩擦模型假定接触界面未发生相对滑动时等效摩擦应力小于临界应力：

$$\tau_{eq}=\sqrt{\tau_1^2+\tau_2^2}\leqslant\tau_{crit} \tag{3.2.17}$$

其中，临界应力与接触压力成正比：

$$\tau_{\text{crit}} = \mu p \tag{3.2.18}$$

式中，μ 为摩擦系数；p 为法向接触应力。钢管与混凝土间的摩擦系数一般在 0.2~0.6，其取 0.6 时与试验结果吻合良好。

3. 单元类型和网格划分

非线性通用有限元软件 ABAQUS 可在结构力学和固体力学领域做到系统级的计算和分析。ABAQUS 具有丰富的单元库，单元种类多达 400 多种，需根据不同的问题类型选用最合适的单元。单元特征由单元类型、节点自由度、节点数量、构造方式和积分形式决定。按照节点插值阶数可分为：一阶线性单元、二阶曲梁 (壳/体) 单元和修正的二阶单元，分别可以采用完全积分和减缩积分。

材料塑性变形一般具有不可压缩性质。模拟材料不可压缩性质要求在单元积分点处的体积保持为常数，增加了单元的运动学约束。某些单元类型中，这些附加约束使单元产生过约束，当不能消除这些过约束时会产生体积自锁，而引起单元过于刚硬。因此，可用于弹塑性分析的单元类型受到限制。当模拟材料不可压缩特性时，ABAQUS 中完全积分二次实体单元对体积自锁较为敏感，不推荐用于弹塑性分析。减缩积分一次实体单元采用常数体积应变，不受体积自锁和剪切自锁的影响，可用于大部分的弹塑性分析。

在为接触分析选择单元时，接触区域部分推荐使用一阶单元。接触算法的关键在于确定作用在从面节点上的压力。二阶单元需要将压力转化为节点等效荷载，接触算法难以判别节点上的力是否是接触压力。二阶实体单元更容易引起错误，是因为对于常值压力，二阶实体单元的等效节点力甚至符号相反。而对一阶单元施加压力时，其等效节点力度符号和量值保持一致，由给定节点力分布所表示的接触状态具有唯一性。

本节有限元分析模型包括几何非线性、材料非线性和接触非线性。为保证计算正常运行的同时具有可靠的计算精度，选择单元类型和划分网格时遵循以下原则：① 复杂区域切分为简单形状区域，尽量采用结构化网格划分技术和扫掠网格划分技术，从而得到 8 节点实体单元和 4 节点壳单元，可减小计算代价，提高计算精度；② 采用线性 8 节点实体单元和 4 节点壳单元，以及修正的二次 4 面体实体单元或 3 节点壳单元，尽量避免使用其他二次单元，以适应材料非线性分析和接触分析要求；③ 采用计算成本低的减缩积分单元，在应力集中位置细化网格，使减缩积分单元与完全积分单元得到的应力结果相近。

根据上述原则，钢管、靴梁、纵向隔板等采用壳单元 S4R。S4R 为四节点通用有限薄膜应变线性减缩积分壳单元，适用范围广且性能稳定。S4R 为厚壳单元，可以考虑壳体厚度方向的剪切变形。由于 S4R 采用减缩积分格式，ABAQUS 会自动引入沙漏控制模式。S4R 为有限薄膜应变单元，可用于包含大应变和大变形的分析。此外，S4R 为四节点连续体壳单元，类似于三维实体单元，可在双面接触中考虑厚度的变化，在接触问题中能获得更加精确的计算结果。为保证壳单元平面外屈曲的计算精度，厚度方向截面积分方法采用高精度的 Simpson 积分，积分点数量增加至 9 个。

综合考虑接触对的建立,混凝土采用三维通用线性减缩积分实体单元 C3D8R。C3D8R 采用减缩积分格式，计算过程中也需引入沙漏控制模式。为提高计算精度，对塑性变形较大的区域适当加密网格。

进行有限元分析时，网格收敛性检查是很重要的过程。粗糙网格可能会产生不精确的分析结果，应采用足够密度的网格以保证 ABAQUS 的分析结果具有足够的精度。有限元分析所产生的数值结果随网格密度的增加趋于唯一解，但计算所需的计算机资源增加。细分网格所得到的分析结果变化微小时，表明网格已经收敛。通常，所分析的结构不需全部采用均匀的细化网格。应变梯度大的部位应采用细化网格，以适应变形的快速变化而保证分析精度。应变梯度小的部位或应力分布不重要的部位采用粗糙网格，以减少单元数量而节约计算机时间。

通过网格收敛性试算确定壁式柱网格尺寸，有限元模型见图 3.2.6。壁式柱的形状规则，均采用结构化网格。柱底塑性区网格密度加密为非塑性区的 2 倍，如图 3.2.6(a)~(c) 所示。接触分析中混凝土为主面，钢板为从面，如图 3.2.6(d) 所示。靴梁网格划分如图 3.2.6(e) 所示。

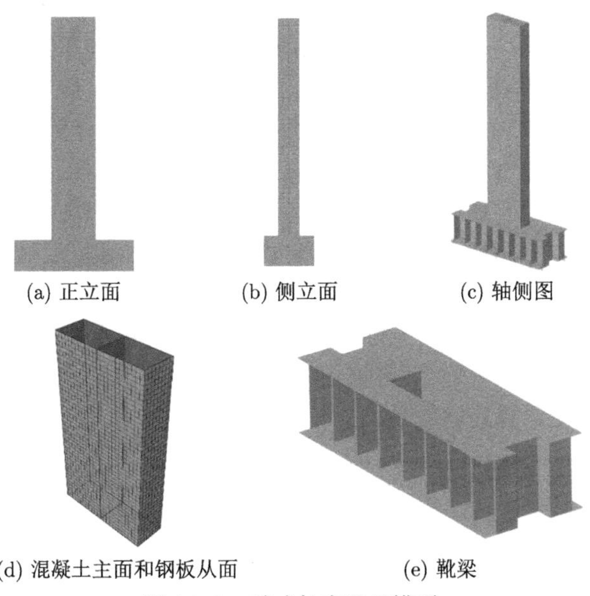

(a) 正立面 (b) 侧立面 (c) 轴侧图

(d) 混凝土主面和钢板从面 (e) 靴梁

图 3.2.6 壁式柱有限元模型

4. 边界条件和求解设置

实际加载过程中，由于荷载初始偏心、几何缺陷和塑性发展等，试件受力性能并不完全对称，因此按照试验模型建立全尺寸有限元模型。试件顶部基本处于弹性状态，压梁对试件的整体受力性能影响较小，模型中予以简化。在压梁竖向荷载和水平荷载交点设置参考点，并将柱顶钢管和混凝土自由度与参考点耦合，用于施加荷载和约束。混凝土被纵向隔板分为两部分，其与钢管和纵向隔板分别建立接触关系，如图 3.2.6(d) 所示。为使柱底塑性区更符合实际受力情况，需考虑靴梁对试件受力性能的影响，按照实际构造建立靴梁的有限元模型，如图 3.2.6(e) 所示。

有限元模型的边界条件与试验一致。钢管和靴梁底部施加平动和转动位移约束。混凝土底部施加竖向位移约束，水平位移通过与钢管的接触关系约束。柱顶参考点施加平面外位移约束、竖向轴力和水平反复位移荷载。由于参考点与柱顶面为刚体约束，刚度过大，与混凝土材料直接连接易产生刚度矩阵奇异，导致计算不收敛，因此柱顶设置高度为 100mm 的弹性过渡区，弹性模量取混凝土弹性模量。

壁式柱有限元模型较大，计算时考虑了几何非线性、材料非线性和接触非线性，计算收敛性较差，耗费大量的机时。为使计算收敛，减少迭代次数，需要谨慎的设置荷载步和求解设置。求解过程中细化加载步骤，在施加外荷载前设置单独的荷载步，建立各部件间稳定的接触关系，然后施加竖向轴力和水平反复荷载。对于不稳定的非线性静态问题 (如钢板屈曲、混凝土拉裂和压碎，以及接触非线性等强烈的非线性问题)，ABAQUS 通过向模型自动添加体积比例阻尼，使刚度矩阵特征值为负值或接近零时也能够获得一个虚拟的解。一般情况下使用软件默认的阻尼系数能够消除求解的不稳定性和刚体位移而不对计算结果产生过大影响。获取阻尼系数的最优值需要反复试算，直到计算收敛并且阻尼消散的能量足够小。软件提供了自适应稳定控制模式，可以在计算不收敛或出现刚体位移时自动增加阻尼系数，不稳定性和刚体位移消失时自动减小阻尼系数。混凝土塑性–损伤模型和接触非线性都会导致刚度矩阵出现非对称项，因此非线性方程组采用直接稀疏矩阵求解器，并选用非对称的矩阵存储方法。非线性问题需要迭代获取方程的解，迭代方法选用全牛顿法，适当增加残差检查和收敛率检查的平衡迭代次数，并放松收敛条件，促使计算能够收敛。

3.2.2 模型验证与参数分析

1. 模型参数

对进行试验研究的足尺试件进行精细有限元全过程分析。并以试件 C3 几何尺寸和材料参数为基准设计了两组试件，研究轴压比和含钢率对壁式柱在反复荷载作用下受力性能的影响，各试件主要参数如表 3.2.1 所示，试件 CN1~CS4 未注明的参数均与试件 C3 一致。

表 3.2.1 模型参数

试件编号	轴压荷载 N/kN	轴压比		宽厚比		含钢率 ρ/%
		设计值 n_{d}	试验值 n_{t}	翼缘	腹板	
C1	2196.5	0.69	0.34	23.0	36.5	10.04
C2	1757.2	0.54	0.27	23.0	36.5	10.04
C3	2196.5	0.58	0.30	18.0	29.0	12.58
CN1	1872.7	0.50	0.26	18.0	29.0	12.58
CN2	2247.2	0.60	0.31	18.0	29.0	12.58
CN3	2621.7	0.70	0.36	18.0	29.0	12.58
CN4	2996.3	0.80	0.41	18.0	29.0	12.58
CS1	1674.3	0.60	0.29	31.3	49.0	7.88
CS2	1987.8	0.60	0.30	23.0	36.5	10.45
CS3	2298.2	0.60	0.31	18.0	29.0	13.00
CS4	2605.3	0.60	0.31	14.7	24.0	15.52

2. 模型验证

1) 破坏模式验证

在恒定轴力和反复水平荷载下，不同轴压比和含钢率的壁式柱均为柱底平面内压弯破坏，未发生明显的平面外变形和空间失稳。由精细有限元模型计算得到的各试件的破坏模式和试验破坏模式如图 3.2.7 所示。由图可见，各试件有限元模拟结果与试验结果一致。各试件均为柱底部腹板位置出现一对鼓曲半波，翼缘位置出现一个鼓曲半波，混凝土被压碎。试件 C1 轴压比大，钢管鼓曲发展快，由于反复加载周期少，混凝土受压损伤范围较 C2 小。试件 C3 经历的荷载周期多，幅值大，混凝土受压损伤范围大。试件 C1 和试件 C2 有限元模型塑性铰位置与试验基本位于同一高度范围。试件 C3 有限元模型相对于试验破坏位置偏低，这是由于有限元模型较为理想化，有限元模型与试件实际边界条件存在差异。

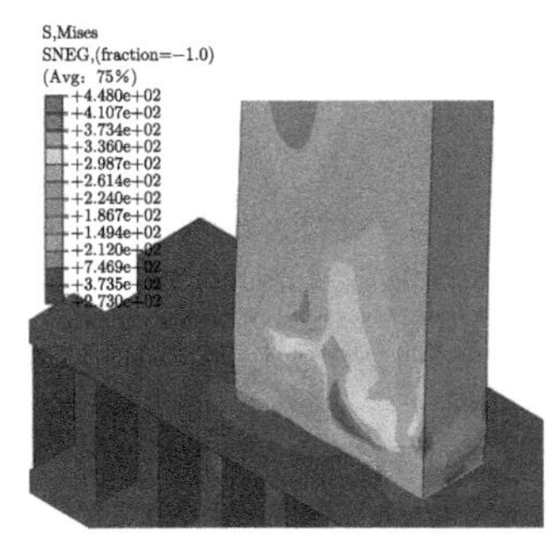

(a) C1 柱底钢板屈曲

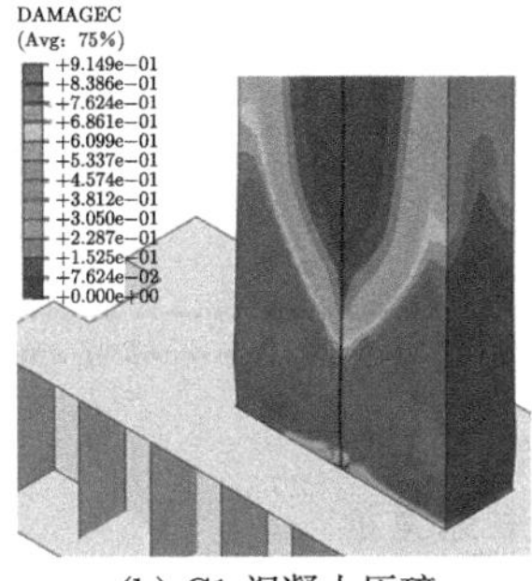

(b) C1 混凝土压碎

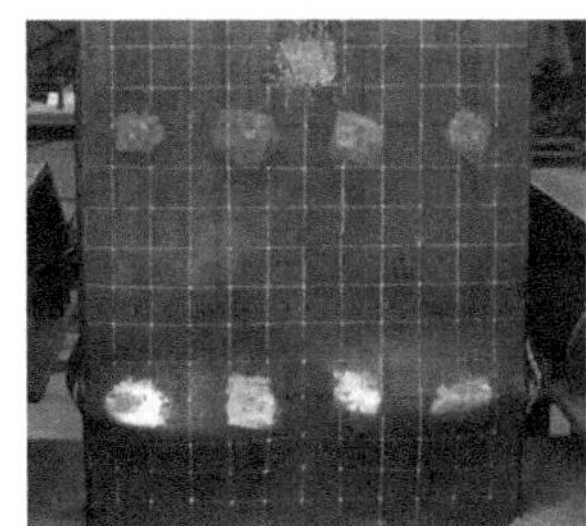

(c) C1 试验结果

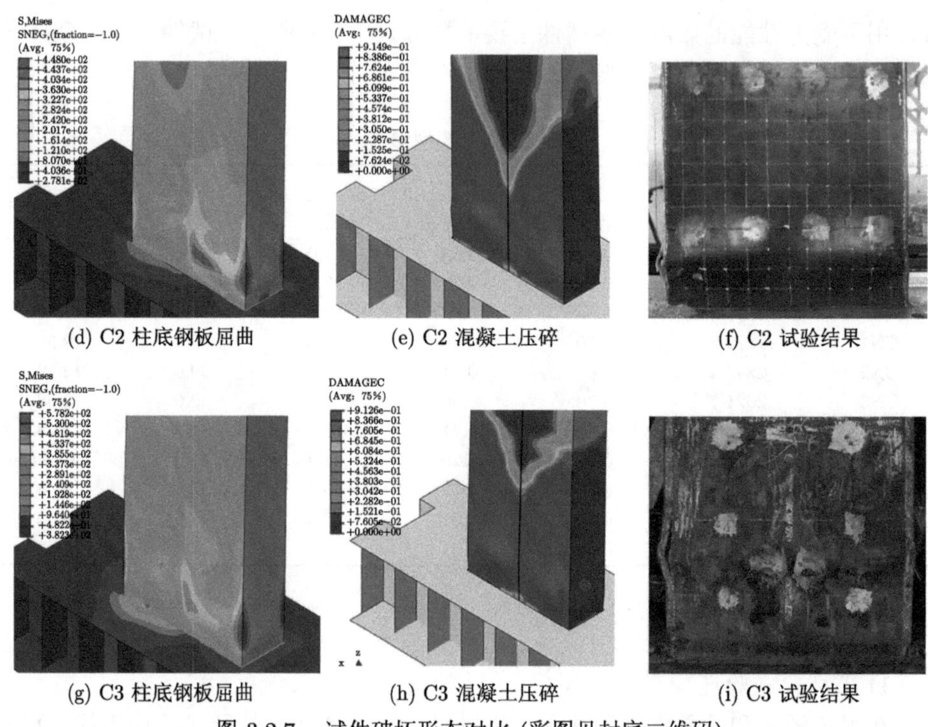

(d) C2 柱底钢板屈曲　(e) C2 混凝土压碎　(f) C2 试验结果

(g) C3 柱底钢板屈曲　(h) C3 混凝土压碎　(i) C3 试验结果

图 3.2.7　试件破坏形态对比 (彩图见封底二维码)

图 3.2.8 为试件 C1 模拟和试验混凝土的破坏状态对比。由图可见，有限元模拟结果与试验结果基本一致，有限元模型能够准确预测混凝土的破坏状态。

(a) 有限元模型混凝土受压损伤　(b) 试验混凝土压碎

图 3.2.8　试件 C1 混凝土破坏形态对比 (彩图见封底二维码)

2) 加载曲线和主要性能指标验证

通过精细有限元模型对试件 C1~C3 进行滞回分析，所得到的各试件的柱顶荷载–位移滞回曲线和骨架曲线与试验曲线的对比如图 3.2.9 所示。由图可见，总体上有限元分析结果和试验结果吻合良好，本研究所采用的精细有限元模型能够很好地模拟壁式柱在低周反复荷载下的受力行为。

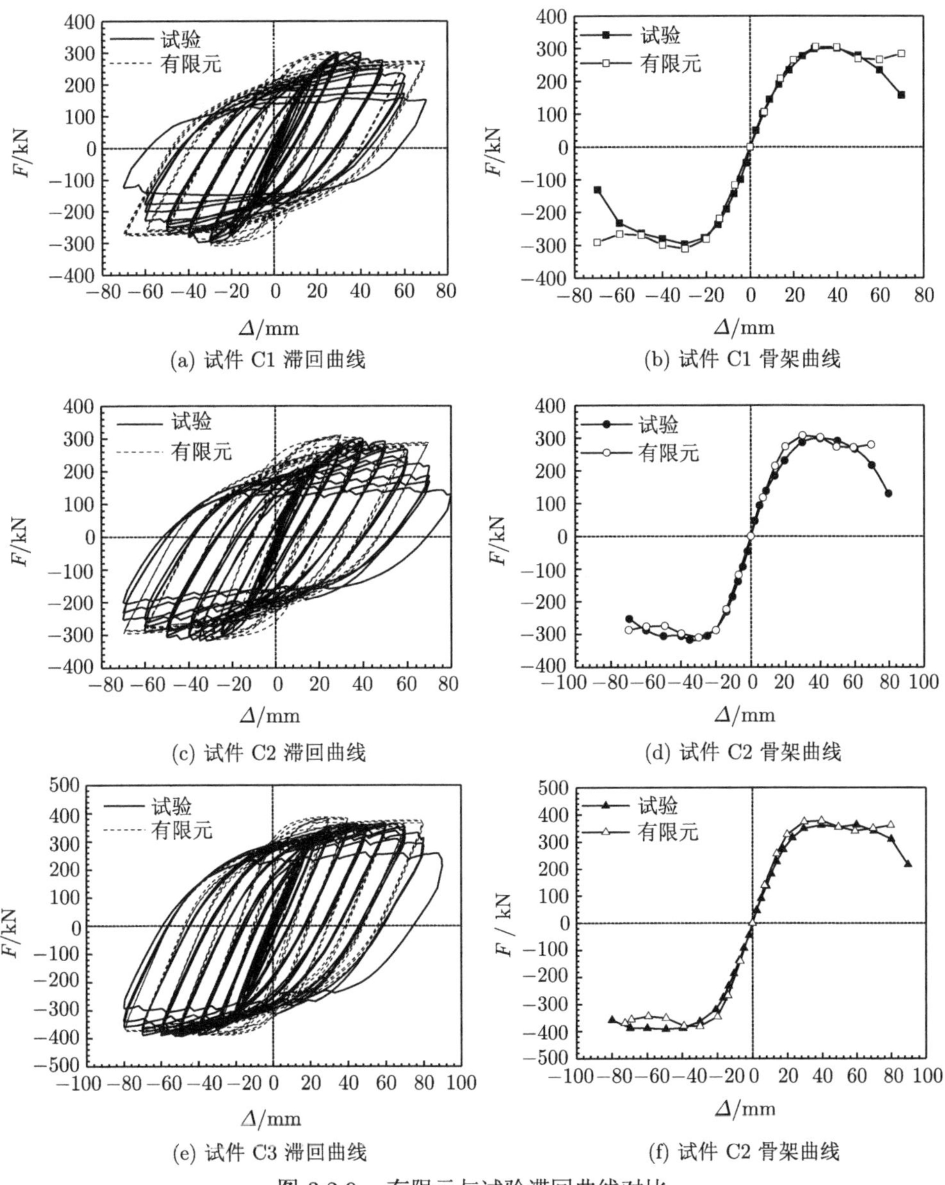

(a) 试件 C1 滞回曲线

(b) 试件 C1 骨架曲线

(c) 试件 C2 滞回曲线

(d) 试件 C2 骨架曲线

(e) 试件 C3 滞回曲线

(f) 试件 C2 骨架曲线

图 3.2.9 有限元与试验滞回曲线对比

与试验结果相比，有限元加载曲线和卸载曲线刚度偏大。这是由于有限元模型较为理想，而实际混凝土材料的非均匀性和钢管存在的初始几何缺陷和残余应力均会降低试件刚度。试件到达极限荷载前，材料塑性变形较小，计算结果和试验结果较为一致。试件超过峰值荷载后，钢板屈曲，有限元模型承载力相对于试验下降较快。这是由于试验中混凝土和钢板间有一定的黏结力，可对钢管的屈曲起到一定的约束作用，承载力下降较慢。加载后期有限元模型与试验结果存在差异，计算荷载–位移曲线有上升趋势。这是由于数值模型中未考虑钢材的损伤断裂，钢材继续强化。同时，混凝土横向变形受到钢管较强约束导致水平约束应力过大，而混凝土损伤–塑性模型不能准确模拟高围压下的混凝土受力行为。这些因素均使有限元模型计算承载力提高。试验中试件因钢管角部焊缝撕裂，混凝土失去约束，承载力迅速下降。因此，钢材在低周反复荷载下的损伤–断裂模型尚需进一步研究，以准确预测壁式柱在破坏阶段的受力行为。

表 3.2.2 给出了精细有限元主要计算结果与试验结果的对比。有限元计算屈服点位移和峰值点位移与试验结果基本一致。有限元计算屈服荷载略大于试验屈服荷载。这是由于有限元模型较为理想，初始几何缺陷和材料缺陷小于实际试件，弹性段和弹塑性段刚度偏大。试验屈服荷载与有限元计算屈服荷载之比的平均值为 0.907，方差为 0.057。有限元计算极限承载力与试验极限承载力数值吻合良好。这是由于经历多次荷载循环，有限元模型与试验材料宏观行为已趋于一致。同时，达到极限荷载时柱顶位移相对较大，初始几何缺陷影响可忽略。试验峰值荷载与有限元计算峰值荷载比值的平均值为 1.01，标准差为 0.03。

表 3.2.2 主要分析结果对比

试件编号	加载方向	屈服点 (试验)		屈服点 (计算)		峰值点 (试验)		峰值点 (计算)	
		F_y/kN	Δ_y/mm	F_y/kN	Δ_y/mm	F_p/kN	Δ_p/mm	F_p/kN	Δ_p/mm
C1	正向	223.8	17.2	247.7	17.3	301.1	39.9	299.6	29.5
	反向	244.3	15.9	266.3	17.5	297.3	29.9	301.5	29.9
C2	正向	205.3	16.2	257.8	17.6	298.8	39.9	308.0	29.9
	反向	246.0	15.6	272.9	17.9	316.7	34.8	309.6	29.8
C3	正向	287.1	19.3	303.7	18.4	364.0	39.6	362.1	40.0
	反向	318.4	20.1	324.8	18.5	391.9	39.6	366.6	29.8

3. 参数分析

1) 骨架曲线和主要性能指标

试件 CN1~CN4 和 CS1~CS4 荷载–位移滞回曲线与试件 C1~C3 基本一致，因此，仅分析各试件骨架曲线的变化规律。图 3.2.10 给出了试件 CN1~CN4 和 CS1~CS4 荷载–位移骨架曲线。表 3.2.3 给出了各试件主要位移和承载力计算结果。

由图 3.2.10(a) 可知，设计轴压比为 0.5~0.8 时试件承载力变化不明显。轴压比对骨架曲线的上升段形状影响较小，对软化阶段的影响较大。这是由于弹性阶

段 P-Δ 效应不明显，轴压比对试件的弹性刚度影响较小，弹性刚度随轴压比的增加略微减小。轴压比越大，试件软化段刚度退化越显著，骨架曲线下降幅度增加，极限位移随之减小。

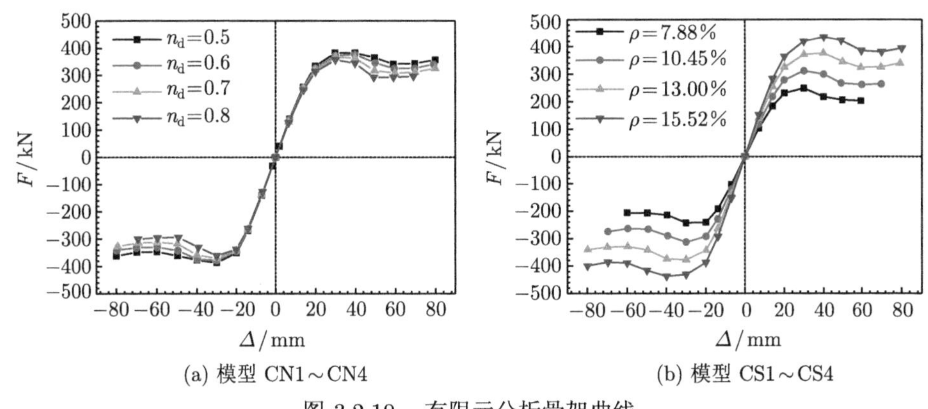

(a) 模型 CN1～CN4　　(b) 模型 CS1～CS4

图 3.2.10　有限元分析骨架曲线

表 3.2.3　主要分析结果对比

试件编号	Δ_y/mm	Δ_u/mm	μ	F_p/kN
CN1	18.5	—	—	385.6
CN2	18.4	72.0	3.91	360.7
CN3	18.1	62.7	3.46	351.2
CN4	17.8	52.9	2.97	342.4
CS1	16.4	48.6	2.97	242.9
CS2	17.7	55.1	3.11	310.8
CS3	18.4	72.0	3.91	371.7
CS4	19.6	—	—	435.0

注：试件 CN1 和 CS4 荷载未下降至峰值荷载的 85%。

由图 3.2.10(b) 可知，试件刚度、承载能力和变形能力随含钢率增加均有不同程度提高。钢材弹性模量和屈服强度远大于混凝土，含钢率增加时，试件的刚度和承载能力均得到提高。同时，含钢率增加使钢管板件宽厚比减小，延缓了局部屈曲发展，对混凝土约束作用加强，因此能同时增强试件的变形能力和承载力。

由表 3.2.3 可知，轴压比变化时试件的屈服位移相近。设计轴压比从 0.6 增大至 0.8 时，承载力减少约 5.4%，极限位移减少约 36.1%。轴压比增加显著降低了试件的极限位移。因此，对于延性要求较高的构件，建议将设计轴压比控制在 0.8 以下。含钢率增加时，试件屈服位移和极限位移均明显增加。含钢率从 7.88% 增加至 12.58%时，极限位移约增加 48.1%，承载力约增加 53.0%，对试件受力性能的提高有显著影响。

2) 竖向累积压缩变形

竖向压缩变形综合反映了试件整体损伤状态。图 3.2.11 给出了柱顶竖向压缩变形随反复水平荷载的变化曲线。水平荷载达到屈服前试件处于弹性状态，柱顶竖向压缩变形基本保持不变。水平荷载超过极限荷载后，钢管出现鼓曲，混凝土产生受压损伤，并失去侧向约束，在轴向力作用下试件产生永久的竖向压缩变形。随着水平位移的不断加大和循环次数的增加，竖向压缩变形不断增大。轴压比越大，试件在反复荷载下的钢板局部屈曲发展越快，混凝土累积损伤越大，竖向压缩变形越大。轴压比相同时，含钢率较高的构件承担的轴力较大，混凝土产生受压损伤的范围越大，破坏时累积了较多的塑性变形，竖向压缩变形相对较大。

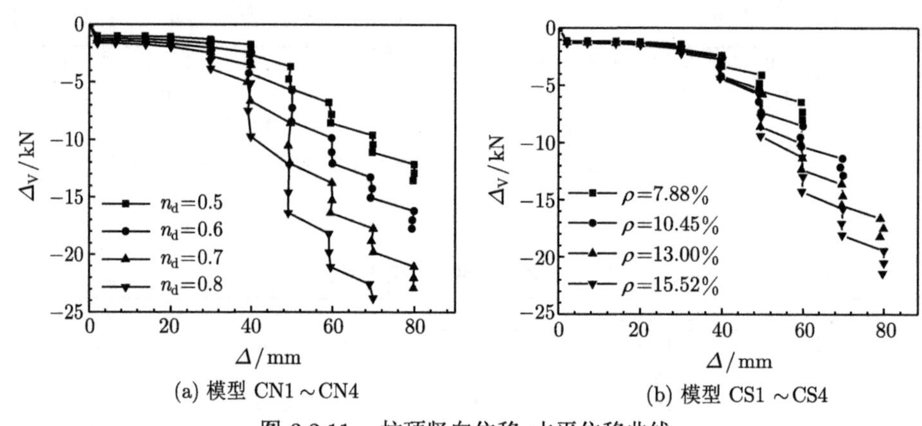

(a) 模型 CN1～CN4　　(b) 模型 CS1～CS4

图 3.2.11　柱顶竖向位移–水平位移曲线

3.2.3　壁式钢管混凝土柱受力机理分析

1. 钢管受力机理分析

1) 钢管板件变形

各试件钢管板件变形模式基本相同，图 3.2.12 给出了试件 C3 达到峰值点和破坏点时钢管板件的变形形状。水平荷载到达峰值时，钢管翼缘和腹板平面外变形较小，尚未发生局部屈曲。加载到破坏点时，翼缘形成一个鼓曲半波，鼓曲范围基本为边长为翼缘宽度的正方形。腹板在隔板约束下形成一对鼓曲半波，每个鼓曲半波形状亦基本为正方形。因此，钢管翼缘和腹板局部屈曲后的受力状态均接近四边固定矩形板。纵向隔板在峰值点变形较小，但在破坏点产生明显平面内塑性变形，这是由于加载后期竖向力主要由隔板和临近区域混凝土承担，隔板在竖向压应力和混凝土横向膨胀力的作用下产生横向塑性变形。

2) 钢管应力和应变分布

由精细有限元模型计算得到的不同荷载级别下的塑性区应力和应变沿柱截面

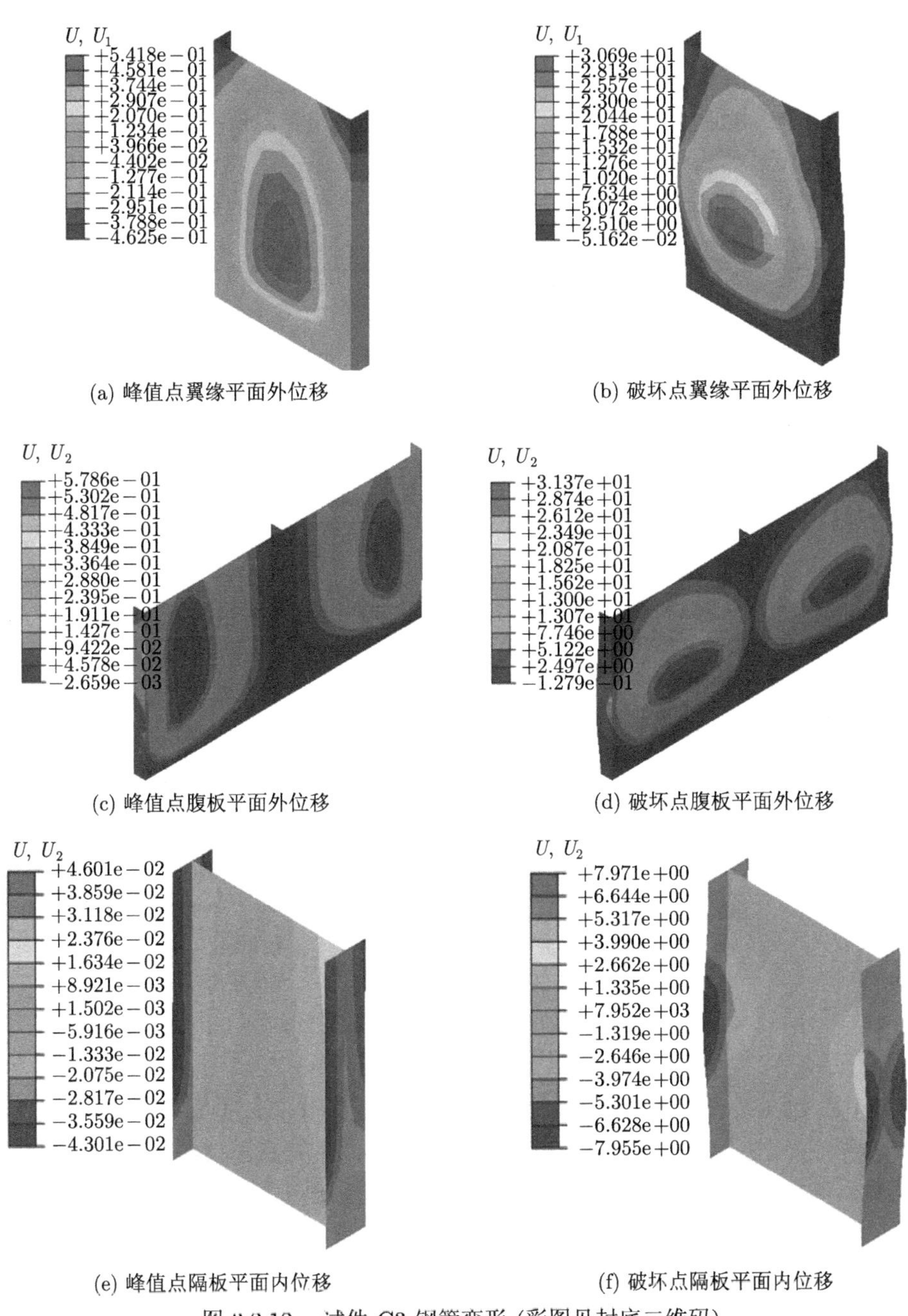

(a) 峰值点翼缘平面外位移　　(b) 破坏点翼缘平面外位移

(c) 峰值点腹板平面外位移　　(d) 破坏点腹板平面外位移

(e) 峰值点隔板平面内位移　　(f) 破坏点隔板平面内位移

图 3.2.12　试件 C3 钢管变形 (彩图见封底二维码)

高度的分布如图 3.2.13 ~ 图 3.2.15 所示。为更全面地表达应力和应变沿整个钢管截面的分布，图中横坐标取为钢管截面展开高度。应力和应变基本沿钢管截面中心线对称分布，只展开一半钢管截面，阴影部分为翼缘应力和应变分布。由于塑性区域钢板发生较大的平面外屈曲，钢板积分点处应变分布不能直观反映钢管截面的变形，因此提取距柱底截面 125mm 高度处的竖向位移，求得该高度范围内的平均应变，列于图 3.2.13 ~ 图 3.2.15 的子图 (d) 中。由于试件 C1~C3 达到峰值荷载时均未发生局部屈曲，钢管应力和应变分布规律基本一致。

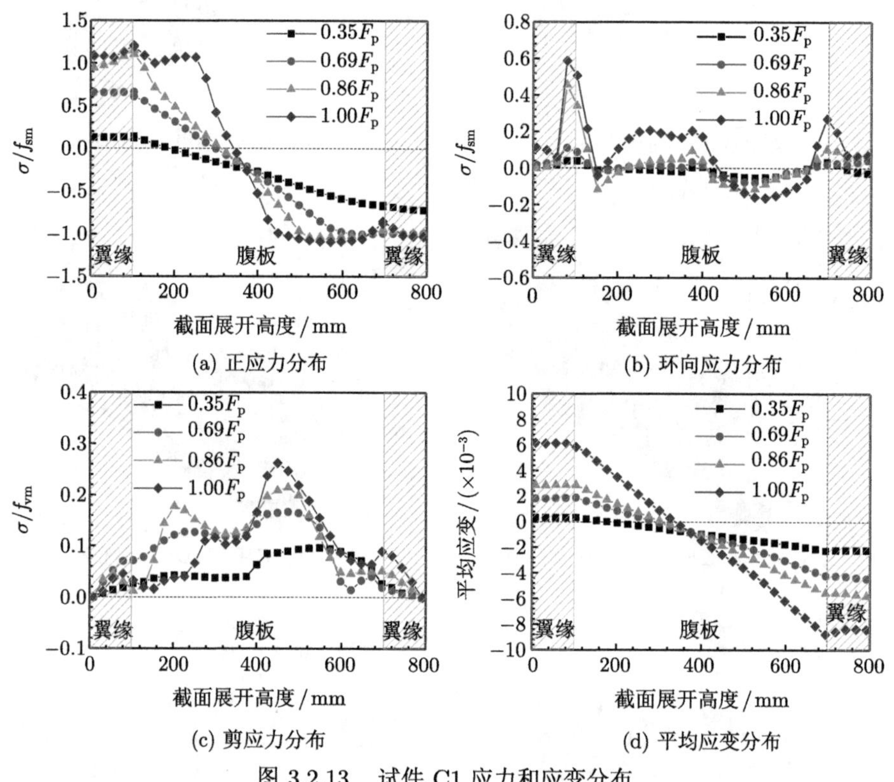

图 3.2.13　试件 C1 应力和应变分布

由图 3.2.13 ~ 图 3.2.15 可以看出，水平荷载为 $0.35F_p$ 时，钢管处于弹性状态，钢板的正应力沿柱截面高度基本呈直线分布；钢管底部横向变形受到地梁约束，受压侧翼缘和腹板出现较小的环向压应力；受压侧腹板剪力传递更直接，其剪应力最大。水平荷载为 $0.69F_p$ 时，受压侧钢管翼缘及部分腹板受压屈服；钢管角部出现环向拉应力；钢管腹板剪应力随水平荷载增加而提高。水平荷载为 $0.86F_p$ 时，钢管翼缘均拉压屈服，受压侧腹板屈服范围增加；钢管角部环向应力显著提高，表明混凝土已接近抗压强度，膨胀效应明显；由于部分腹板已受压屈服，腹板剪应力增加有限。水平荷载达到 F_p 时，受拉侧钢管角部在环向和竖向拉应力作用下处于双向受拉应力状态，钢材出现强化，受压侧钢管角部在环向拉应力和竖向压应力作用下处于双向拉压应力状态，钢材受压强度有所减小；腹板大部分区域受压屈服或受拉屈服；钢管对混凝土的约束作用加强，角部出现明显的环向拉应力；由于钢管腹板拉压屈服，剪应力逐渐向腹板中部集中。

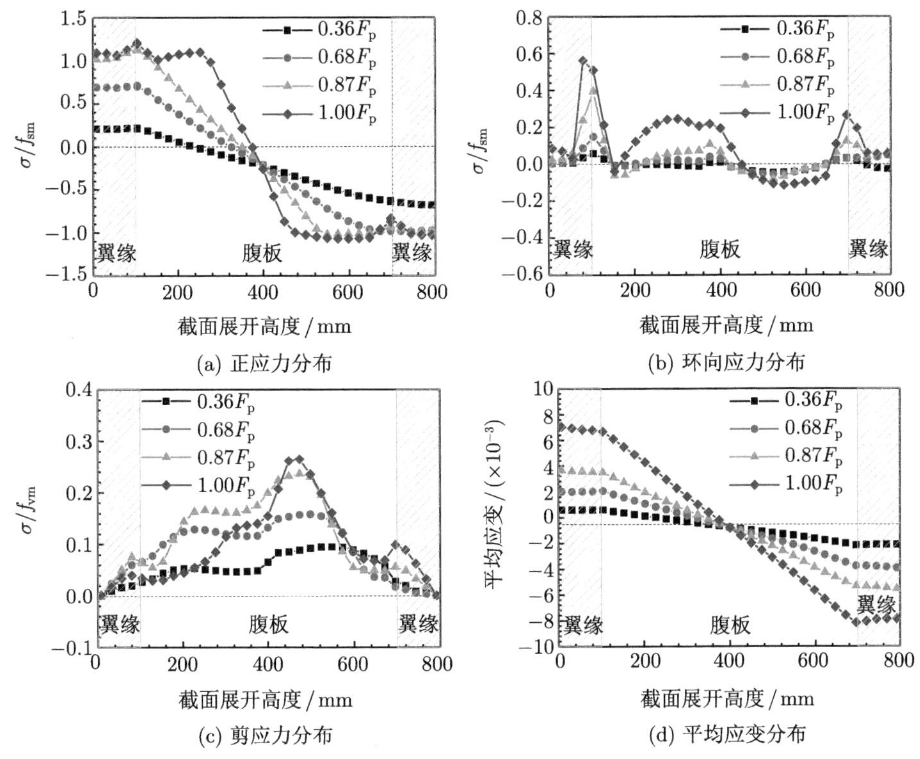

(a) 正应力分布 (b) 环向应力分布

(c) 剪应力分布 (d) 平均应变分布

图 3.2.14 试件 C2 应力和应变分布

水平荷载达到峰值荷载前，各试件塑性铰区的平均竖向应变均沿截面高度线性分布，符合平截面假定。水平荷载达到峰值荷载后，试件平均应变总体上仍符合平截面假定。此时钢管腹板平均竖向应变基本沿截面高度线性分布；钢管翼缘竖向拉压屈服，同时存在较大的环向应力和剪应力，具有一定的剪力滞后效应，平均应变分布略微不均匀。

3) 钢管应力–应变滞回曲线

试件 C1~C3 的应力–应变滞回曲线相似，发展程度存在一定差异。图 3.2.16~图 3.2.18 给出了各试件底部典型位置的应力–应变滞回曲线。各试件水平荷载达到峰值荷载前，钢管未发生屈曲，翼缘和临近腹板钢材应力–应变曲线呈现理想的滞回环，如图 3.2.16(a) 和 (b) 所示。由于轴向力存在，钢管截面中心附近钢材压应变发展较为明显，如图 3.2.16(c) 所示。水平荷载达到峰值后，钢管屈曲，受压

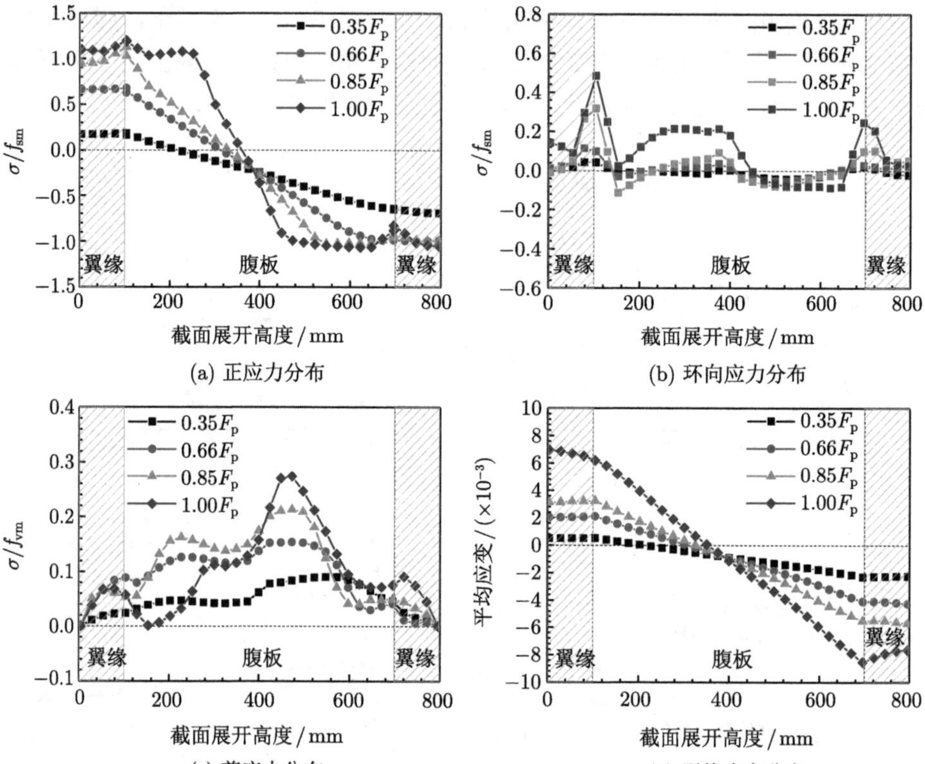

(a) 正应力分布　　(b) 环向应力分布

(c) 剪应力分布　　(d) 平均应变分布

图 3.2.15　试件 C3 应力和应变分布

屈服应力减小，混凝土产生受压损伤，试件竖向受压残余应变开始发展。钢管翼缘和腹板残余压应变不断累积，拉应变逐渐变小并消失。钢板受压屈曲后存在压缩变形和平面外弯曲变形，钢板除承受压应力外还承受较大的弯曲应力，使其强度不能充分发挥。

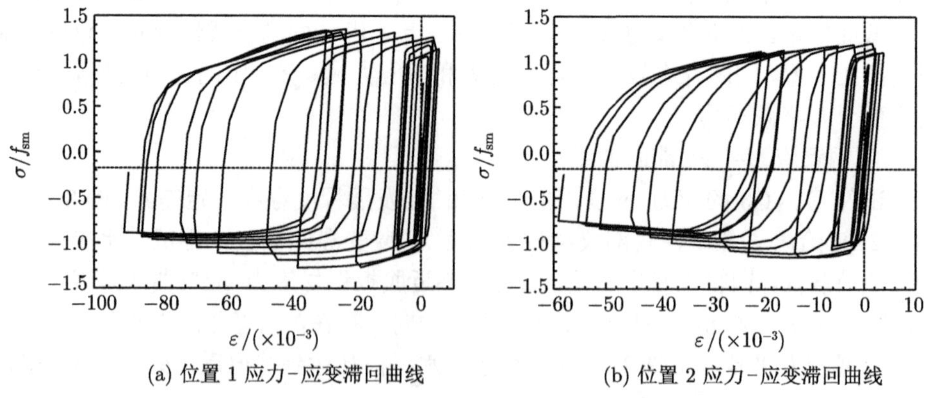

(a) 位置 1 应力-应变滞回曲线　　(b) 位置 2 应力-应变滞回曲线

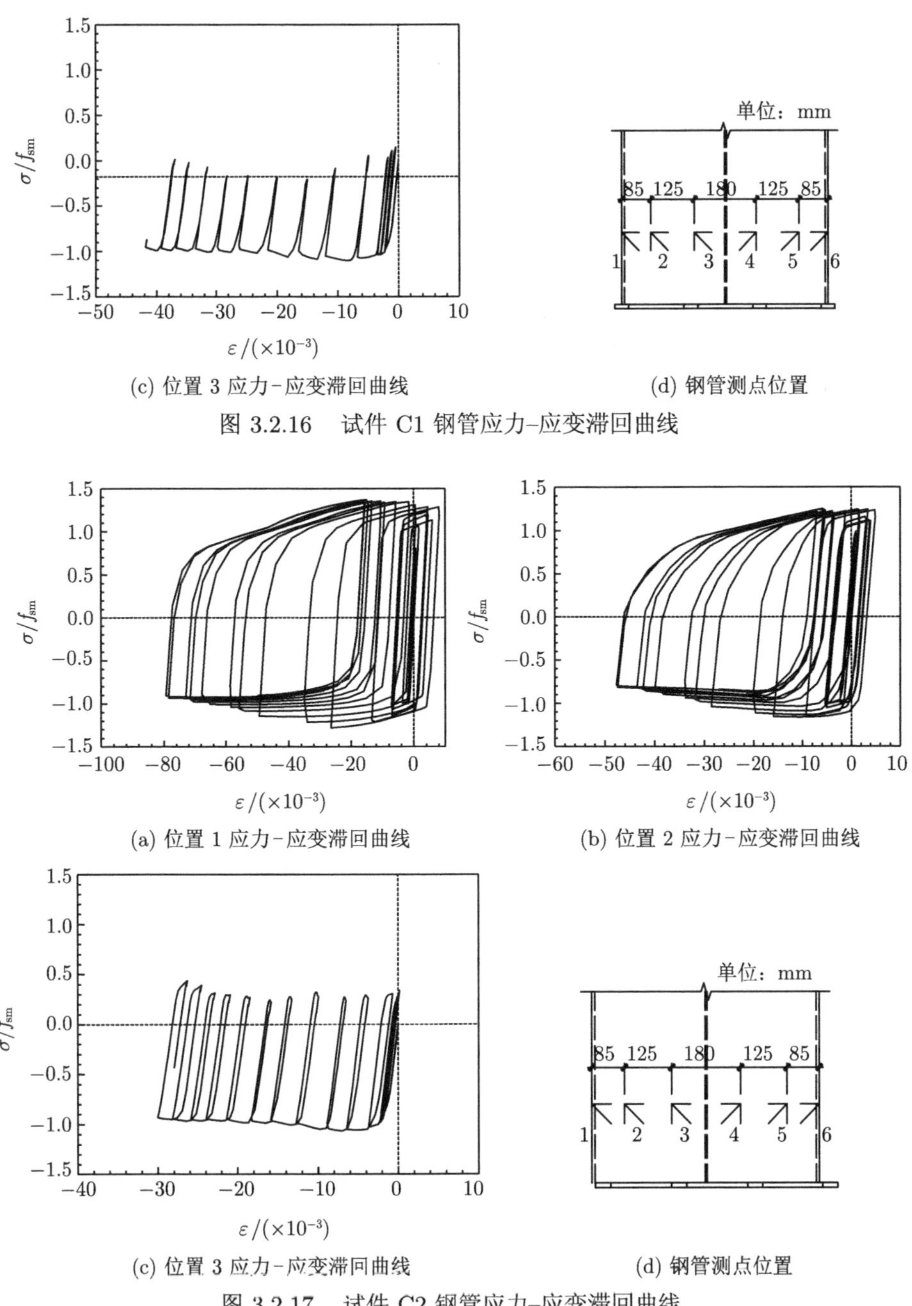

(c) 位置 3 应力–应变滞回曲线　　(d) 钢管测点位置

图 3.2.16　试件 C1 钢管应力–应变滞回曲线

(a) 位置 1 应力–应变滞回曲线　　(b) 位置 2 应力–应变滞回曲线

(c) 位置 3 应力–应变滞回曲线　　(d) 钢管测点位置

图 3.2.17　试件 C2 钢管应力–应变滞回曲线

图 3.2.16(a) 为试件 C1 钢管翼缘位置 (位置 1) 应力–应变滞回曲线。水平荷载超过峰值荷载后，钢板受压强度随竖向压应变的增加而逐渐减小。由于翼缘

宽厚比较小，局部二阶效应并不明显，应力下降幅度较小。钢板受压变为受拉时，弯曲钢板存在被“拉直”的趋势，钢板由压弯状态变为拉弯状态，在此过程中应力–应变曲线呈现弹塑性状态，曲线斜率介于钢材弹性模量和硬化模量之间。翼缘钢板被“拉直”后仍能承受较大的拉应力，并随塑性应变的增加不断强化。

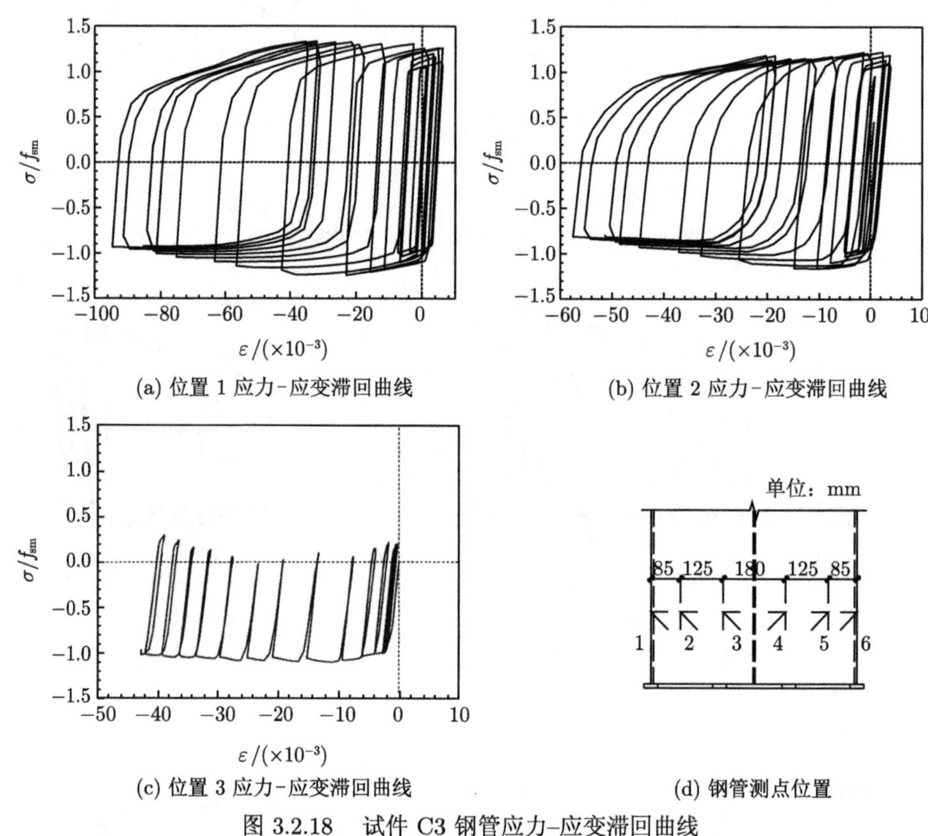

(a) 位置 1 应力–应变滞回曲线　(b) 位置 2 应力–应变滞回曲线

(c) 位置 3 应力–应变滞回曲线　(d) 钢管测点位置

图 3.2.18　试件 C3 钢管应力–应变滞回曲线

图 3.2.16(b) 为试件 C1 钢管腹板位置 (位置 2) 应力–应变滞回曲线。腹板位置由于宽厚比大，钢板局部屈曲发展较快，其竖向受压强度下降幅度较大。随着屈曲发展，钢板受到翼缘和隔板约束，平面外变形得到控制，钢板受压强度保持在一定数值不再下降。与翼缘相比，腹板局部屈曲变形较大，钢板“拉直”过程刚度较小，曲线更加平缓。随着水平位移荷载增加，混凝土产生较大横向膨胀，腹板“拉直”过程被混凝土限制，在大的水平变位下腹板依然产生较大的塑性应变，钢材应力有所强化。

图 3.2.16(c) 为试件 C1 腹板中部 (位置 3) 应力–应变滞回曲线。加载初期钢板压应变较小，基本处于弹性状态。随着水平荷载增加，钢板受压屈服，管壁板件屈曲，

混凝土竖向残余变形逐渐累积，该测点竖向压应变亦不断累积，受压强度也有所降低。

图 3.2.17 为试件 C2 典型位置的应力–应变滞回曲线。由于该试件轴压力较小，竖向累积受压应变相对于试件 C1 更小，因此其应力–应变滞回曲线更为饱满，且测点 3 位置在较大水平位移荷载下仍能出现较大拉应力。图 3.2.18 为试件 C3 典型位置的应力–应变滞回曲线。该试件增加了钢板厚度，相对于试件 C1 具有更小的轴压比和板件宽厚比，应力–应变滞回曲线更加稳定饱满，进而使试件具有更好的变形能力和承载能力。

2. 混凝土受力机理分析

各试件混凝土应力分布规律基本相同，图 3.2.19 为试件 C3 在水平荷载达到峰值时混凝土应力分布状态。由图可见，钢管对混凝土的水平约束主要分布于钢管翼缘角部。截面长向混凝土约束应力较大，截面短向混凝土约束应力较小，甚至在腹板中部出现小额拉应力。这是由于腹板宽厚比大，平面外刚度很小，不能

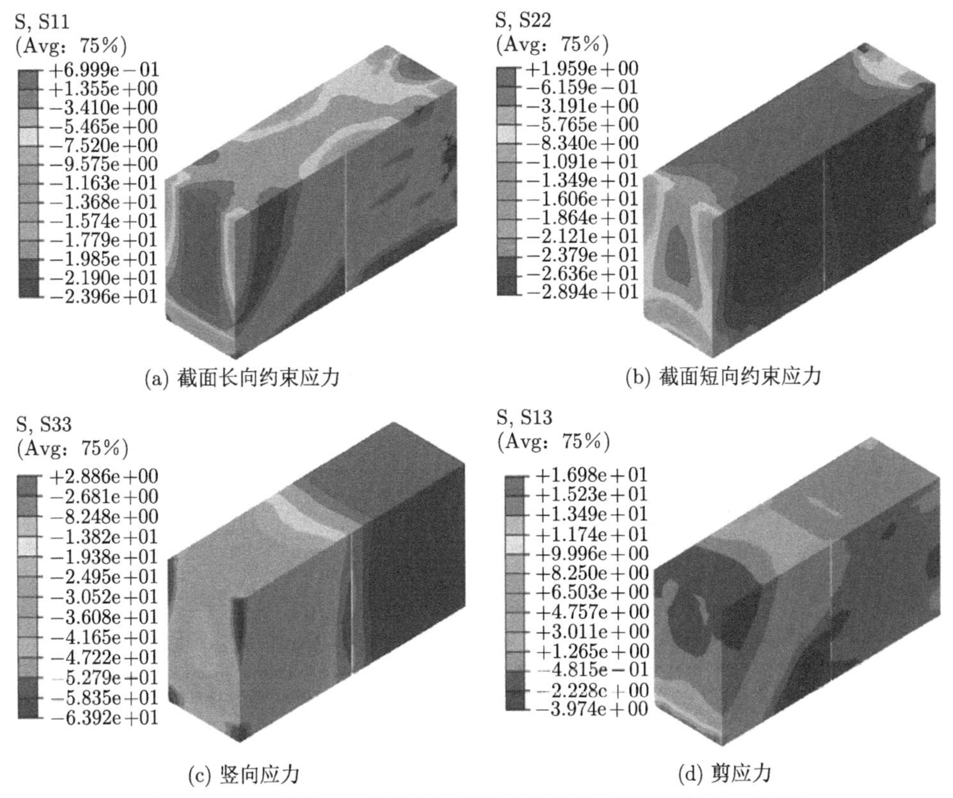

(a) 截面长向约束应力

(b) 截面短向约束应力

(c) 竖向应力

(d) 剪应力

图 3.2.19 试件 C3 峰值点混凝土应力分布 (彩图见封底二维码)

对混凝土提供横向约束。在横向约束应力作用下，混凝土竖向应力有所提高，尤其是钢管角部约束效应强，应力提高幅度较大。水平荷载达到峰值时，混凝土受压区应力已小幅度超过其抗压强度。由于受拉侧混凝土开裂，混凝土所承担剪力主要由受压侧承担。

图 3.2.20 为试件 C3 在水平位移达到破坏点时混凝土应力分布状态。由图可见，水平位移达到破坏点时，管壁板件屈曲，钢管环向拉应力对混凝土的约束作用增强，截面长向和短向混凝土约束应力均比荷载峰值点时增大。此时，隔板及相连腹板也对混凝土形成有效约束。钢管翼缘附近混凝土在反复荷载作用下产生较大损伤，混凝土主要由截面中部承担竖向荷载。由于破坏点混凝土截面已全部开裂，混凝土所承担的剪力大幅度下降。

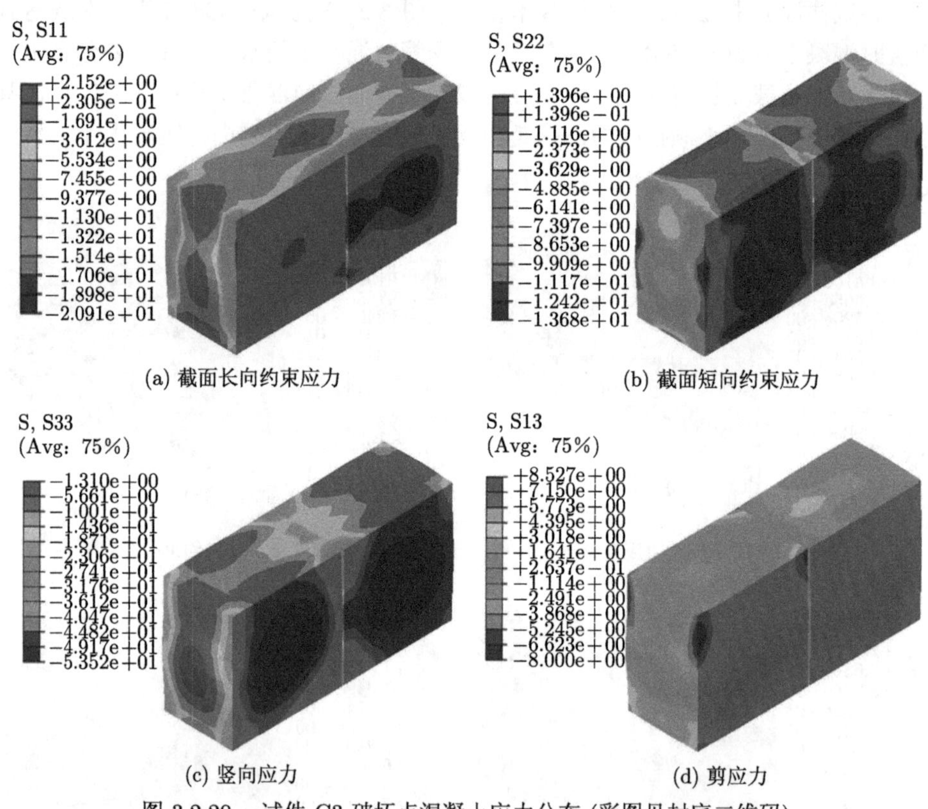

(a) 截面长向约束应力　(b) 截面短向约束应力

(c) 竖向应力　(d) 剪应力

图 3.2.20　试件 C3 破坏点混凝土应力分布 (彩图见封底二维码)

3.3　考虑钢板屈曲后行为的壁式钢管混凝土柱纤维梁

本节深入研究管壁板件的弹塑性后屈曲行为，提出适用于壁式柱的钢管单轴滞回本构模型。同时修正现有约束混凝土本构模型，引入简化的滞回法则，得到适用于壁式柱的约束混凝土单轴滞回本构模型。进一步利用通用有限元软件 ABAQUS 的用户材料子程序接口编制数值计算程序，建立了考虑钢板屈曲后行为的壁式柱纤维梁模型，并采用试验数据验证模型的准确性。

3.3.1 材料单轴滞回本构模型

1. 钢管单轴滞回本构模型

反复荷载作用下的钢管单轴本构模型由三部分组成：考虑钢板屈曲后行为的单轴受压骨架曲线、单轴受拉骨架曲线和滞回法则。

单轴受拉骨架曲线采用普通钢材二次塑流模型，见式 (3.3.1)。单轴受压骨架曲线采用考虑钢板弹塑性后屈曲行为的平均应力–应变关系曲线，钢板平均应力–应变关系分为弹性段、塑性流动段、强化段 ($B/t > 33.5$ 时无强化段) 和屈曲段，见式 (3.3.2) 和式 (3.3.3)。钢材单轴加载骨架曲线如图 3.3.1 所示。

$$\sigma = \begin{cases} E_{\rm s}\varepsilon, & \varepsilon \leqslant \varepsilon_{\rm y} \\ f_{\rm y}, & \varepsilon_{\rm y} < \varepsilon \leqslant k_1\varepsilon_{\rm y} \\ k_3 f_{\rm y} + E_{\rm s}(1-k_3)(\varepsilon - k_2\varepsilon_{\rm y})^2/\left[\varepsilon_{\rm y}(k_2-k_1)^2\right], & \varepsilon > k_1\varepsilon_{\rm y} \end{cases} \tag{3.3.1}$$

$$\bar{\sigma} = \begin{cases} \bar{\varepsilon}, & \bar{\varepsilon} \leqslant 1.0 \\ 1.0, & 1.0 < \bar{\varepsilon} \leqslant \bar{\varepsilon}_{\rm cr} \\ \alpha\bar{\varepsilon}^{-\beta}, & \bar{\varepsilon} > \bar{\varepsilon}_{\rm cr} \end{cases} \tag{3.3.2}$$

$$\bar{\sigma} = \begin{cases} \bar{\varepsilon}, & \bar{\varepsilon} \leqslant 1.0 \\ 1.0, & 1.0 < \bar{\varepsilon} \leqslant k_1 \\ k_3 + (1-k_3)\dfrac{(\bar{\varepsilon}-k_2)^2}{(k_2-k_1)^2}, & k_1 < \bar{\varepsilon} \leqslant k_2 \\ k_3, & k_2 < \bar{\varepsilon} \leqslant \bar{\varepsilon}_{\rm cr} \\ \alpha\bar{\varepsilon}^{-\beta}, & \bar{\varepsilon} > \bar{\varepsilon}_{\rm cr} \end{cases} \tag{3.3.3}$$

式中，$\bar{\varepsilon}_{\rm cr}$ 为正则化临界屈曲应变；α 和β 为与宽厚比相关的屈曲段曲线参数，通过拟合平均应力–应变曲线得到；$k_1 = 4.5$、k_2 和 k_3 与宽厚比相关，通过拟合峰值平均应力和峰值平均应变得到。

钢材滞回法则包括四个部分：第一次加载曲线、卸载曲线、再加载方向和再加载曲线。

(1) 第一次加载曲线沿钢材单轴受拉或受压加载骨架曲线。

(2) 卸载曲线沿直线卸载，卸载模量为钢材初始弹性模量 $E_{\rm s}$。

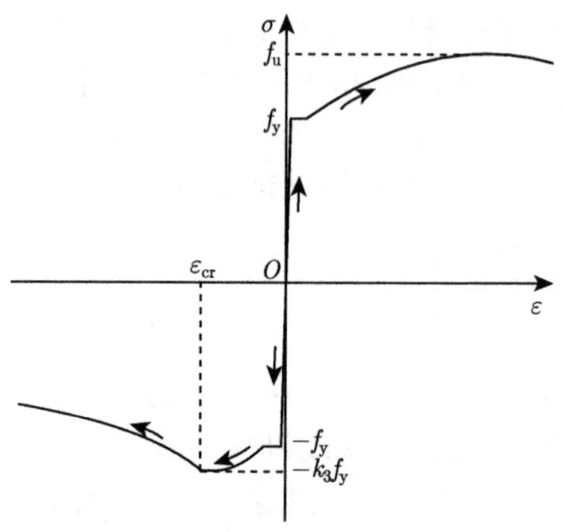

图 3.3.1　钢材单轴加载骨架曲线

(3) 再加载方向采用峰值指向模型：再加载曲线指向同方向前次加载的峰值点，这与钢材的滞回性能试验现象一致。

(4) 再加载曲线：循环荷载作用下钢材的 Bauschinger 效应由斜率为弹性模量 E_s 的渐近线和斜率为等效硬化模量 E_h 的渐近线确定。E_h 取受拉应力–应变曲线屈服点与峰值点连线的斜率，如图 3.3.2(a) 所示。再加载曲线割线刚度 E_{re} 介于钢材弹性模量 E_s 与加载起点 $(\sigma_a, \varepsilon_a)$ 和加载终点 $(\sigma_b, \varepsilon_b)$(由峰值指向模型法则确定) 的割线刚度 E_{sec} 之间，E_{re} 初始刚度等于钢材弹性模量 E_s，加载终点处切线模量为等效硬化模量 E_h，如图 3.3.2(b) 所示。

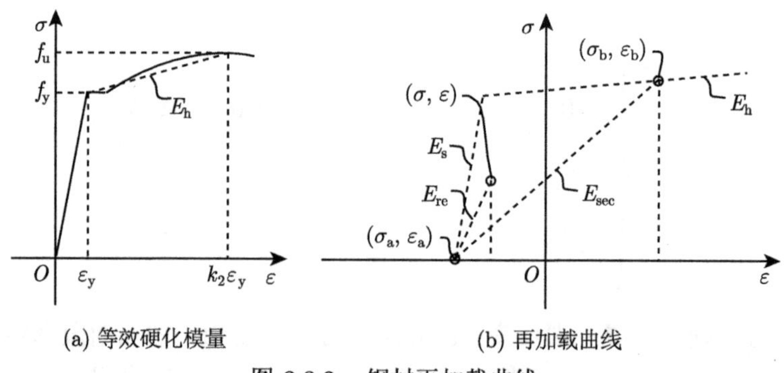

图 3.3.2　钢材再加载曲线

由单轴加载骨架曲线和滞回法则确定的钢管单轴滞回本构模型如图 3.3.3 所示。第 i 个受拉/受压加载循环的起始点标记为 $(\sigma_i^{t/c}, \varepsilon_i^{t/c})$，非骨架曲线上的卸载点标记为 $(\sigma_{uni}^{t/c}, \varepsilon_{uni}^{t/c})$，骨架曲线上的卸载点标记为 $(\sigma_{ski}^{t/c}, \varepsilon_{ski}^{t/c})$。再加载曲线终点为同向骨架曲线上的卸载点。加载曲线起始点初始值为 (0，0)，终点初始值为屈服

点 (f_y，ε_y)。加载路径可分为以下几种情况。

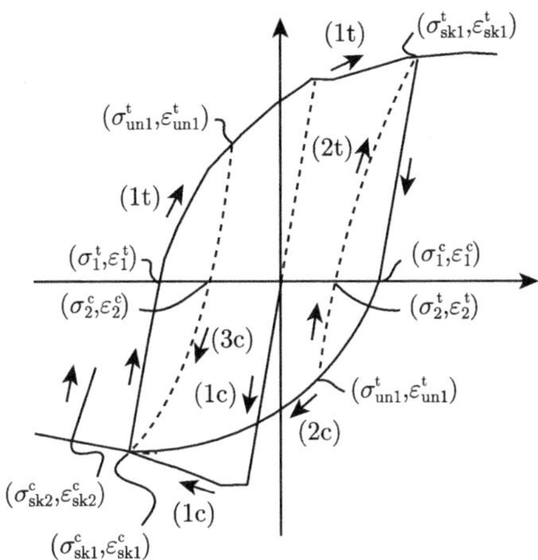

图 3.3.3 钢材单轴滞回本构模型

(1) 加载路径为 (1c)→(1t)→(2c)：加载曲线由 (0, 0) 开始，沿式 (3.3.2) 或式 (3.3.3) 描述的受压骨架曲线加载，到达点 $(\sigma^c_{sk1}, \varepsilon^c_{sk1})$ 后按弹性刚度 E_s 卸载，到达点 $(\sigma^t_1, \varepsilon^t_1)$ 后沿图 3.3.2 描述的再加载曲线加载至受拉屈服点 (f_y, ε_y)，而后沿式 (3.3.1) 描述的受拉骨架曲线加载，到达点 $(\sigma^t_{sk1}, \varepsilon^t_{sk1})$ 后按弹性刚度 E_s 卸载，到达点 $(\sigma^c_1, \varepsilon^c_1)$ 后沿再加载曲线加载至终点 $(\sigma^c_{sk1}, \varepsilon^c_{sk1})$，而后沿受压骨架曲线继续加载，如此往复。

(2) 加载路径为 (1c)→(1t)→(3c)：加载曲线由 (0, 0) 开始，沿受压骨架曲线加载，到达点 $(\sigma^c_{sk1}, \varepsilon^c_{sk1})$ 后按弹性刚度 E_s 卸载，到达点 $(\sigma^t_1, \varepsilon^t_1)$ 后沿再加载曲线加载至受拉卸载点 $(\sigma^t_{un1}, \varepsilon^t_{un1})$，而后按弹性刚度 E_s 卸载，到达点 $(\sigma^c_2, \varepsilon^c_2)$ 后沿再加载曲线加载至终点 $(\sigma^c_{sk1}, \varepsilon^c_{sk1})$，而后沿受压骨架曲线继续加载，如此往复。

(3) 加载路径为 (1t)→(2c)→(2t)：此种情况与 (2) 类似，加载路径到达点 $(\sigma^t_{sk1}, \varepsilon^t_{sk1})$ 后按弹性刚度 E_s 卸载，到达点 $(\sigma^c_1, \varepsilon^c_1)$ 后沿再加载曲线加载至受压卸载点 $(\sigma^c_{un1}, \varepsilon^c_{un1})$，而后按弹性刚度 E_s 卸载，到达点 $(\sigma^t_2, \varepsilon^t_2)$ 后沿再加载曲线加载至终点 $(\sigma^t_{sk1}, \varepsilon^t_{sk1})$，而后沿受拉骨架曲线继续加载，如此往复。

为便于程序编制，图 3.3.4 给出了考虑钢板屈曲后行为的钢管单轴滞回本构模型程序框图。

2. 约束混凝土单轴滞回本构模型

钢管对混凝土提供的横向约束提高了构件的承载力和延性，尤其在反复荷载作用下构件的延性和耗能能力得到显著提高。对混凝土横向约束机理进行深入分析，并采用合理的约束混凝土本构模型可使结构设计达到安全适用和经济合理的目的。反复荷载作用下的约束混凝土单轴滞回本构模型由三部分组成：约束混凝土单轴受压骨架曲线、单轴受拉骨架曲线和滞回法则。

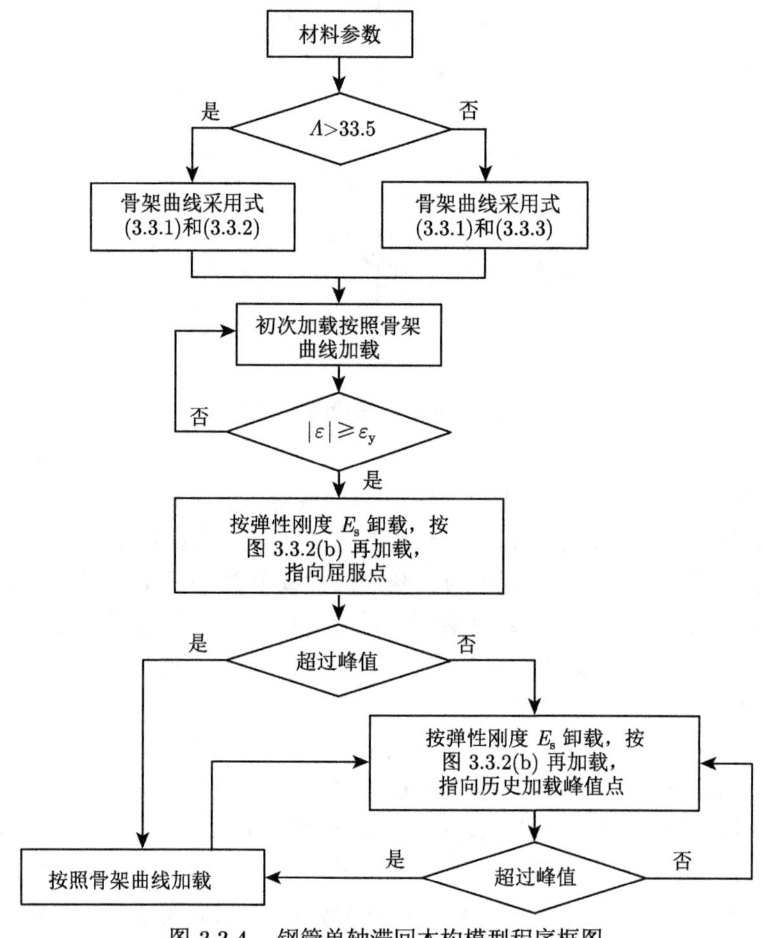

图 3.3.4　钢管单轴滞回本构模型程序框图

基于塑性的本构模型可以方便地描述混凝土的硬化、软化和膨胀行为。准确预测约束混凝土应力–应变关系的核心问题是描述混凝土在三轴压缩应力下的受力行为。约束混凝土单轴受压骨架曲线基于 Binici 模型，该模型宏观上描述了混凝土在恒定围压下的单向受压行为。Binici 模型将混凝土视为整体受力单元，应力和应变为试件整体的平均应力和平均应变，而在实际加载中试件应变和应力的分布是不均匀的。约束混凝土单轴受压应力–应变曲线可分为三段。

(1) 弹性阶段：弹性极限为 $(\sigma_e, \varepsilon_e)$。混凝土应力达到弹性极限前，假定为各向同性线弹性；

(2) 弹塑性阶段：峰值点为 (f_{cc}，ε_{cc})。峰值点应力和应变与横向约束应力相关；

(3) 软化段：残余强度为 f_{res}。

约束混凝土单轴受压应力–应变曲线表达式为

$$\sigma=\begin{cases}E_c\varepsilon, & \varepsilon\leqslant\varepsilon_e\\ \sigma_e+(f_{cc}-\sigma_e)x\dfrac{r}{r-1+x^r}, & \varepsilon_e<\varepsilon\leqslant\varepsilon_{cc}\\ f_{res}+(f_{cc}-f_{res})\exp[-(\varepsilon-\varepsilon_{cc})^2/\varsigma], & \varepsilon>\varepsilon_{cc}\end{cases} \tag{3.3.4}$$

式中，E_c 为混凝土弹性模量，ACI 318M—14 *Building Code Requirements for Structural Concrete*[23] 规定混凝土弹性模量取对应于 $0.45f_c'$ 时的割线模量；弹性极限对应的 σ_e 和ε_e 分别为

$$\sigma_e=0.45f_{cc} \tag{3.3.5}$$

$$\varepsilon_e=\frac{\sigma_e}{E_c} \tag{3.3.6}$$

x、r 和 E_t 为计算参数

$$x=\frac{\varepsilon-\varepsilon_e}{\varepsilon_{cc}-\varepsilon_e} \tag{3.3.7}$$

$$r=\frac{E_c}{E_c-E_t} \tag{3.3.8}$$

$$E_t=\frac{f_{cc}-\sigma_e}{\varepsilon_{cc}-\varepsilon_e} \tag{3.3.9}$$

系数 ς 与钢管约束系数ξ_c 相关，其决定下降段形状 [24]：

$$\varsigma=0.005+0.0075\xi_c \tag{3.3.10}$$

$$\xi_c=\frac{f_yA_s}{f_cA_c} \tag{3.3.11}$$

矩形钢管混凝土柱对核心混凝土的约束效应随钢材屈服强度的提高和钢板宽厚比的减小而更加显著。由于矩形钢管混凝土柱形成约束应力的机理极其复杂，无法采用解析法描述。Thai 等 [24] 通过大量的数值分析得到了不同钢材强度、混凝土强度和钢板宽厚比下的约束应力，如图 3.3.5 所示。约束应力表达式为

$$f_r=\frac{(-42428+236f_y)e^{-0.04B_{eq}/t}}{7773+f_c^{1.6}},\quad \frac{B_{eq}}{t}>15 \tag{3.3.12}$$

式中，B_{eq} 和 t 分别为管壁板件等效宽度和厚度。对于边长为 B 和 D 的两腔壁式柱等效宽度 $B_{eq}=\sqrt{[B^2+(0.5D)^2]/2}$。

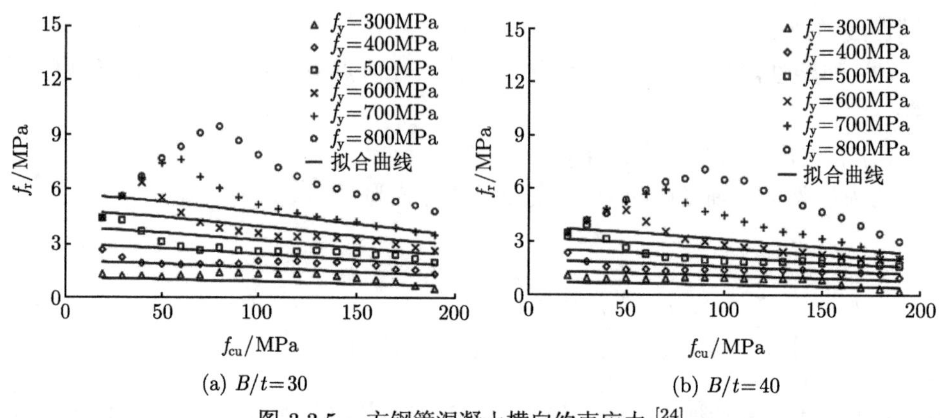

图 3.3.5　方钢管混凝土横向约束应力 [24]

约束混凝土峰值应力和残余应力由 Loen-Pramono 准则确定，假定压应力为正，则约束混凝土屈服面方程为

$$\left[(1-k)\left(\frac{\sigma_3}{f_c}\right)^2+\frac{\sigma_1-\sigma_3}{f_c}\right]^2-k^2m\frac{\sigma_3}{f_c}-k^2c=0 \tag{3.3.13}$$

式中，k 为硬化系数；c 为软化系数；m 为常数，$m=(f_c^2-f_t^2)/(f_cf_t)$。令约束比 $\phi=\sigma_3/f_c=f_r/f_c$，式 (3.3.13) 可表达为

$$\sigma_1=f_c[k\sqrt{c+m\phi}+\phi-(1-k)\phi^2] \tag{3.3.14}$$

非约束混凝土和约束混凝土峰值应力对应的应变按下式确定：

$$\varepsilon_0=(-0.067f_c^2+29.9f_c+1053)\times10^{-6} \tag{3.3.15}$$

$$\varepsilon_{cc}=5\varepsilon_c\left(\frac{f_{cc}}{f_c}-0.8\right) \tag{3.3.16}$$

矩形钢管混凝土截面约束效应对混凝土强度提高有限，但约束效应可有效改善混凝土脆性破坏形态，提高混凝土延性。钢管约束下的混凝土应力–应变关系如图 3.3.6 所示。由图可知，随着钢管宽厚比的减小，混凝土受压强度和残余强度均不同程度提高，混凝土残余强度的提高更加明显，与矩形钢管混凝土实际受力机理相符。

混凝土受拉脆性破坏形态更加明显，应力–应变曲线上升段和下降段与直线相近，且混凝土受拉行为对构件的受力性能影响较小。为简化计算，混凝土受拉应力–应变曲线简化为两折线模型：

$$\sigma = \begin{cases} E_c\varepsilon, & \varepsilon \leqslant \varepsilon_{t0} \\ \dfrac{\varepsilon_{tu} - \varepsilon}{\varepsilon_{tu} - \varepsilon_{t0}} f_t, & \varepsilon_{t0} < \varepsilon \leqslant \varepsilon_{tu} \\ 0, & \varepsilon > \varepsilon_{tu} \end{cases} \tag{3.3.17}$$

式中，混凝土轴心抗拉强度取 $f_t = 0.395 f_{cu}^{0.55}$；峰值受拉应变 $\varepsilon_{t0} = f_t/E_c$；极限受拉应变 $\varepsilon_{tu} = 10\varepsilon_{t0}$。混凝土受拉应力–应变骨架曲线如图 3.3.7 所示。

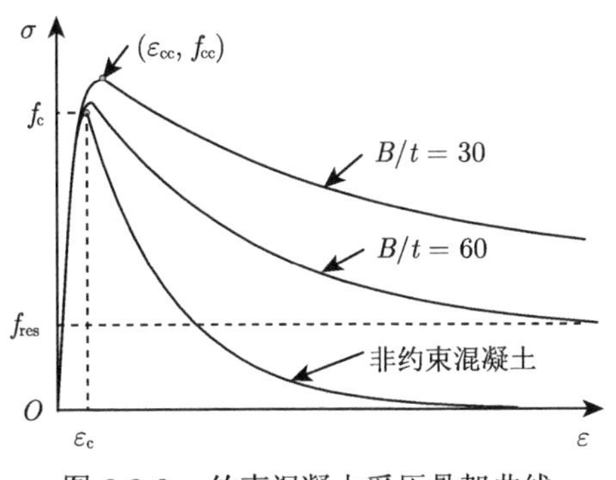

图 3.3.6 约束混凝土受压骨架曲线

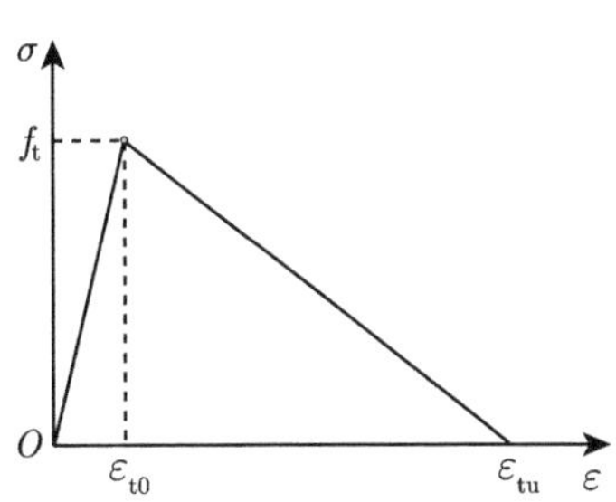

图 3.3.7 混凝土受拉骨架曲线

混凝土滞回法则可采用简化的混凝土应力–应变滞回准则，如图 3.3.8 所示。混凝土受压时，通常在受力初期混凝土损伤小，滞回环面积小，此时刚度退化不明显。因此，可假定混凝土应力–应变曲线上升段的卸载/再加载刚度为 E_c。超过约束混凝土峰值应变后，混凝土损伤随钢管的局部屈曲和应变的增加发展，可假定卸载/再加载路径为直线，并通过焦点 F。焦点 F 由峰值点 $(f_{cc}, \varepsilon_{cc})$ 处卸载刚度为 E_c 的直线与坐标竖轴的交点确定。塑性应变和卸载刚度由下式确定：

$$\varepsilon_p = \frac{\kappa f_c \varepsilon_{un}}{\sigma_{un} + \kappa f_c} \tag{3.3.18}$$

$$E_{un} = \frac{\sigma_{un}}{\varepsilon_{un} - \varepsilon_p} \tag{3.3.19}$$

式中，σ_{un} 和ε_{un} 分别为卸载点应力和应变；焦点 F 由系数 κ 确定：

$$\kappa = \frac{E_c \varepsilon_{cc} - f_{cc}}{f_{cc}} \tag{3.3.20}$$

混凝土受拉时，加/卸载均以受压残余应变点 $(\sigma_0, \varepsilon_0)$ 为基点，受拉卸载曲线均指向基点 $(\sigma_0, \varepsilon_0)$。

为便于程序编制，图 3.3.9 给出了考虑钢板屈曲后行为的钢材单轴滞回本构模型程序框图。

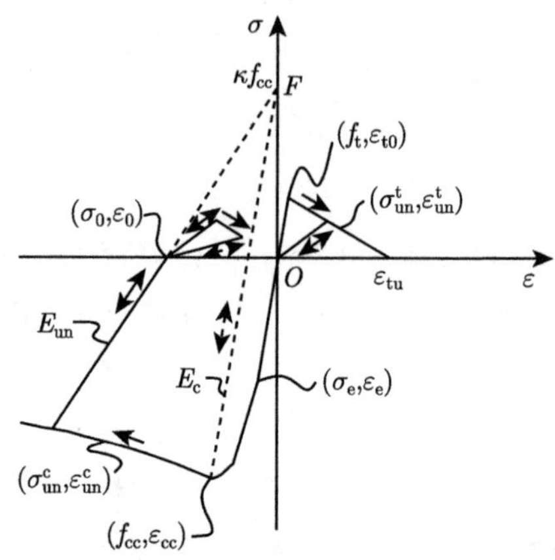

图 3.3.8　约束混凝土单轴滞回本构模型

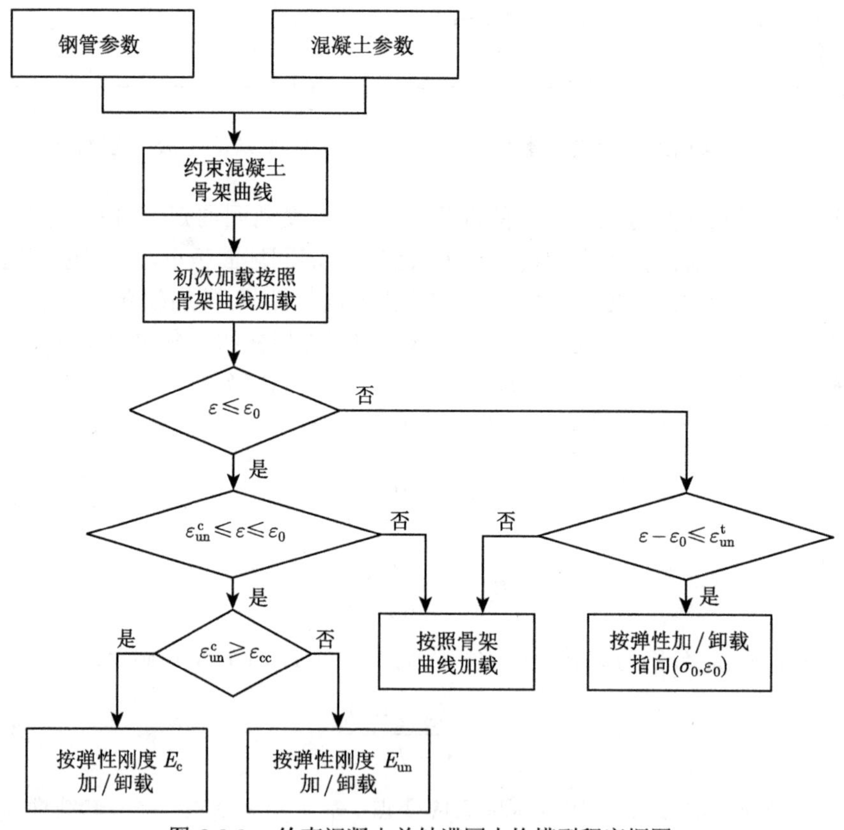

图 3.3.9　约束混凝土单轴滞回本构模型程序框图

3.3.2 纤维梁模型

1. 单元描述

基于刚度法构造壁式柱纤维梁模型。单元采用标准两节点 12 自由度 Timoshenko 梁单元，每节点具有 3 个平移自由度和 3 个转动自由度。单元横截面被划分为二维钢材和混凝土纤维网格，通过数值积分得到截面刚度和承载力，进而得到单元刚度和节点力。单元横截面变形和单元力的变化由插值函数确定。不包含刚体位移的纤维梁单元在局部坐标系 O_ixyz 下的模型见图 3.3.10。

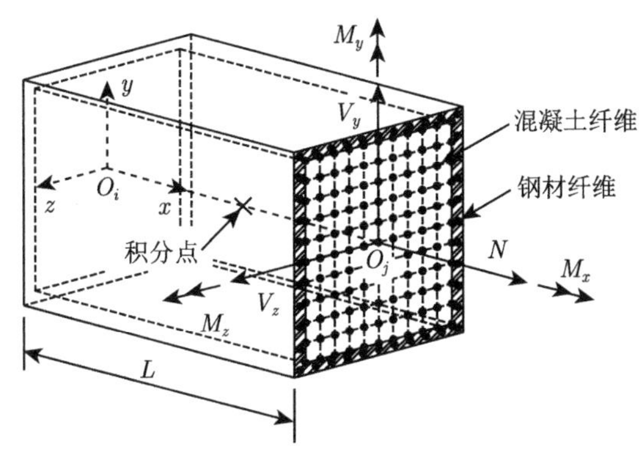

图 3.3.10 纤维梁单元及横截面纤维

纤维梁单元基于以下假定：平截面假定，即横截面在变形过程中保持平面；钢管和混凝土间无相对滑移；剪切变形和弯曲变形分别独立计算，且剪切变形保持弹性。混凝土受拉开裂行为对构件屈服前的影响较大，对于大应变下的滞回分析可以忽略不计，且受拉开裂行为可根据混凝土材料宏观受力行为将其包含在单轴应力–应变关系中加以考虑。纤维梁单元考虑钢管和混凝土间的滑移行为具有很大困难，但钢管和混凝土间的滑移行为对构件受力的影响较小，且在试验研究中未发现钢管和混凝土间产生明显滑移行为，本研究未考虑其影响。实际结构框架柱通常为压弯破坏，且试验研究和精细有限元分析也表明壁式柱主要为压弯破坏，剪切应力水平较低，因此假定剪切变形满足线弹性关系具有足够的分析精度。

2. 刚度矩阵

1) 截面压弯刚度

由平截面假定，纤维单元 x 处变形为 $\boldsymbol{d}(x)$，横截面 $(y,\ z)$ 处纤维应变为

$$\varepsilon(x,y,z)=\boldsymbol{h}(y,z)\boldsymbol{d}(x) \tag{3.3.21}$$

$$\boldsymbol{h}(y,z)=\begin{bmatrix} 1 & z & -y \end{bmatrix} \tag{3.3.22}$$

$$\boldsymbol{d}(x) = [\ \varepsilon_x \quad \phi_y \quad \phi_z\ ]^{\mathrm{T}} \tag{3.3.23}$$

式中，ε_x、ϕ_y 和ϕ_z 分别为横截面上的轴向应变、绕 y 轴和 z 轴的曲率。

由单轴材料本构模型，应变为$\varepsilon(x, y, z)$ 时钢材或混凝土材料切线模量分别为 $E_{\mathrm{s}}^{\mathrm{t}}(x,y,z)$ 或 $E_{\mathrm{c}}^{\mathrm{t}}(x,y,z)$，应力为 $\sigma_{\mathrm{s}}^{\mathrm{t}}(x,y,z)$ 或 $\sigma_{\mathrm{c}}^{\mathrm{t}}(x,y,z)$。于是，截面刚度和截面内力分别为

$$\boldsymbol{k}(x) = \int_{A_{\mathrm{s}}(x)} \boldsymbol{h}^{\mathrm{T}}(y,z)E_{\mathrm{s}}^{\mathrm{t}}(x,y,z)\boldsymbol{h}(y,z)\mathrm{d}A + \int_{A_{\mathrm{c}}(x)} \boldsymbol{h}^{\mathrm{T}}(y,z)E_{\mathrm{c}}^{\mathrm{t}}(x,y,z)\boldsymbol{h}(y,z)\mathrm{d}A \tag{3.3.24}$$

$$\boldsymbol{F}(x) = \int_{A_{\mathrm{s}}(x)} \boldsymbol{h}^{\mathrm{T}}(y,z)\sigma_{\mathrm{s}}(x,y,z)\mathrm{d}A + \int_{A_{\mathrm{c}}(x)} \boldsymbol{h}^{\mathrm{T}}(y,z)\sigma_{\mathrm{c}}(x,y,z)\mathrm{d}A \tag{3.3.25}$$

式 (3.3.24) 和式 (3.3.25) 所表达的截面刚度和截面内力可由图 3.3.10 所示的钢管和混凝土截面二维网格进行数值积分得到。数值积分方法可采用矩形法、梯形法、Simpson 积分或其他积分方式。钢管屈曲行为和混凝土开裂行为使截面刚度和应力分布极其不均匀，采用 Simpson 积分可兼顾计算精度和效率，通常用于截面刚度和截面内力积分。数值积分精度还取决于横截面纤维划分密度，纤维数量较少时会低估截面的承载能力，纤维数量太多时会显著增加计算量。因此，应选取合适的横截面纤维划分密度。

2) 单元刚度

采用刚度法形成单元刚度矩阵。对于两节点纤维梁单元，其轴向变形采用线性插值函数，横向变形采用 Hemite 三次插值函数。单元位移场为

$$\boldsymbol{u}(x) = \boldsymbol{N}(x)\boldsymbol{d} \tag{3.3.26}$$

式中，$\boldsymbol{N}(x)$ 为单元插值函数矩阵；$\boldsymbol{d}$ 为杆端位移矢量。

截面变形与位移间几何关系为

$$\boldsymbol{d}(x) = \boldsymbol{B}(x)\boldsymbol{d} \tag{3.3.27}$$

式中，$\boldsymbol{B}(x)$ 为几何变换矩阵。

截面内力与位移本构关系为

$$d[\boldsymbol{F}(x)] = \boldsymbol{k}(x)d[\boldsymbol{d}(x)] \tag{3.3.28}$$

由虚功原理，单元的刚度矩阵为

$$\boldsymbol{k}^{\mathrm{e}} = \int_{L} \boldsymbol{B}^{\mathrm{T}}(x)\boldsymbol{k}(x)\boldsymbol{B}(x)\mathrm{d}x \tag{3.3.29}$$

式中，L 为单元长度。

单元承受剪力和扭矩时假定只发生弹性变形，剪切变形和扭转变形采用独立线性插值函数，单元剪切刚度矩阵和扭转刚度矩阵分别为

$$\boldsymbol{k}_{\mathrm{s}}^{\mathrm{e}}=\frac{GA}{kL}\begin{bmatrix}1 & -1\\ -1 & 1\end{bmatrix} \tag{3.3.30}$$

$$\boldsymbol{k}_{\mathrm{t}}^{\mathrm{e}}=\frac{GJ}{L}\begin{bmatrix}1 & -1\\ -1 & 1\end{bmatrix} \tag{3.3.31}$$

式中，G 为材料剪切模量；k 为受剪校正因子；J 为截面扭转惯性矩。

3) 整体刚度矩阵

单元刚度矩阵为在局部坐标系下的刚度矩阵，需转换到整体坐标系组装为整体刚度矩阵，整体坐标系下的单元刚度矩阵为

$$\boldsymbol{K}^{\mathrm{e}}=\boldsymbol{T}^{\mathrm{T}}\boldsymbol{k}^{\mathrm{e}}\boldsymbol{T} \tag{3.3.32}$$

式中，$\boldsymbol{T}$ 为单元节点自由度转换矩阵。

各单元刚度矩阵转换到整体坐标系后，可以叠加得到整体刚度矩阵 $\boldsymbol{K}$：

$$\boldsymbol{K}=\sum\boldsymbol{K}^{\mathrm{e}} \tag{3.3.33}$$

实际编程过程中此集成过程一般不需采用上述矩阵转换方法进行，在计算得到 $\boldsymbol{k}^{\mathrm{e}}$ 的各元素后，只需按照单元的节点自由度编码“对号入座”地叠加到结果整体刚度矩阵即可。

3. 实现方法和程序

非线性通用有限元软件 ABAQUS[25] 包含了完备的前后处理模块 ABAQUS/CAE、隐式求解模块 ABAQUS/Standard 和显示求解模块 ABAQUS/Explicit，以及其他相关模块。ABAQUS 采用开放的体系架构，提供了大量二次开发接口，包括 Python 脚本语言开发接口和用户子程序开发接口。强大的分析功能和丰富的二次开发接口使 ABAQUS 在工程抗震领域得到了大量应用。由于实际问题的多样性和特殊性，ABAQUS 允许通过用户子程序扩展主程序的功能。本节采用 ABAQUS 纤维梁单元，通过用户子程序 UMAT(User-Defined Mechanical Material Behavior) 引入钢材和混凝土单轴滞回本构模型。

1) UMAT 接口与程序

UMAT 采用 FORTRAN 语言编写，用于自定义材料力学本构关系。UMAT 可以用于不同形式的求解过程，可以使用与求解过程相关的自定义状态变量。UMAT

需向主程序传递更新后的应力张量和材料 Jacobian 矩阵，以用于整体非线性方程的求解。为统一接口格式，方便用户编写程序，ABAQUS 提供了 FORTRAN 语言编写的用户子程序模板：

```
SUBROUTINE UMAT(STRESS, STATEV, DDSDDE, SSE, SPD, SCD,
    1 RPL, DDSDDT, DRPLDE, DRPLDT,
    2 STRAN, DSTRAN, TIME, DTIME, TEMP, DTEMP, PREDEF, DPRED,
CMNAME,
    3 NDI, NSHR, NTENS, NSTATV, PROPS, NPROPS, COORDS, DROT,
PNEWDT,
    4 CELENT, DFGRD0, DFGRD1, NOEL, NPT, LAYER, KSPT, JSTEP, KINC)
C
    INCLUDE 'ABA_PARAM.INC'
C
    CHARACTER*80 CMNAME
    DIMENSION STRESS(NTENS), STATEV(NSTATV),
    1 DDSDDE(NTENS, NTENS), DDSDDT(NTENS), DRPLDE(NTENS),
    2 STRAN(NTENS), DSTRAN(NTENS), TIME(2), PREDEF(1), DPRED (1),
    3 PROPS(NPROPS), COORDS(3), DROT(3, 3), DFGRD0(3, 3), DFGRD1
(3,3),
    4 JSTEP(4)
C
    用户编码定义 DDSDDE, STRESS, STATEV, SSE, SPD, SCD
    需要时可定义 RPL, DDSDDT, DRPLDE, DRPLDT, PNEWDT
C
    RETURN
    END
```

主程序通过接口进入 UMAT 后，子程序按照以下步骤运行。

(1) 数组 PROPS 传入材料参数，包括弹性模量、泊松比、材料强度，以及其他与材料本构模型相关的参数。

(2) 数组 STRAN、DSTRAN 传入增量步初始总应变张量和增量应变张量；STRESS、STATEV 传入增量步初始应力张量 STRESS_Old 和初始状态变量 STATEV_Old。

(3) 根据本节材料单轴滞回本构关系模型，由初始总应变张量、增量应变张量、初始应力张量 STRESS_Old 和初始状态变量 STATEV_Old 共同确定材料加载或卸载状态，并计算钢管或混凝土材料更新后的应力张量 STRESS_New 和状态变量 STATEV_New。

(4) 根据材料的加载或卸载状态确定钢管或混凝土材料的 Jacobian 矩阵 DDSDDE(I, J)，即增量应变张量第 J 个分量无穷小摄动引起的增量步结束时应力张量第 I 个分量的变化。

(5) 更新应力张量 STRESS、状态变量 STATEV 和 Jacobian 矩阵 DDSDDE，以及张量 (变量)SSE、SPD、SCD 和 PNEWDT 等。

(6) 返回主程序。

2) 程序求解流程

首先利用 ABAQUS 前处理功能建立壁式柱纤维梁单元模型。计算过程中主程序通过 UMAT 接口进行数据交流，将编制的钢材和混凝土单轴滞回本构模型嵌入隐式计算模块 ABAQUS/Standard，进一步采用荷载增量法分析壁式柱在复杂应力状态下的受力性能。UMAT 仅规定了单元截面的受力行为，而单元构造采用 ABAQUS 内置标准 Timoshenko 梁单元，其允许剪切变形，且适用于大应变分析和大变形分析，可考虑几何非线性的影响。程序计算的稳定性主要取决于单元截面纤维的非线性行为。

隐式计算模块 ABAQUS/Standard 主程序求解非线性问题时，一般采用 Newton-Raphson 迭代法求解每一增量步的解。分析流程如图 3.3.11 所示。

3.3.3 壁式钢管混凝土柱模型验证

在 ABAQUS 中建立壁式柱杆系有限元模型。忽略试验中台座和靴梁影响，柱高取靴梁顶至水平加载点，柱底约束节点平移和转动自由度。与试验过程一致，荷载步分为两步。荷载步 1：柱顶施加恒定轴力；荷载步 2：柱顶施加反复位移荷载，屈服前每一荷载幅值加载 1 个循环，屈服后每一位移幅值加载 3 个循环。计算中考虑 P-Δ 效应的影响。

有限元模型中，单元采用两节点 B31 单元，单元划分长度取 1 倍柱宽。壁式柱底部塑性区应力分布状态复杂，需采用较多的横截面积分点得到较为准确的分析结果。由于采用高精度的 Simpson 积分，横截面短向积分点数量为 17，横截面长向积分点数量为 33 时，计算结果即达到收敛。

各试件数值计算滞回曲线和骨架曲线与试验曲线对比如图 3.3.12，图中一并列出了不考虑钢板局部屈曲行为的骨架曲线。由图可见，考虑钢板局部屈曲行为的纤维梁模型与试验加载曲线符合良好，不考虑钢板局部屈曲行为的纤维梁模型在破坏阶段与试验曲线偏离，对构件的变形能力给出了过高的估计。

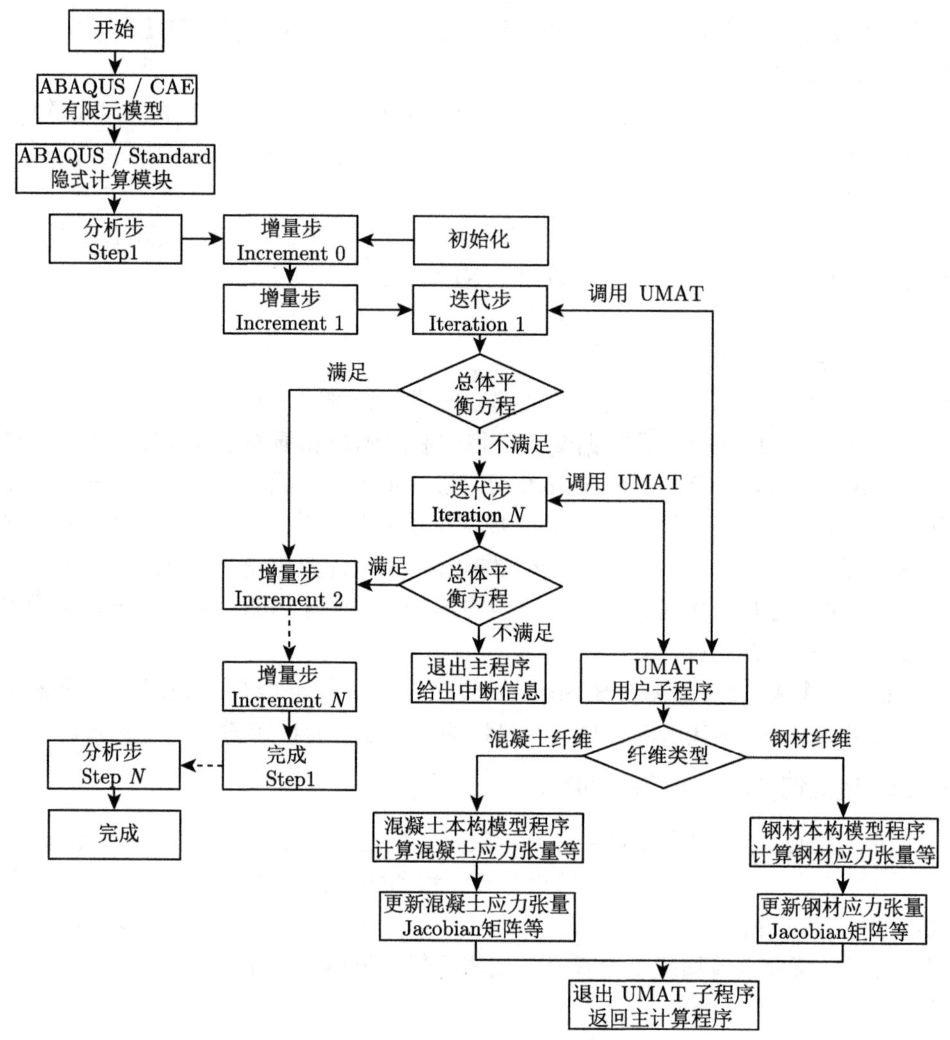

图 3.3.11　分析流程简图

试件到达破坏阶段前，数值计算曲线与试验加载曲线基本重合，表明数值计算模型所采用的单轴滞回本构模型和单元构造能够很好地再现试件的实际受力状态。破坏阶段，试件 C1 和 C2 试验曲线与数值计算曲线出现差异，数值计算再加载刚度与试验相比偏大。尤其试件钢管焊缝开裂后，试验曲线再加载刚度明显降低。钢材单轴滞回本构模型仅考虑了钢板弹塑性屈曲对承载力的影响，未能考虑焊缝损伤和断裂对构件受力性能的不利影响，以及焊缝开裂后混凝土约束效应的消失，因此再加载刚度偏大。试件 C3 直到加载后期因焊缝突然撕裂而丧失承载力，材料滞回本构模型与构件实际受力状态较为符合。因此，试件破坏前数值计算曲线与试验加载曲线吻合很好。

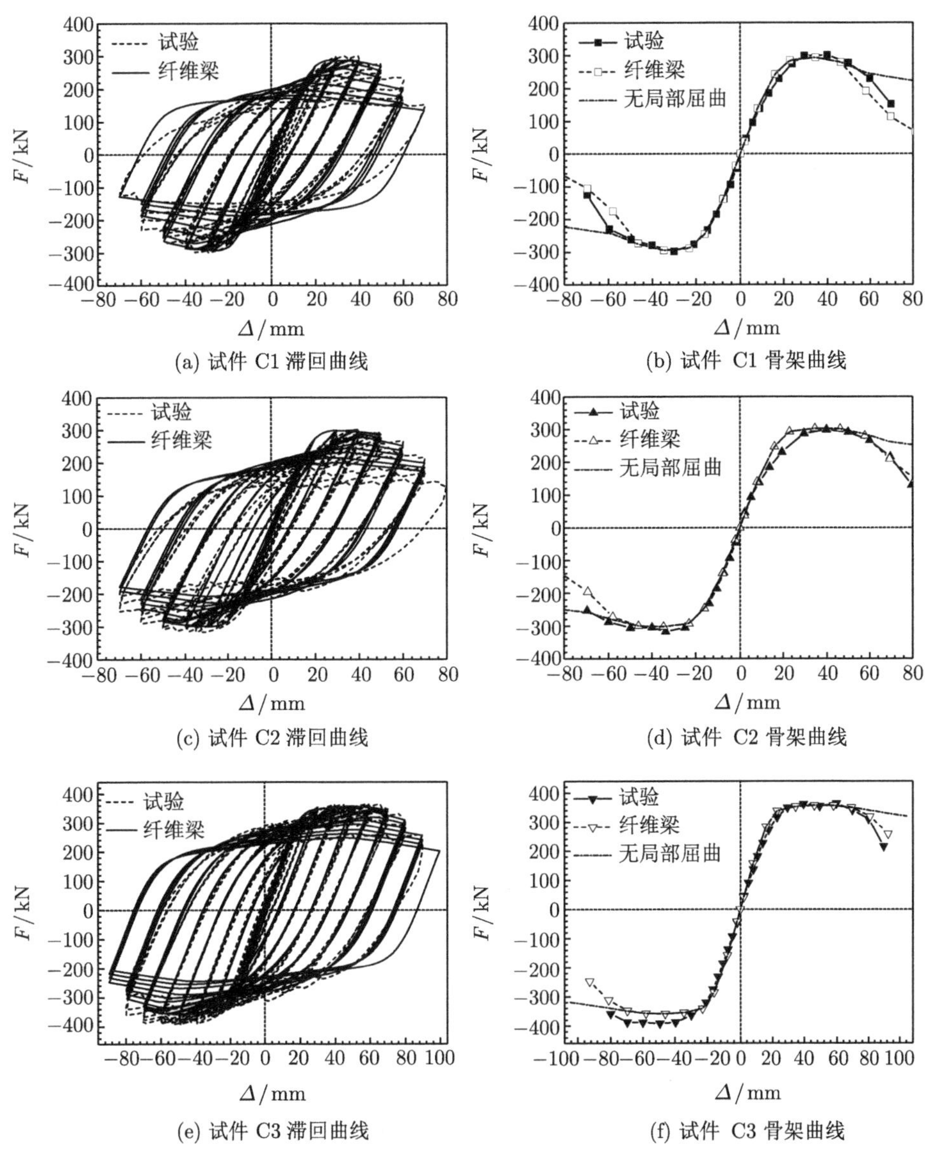

(a) 试件 C1 滞回曲线　(b) 试件 C1 骨架曲线

(c) 试件 C2 滞回曲线　(d) 试件 C2 骨架曲线

(e) 试件 C3 滞回曲线　(f) 试件 C3 骨架曲线

图 3.3.12　各试件数值计算滞回曲线和骨架曲线与试验曲线的对比

3.4 壁式钢管混凝土柱受力性能参数分析

在初始几何缺陷、残余应力和局部屈曲的综合影响下，壁式柱达到极限承载力时，钢材和混凝土进入复杂材料非线性状态，且需考虑大变形引起的几何非线性。壁式柱极限受力状态已无法通过解析法得到，必须采用数值方法解决。本节采用考虑钢板屈曲后行为的纤维梁模型进行大量参数分析，研究壁式柱的轴心受压承载力、压弯承载力和反复荷载作用下的滞回性能分布规律。在壁式柱试验研究和参数分析基础上，结合国内外相关规程，研究壁式柱的承载力简化计算方法和相关设计建议，以期为壁式柱结构的工程应用提供参考。

3.4.1　有限元模型和参数

壁式柱轴心受压承载力和压弯承载力分析采用经典的两端简支柱，如图 3.4.1(a) 和图 3.4.1(b) 所示。反复荷载作用下的滞回性能计算采用可考虑 $P\text{-}\Delta$ 效应的悬臂柱构件，如图 3.4.1(c) 所示。钢管对混凝土的约束效应、钢管残余应力和板件局部屈曲的影响在材料本构模型中考虑，构件初始几何缺陷形状假定为正弦曲线，幅值取构件长度的 1/1000。

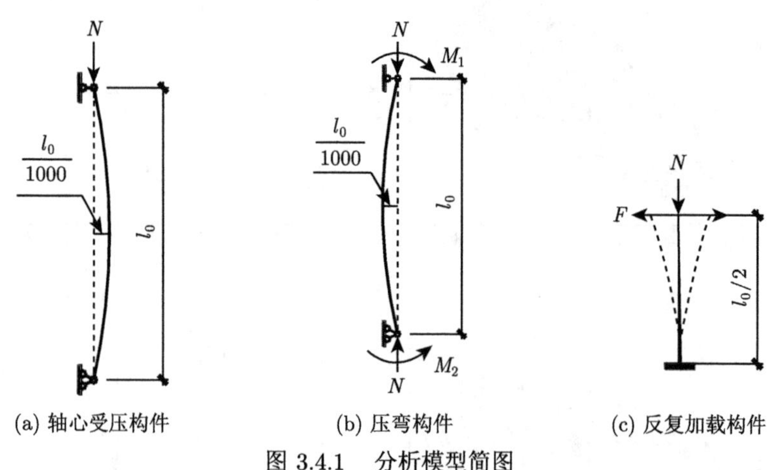

(a) 轴心受压构件　　(b) 压弯构件　　(c) 反复加载构件

图 3.4.1　分析模型简图

在 ABAQUS 中建立壁式柱杆系有限元模型。单元采用两节点 B31 单元，该单元类型可产生轴向、弯曲和扭转变形，并且可考虑横向剪切变形的影响。单元划分长度取 1 倍柱截面宽度。截面积分方法采用高精度的 Simpson 积分，截面高度和宽度方向的积分点数量分别为 33 和 17，截面划分如图 3.4.2 所示。初始几何缺陷通过修改有限元模型节点坐标引入，计算时考虑几何大变形影响。边界条件按照图 3.4.1 所示杆端约束情况施加。

影响壁式柱受力性能的主要因素包括：截面高宽比、钢管屈服强度、混凝土抗压强度、含钢率和长细比等。为便于研究壁式柱受力性能的分布规律，引入轴心受压稳定系数和正则化长细比，分别定义为

$$\varphi=\frac{N}{N_{\mathrm{u}}} \tag{3.4.1}$$

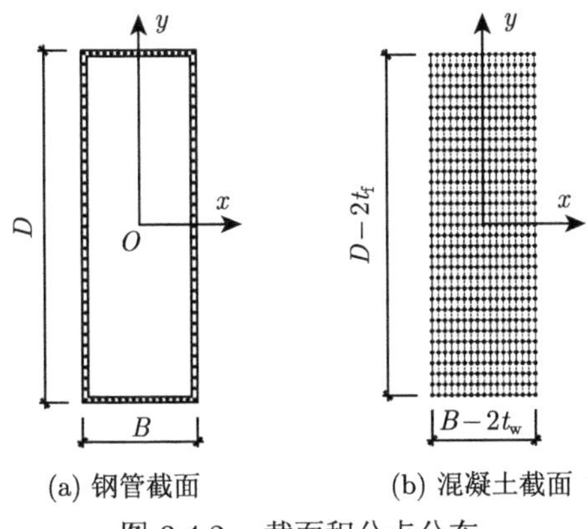

(a) 钢管截面　　(b) 混凝土截面

图 3.4.2　截面积分点分布

$$\lambda_0 = \frac{\lambda}{\pi}\sqrt{\frac{f_{\mathrm{y}}}{E_{\mathrm{s}}}} = \sqrt{\frac{N_{\mathrm{u,k}}}{N_{\mathrm{E}}}} \tag{3.4.2}$$

式中，λ 为构件长细比；N_{u} 为构件截面受压承载力；$N_{\mathrm{u,k}}$ 为由材料标准值所得构件受压承载力；N_{E} 为欧拉临界承载力。各参数分别为

$$N_{\mathrm{u}} = f_{\mathrm{s}}A_{\mathrm{s}} + f_{\mathrm{c}}A_{\mathrm{c}} \tag{3.4.3}$$

$$N_{\mathrm{u,k}} = f_{\mathrm{y}}A_{\mathrm{s}} + f_{\mathrm{ck}}A_{\mathrm{c}} \tag{3.4.4}$$

$$N_{\mathrm{E}} = \frac{\pi^2 E_{\mathrm{s}}I_{\mathrm{eff}}}{l_0^2} \tag{3.4.5}$$

式中，$E_{\mathrm{s}}I_{\mathrm{eff}}$ 为壁式柱截面等效抗弯刚度，由钢管截面抗弯刚度和折减后的混凝土截面抗弯刚度叠加得到。试验和理论研究表明，钢管混凝土柱混凝土截面抗弯刚度折减系数为 0.6 时与试验结果吻合较好：

$$E_{\mathrm{s}}I_{\mathrm{eff}} = E_{\mathrm{s}}I_{\mathrm{s}} + 0.6E_{\mathrm{c}}I_{\mathrm{c}} \tag{3.4.6}$$

式中，I_{s} 和 I_{c} 分别为钢管和混凝土截面惯性矩。

3.4.2　壁式钢管混凝土柱轴心受压构件承载力参数分析

本节分析不同参数对壁式柱轴心受压构件承载力的影响。构件承载力均正则化为φ-λ_0 曲线，以便于分析。其中，构件正则化长细比为 0.1~2.0，截面高度为 600mm，截面宽度为 200~600mm，钢管壁厚为 6~14mm，钢材强度等级为 Q235 和 Q345，混凝土强度等级为 C30~C60。为便于描述，试件名称 T8Q235C30 表示钢管壁厚为 8mm，钢材强度等级为 Q235，混凝土强度等级 C30。

1. 截面高宽比对轴心受压构件承载力的影响

本节计算正则化长细比为 0.1~2.0 时，不同截面高宽比轴心受力构件承载力的分布规律。钢管混凝土构件截面高度为 600mm，截面宽度为 200~600mm，钢管壁厚为 14mm，钢材强度等级为 Q235，混凝土强度等级为 C30 和 C60。

图 3.4.3 给出了不同截面高宽比下，钢管混凝土轴心受压构件的稳定系数。构件截面高宽比为 0.3~3.0，截面高宽比小于 1.0 时为弱轴方向失稳，大于 1.0 时为强轴方向失稳。由图可见，混凝土强度等级不同时，截面高宽比对构件稳定系数影响不同。混凝土强度等级较低时，截面高宽比对构件稳定系数影响较小。混凝土强度等级较高时，截面高宽比增加对构件弱轴稳定系数产生了不利影响。这是由于构件弱轴截面惯性矩小，对材料特性更加敏感，高强度等级混凝土脆性增加，同时钢管对混凝土的约束作用相对减弱，降低了构件的承载力。

混凝土强度等级为 C60 时，截面高宽比对构件弱轴稳定系数影响较大。随着截面高宽比增加，管壁更加趋近于构件中心，截面压弯极限承载力降低幅度大，构件弱轴稳定系数逐渐减低。当 $\lambda_0 = 0.4$ 时，截面高宽比为 3.0 的壁式柱弱轴稳定

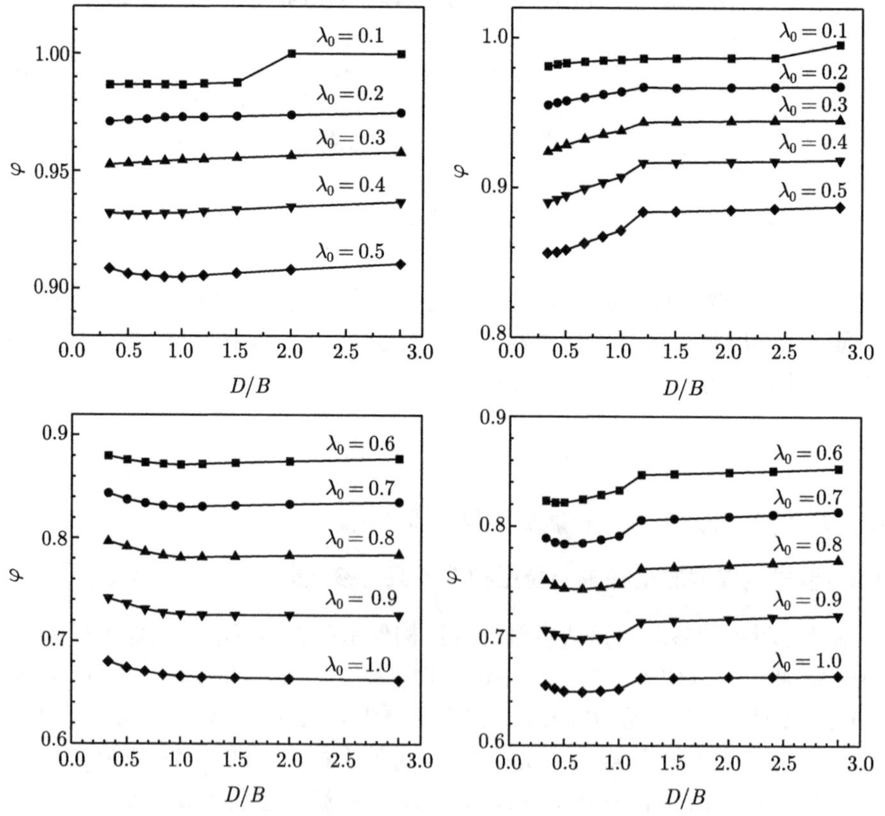

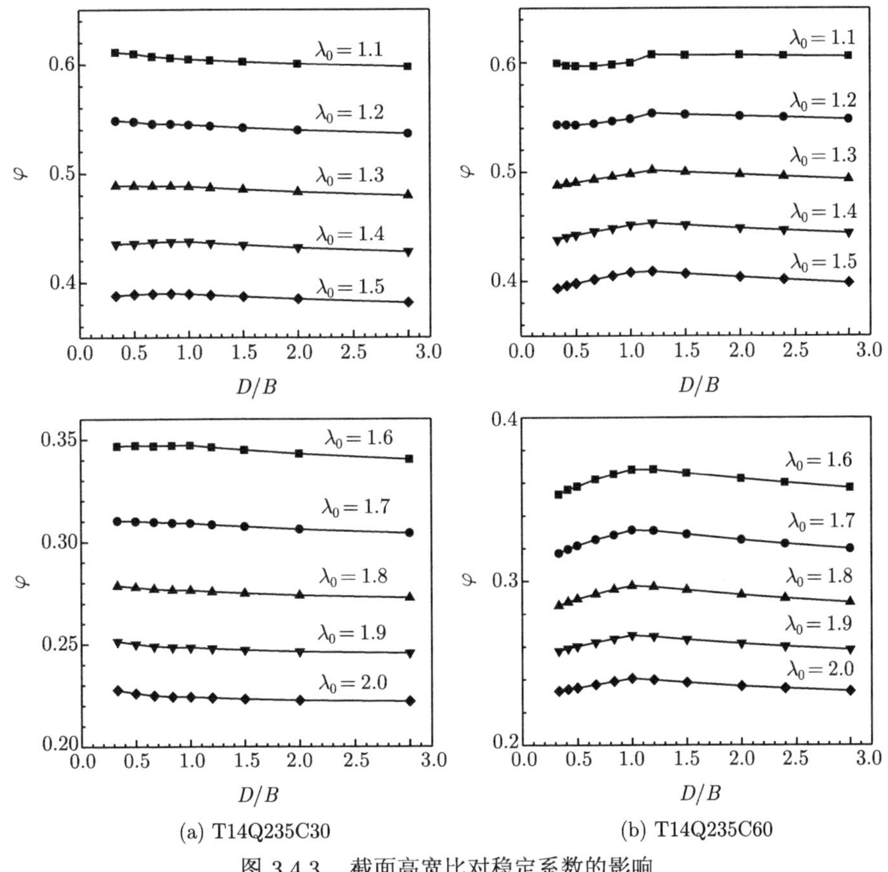

(a) T14Q235C30　　(b) T14Q235C60

图 3.4.3　截面高宽比对稳定系数的影响

系数比方钢管混凝土柱降低约 1.9%; 当 $\lambda_0 = 1.7$ 时，壁式柱弱轴稳定系数降低约 4.4%。截面高宽比对构件强轴稳定系数影响较小。当 $\lambda_0 < 1.0$ 时，构件强轴稳定系数随截面高宽比增加有所增大，但增大幅度很小。当 $\lambda_0 > 1.0$ 时，构件强轴稳定系数随截面高宽比增加略微减小。这是由于小长细比和中等长细比构件破坏区域能够充分开展塑性，截面高宽比较大时抗弯承载力提高幅度较大，构件稳定系数略微增大。随着正则化长细比增大，构件逐渐由弹塑性失稳向弹性失稳过渡，截面不能充分发展塑性，而截面高宽比较大的构件抗弯刚度大，对应的杆件长度和初始缺陷大，二阶弯矩增加幅度更大，构件稳定系数反而更低。

图 3.4.4 给出了不同截面高宽比下，钢管混凝土轴心受压构件稳定系数与 a 类截面钢柱和 b 类截面钢柱稳定系数的对比。构件长细比较小时，钢管混凝土构件稳定系数与 b 类截面钢柱稳定系数相近。由于混凝土材料非匀质性，轴心压力和二阶弯矩作用下应力分布不均，构件稳定系数略低于 b 类截面钢柱。尤其混凝土强度等级为 C60 时，构件绕弱轴稳定系数降低幅度较大。随着长细比增加，构

件失稳时二阶弯矩增加，轴向力减小，构件破坏区域形成压弯塑性铰。与纯钢管相比，钢管混凝土压弯承载力具有外凸特性，轴压力相同时具有更高的受弯承载力。因此，当构件长细比增加时，构件稳定系数逐渐高于 b 类截面钢柱稳定系数，并接近 a 类截面钢柱稳定系数。

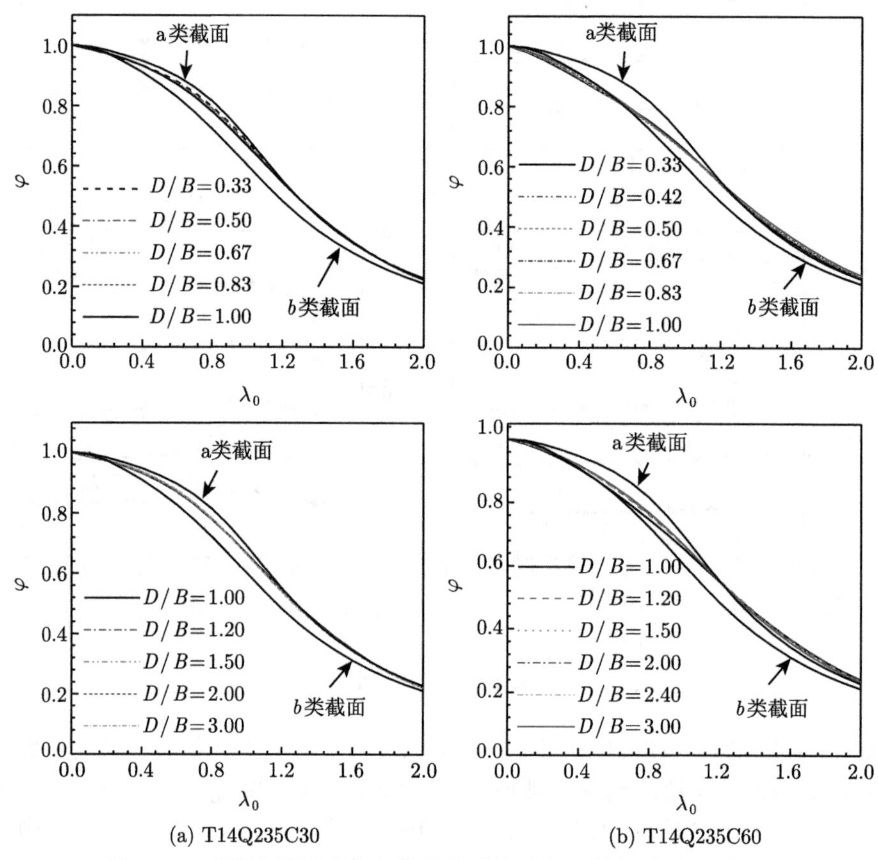

(a) T14Q235C30　　(b) T14Q235C60

图 3.4.4　钢管混凝土柱与钢柱稳定系数对比 (彩图见封底二维码)

2. 材料强度对轴心受压构件承载力的影响

本节计算正则化长细比为 0.1~2.0 时，不同材料强度壁式柱轴心受压构件承载力的分布规律。构件截面尺寸为 600mm×200mm，钢管壁厚为 10mm，钢材强度等级为 Q235 和 Q345，混凝土强度等级为 C30~C60。

图 3.4.5 给出了不同材料强度壁式柱轴心受压构件的强轴稳定系数。由图可见，构件绕强轴失稳时稳定系数对材料强度不敏感。这是因为强轴方向构件截面开展，构件失稳时材料均能充分发展塑性。

图 3.4.6 给出了不同材料强度壁式柱轴心受压构件的弱轴稳定系数。由图可

见，钢材强度对构件弱轴稳定系数的影响较小，采用 Q345 级钢材比 Q235 级钢材构件稳定系数略微提高。构件绕弱轴失稳时，混凝土强度提高对构件承载力产生了不利影响。构件正则化长细比为 0.1~1.0，混凝土强度等级由 C30 级提高至

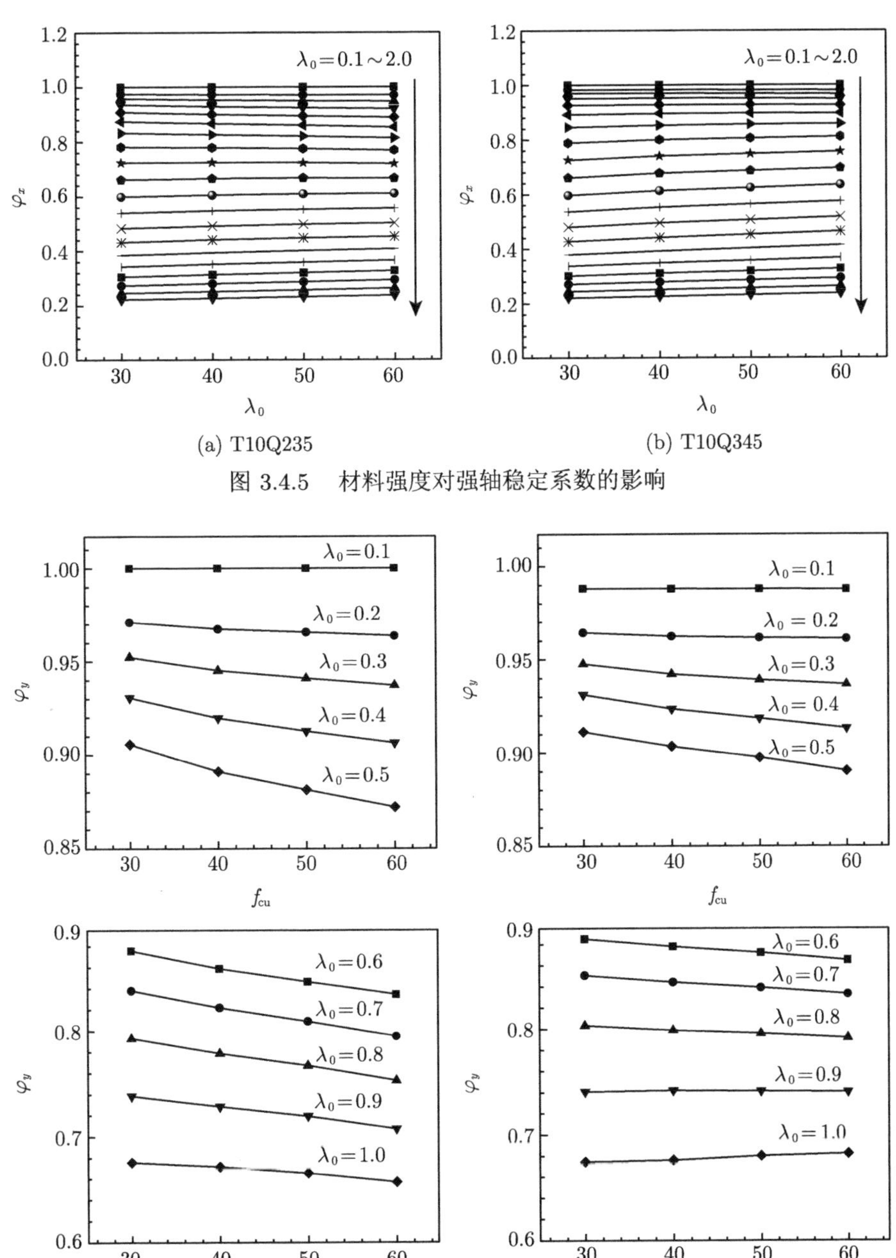

(a) T10Q235　　(b) T10Q345

图 3.4.5　材料强度对强轴稳定系数的影响

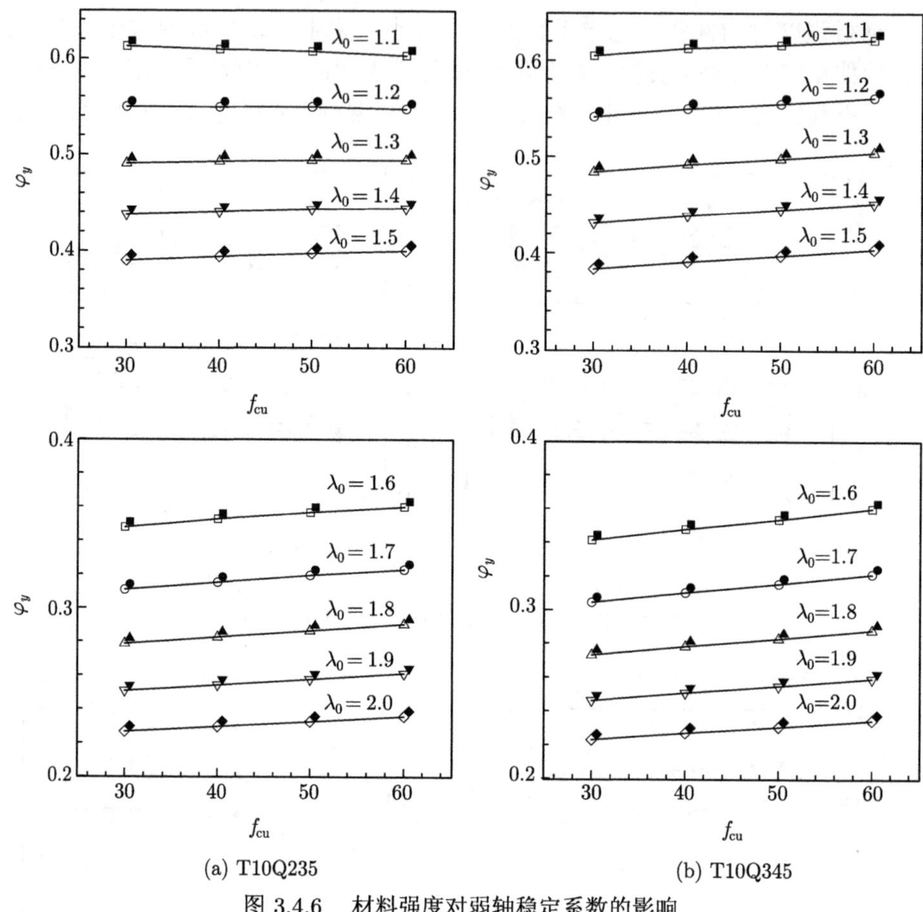

(a) T10Q235　　(b) T10Q345

图 3.4.6 材料强度对弱轴稳定系数的影响

C60 级时，构件稳定系数下降幅度约为 5.5%。这是由于构件绕弱轴失稳时，截面高度小，高强度等级混凝土材料脆性增加，截面塑性不能充分发展。正则化长细比大于 1.0 后，构件逐渐向弹性失稳过渡，混凝土强度等级提高时，构件抗弯刚度增加，稳定系数有所提高，但提高幅度很小。

3. 含钢率对轴心受压构件承载力的影响

本节计算正则化长细比为 0.1~2.0 时，不同含钢率壁式柱轴心受压构件承载力的分布规律。构件截面尺寸为 600mm×200mm，钢管壁厚为 6~14mm，含钢率为 7.88%~18.01%。钢材强度等级为 Q235 和 Q345，混凝土强度等级为 C30 和 C60。

图 3.4.7 给出了不同含钢率壁式柱轴心受压构件的稳定系数。由图可见，构件采用不同钢材和混凝土强度等级时，含钢率对壁式柱轴心受压构件的稳定系数影响均较小。正则化长细比为 0.1~1.0 时，稳定系数随含钢率增加有所提高，正则

化长细比为 1.1~2.0 时，稳定系数随含钢率增加有所降低。混凝土强度等级较高时稳定系数浮动较大，但提高和降低幅度均在 3.5%以内。钢材强度等级由 Q235 提高至 Q345 时，含钢率对构件稳定系数的影响进一步减小。

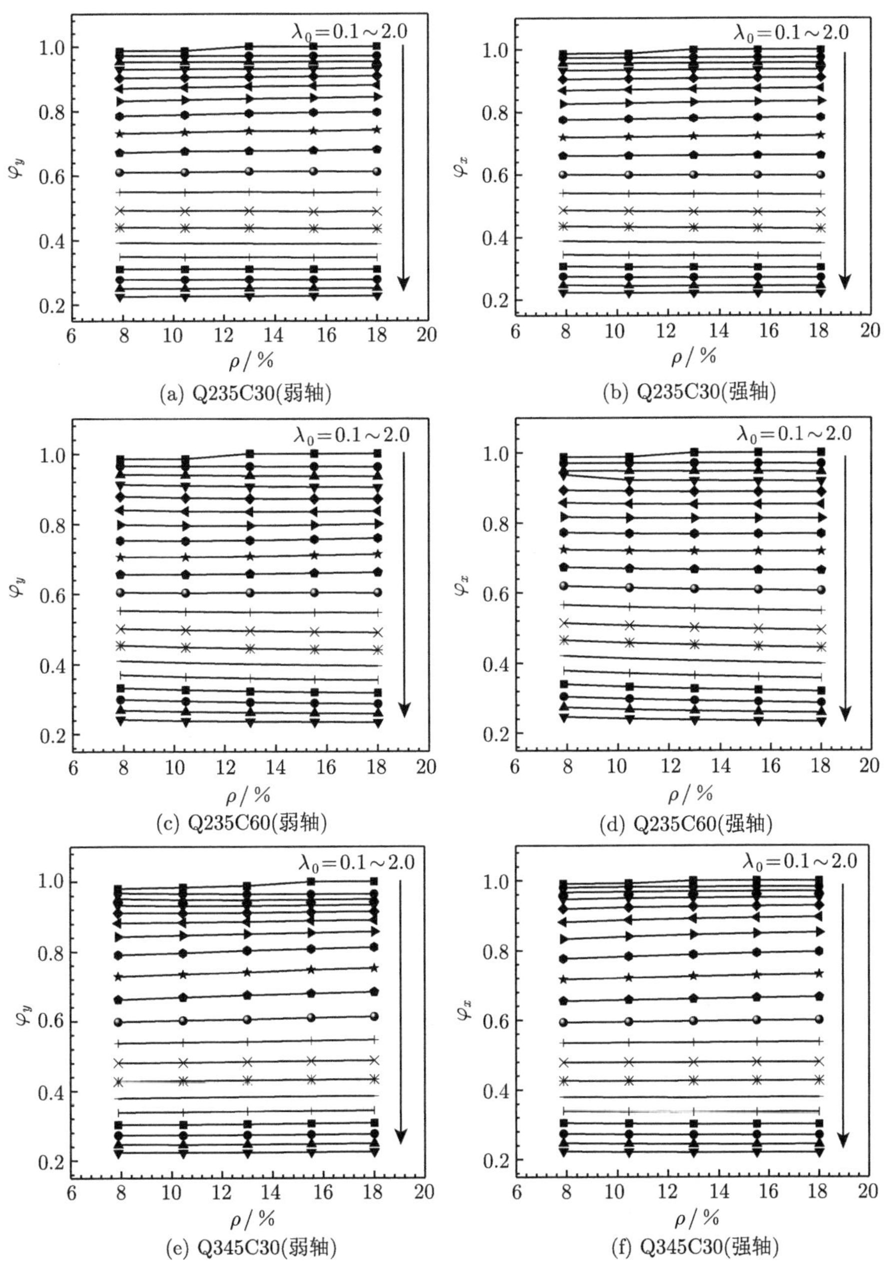

(a) Q235C30(弱轴)　(b) Q235C30(强轴)

(c) Q235C60(弱轴)　(d) Q235C60(强轴)

(e) Q345C30(弱轴)　(f) Q345C30(强轴)

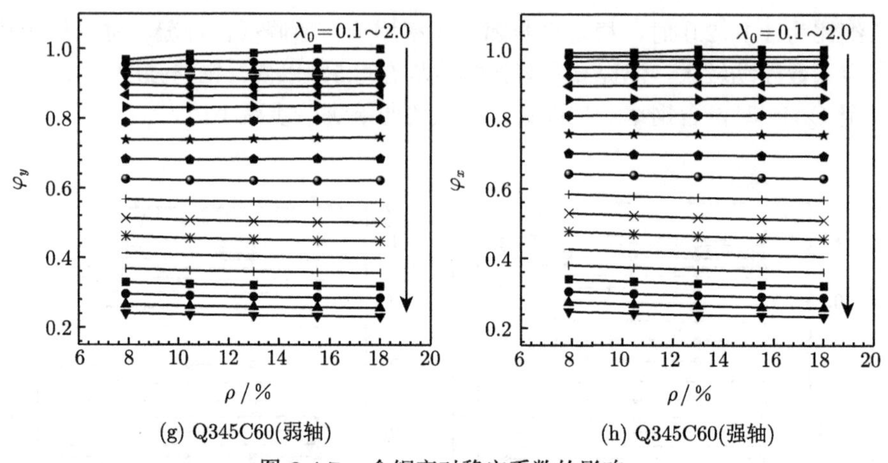

(g) Q345C60(弱轴)　　(h) Q345C60(强轴)

图 3.4.7　含钢率对稳定系数的影响

3.4.3 壁式钢管混凝土柱压弯构件承载力参数分析

本节分析不同参数对壁式柱压弯构件截面强度和稳定承载力的影响。壁式柱压弯构件承载力均正则化为 $N/N_{\rm u}$-$M/M_{\rm u}$ 相关曲线，以便于分析。其中，$N_{\rm u}$ 为截面轴心受压承载力，$M_{\rm u}$ 为纯弯受力状态截面受弯承载力。构件截面尺寸为 600mm×200mm，钢管壁厚为 6～14mm，钢材强度等级为 Q235 和 Q345，混凝土强度等级为 C30～C60。

1. 材料强度对压弯构件截面强度的影响

本节计算不同材料强度壁式柱压弯构件截面强度的分布规律。构件截面尺寸为 600mm×200mm，钢管壁厚为 10mm，钢材强度等级为 Q235 和 Q345，混凝土强度等级为 C30～C60。

图 3.4.8 给出了不同材料强度壁式柱的截面强度 $N/N_{\rm u}$-$M/M_{\rm u}$ 相关曲线。由图可见，壁式柱 $N/N_{\rm u}$-$M/M_{\rm u}$ 相关曲线具有外凸特性。含钢率相同时，钢材强度越低，混凝土强度越高，即钢管工作承担系数 ($\alpha_{\rm s}=f_{\rm s}A_{\rm s}/N_{\rm u}$) 越小，$N/N_{\rm u}$-$M/M_{\rm u}$ 相关曲线外凸特性越明显。壁式柱截面达到极限承载力时可忽略混凝土的抗拉强度，混凝土对截面抗弯强度的贡献大于抗压强度。因此，钢管工作承担系数降低时，混凝土对截面抗弯承载力的提高幅度大于抗压承载力的提高幅度，两者之比越大，$N/N_{\rm u}$-$M/M_{\rm u}$ 相关曲线外凸越明显。

2. 含钢率对压弯构件截面强度的影响

本节计算不同含钢率壁式柱压弯构件截面强度的分布规律。构件截面尺寸为 600mm×200mm，钢管壁厚为 6～14mm，钢材强度等级为 Q235 和 Q345，混凝土强度等级为 C30～C60，构件对应含钢率为 7.88%～18.01%。

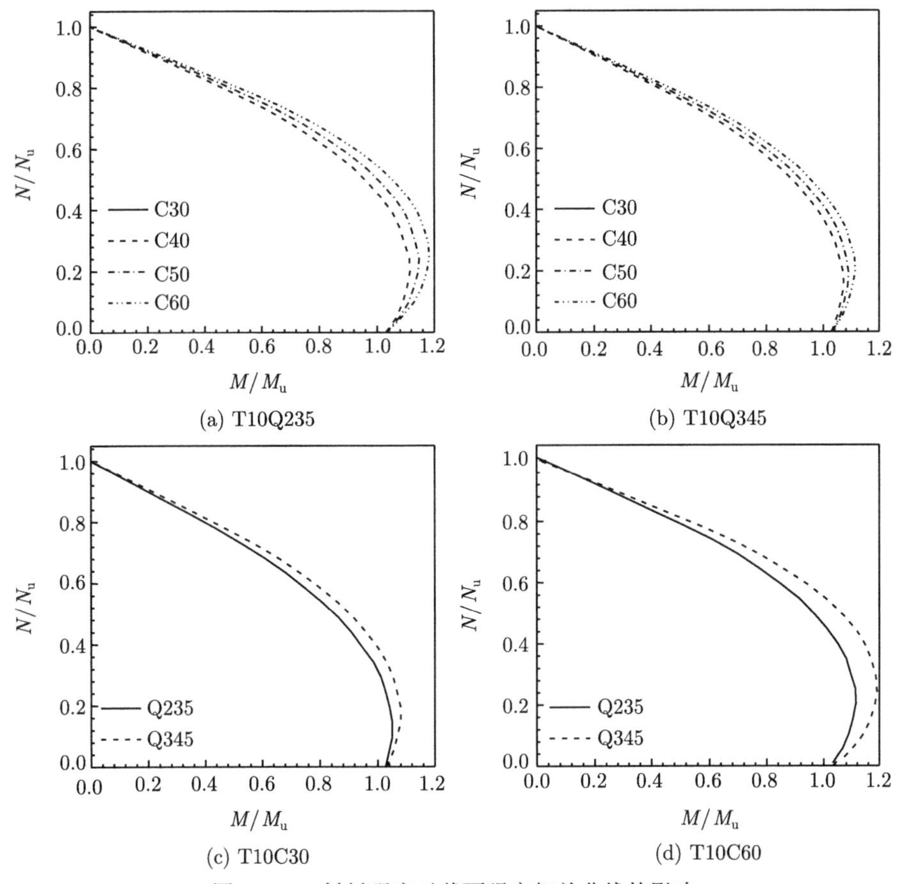

(a) T10Q235 (b) T10Q345

(c) T10C30 (d) T10C60

图 3.4.8 材料强度对截面强度相关曲线的影响

图 3.4.9 给出了不同含钢率壁式柱的截面强度 N/N_u-M/M_u 相关曲线。由图可见，随着含钢率提高，钢管工作承担系数增加，N/N_u-M/M_u 相关曲线外凸特性越不明显。定义 N/N_u-M/M_u 相关曲线外凸拐点抗弯承载力为界限抗弯承载力 M_0，M_0/M_u 随构件含钢率的变化如图 3.4.10 所示。由图可见，混凝土强度等级越低，含钢率越高，M_0/M_u 减小幅度越大。混凝土强度越高，含钢率对 M_0/M_u 的影响越小。钢材强度提高时，M_0/M_u 减小幅度降低。

3. 长细比对压弯构件稳定承载力的影响

本节计算正则化长细比为 0.1~1.5 时，不同参数壁式柱压弯构件稳定承载力的分布规律。构件截面尺寸为 600mm×200mm，钢管壁厚为 8mm 和 14mm，钢材强度等级为 Q235 和 Q345，混凝土强度等级为 C40 和 C60。

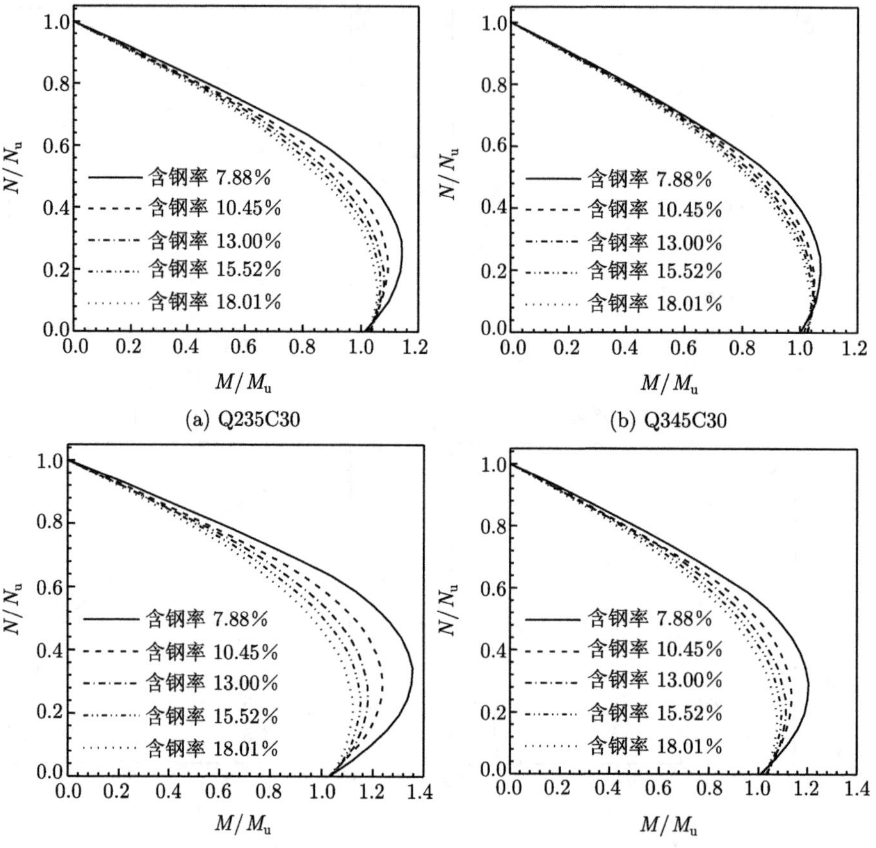

(a) Q235C30　　(b) Q345C30

(c) Q235C60　　(d) Q345C60

图 3.4.9　含钢率对截面强度相关曲线的影响

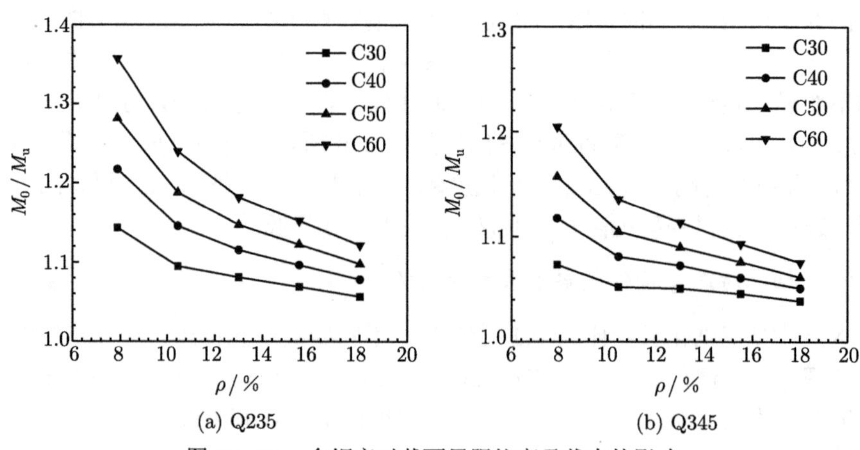

(a) Q235　　(b) Q345

图 3.4.10　含钢率对截面界限抗弯承载力的影响

图 3.4.11 给出了不同长细比壁式柱压弯构件的 N/N_u-M/M_u 相关曲线。由图可见，短柱基本可忽略二阶弯矩对承载力的影响，构件 N/N_u-M/M_u 相关曲线与截面强度 N/N_u-M/M_u 相关曲线一致，具有明显的外凸特性。随着钢材强度降低，混凝土强度提高，即随着钢管工作承担系数减小，相关曲线外凸特性愈加明显。

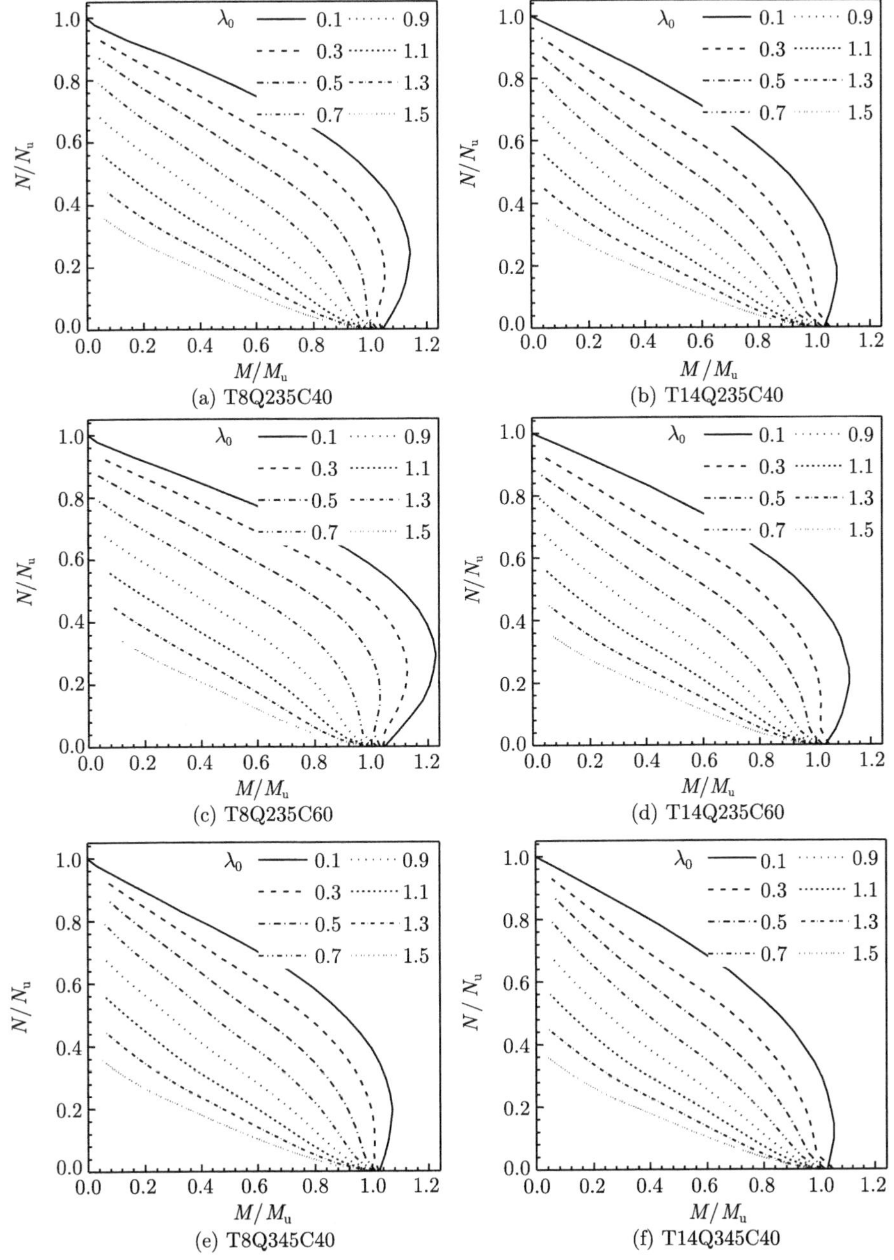

(a) T8Q235C40 (b) T14Q235C40
(c) T8Q235C60 (d) T14Q235C60
(e) T8Q345C40 (f) T14Q345C40

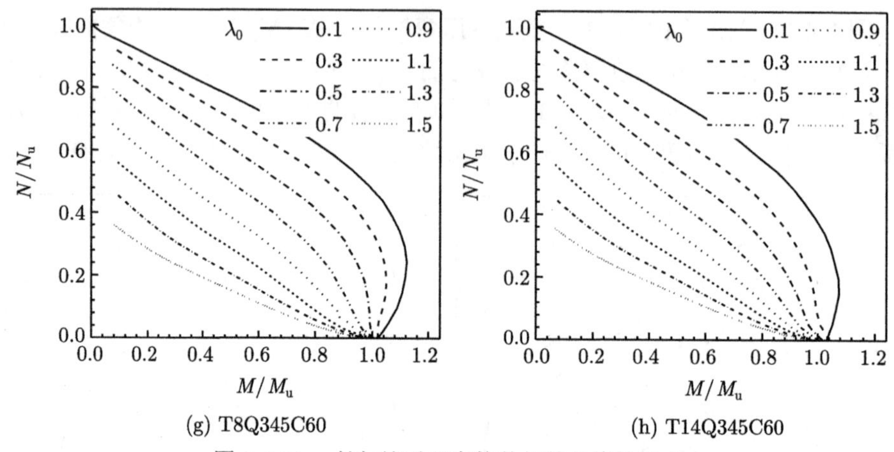

(g) T8Q345C60 (h) T14Q345C60

图 3.4.11 长细比对压弯构件相关曲线的影响

随着长细比增加，构件抗压承载力和抗弯承载力迅速降低，且抗弯承载力比抗压承载力降低幅度大，构件 N/N_u-M/M_u 相关曲线外凸特性逐渐消失。这是由于长细比增加时，构件二阶弯矩迅速增大，而混凝土对构件抗弯刚度和压弯承载力的提高幅度有限，构件逐渐偏向于纯钢构件的受力性能，N/N_u-M/M_u 相关曲线逐渐由外凸曲线向下凹曲线过渡。构件轴心受压稳定系数与钢管工作承担系数大致相等时，N/N_u-M/M_u 相关曲线近似为线性关系。正则化长细比继续增大，N/N_u-M/M_u 相关曲线呈现下凹特性。

3.4.4 壁式钢管混凝土柱滞回性能参数分析

本节分析反复荷载作用下不同参数对壁式柱滞回性能的影响。构件长细比为 20~50，设计轴压比为 0.6~0.9，截面尺寸为 600mm×200mm，钢管壁厚为 6~14mm，钢材强度等级为 Q235 和 Q345，混凝土强度等级为 C30~C60。加载程序与抗震性能试验一致，首先施加竖向恒定轴向压力，然后施加水平荷载。水平屈服荷载和相应的屈服位移通过试算确定。试件屈服前采用荷载控制，分四级荷载加载至屈服，每级荷载循环 1 次。试件屈服后采用位移控制，位移增量为屈服位移，每级荷载循环 3 次。水平荷载下降至极限水平承载力的 85%或因失稳而被压溃时加载结束。

1. 材料强度对骨架曲线的影响

本部分计算不同材料强度壁式柱滞回关系骨架曲线的分布规律。构件长细比为 30，设计轴压比为 0.6，截面尺寸为 600mm×200mm，钢管壁厚为 10mm，钢材强度等级为 Q235 和 Q345，混凝土强度等级为 C30~C60。

图 3.4.12 给出了不同材料强度对壁式柱滞回关系骨架曲线的影响。由图可见，钢材强度提高时，构件极限水平承载力和极限位移均不同程度提高。这是由于钢材

强度提高时对混凝土的约束作用增强，混凝土应力–应变曲线下降段更平缓，从而构件极限位移增大。但钢材强度提高时屈服位移也随之增大，构件位移延性系数并未提高。采用高强度等级钢材的构件初始刚度略低，是由于长细比相同时，钢材强度等级越高，截面回转半径越大，构件相对长度越大，进而构件初始刚度略低。

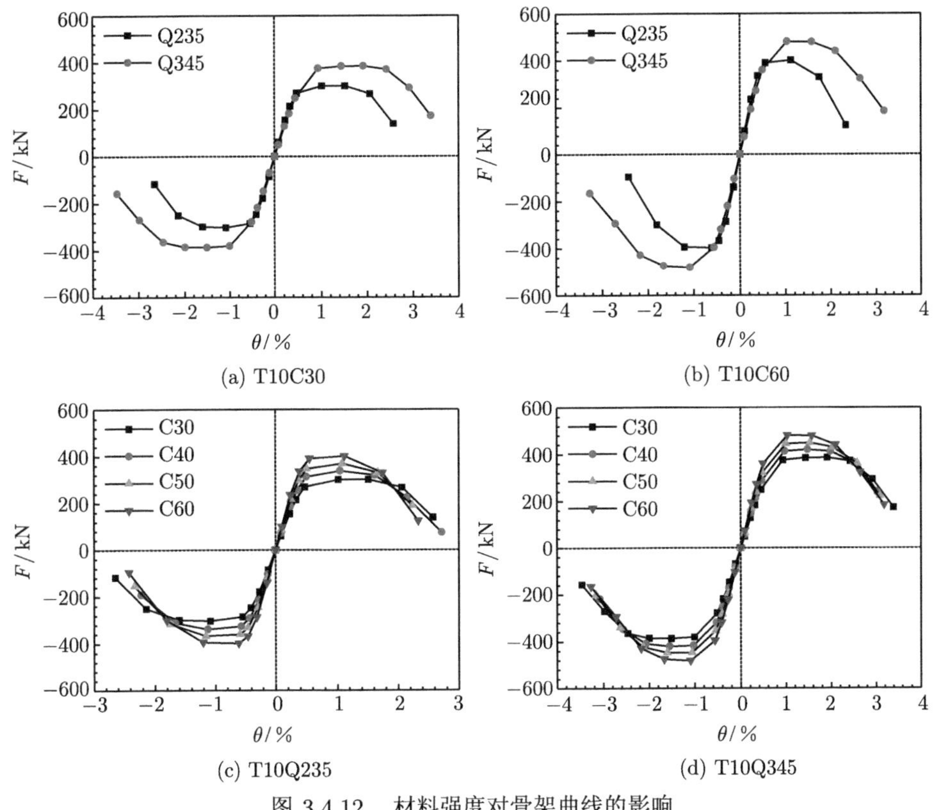

图 3.4.12 材料强度对骨架曲线的影响

混凝土强度提高时，构件水平承载力均不同程度提高。高强度等级混凝土弹性模量较大，骨架曲线上升段刚度随之较大。随着混凝土强度的提高，构件的延性下降。这是由于高强度等级混凝土脆性更强，同时钢管对混凝土的约束作用相对较弱，进一步降低了构件的变形能力。

2. 含钢率对骨架曲线的影响

本部分计算不同含钢率壁式柱滞回关系骨架曲线的分布规律。构件长细比为 30，设计轴压比为 0.6，截面尺寸为 600mm×200mm，钢管壁厚为 6~14mm，钢材强度等级为 Q235 和 Q345，混凝土强度等级为 C30 和 C60。

图 3.4.13 给出了不同含钢率对壁式柱骨架曲线的影响。由图可见，含钢率提

高时，构件刚度、水平承载力和变形能力均不同程度提高。含钢率对构件弹性刚度影响较小。含钢率提高可减缓骨架曲线软化段刚度退化，有效增强构件的承载能力和变形能力。这是由于含钢率提高使板件宽厚比减小，临界局部屈曲应力和对应应变增加，板件后屈曲承载力也有效提高。同时，钢管对混凝土的约束作用增强，混凝土材料应力–应变关系下降段更加平缓。

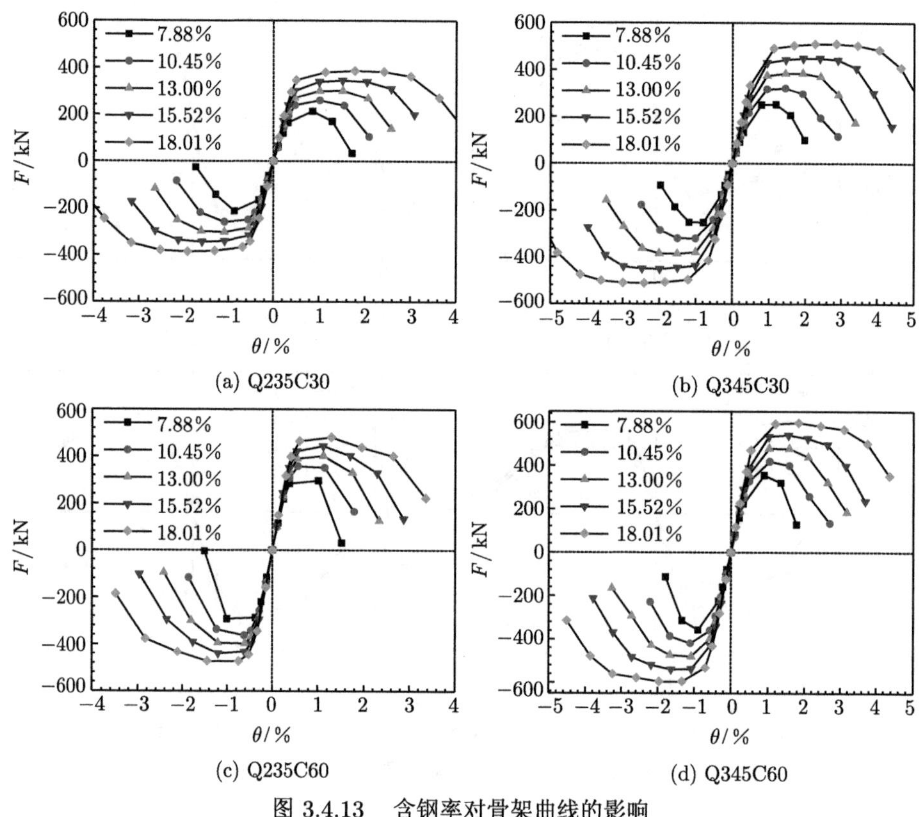

图 3.4.13　含钢率对骨架曲线的影响

3. 轴压比对骨架曲线的影响

本部分计算不同轴压比壁式柱滞回关系骨架曲线的分布规律。构件长细比为 30，设计轴压比为 0.6~0.9，截面尺寸为 600mm×200mm，钢管壁厚为 10mm，钢材强度等级为 Q235 和 Q345，混凝土强度等级为 C30 和 C60。

图 3.4.14 给出了不同轴压比对壁式柱骨架曲线的影响。由图可见，轴压比对构件的骨架曲线形状影响显著。轴压比对构件水平承载力影响较小，轴压比提高时，承载力下降幅度较小。轴压比对骨架曲线上升段的影响较小，这是由于弹性阶段 $P\text{-}\Delta$ 效应不明显，轴压力对构件的弹性刚度影响有限。随着轴压比增加，骨

架曲线下降段刚度退化明显，极限位移和对应位移延性随之减小。这是由于轴压比增加时，P-Δ 效应更加明显，构件截面受压侧压应变发展更快，混凝土应力–应变关系更早进入软化段，钢管亦更早达到临界局部屈曲点，导致构件承载力迅速下降。同时，反复荷载加重了管壁局部屈曲变形和混凝土损伤的累积。采用高强度等级混凝土时，构件的变形能力随轴压比的提高下降更快。

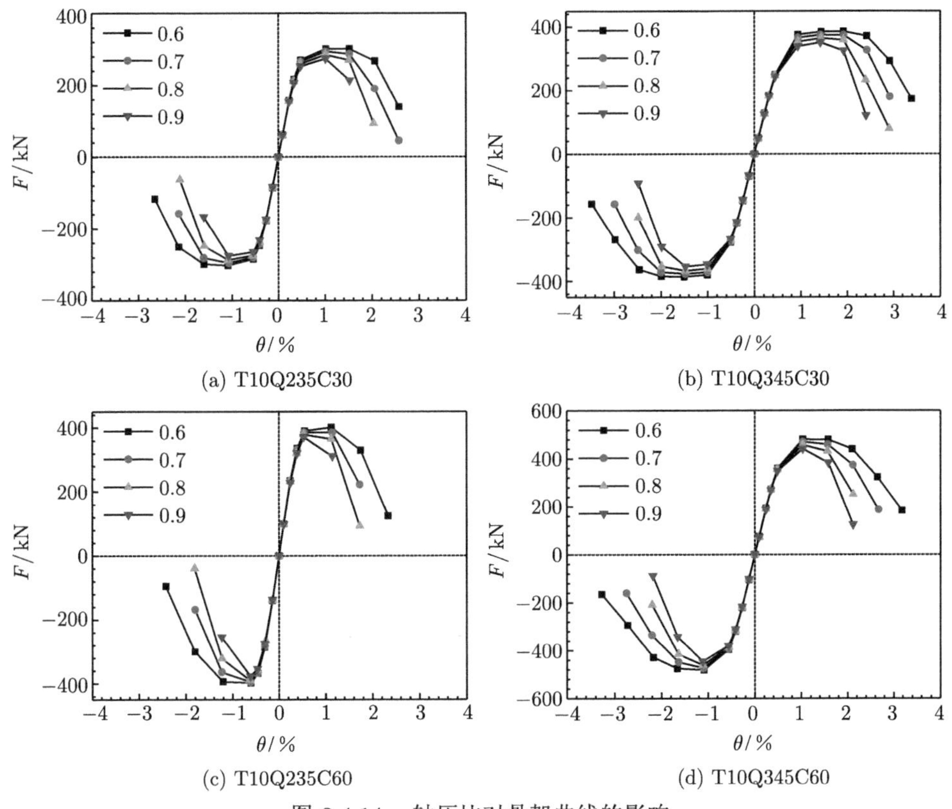

图 3.4.14 轴压比对骨架曲线的影响

4. 长细比对骨架曲线的影响

本部分计算不同长细比壁式柱滞回关系骨架曲线的分布规律。构件长细比为 20~50，设计轴压比为 0.6 和 0.9，截面尺寸为 600mm×200mm，钢管壁厚为 10mm，钢材强度等级为 Q235，混凝土强度等级为 C30 和 C60。

图 3.4.15 给出了不同长细比对壁式柱骨架曲线的影响。由图可见，长细比对构件的骨架曲线形状影响显著。小长细比构件抗侧刚度和水平承载力均较大，其骨架曲线弹性段刚度大，软化段陡峭，承载力下降快速，极限位移较小。大长细比构件抗侧刚度小，承载力低，其骨架曲线软化段较为平缓。与小长细比构件不

同的是，大长细比构件达到极限位移时突然完全丧失承载力。这是由于大长细比构件破坏时发生失稳，不能继续承担竖向轴力而导致压溃。

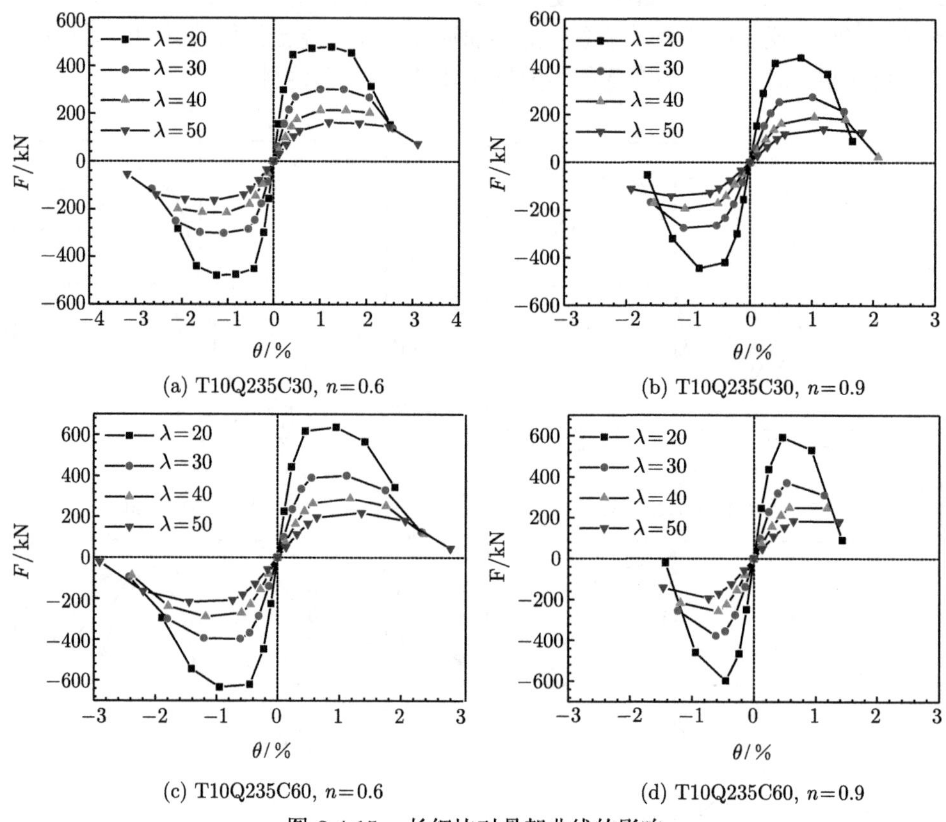

(a) T10Q235C30, $n=0.6$

(b) T10Q235C30, $n=0.9$

(c) T10Q235C60, $n=0.6$

(d) T10Q235C60, $n=0.9$

图 3.4.15 长细比对骨架曲线的影响

5. 构件的位移延性系数

本部分对长细比为 20~50，设计轴压比为 0.6~0.9，截面尺寸为 600mm×200mm，钢管壁厚为 6~14mm，钢材强度等级为 Q235 和 Q345，混凝土强度等级为 C30~C60，共计 640 个构件进行反复荷载作用下的滞回分析，得到壁式柱位移延性系数的分布规律。表 3.4.1~ 表 3.4.4 给出了各构件位移延性系数的计算值。可见，材料强度、含钢率、轴压比和长细比对构件的位移延性系数均有影响。

钢材强度对构件位移延性系数的影响较小。钢材强度等级提高时，管壁板件达到屈服应力前更容易发生局部屈曲，降低了构件的变形能力。但高强度等级钢管可对混凝土提供更高的横向约束应力，使混凝土材料的脆性得到改善，从而提高了构件的变形能力。因此，钢材强度对构件位移延性系数的综合影响较小。横向约束应力对高强度等级混凝土延性的提高更有效。由表中数据，对于 C30 和

表 3.4.1 位移延性系数 (λ=20)

n	$\rho/\%$	Q235				Q345			
		C30	C40	C50	C60	C30	C40	C50	C60
0.6	7.88	3.58	3.57	3.44	2.79	3.15	3.10	3.06	3.00
	10.45	4.51	4.23	3.96	3.89	3.89	3.86	3.85	3.75
	13.00	5.44	4.97	4.69	4.53	4.74	4.66	4.56	4.54
	15.52	6.22	6.11	5.68	5.28	5.73	5.61	5.52	5.51
	18.01	7.36	7.13	6.76	6.20	7.06	6.95	6.82	6.73
0.7	7.88	3.18	2.79	2.43	2.30	2.84	2.74	2.73	2.69
	1045	3.91	3.55	3.52	3.41	3.50	3.36	3.32	3.29
	13.00	4.77	4.43	4.02	3.94	4.21	4.07	4.02	3.98
	15.52	5.40	5.41	4.75	4.39	4.94	4.86	4.79	4.77
	18.01	6.41	6.40	6.04	5.37	5.91	5.87	5.87	5.74
0.8	7.88	2.62	2.25	2.18	1.76	2.82	2.73	2.61	2.46
	10.45	3.36	3.30	2.78	2.60	3.16	3.12	3.10	2.89
	13.00	4.35	3.80	3.49	3.33	3.80	3.68	3.51	3.43
	15.52	4.95	4.55	4.35	3.89	4.40	4.34	4.23	4.20
	18.01	5.79	5.35	5.12	4.80	5.27	5.21	5.21	5.21
0.9	7.88	2.22	1.90	1.89	1.52	2.64	2.62	2.45	2.42
	10.45	3.25	2.58	2.32	2.24	2.97	2.72	2.68	2.66
	13.00	3.73	3.39	3.12	2.91	3.47	3.35	3.28	3.18
	15.52	4.40	4.20	3.83	3.26	4.01	3.96	3.83	3.74
	18.01	4.94	4.96	4.55	3.70	4.78	4.73	4.70	4.67

表 3.4.2 位移延性系数 (λ=30)

n	$\rho/\%$	Q235				Q345			
		C30	C40	C50	C60	C30	C40	C50	C60
0.6	7.88	3.09	3.01	3.01	3.01	2.77	2.74	2.72	2.71
	10.45	3.89	3.70	3.49	3.46	3.42	3.35	3.33	3.27
	13.00	4.77	4.26	4.19	3.97	4.24	4.08	4.06	3.88
	15.52	5.80	5.21	4.42	4.45	5.28	5.04	4.87	4.66
	18.01	6.90	6.19	6.07	5.64	6.46	6.21	6.09	5.80
0.7	7.88	2.95	2.93	2.90	2.73	2.49	2.47	2.46	2.46
	1045	3.32	3.21	3.14	2.86	3.06	3.02	2.96	2.92
	13.00	4.18	3.91	3.56	3.34	3.86	3.65	3.64	3.37
	15.52	5.11	4.60	4.26	4.04	4.61	4.44	4.30	4.09
	18.01	6.00	5.70	5.24	4.75	5.52	5.35	5.30	5.05
0.8	7.88	2.82	2.80	2.57	2.50	2.33	2.28	2.20	2.19
	10.45	3.07	3.06	2.62	2.58	2.87	2.79	2.74	2.60
	13.00	3.89	3.35	3.21	3.05	3.51	3.28	3.16	3.08
	15.52	4.69	4.14	3.95	3.47	4.19	4.02	3.86	3.71
	18.01	5.74	4.97	4.76	3.97	4.99	4.97	4.85	4.61
0.9	7.88	2.71	2.66	1.96	1.79	2.09	2.04	2.04	2.01
	10.45	2.86	2.55	2.43	2.27	2.69	2.50	2.45	2.48
	13.00	3.23	3.10	2.93	2.55	3.29	3.02	2.98	2.82
	15.52	4.24	3.72	3.27	2.96	3.89	3.72	3.60	3.23
	18.01	4.94	4.54	4.04	3.28	4.69	4.50	4.46	4.19

表 3.4.3　位移延性系数 (λ=40)

n	ρ/%	Q235				Q345			
		C30	C40	C50	C60	C30	C40	C50	C60
0.6	7.88	2.71	2.70	2.68	2.61	2.55	2.49	2.47	2.39
	10.45	3.38	3.27	3.19	3.17	3.07	3.04	3.01	2.98
	13.00	3.80	3.81	3.59	3.46	3.84	3.59	3.53	3.44
	15.52	5.20	4.72	4.29	4.09	4.91	4.57	4.38	4.06
	18.01	6.25	5.55	5.18	4.70	5.88	5.50	5.26	4.92
0.7	7.88	2.42	2.40	2.37	2.37	2.33	2.33	2.26	2.26
	1045	3.09	2.88	2.83	2.75	2.80	2.79	2.68	2.64
	13.00	3.71	3.37	3.29	3.04	3.45	3.23	3.09	3.07
	15.52	4.77	4.17	3.94	3.63	4.43	4.12	3.83	3.62
	18.01	5.60	5.20	4.60	4.23	5.26	4.87	4.67	4.30
0.8	7.88	2.31	2.29	2.20	2.07	2.19	2.17	2.08	2.06
	10.45	2.71	2.64	2.62	2.59	2.60	2.52	2.50	2.47
	13.00	3.40	3.08	2.86	2.84	3.26	2.98	2.94	2.78
	15.52	4.37	3.93	3.23	3.08	4.13	3.78	3.60	3.23
	18.01	5.36	4.58	4.17	3.41	4.87	4.61	4.35	4.07
0.9	7.88	2.20	2.16	1.95	1.77	2.03	2.02	1.98	1.84
	10.45	2.56	2.45	2.41	2.37	2.44	2.44	2.33	2.20
	13.00	3.20	2.74	2.71	2.58	3.02	2.88	2.65	2.56
	15.52	4.11	3.28	3.00	2.82	3.91	3.61	3.28	2.99
	18.01	4.82	4.36	3.31	2.98	4.67	4.33	4.08	3.74

表 3.4.4　位移延性系数 (λ=50)

n	ρ/%	Q235				Q345			
		C30	C40	C50	C60	C30	C40	C50	C60
0.6	7.88	2.48	2.47	2.38	2.36	2.35	2.33	2.32	2.31
	10.45	3.19	3.07	2.92	2.90	2.91	2.85	2.83	2.74
	13.00	3.91	3.47	3.34	3.27	3.54	3.40	3.28	3.17
	15.52	4.67	4.24	3.87	3.71	4.26	3.99	3.77	3.55
	18.01	5.47	4.93	4.57	4.01	4.24	4.06	3.92	3.85
0.7	7.88	2.24	2.19	2.14	2.09	2.17	2.16	2.16	2.13
	1045	2.86	2.72	2.70	2.60	2.69	2.61	2.53	2.50
	13.00	3.40	3.19	2.97	2.85	3.28	3.10	2.94	2.85
	15.52	4.36	3.78	3.64	3.12	4.01	3.65	3.35	3.17
	18.01	4.99	4.52	3.99	3.64	3.97	3.78	3.68	3.47
0.8	7.88	2.09	1.97	1.94	1.85	2.09	2.02	1.98	1.94
	10.45	2.55	2.51	2.48	2.43	2.52	2.45	2.42	2.31
	13.00	3.23	2.75	2.73	2.64	3.18	2.91	2.77	2.59
	15.52	4.03	3.49	3.08	2.89	3.71	3.41	3.19	2.97
	18.01	4.91	4.10	3.49	2.95	3.82	3.66	3.46	3.41
0.9	7.88	2.00	1.86	1.76	1.71	1.93	1.86	1.74	1.91
	10.45	2.42	2.38	2.37	2.26	2.39	2.38	2.22	2.10
	13.00	2.95	2.61	2.55	2.46	2.95	2.76	2.58	2.47
	15.52	3.85	3.07	2.89	2.59	3.59	3.26	2.97	2.76
	18.01	4.54	3.33	3.01	2.73	3.72	3.52	3.47	3.18

C40 混凝土，钢材由 Q235 增加至 Q345 时位移延性系数有所降低。对于 C50 和 C60 混凝土，钢材强度增加时位移延性系数反而有所上升。

混凝土强度的提高降低了构件的位移延性系数。一方面，高强度等级混凝土脆性更强，混凝土材料应力–应变曲线软化段下降较快；另一方面，钢管对高强度等级混凝土的约束相对较弱，进一步降低了构件的变形能力。

含钢率的提高显著提高了构件的位移延性系数。含钢率由 7.88%增加至 18.01%时，位移延性系数可增加 1.0~1.3 倍。随着含钢率提高，管壁板件宽厚比减小，局部屈曲延后。同时，钢管对混凝土的约束作用增强，混凝土材料也具有更好的延性。因此，构件变形能力得到显著加强。

轴压比对小长细比构件的位移延性系数影响显著。小长细比构件破坏主要由截面强度控制，设计轴压比由 0.6 增加至 0.9 时，位移延性系数下降 40%~80%。轴压比增加时，截面受压应变大，钢材容易超过临界局部屈曲点，混凝土材料较早进入软化段，反复加载加剧了材料损伤的发展，使承载力迅速下降。大长细比构件二阶效应显著，轴压比较小时构件承载力和位移延性系数已大幅下降，设计轴压比由 0.6 增加至 0.9 时，位移延性系数下降 20%~30%。

长细比增加时，构件位移延性系数总体呈减小趋势。构件长细比由 20 增加至 50 时，位移延性系数下降 30%~50%。这是由于大长细比构件二阶效应显著，构件逐渐由强度破坏模式过渡为失稳破坏模式，其变形能力大幅降低。长细比对构件延性系数的降低幅度还与轴压比相关，轴压比较小的构件延性系数随长细比增大降低幅度较大。主要是由于长细比增大时，构件 N/N_u-M/M_u 相关曲线外凸特性消失，且轴压力较小时抗弯承载力降低幅度较大。

3.5 壁式钢管混凝土柱简化设计方法

3.5.1 基本假定

壁式柱的承载力按照极限状态理论分析，确保在最不利组合内力下，构件承载能力极限状态不发生强度破坏或丧失稳定性。为简化计算，厚实板件壁式柱构件在达到极限承载力时采用如下假定：

(1) 组合构件横截面保持为平面，钢材和混凝土之间无相对滑移，能够发挥完全的组合作用；

(2) 受压区混凝土按等效矩形应力图形计算，忽略混凝土的抗拉强度；

(3) 组合构件达到极限承载力时，管壁板件应力达到屈服强度，未发生局部屈曲。

3.5.2 轴心受压构件

1. 截面强度计算

厚实板件在达到屈服强度前不发生局部屈曲，壁式柱截面强度由钢管屈服承载力和混凝土极限抗压承载力叠加而成：

$$N_{\rm u}=f_{\rm s}A_{\rm s}+\alpha f_{\rm c}A_{\rm c} \tag{3.5.1}$$

式中，α 为钢管对混凝土的约束效应和混凝土徐变等因素的综合影响系数。钢管对混凝土的约束效应与钢管形状、板件宽厚比、钢材强度、混凝土强度、材料泊松比和应力状态等相关，作用机理复杂。对于壁式柱截面，钢管截面高宽比较大，约束效应对混凝土强度提高有限。同时，长期荷载作用下收缩和徐变使混凝土侧向约束减弱。为简化起见，取 $\alpha=1.0$。

2. 稳定性计算

长细比较大时，壁式柱轴心受压构件的稳定承载力一般起控制作用。可通过经典稳定理论导出壁式柱轴心受压构件的稳定承载力。轴心受压构件在制作和安装过程中不可避免地产生初始几何缺陷和残余应力，可等效为初始挠度 v_0，如图 3.5.1 所示。两端铰支压杆的初始弯曲假定按正弦曲线分布：

$$y_0=v_0\sin\frac{\pi u}{l_0} \tag{3.5.2}$$

两端铰支压杆的平衡微分方程为

$$EIu''+Nu=-Nv_0 \tag{3.5.3}$$

平衡微分方程的解为

$$y=\frac{v_0}{1-N/N_{\rm E}}\sin\frac{\pi u}{l_0} \tag{3.5.4}$$

式中，$N_{\rm E}$ 为欧拉临界承载力，与构件的抗弯刚度 EI 和计算长度 l_0 相关，见式 (3.4.5)。

在轴力 N 作用下，构件的最大挠度和最大弯矩分别为

$$y_{\max}=\frac{v_0}{1-N/N_{\rm E}} \tag{3.5.5}$$

$$M_{\max}=\frac{Nv_0}{1-N/N_{\rm E}} \tag{3.5.6}$$

截面边缘屈服准则是构造轴心压杆稳定承载力的有效方法。构件截面边缘屈服时：

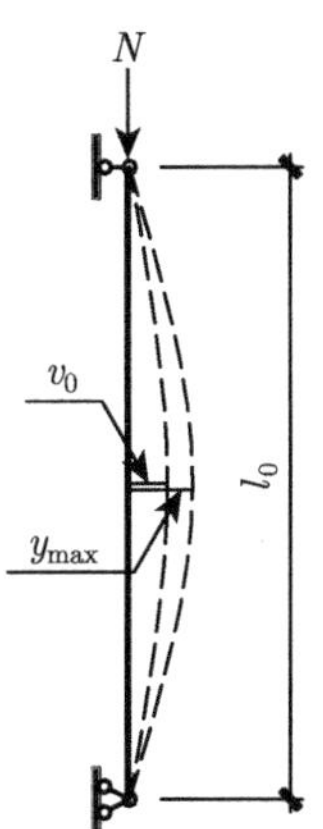

图 3.5.1 有初始缺陷的轴心压杆

$$\frac{N}{Af_y}+\frac{Nv_0}{W\left(1-N/N_E\right)f_y}=1 \tag{3.5.7}$$

令平均应力 $\sigma=\dfrac{N}{A}$，欧拉临界应力 $\sigma_E=\dfrac{N_E}{A}=\dfrac{\pi^2E}{\lambda^2}$，等效初弯曲 $e_0=\dfrac{v_0}{W/A}$，代入上式可得

$$\sigma=\frac{1}{2}\left(\left[1+\frac{\sigma_E}{f_y}(1+e_0)\right]-\sqrt{\left[1+\frac{\sigma_E}{f_y}(1+e_0)\right]^2-4\frac{\sigma_E}{f_y}}\right)f_y \tag{3.5.8}$$

因此，壁式柱的稳定极限承载力为

$$N=\varphi N_u \tag{3.5.9}$$

式中，稳定系数 $\varphi=\dfrac{\sigma}{f_y}$，令正则化长细比 $\lambda_0=\dfrac{\lambda}{\pi}\sqrt{\dfrac{f_y}{E}}$，由式 (3.5.8) 可得

$$\varphi=\frac{1}{2\lambda_0^2}\left[\lambda_0^2+(1+e_0)\right]-\sqrt{\left[\lambda_0^2+(1+e_0)\right]^2-4\lambda_0^2} \tag{3.5.10}$$

等效偏心率 e_0 包含初始几何缺陷和残余应力时，式 (3.5.10) 不再是截面边缘屈服计算准则，而是借用稳定系数表达形式，以极限荷载为准则。壁式柱可等效为抗弯刚度相同的钢柱计算稳定系数。壁式柱构件等效抗弯刚度由钢管和混凝土抗弯刚度叠加得到。壁式柱的正则化长细比、欧拉临界承载力和等效抗弯刚度分别见式 (3.4.2)、式 (3.4.5) 和式 (3.4.6)。

壁式柱截面高宽比大，构件绕强轴和弱轴失稳时稳定系数不同。由 3.2 节分析结果可知，壁式柱绕弱轴失稳时，稳定系数随混凝土强度等级提高而降低。对壁式柱轴心受压构件稳定系数计算结果回归分析，得到绕强轴和弱轴失稳时构件等效偏心率分别为

$$e_{0x} = 0.23\lambda_{0x} \tag{3.5.11a}$$

$$e_{0y} = (0.15 + 0.002f_{\rm cu})\lambda_{0y} \tag{3.5.11b}$$

式中，λ_{0x} 和λ_{0y} 分布为绕强轴和弱轴的正则化长细比；$f_{\rm cu}$ 为混凝土强度等级，$f_{\rm cu} < 40$ 时取 $f_{\rm cu} = 40$，$f_{\rm cu} > 60$ 时取 $f_{\rm cu} = 60$。

图 3.5.2 和图 3.5.3 分别给出了壁式柱轴心受压构件强轴和弱轴稳定系数设计公式与计算结果的对比。由图可见，设计公式适用于不同材料等级和不同含钢

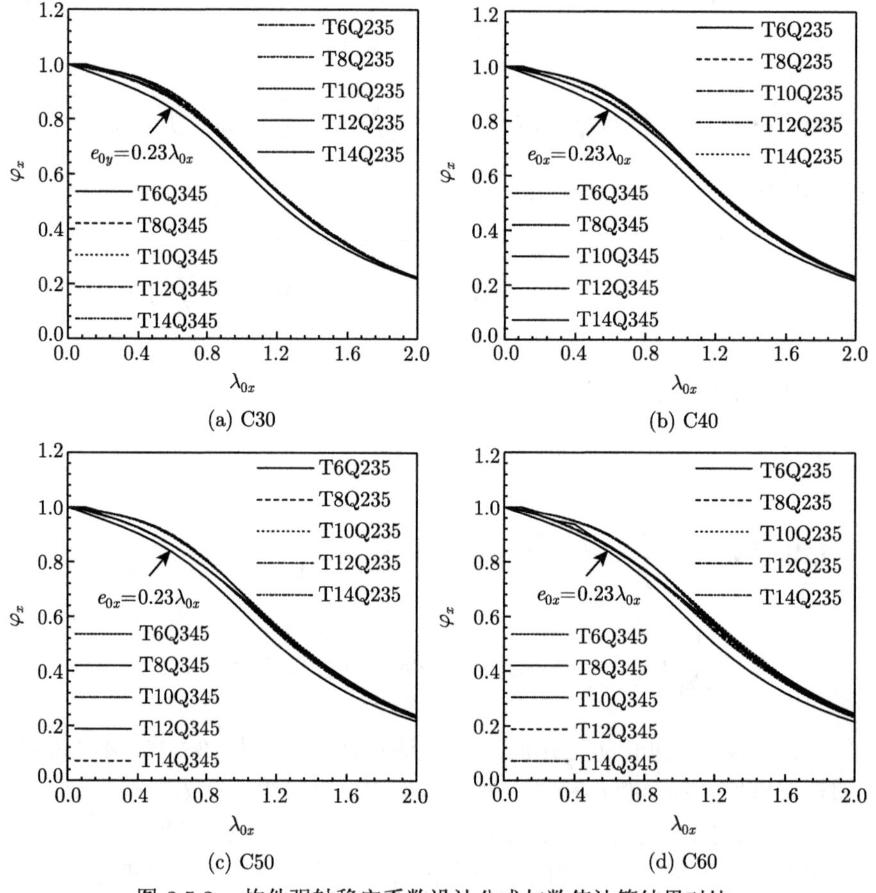

(a) C30 (b) C40

(c) C50 (d) C60

图 3.5.2 构件强轴稳定系数设计公式与数值计算结果对比

率的壁式柱轴心受压构件，并具有一定安全度。其中，中等长细比和大长细比轴心受压构件的稳定系数取值偏于安全。

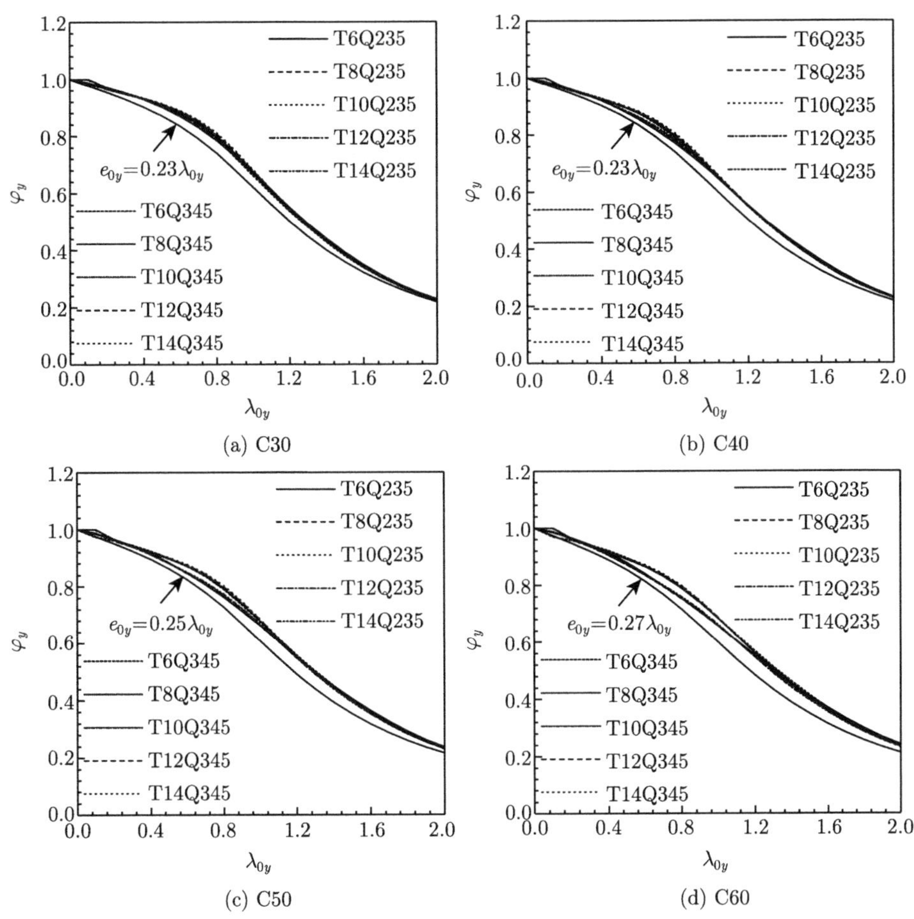

(a) C30 (b) C40

(c) C50 (d) C60

图 3.5.3 构件弱轴稳定系数设计公式与数值计算结果对比

3.5.3 压弯构件

1. 截面强度计算

壁式柱压弯构件截面极限承载力由塑性应力分布法得到，截面应力分布如图 3.5.4 所示。忽略横向约束应力对混凝土抗压强度的提高，截面承受的轴力和弯矩分别为

$$N = 2d_0t_{\mathrm{w}}f_{\mathrm{s}} + 0.5d_0B_{\mathrm{c}}f_{\mathrm{c}} + 0.5A_{\mathrm{c}}f_{\mathrm{c}} \tag{3.5.12}$$

$$M = [(D-t_{\mathrm{f}})Bt_{\mathrm{f}} + 0.5(D_{\mathrm{c}}^2 - d_0^2)t_{\mathrm{w}}]f_{\mathrm{s}} + 0.125(D_{\mathrm{c}}^2 - d_0^2)B_{\mathrm{c}}f_{\mathrm{c}} \tag{3.5.13}$$

$$d_0 = \frac{N - 0.5A_\mathrm{c}f_\mathrm{c}}{2t_\mathrm{w}f_\mathrm{s} + 0.5B_\mathrm{c}f_\mathrm{c}} \tag{3.5.14}$$

式中，D 和 B 为组合截面高度和宽度；D_c 和 B_c 为混凝土截面高度和宽度；t_f 和 t_w 为钢管翼缘和腹板厚度；d_0 为腹板核心受压区高度，如图 3.5.4 所示。

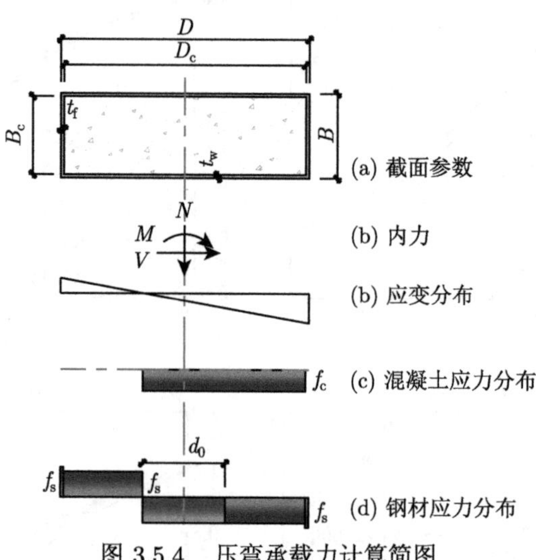

图 3.5.4　压弯承载力计算简图

当 N=0 时，$d_0 = \dfrac{-0.5A_\mathrm{c}f_\mathrm{c}}{2t_\mathrm{w}f_\mathrm{s} + 0.5B_\mathrm{c}f_\mathrm{c}}$，组合构件为纯弯构件，受弯极限承载力为

$$M_\mathrm{u} = [(D - t_\mathrm{f})Bt_\mathrm{f} + 0.5(D_\mathrm{c}^2 - d_0^2)t_\mathrm{w}]f_\mathrm{s} + 0.125(D_\mathrm{c}^2 - d_0^2)B_\mathrm{c}f_\mathrm{c} \tag{3.5.15}$$

当 N=$0.5f_\mathrm{c}A_\mathrm{c}$ 时，d_0=0，受弯极限承载力达到界限受弯承载力

$$M_0 = [(D - t_\mathrm{f})Bt_\mathrm{f} + 0.5D_\mathrm{c}^2t_\mathrm{w}]f_\mathrm{s} + 0.125D_\mathrm{c}^2B_\mathrm{c}f_\mathrm{c} \tag{3.5.16}$$

当 $N = f_\mathrm{c}A_\mathrm{c}$ 时，$d_0 = \dfrac{0.5A_\mathrm{c}f_\mathrm{c}}{2t_\mathrm{w}f_\mathrm{s} + 0.5B_\mathrm{c}f_\mathrm{c}}$，在压力 N 作用下的受弯极限承载力与纯弯构件受弯极限承载力相等：

$$M_\mathrm{u} = [(D - t_\mathrm{f})Bt_\mathrm{f} + 0.5(D_\mathrm{c}^2 - d_0^2)t_\mathrm{w}]f_\mathrm{s} + 0.125(D_\mathrm{c}^2 - d_0^2)B_\mathrm{c}f_\mathrm{c} \tag{3.5.17}$$

引入钢管工作承担系数 $\alpha_\mathrm{s} = f_\mathrm{s}A_\mathrm{s}/N_\mathrm{u}$，壁式柱压弯构件极限承载力 N/N_u-M/M_u 相关曲线如图 3.5.5 所示。N/N_u-M/M_u 相关曲线可简化为折线 ACB，其 N/N_u-M/M_u 相关方程为

$$\begin{cases} \dfrac{M}{M_u} = 1, & \dfrac{N}{N_u} < (1-\alpha_s) \\ \dfrac{N}{N_u} + \alpha_s \dfrac{M}{M_u} = 1, & \dfrac{N}{N_u} \geqslant (1-\alpha_s) \end{cases} \tag{3.5.18}$$

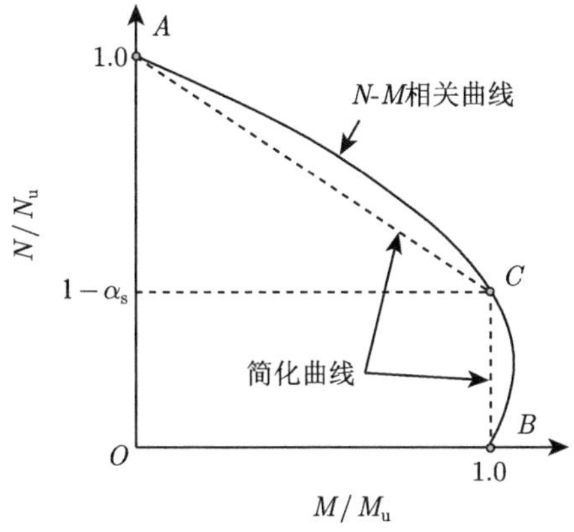

图 3.5.5 截面强度相关曲线

钢管工作承担系数α_s 趋近于 1.0 时，壁式柱 N/N_u-M/M_u 相关方程与钢构件 N/N_u-M/M_u 相关方程表达式一致。图 3.5.6 给出了部分纤维模型计算所得 N/N_u-M/M_u 相关曲线与简化设计曲线的对比。可见简化设计曲线能很好地预测构件的截面压弯极限承载力。

2. 平面内压弯稳定性计算

长细比较大时，壁式柱压弯构件的稳定承载力一般起控制作用。可通过经典稳定理论导出壁式柱压弯构件的稳定承载力。图 3.5.7 为有初始缺陷的压弯杆件，端弯矩 M_1 和 M_2 产生同向曲率时为正，且 $|M_1| \geqslant |M_2|$。不考虑初始缺陷时，杆件的平衡微分方程为

$$EIu'' + Nu = \frac{M_1 - M_2}{l_0} u - M_1 \tag{3.5.19}$$

令 $k = \sqrt{\dfrac{N}{EI}}$，则平衡微分方程的解为

$$y = \frac{M_1 \cos kl_0 - M_2}{N \sin kl_0} \sin ku + \frac{M_1}{N} \cos ku - \frac{M_1 - M_2}{Nl_0} u - \frac{M_1}{N} \tag{3.5.20}$$

最大弯矩出现在杆端点之间时，最大弯矩为

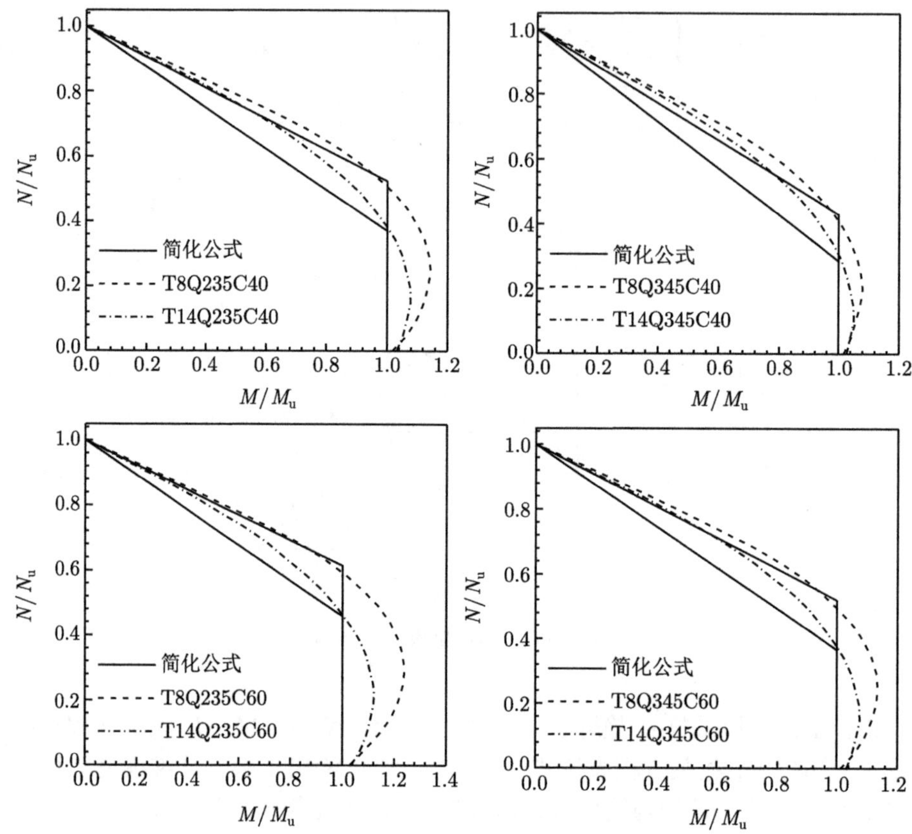

图 3.5.6　截面强度简化相关曲线与数值计算结果对比

$$M_{\max} = M_1\sqrt{\frac{(M_2/M_1)^2 - 2(M_2/M_1)\cos kl_0 + 1}{\sin^2 kl_0}} \tag{3.5.21}$$

两端弯矩相等时，最大弯矩为

$$M_{\max} = \frac{1+0.25N/N_{\mathrm{E}}}{1-N/N_{\mathrm{E}}}M_1 \tag{3.5.22}$$

压弯构件的稳定承载力亦由截面边缘屈服准则导出，考虑杆件的初始缺陷并等效为初弯曲 e_0，则构件截面边缘屈服时：

$$\frac{N}{Af_{\mathrm{y}}} + \frac{(1+0.25N/N_{\mathrm{E}})M + Ne_0}{W(1-N/N_{\mathrm{E}})f_{\mathrm{y}}} = 1 \tag{3.5.23}$$

弯矩 $M=0$ 时，式 (3.5.23) 退化为轴心压杆稳定承载力计算公式：$N=N_{\mathrm{cr}}=\varphi Af_{\mathrm{y}}$。由此可求得等效初弯曲：

$$\frac{e_0}{Wf_{\mathrm{y}}}=\left(\frac{1}{N_{\mathrm{cr}}}-\frac{1}{Af_{\mathrm{y}}}\right)\left(1-\frac{N_{\mathrm{cr}}}{N_{\mathrm{E}}}\right) \tag{3.5.24}$$

将式 (3.4.24) 代入式 (3.4.23) 可得

$$\frac{N}{\varphi Af_{\mathrm{y}}}+\frac{(1+0.25N/N_{\mathrm{E}})\,M}{W\,(1-\varphi N/N_{\mathrm{E}})\,f_{\mathrm{y}}}=1 \tag{3.5.25}$$

式 (3.5.25) 可由下式近似:

$$\frac{N}{\varphi Af_{\mathrm{y}}}+\frac{M}{W\,[1-(\varphi+0.25)N/N_{\mathrm{E}}]\,f_{\mathrm{y}}}=1 \tag{3.5.26}$$

式中，$\dfrac{1}{1-(\varphi+0.25)N/N_{\mathrm{E}}}$ 为轴力对弯矩 M 的放大系数。

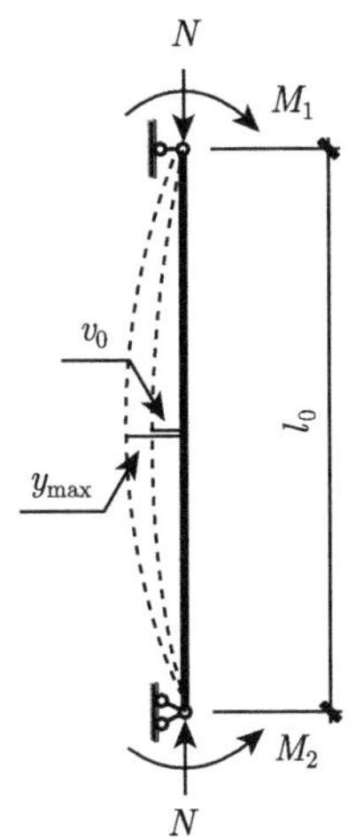

图 3.5.7 有初始缺陷的压弯杆件

应用于壁式柱设计时，需考虑压弯构件截面极限承载力相关曲线的影响。由 3.3.3 节分析可知，小长细比构件 N/N_{u}-M/M_{u} 相关曲线与截面 N/N_{u}-M/M_{u} 相关曲线外一致，其凸特征明显。随着长细比增加，构件抗弯承载力降低幅度较大，N/N_{u}-M/M_{u} 相关曲线外凸特性逐渐消失，并逐渐偏于纯钢构件的受力性能。根据壁式柱压弯构件的受力特性，可在截面 N/N_{u}-M/M_{u} 相关曲线的基础上推导出构件压弯失稳时的简化计算公式。壁式柱平面内失稳时 N/N_{u}-M/M_{u} 相关方程可按图 3.5.8 简化相关曲线得到。

当 $\varphi_x>\max(\alpha_{\mathrm{s}},1-\alpha_{\mathrm{s}})$ 时，稳定承载力相关曲线可简化为折线 $A'C'B$，表达式为

$$
\begin{cases}
\dfrac{N}{\varphi_x N_{\mathrm{u}}} + \dfrac{\alpha_{\mathrm{s}}}{\varphi_x} \dfrac{M_x}{\left[1-(\varphi_x+0.25)N/N'_{\mathrm{E}x}\right] M_{\mathrm{u}x}} = 1, & \dfrac{N}{N_{\mathrm{u}}} \geqslant \alpha_{\mathrm{s}} \\
\dfrac{1-\varphi_x}{\alpha_{\mathrm{s}}-\alpha_{\mathrm{s}}^2} \dfrac{N}{N_{\mathrm{u}}} + \dfrac{M_x}{M_{\mathrm{u}x}} = 1, & \dfrac{N}{N_{\mathrm{u}}} < \alpha_{\mathrm{s}}
\end{cases}
\tag{3.5.27}
$$

式中，下标 x 代表弯矩作用平面；$N'_{\mathrm{E}x} = N_{\mathrm{E}x}/1.1$。当 $N/N_{\mathrm{u}} < \alpha_{\mathrm{s}}$ 时，轴向压力较小，且 N/N_{u}-M/M_{u} 相关曲线取直线偏于安全，故未考虑轴向压力对弯矩的放大。

当 $\varphi_x \leqslant \max(\alpha_{\mathrm{s}}, 1-\alpha_{\mathrm{s}})$ 时，稳定承载力相关曲线可简化为直线 $A'B$，表达式为

$$
\frac{N}{\varphi_x N_{\mathrm{u}}} + \frac{M_x}{\left[1-(\varphi_x+0.25)N/N'_{\mathrm{E}x}\right] M_{\mathrm{u}x}} = 1 \tag{3.5.28}
$$

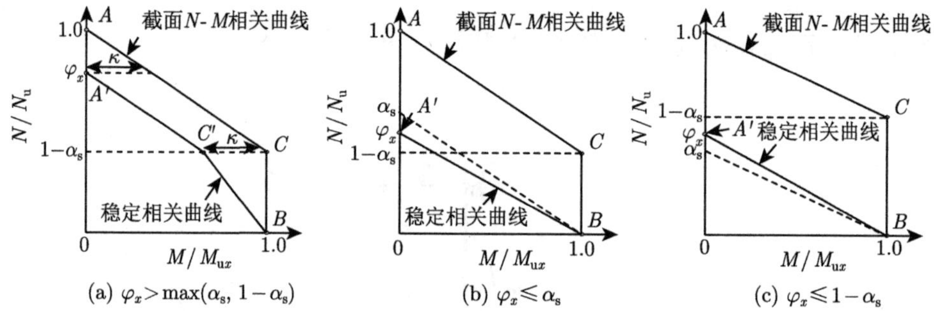

图 3.5.8 压弯构件简化相关曲线计算图示

由式 (3.5.27) 和式 (3.5.58) 可知，钢管工作承担系数α_{s} 越大，$\alpha_{\mathrm{s}}/\varphi_x$ 越趋近于 1.0，壁式柱稳定承载力越趋近于钢柱。α_{s}=1.0 时，简化计算公式退化为式 (3.5.28)，与钢柱稳定承载力计算公式相近。式 (3.5.27) 和式 (3.5.28) 用于设计时，M_x 尚应乘以等效弯矩系数β_{m}。

图 3.5.9 给出了压弯构件稳定承载力简化 N/N_{u}-M/M_{u} 相关曲线与试验结果的对比。由图可见，简化相关曲线偏于安全。这是由于试件轴压力 $N < f_{\mathrm{c}}A_{\mathrm{c}}$ 时，轴压力对构件压弯承载力起有利作用，而简化相关曲线忽略了轴压力对构件压弯承载力的提高。

图 3.5.10 和图 3.5.11 分别给出了构件强轴和弱轴压弯稳定承载力简化 N/N_{u}-M/M_{u} 相关曲线与数值计算结果的对比。由图可见，简化 N/N_{u}-M/M_{u} 相关曲线与数值计算结果吻合良好，简化 N/N_{u}-M/M_{u} 相关曲线对不同参数的压弯构件具有很好的适用性。构件正则化长细比λ_0 ≤0.5 时，简化 N/N_{u}-M/M_{u} 相关曲线与数值计算结果一致性较好，并具有一定安全度。构件正则化长细比λ_0>0.5 时，简化设计公式安全度较高，一方面是由于壁式柱轴心受压构件稳定系数在长细比较大时安全度较高；另一方面长细比增加时构件抗震性能降低，提高简化设计公式安全度有利于提高结构安全储备。

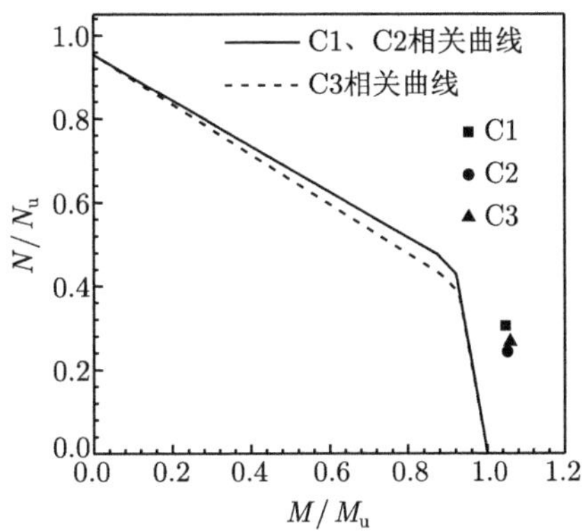

图 3.5.9 压弯构件简化相关曲线与试验结果对比

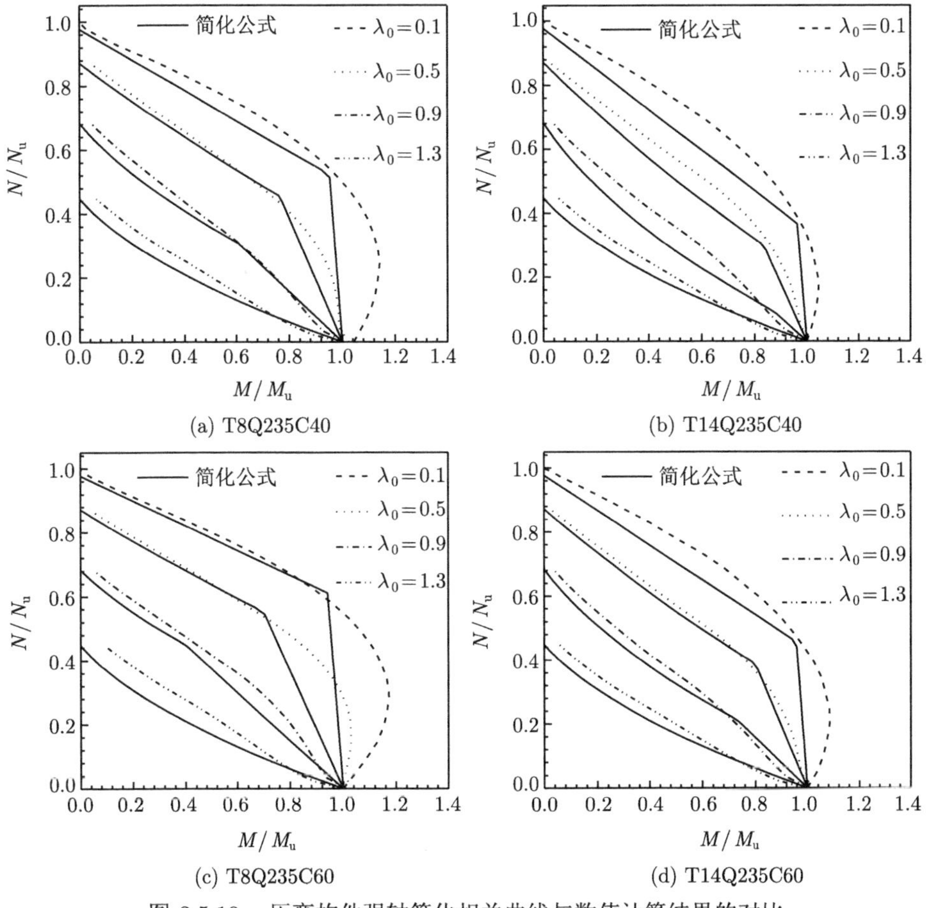

(a) T8Q235C40

(b) T14Q235C40

(c) T8Q235C60

(d) T14Q235C60

图 3.5.10 压弯构件强轴简化相关曲线与数值计算结果的对比

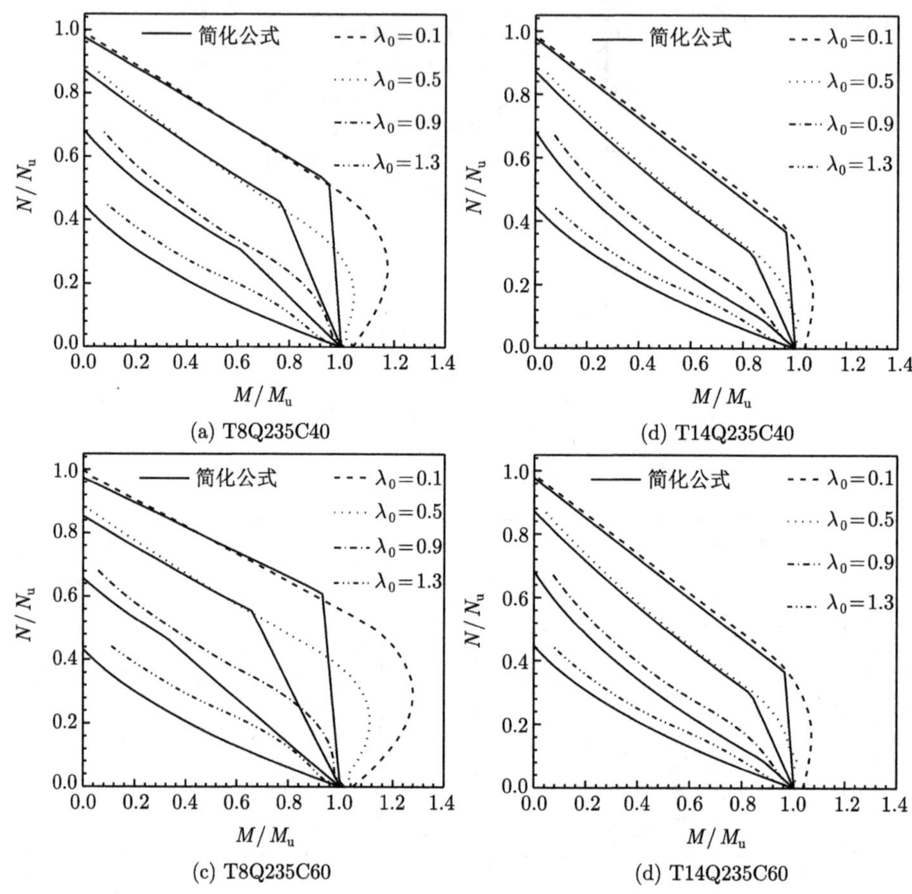

(a) T8Q235C40　　(d) T14Q235C40

(c) T8Q235C60　　(d) T14Q235C60

图 3.5.11　压弯构件弱轴简化相关曲线与数值计算结果的对比

3.5.4　设计建议

1. 宽厚比限值

壁式柱构件计算极限承载力时假定钢管全截面有效。因此，管壁板件的宽厚比必须予以限制，以保证构件在达到极限承载力前管壁不发生局部屈曲。对于宽度为 B 的薄壁受压板件，其临界屈曲应力为

$$\sigma_{\mathrm{cr}}=\frac{k}{12(1-\nu^2)}\frac{\pi^2 E_{\mathrm{s}}}{(B/t)^2} \tag{3.5.29}$$

式中，k 为屈曲系数，对于均匀受压四边固支板 $k=10.67$。

工程设计中板件存在初始缺陷，一般达不到理想的临界屈曲应力。在大量试验的基础上，Peköz 提出了有效宽度统一计算法则：

$$\frac{B_{\mathrm{e}}}{B}=\left(1-0.22\sqrt{\frac{\sigma_{\mathrm{cr}}}{f_{\mathrm{y}}}}\right)\sqrt{\frac{\sigma_{\mathrm{cr}}}{f_{\mathrm{y}}}} \tag{3.5.30}$$

板件全截面有效时，$B_{\mathrm{e}}=B$，可求得 $\sqrt{\sigma_{\mathrm{cr}}/f_{\mathrm{y}}}\approx 1.485$。令 $\varepsilon_{\mathrm{k}}=\sqrt{235/f_{\mathrm{y}}}$，取 E_{s}=2.06×10^5，ν=0.3，并代入式 (3.5.29)，得到宽厚比限值：

$$(B/t)_{\mathrm{lim}}\approx 61.9\varepsilon_{\mathrm{k}} \tag{3.5.31}$$

为方便设计，由式 (3.5.31) 计算所得系数适当调整，可得壁式柱管壁板件的宽厚比限值为 $60\varepsilon_{\mathrm{k}}$。

2. 抗震设计建议

在持续地震震动下，结构构件反复进入大应变塑性状态。因此，进行抗震设计的构件需要较高的承载能力，同时在大应变低周反复荷载作用下具有良好的变形能力和累积能量耗散能力。壁式柱的变形能力与材料强度、含钢率、轴压比和长细比均相关。提高含钢率，并限制轴压比和长细比可有效提高构件位移延性。

结构设计时需符合“强柱弱梁”抗震设计概念，考虑框架柱仅在后期出现少量塑性。因此，框架柱抗震构造要求可适当放松。根据 GB 50011—2010《建筑抗震设计规范 (附条文说明)(2016 年版)》对钢框架的设计要求和 EN 1998-1:2004 *Design of Structures for Earthquake Resistance* [26] 对壁式钢管混凝土柱的设计要求，并结合表 3.4.1～表 3.4.4 的计算结果，对壁式柱的抗震设计要求见表 3.5.1。由于钢材强度等级提高并未显著降低构件的变形能力，表中均未考虑钢材强度等级的影响。

表 3.5.1 壁式柱抗震构造要求

抗震等级	一级	二级	三级
长细比	60	80	100
轴压比	0.7	0.8	0.9
宽厚比	30	38	50

壁式柱稳定承载力与纯钢柱接近，构件长细比限值参照 GB 50011—2010 钢框架柱确定。壁式柱截面高宽比较大，构件绕强轴和弱轴的刚度差别较大。实际结构中水平地震力主要由抗侧刚度较大的强轴承担。因此，需保证壁式柱强轴方向的变形能力。根据表 3.4.1～表 3.4.4 的计算结果，壁式柱强轴长细比为 40(对应弱轴长细比约为 100)，设计轴压比为 0.7，宽厚比为 30(对应含钢率为 13.00%) 时，构件延性系数均大于 3.0，具有很好的变形能力，建议作为一级抗震构件的设计要求。二级和三级构件宽厚比限值参考 EN 1994-1-1:2004 和计算结果确定。由于取消了钢号修正系数ε_{k}，三级抗震构件的宽厚比限值由 52 调整至 50，以保证 Q345 级钢板宽厚比小于 $60\varepsilon_{\mathrm{k}}$。

3.6 本章小结

本章提出了一种适用于装配式高层住宅体系的壁式柱。针对壁式柱的抗震性能和基本力学性能展开试验研究和理论分析，结论如下。

(1) 壁式柱抗震性能试验研究。试验结果表明，壁式柱的破坏形态为压弯破坏，塑性区位于柱底 1/3 截面高度区域，该区域钢板受压鼓曲、钢管纵向焊缝胀裂、混凝土压溃。壁式柱的滞回曲线饱满，无明显捏拢现象，抗震性能良好。壁式柱腹板在纵向隔板约束下形成一对屈曲半波，腹板局部屈曲强度提高。腹板和纵向隔板形成的 H 形截面对混凝土提供了有效约束，保证了试件在水平反复荷载作用下具有足够的竖向承载力。壁式柱具有良好的变形能力和耗能能力，设计轴压比为 0.54~0.69 时，其屈服位移角大于 0.005rad，极限位移角大于 0.02rad。各试件位移延性系数大于 3.0，等效阻尼黏滞系数大于 0.4。降低轴压比或提高含钢率可有效增强试件变形能力。

(2) 基于精细化有限元模型对壁式柱受力机理研究。精细化有限元分析结果表明，壁式柱均为柱底平面内压弯破坏，未发生明显的平面外变形和空间弯扭失稳。极限承载力状态下，厚实板件的壁式柱均能在管壁发生局部屈曲前达到全截面塑性。钢管在复合应力状态下未发生明显强化，混凝土在横向约束应力下抗压强度提高。管壁局部屈曲对壁式柱变形能力具有显著影响。管壁发生局部屈曲后钢板承载力降低，混凝土失去约束，构件承载力下降明显。降低轴压比或提高含钢率延缓了管壁局部屈曲，同时钢管对混凝土的约束作用增强，构件的变形能力得到有效提高。壁式柱在反复荷载作用下累积了较大的竖向压缩变形，加剧了管壁局部屈曲发展和混凝土损伤累积，降低了构件的变形能力。轴压比越高，累积竖向压缩变形越大，构件延性越差。建议延性要求较高的壁式柱设计轴压比不大于 0.8。

(3) 提出了考虑钢板屈曲后行为的壁式柱纤维梁模型。以钢板和约束混凝土单轴应力–应变关系为骨架曲线，考虑钢材和混凝土材料在反复荷载作用下的滞回行为，分别建立了钢管和混凝土单轴滞回本构模型。编制数值计算程序，利用试验数据验证了纤维模型预测构件承载能力和变形能力的准确性。

分析结果表明，纤维梁模型适用于壁式柱和普通钢管混凝土柱各种复杂加载工况下的受力分析，对不同截面高宽比、材料强度、含钢率、轴压比和长细比的钢管混凝土柱均能给出准确的预测结果。反复荷载作用下，不考虑管壁局部屈曲会过高估计壁式柱变形能力。各种荷载工况下纤维梁模型计算收敛速度均较快，具有良好的数值稳定性。

(4) 壁式柱在轴心受压、压弯及反复荷载作用下的力学性能参数分析。参数分析结果表明，材料强度对壁式柱强轴轴心受压稳定系数的影响较小。壁式柱绕弱轴失稳时，稳定系数随混凝土强度提高而降低。含钢率对壁式柱轴心受压稳定系数的影响较小。混凝土工作承担系数越大，截面压弯承载力相关曲线外凸特性越明显。长细比对壁式柱压弯承载力相关曲线的影响较大。随长细比增加，构件压弯承载力显著降低，压弯承载力相关曲线外凸特性逐渐消失。钢材强度提高使壁式柱的极限位移增加，但位移延性系数有所降低。混凝土强度的提高降低了壁式柱的变形能力。提高含钢率或降低轴压比显著增强了构件的变形能力。长细比增加对壁式柱的变形能力产生了不利影响。

(5) 壁式柱简化设计方法研究。在经典稳定理论基础上，结合试验结果和数值计算结果，对理论计算公式进行简化和回归分析，得到轴心受压构件和压弯构件承载力简化计算公式，其物理意义明确。

经比较表明，简化计算公式与试验结果和大量数值分析结果吻合良好。在国内外抗震设计规范基础上，结合试验结果和数值计算结果，给出了不同抗震等级壁式柱的长细比、轴压比和宽厚比限值设计建议。

参考文献

[1] 郝际平, 何梦楠, 薛强, 等. 一种带螺旋箍筋与拉杆的多腔钢管混凝土柱 [P]. 中国: 206800791U, 2017-12-26.

[2] 郝际平, 樊春雷, 薛强, 等. 一种基于 H 型钢的全焊接一字型多腔钢管混凝土柱 [P]. 中国: 207484828U, 2018-06-12.

[3] 樊春雷, 郝际平, 孙晓岭, 等. 一种带加劲肋多腔钢管混凝土组合柱 [P]. 中国: 205822593U, 2016-12-21.

[4] 郝际平, 黄育琪, 薛强, 等. 一种采用环形连接件的多腔钢管混凝土组合柱 [P]. 中国: 205637339U, 2016-10-12.

[5] 郝际平, 薛强, 孙晓岭, 等. 采用内置连接板的多腔钢管混凝土组合柱 [P]. 中国: 205822592U, 2016-12-21.

[6] 郝际平, 薛强, 樊春雷, 等. 一种对穿平头内六角螺栓的多腔钢管混凝土柱 [P]. 中国: 206800792U, 2017-12-26.

[7] 孙晓岭, 郝际平, 薛强, 等. 壁式钢管混凝土抗震性能试验研究 [J]. 建筑结构学报, 2018, 39(6): 92-101.

[8] 孙晓岭. 壁式钢管混凝土柱抗震试验与力学性能研究 [D]. 西安: 西安建筑科技大学, 2018.

[9] 何梦楠. 大高宽比多腔钢管混凝土柱抗震性能研究 [D]. 西安: 西安建筑科技大学, 2017.

[10] 尹伟康. 双腔室钢管混凝土柱抗震性能研究 [D]. 西安: 西安建筑科技大学, 2017.

[11] 张益帆. 带约束拉杆的壁式钢管混凝土柱抗震性能研究 [D]. 西安: 西安建筑科技大学, 2019.

[12] 矩形钢管混凝土结构技术规程: CECS 159: 2004[S]. 北京: 中国计划出版社, 2004.

[13] 钢结构设计规范: GB 50017—2003[S]. 北京: 中国计划出版社, 2004.

[14] 钢及钢产品力学性能试验取样位置及试样制备: GB/T 2975—1998[S]. 北京: 中国标准出版社, 1999.

[15] 金属材料拉伸试验 第 1 部分: 室温试验方法: GB/T 228.1—2010[S]. 北京: 中国标准出版社, 2010.

[16] 碳素结构钢: GB/T 700—2006[S]. 北京: 中国标准出版社, 2006.

[17] 建筑抗震设计规范 (2016 年版): GB 50011—2010[S]. 北京: 中国建筑工业出版社, 2016.

[18] 混凝土强度检验评定标准: GB 50107—2010[S]. 北京: 中国建筑工业出版社, 2010.

[19] 建筑抗震试验规程: JGJ/T 101—2015[S]. 北京: 中国建筑工业出版社, 2015.

[20] Esmaeily A, Xiao Y. Behavior of reinforced concrete columns under variable axial loads: analysis[J]. ACI Structural Journal, 2005, 102 (5): 736-744.

[21] Chaboche J L. Time-independent constitutive theories for cyclic plasticity[J]. International Journal of Plasticity, 1986, 2(2): 149-188.

[22] Binici B. An analytical model for stress-strain behavior of confined concrete[J]. Engineering Structures, 2005, 27(7): 1040-1051.

[23] Building code requirements for structural concrete: ACI 318M-14[S]. American Concrete Institute, Farmington Hills USA, 2015.

[24] Thai H T, Uy B, Khan M, et al. Numerical modelling of concrete-filled steel box columns incorporating high strength materials[J]. Journal of Constructional Steel Research, 2014, 102(11): 256-265.

[25] Dassault Systèmes. ABAQUS User Subroutines Reference Guide[M]. Johnston RI USA, 2012.

[26] Design of structures for earthquake resistance: BS EN 1998-1:2004 [S]. London UK: British Standard Institution, 2005.

第 4 章　平面内双侧板梁柱连接节点的力学性能

壁式钢管混凝土柱–钢梁组成的高层建筑结构体系是一种新型的组合结构体系，将钢框架轻质高强和混凝土受压强度高的优点有机结合，能够降低工程造价、缩短工期、节约材料、减少能耗，应用于高层建筑具有较大优势。双侧板梁柱连接节点具有加工制作简单、受力可靠等优点，其对长宽比较大的截面具有更好的适应性 [1−3]。因此，双侧板梁柱连接节点应用于壁式柱具有明显的优越性。壁式钢管混凝土柱–钢梁双侧板连接节点国内外尚未见研究。

本章重点研究壁式钢管混凝土柱–钢梁双侧板连接节点的受力性能。通过对双侧板梁柱连接节点进行拟静力试验研究，研究节点的滞回性能、刚度退化、延性性能、耗能能力及破坏模式。通过精细有限元分析，研究不同轴压比、侧板高度、侧板厚度、盖板及托板厚度等因素对节点受力性能的影响。在理论分析、试验研究和有限元分析的基础上给出节点设计建议以及节点生产施工建议 [4−10]。

4.1　平面内双侧板梁柱连接节点抗震性能试验研究

4.1.1　试验概况

1. 试验方法

试验以框架梁柱连接节点为研究对象。目前国内外在梁柱连接节点抗震性能试验研究中所采用的试验模型根据是否考虑 P-Δ 效应可以分为两类：① 当试件不考虑 P-Δ 效应时，可采用梁端施加反复荷载的试验模型；② 当试件考虑 P-Δ 效应时，可采用柱端施加反复荷载的试验模型，如图 4.1.1(a) 和 (b) 所示。梁端加载试验模型为静定结构，试验过程中安全性较高，各部件间装配间隙小，加载曲线滑移段不明显，但不能考虑 P-Δ 效应。同时，梁端加载试验模型加载过程控制较为困难，试件在弹性试验阶段，梁端液压伺服作动器油路宜连通，使加载易于控制，同时保证两伺服作动器加载值相同；试件屈服后，通常采用梁的变形控制加载，为使梁端变形在两加载点处相等，伺服作动器的油路应分开单独控制，否则无法控制加载。柱端加载试验模型在柱顶伺服作动器施加油压前是非静定结构，需采取临时固定措施，且梁端链杆梁端铰轴装配间隙难以控制，加载曲线具有明显的滑移段，T 形梁柱节点加载时，正负向滑移尚不对称，数据经修正后方可使用。柱端加载试验模型能够考虑 P-Δ 效应，可更好地反映框架梁柱连接节点在实际工作状态下的受力特点。因此，本节采用柱端加载试验装置，梁端设置与柱平行的刚性链杆，框架柱竖向保持恒定轴向力，在柱顶部施加往复水平荷载。

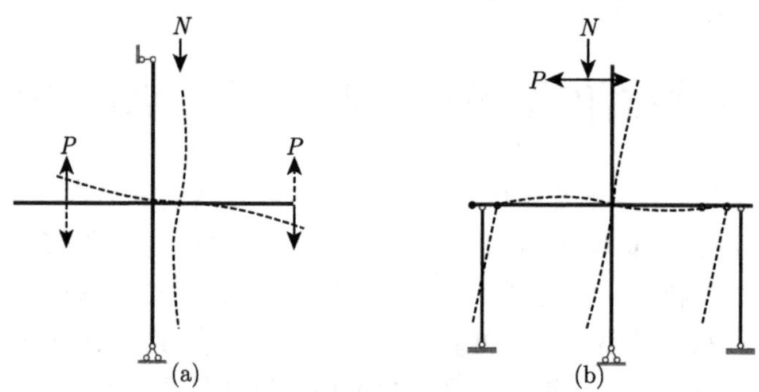

图 4.1.1　框架梁柱节点受力简图

2. 试件设计

本次试验以钢结构框架梁柱连接节点为研究对象，采用新型的双侧板连接节点，以期获得良好的节点滞回性能和预定的节点破坏模式。基于有效控制梁柱节点破坏模式的设计思想，依据单调加载有限元分析结果，设计了如图 4.1.2(a1)、(b1) 和 (c1) 所示的梁柱节点，包括两个中柱节点和一个边柱节点。图 4.1.2(a2)、(b2) 和 (c2) 给出了节点细部构造和各连接件明细。

试验模型梁柱截面取自西安某住宅工程中的壁式钢管混凝土柱和钢梁截面。柱截面尺寸为 200mm×600mm，壁厚为 8mm，高度为 2800mm；梁截面尺寸为 H350×150×7×11(单位：mm)，长度为 1600mm。试验节点分为三类。

(1) 全焊接梁柱节点，如图 4.1.2(a)。节点符合 “强节点弱构件” 设计原则，节点承载力为钢梁塑性承载力的 1.2 倍。首先，双侧板和下托板与柱预先焊接，上盖板、角钢与梁预先焊接。然后，钢梁与钢柱组装，焊接钢梁下翼缘与下托板焊缝和上盖板与侧板焊缝。钢梁端部设置横向加劲肋，以有效约束钢梁翼缘的变形。

(2) 全螺栓梁柱节点，如图 4.1.2(b)。节点符合 “强节点弱构件” 设计原则，节点承载力为钢梁塑性承载力的 1.2 倍。首先，双侧板与钢柱预先焊接，槽钢与钢梁上下翼缘、角钢与钢梁腹板预先焊接。然后，钢梁和钢柱组装，采用 10.9 级 M20 高强大六角头螺栓连接副，螺栓孔径为 22mm。采用扭矩扳手按照 JGJ 82—2011《钢结构高强度螺栓连接技术规程》中表 6.4.13 施加规定的预紧力 170kN。高强度螺栓连接副的拧紧分为初拧、终拧。初拧扭矩为终拧扭矩的 50%左右。钢板接触面采用钢丝刷清除浮锈，钢丝刷除锈方向与受力方向垂直，钢材摩擦面的抗滑移系数按规程取 0.30。

(3) 全焊接梁柱弱节点，如图 4.1.2(c)。基于 “强节点弱构件” 原则设计的梁柱节点破坏大多发生在梁端，无法获得节点区的性能，只能定性的任务节点的承载力高，滞回性能良好。本试件通过降低双侧板高度达到在钢梁破坏之前使双侧板首先发生破坏，以研究双侧板的受力性能，节点承载力为钢梁塑性承载力的 0.8 倍。节点构造和加工制作过程与全焊接梁柱强节点相同。

双侧板对柱节点域天然形成了有效的加强和保护，避免了节点域的破坏，因此本节未对节点域的破坏进行研究。

计算轴压比时，考虑钢管的作用，设计值和试验值分别采用式 (4.1.1) 和式 (4.1.2) 计算，各试件设计轴压比 n_{t} 均取 0.32，计算得到轴压荷载 1713.33kN，对应设计轴压比 n_{d} 均为 0.45。

$$n_{\mathrm{d}} = 1.2N/(f_{\mathrm{s}}A_{\mathrm{s}} + f_{\mathrm{c}}A_{\mathrm{c}}) \tag{4.1.1}$$

$$n_{\mathrm{t}} = N/(f_{\mathrm{sm}}A_{\mathrm{s}} + f_{\mathrm{cm}}A_{\mathrm{c}}) \tag{4.1.2}$$

式中，N 为柱的轴压力；f_{s} 为钢材屈服强度设计值；f_{sm} 为钢材屈服强度实测值；A_{s} 为钢管截面面积，其中纵向分隔钢板为拉结构造作用，轴压比及承载力计算均未考虑其作用；f_{c} 为混凝土轴心抗压强度设计值；f_{cm} 为混凝土轴心抗压强度，$f_{\mathrm{cm}} = 0.76f_{\mathrm{cu}}$，$f_{\mathrm{cu}}$ 为混凝土立方体抗压强度实测值；A_{c} 为混凝土净截面面积。

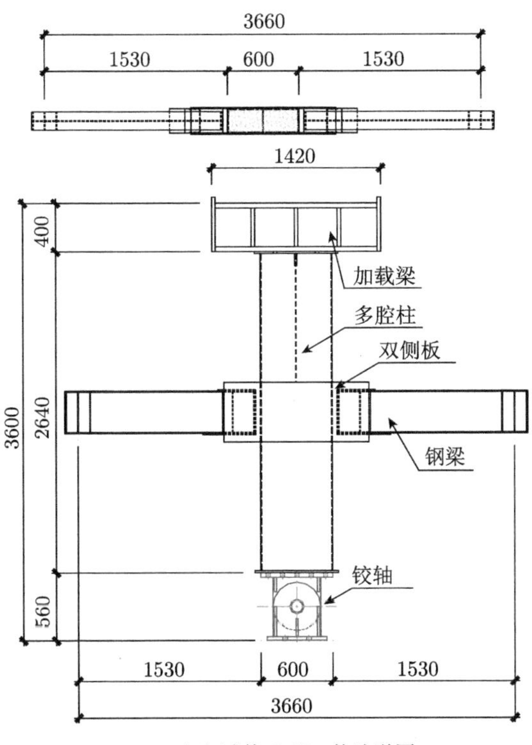

(al) 试件 DSP1 构造详图

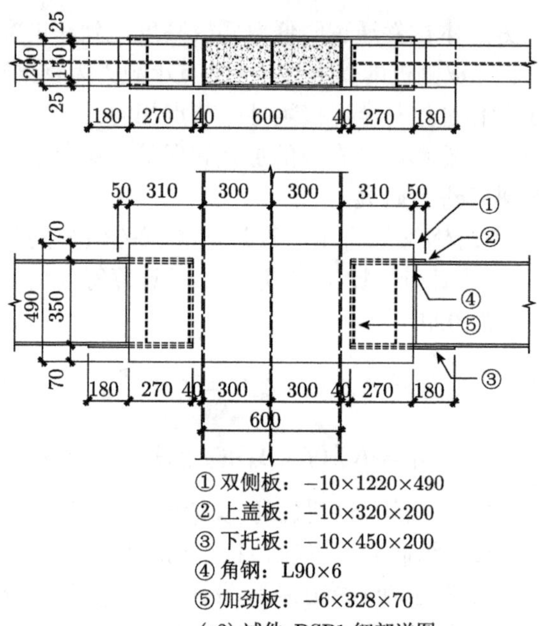

(a2) 试件 DSP1 细部详图

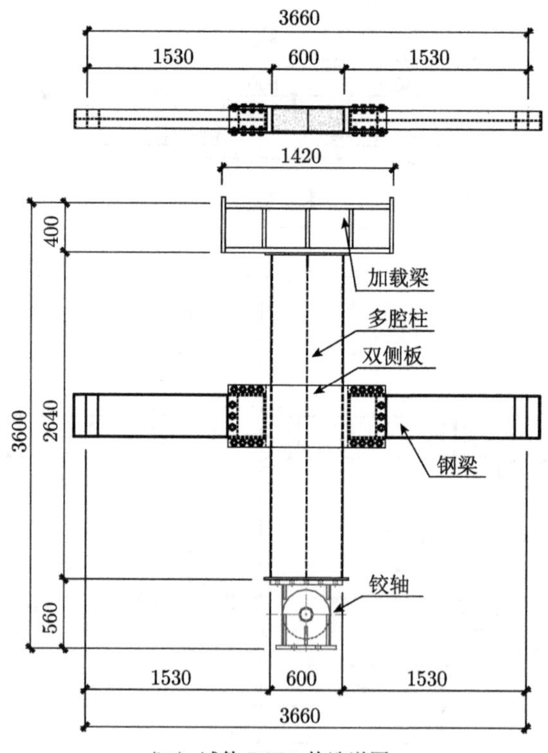

(b1) 试件 DSP2 构造详图

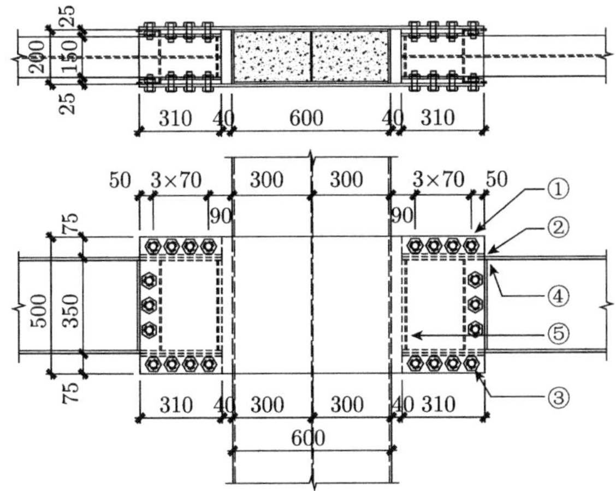

① 双侧板：−10×1300×500

② 槽钢：C20b

③ 高强螺栓：M20

④ 角钢：L90×6

⑤ 加劲板：−6×328×70

(b2) 试件 DSP2 细部详图

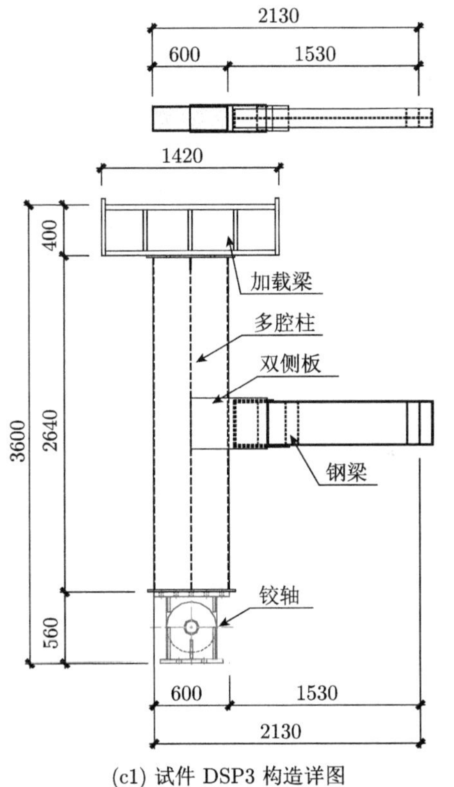

(c1) 试件 DSP3 构造详图

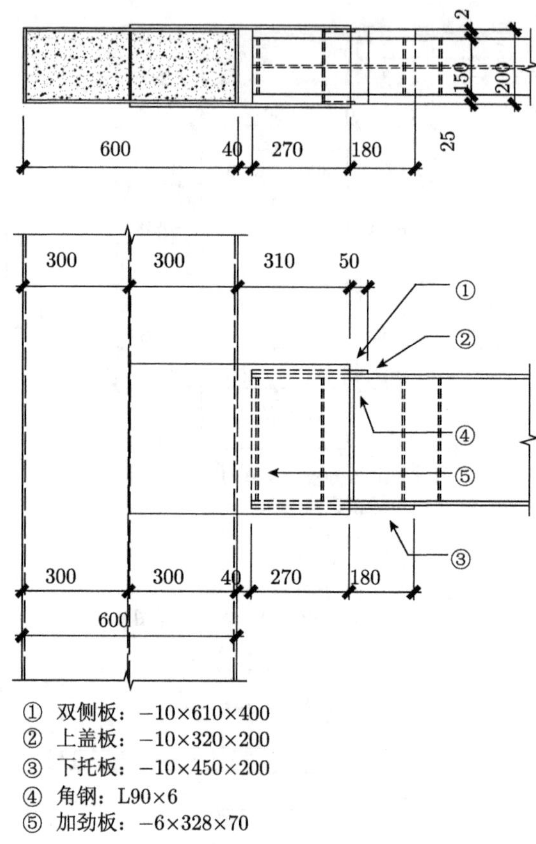

① 双侧板：−10×610×400
② 上盖板：−10×320×200
③ 下托板：−10×450×200
④ 角钢：L90×6
⑤ 加劲板：−6×328×70

(c2) 试件 DSP3 细部详图

图 4.1.2　试件尺寸及构造 (单位：mm)

3. 材性试验

为了更准确地预测和模拟节点性能，对试件各部件进行了材料性能试验。钢材材性试验为单向拉伸试验，试件单元为条状试样，按照 GB/T 2975—2018《钢及钢产品力学性能试验取样位置及试样制备》的要求从母材中切取，然后根据 GB/T 228.1——2010《金属材料拉伸试验 第 1 部分：室温试验方法》的规定加工成试样，取样位置和典型拉伸试样见图 4.1.3。钢材的力学性能指标通过钢材材性试验得到，见表 4.1.1。由表中数据可见：除 6mm 厚加劲肋外，钢材均满足 GB/T 700—2006《碳素结构钢》的性能要求；钢材的屈服强度实测值与抗拉强度实测值的比值小于 0.85，具有明显的屈服台阶，且伸长率大于 20%，满足 GB 50011—2010《建筑抗震设计规范 (附条文说明)(2016 年版)》的要求。

壁式钢管混凝土柱内混凝土设计标号为 C25，采用商品混凝土浇筑。在浇筑过程中制作边长为 150mm 的混凝土立方体试块，并随同试件在实验室进行养护。试件加载时，测定混凝土试块抗压强度。试验时实测混凝土立方体抗压强度平均值为 32.3MPa，标准值为 28.1MPa。

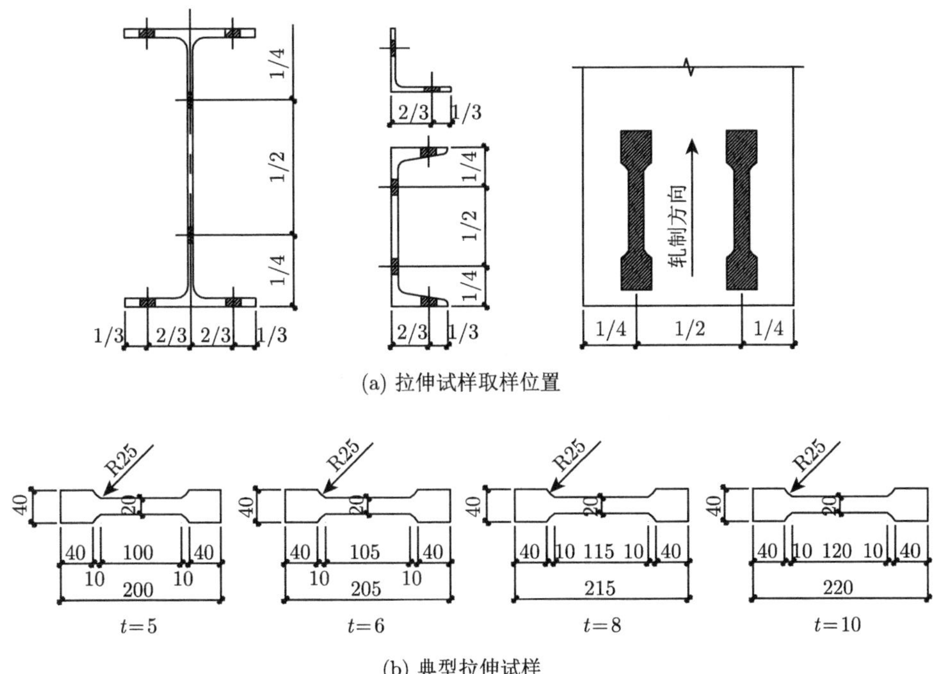

(a) 拉伸试样取样位置

(b) 典型拉伸试样

图 4.1.3 钢材材性试验试件 (单位：mm)

表 4.1.1 钢材力学性能指标

组件名称	名义厚度/mm	实测厚度/mm	f_{sm} /MPa	f_{su} /MPa	E /MPa	δ /%	f_{su}/f_{sm}
柱隔板	5	4.60	318.5	475.2	2.05×10^5	40.1	1.49
柱壁板	8	7.68	317.9	481.9	2.08×10^5	40.1	1.52
梁腹板	7	6.72	317.2	449.2	2.09×10^5	37.1	1.42
梁翼缘	11	10.23	283.2	434.6	2.03×10^5	41.6	1.53
加劲肋	6	5.56	228.1	355.0		27.0	1.56
侧板	10	9.67	315.4	454.4	2.06×10^5	27.5	1.44
角钢	6	5.72	250.8	396.0		27.7	1.58
槽钢腹板	9	7.45	243.5	371.9		31.8	1.53
槽钢翼缘	11	9.27	262.8	389.1		28.3	1.48

注：f_{sm} 为屈服强度；f_{su} 为抗拉强度；E 为弹性模量；δ 为伸长率。

4.1.2　试验装置、量测内容和加载制度

1. 试验装置

试验为在恒定轴压荷载作用下施加反复水平荷载的拟静力试验，在西安建筑科技大学结构工程与抗震教育部重点实验室进行，试验加载装置如图 4.1.4 所示。柱底采用理想的平面内转动铰轴约束，梁端和柱顶采用可移动的转动铰约束。柱底铰轴节点如图 4.1.5(a) 所示，允许柱底在节点平面内自由转动，同时限制柱底水平位移、竖向位移和平面外转动。柱顶竖向荷载采用 500t 液压千斤顶，千斤顶与反力梁间设置滚轴，保证水平自由滑动，千斤顶与柱顶压梁采用球铰连接，使柱顶可自由转动，如图 4.1.5(b) 所示。液压千斤顶油路与稳压装置串联，保证在加载过程中柱顶竖向荷载保持恒定，稳压装置如图 4.1.5(c) 所示。梁端通过刚性链杆与地梁连接，使梁端水平向能够自由移动，竖向位移受到约束，并提供梁端所需要的竖向反力，同时，链杆安装有力传感器，能够精确测量梁端所受竖向力，如图 4.1.5(d) 所示。水平加载为 MTS 电液伺服结构试验系统，采用 100t 电液伺服作动器在柱顶施加低周反复水平荷载，作动器支承于反力墙，行程为 ±250mm。

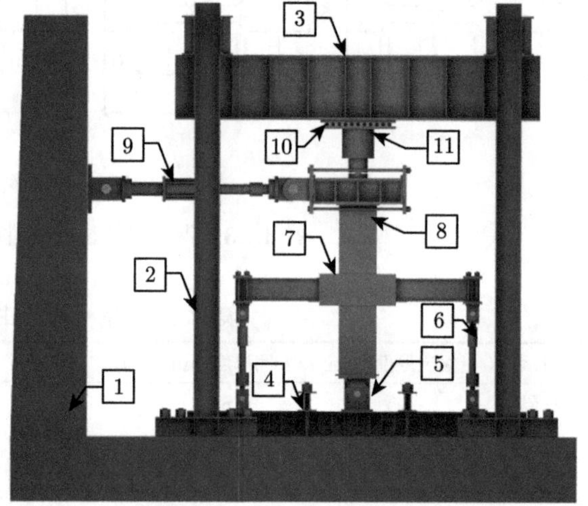

图 4.1.4　试验加载装置

1. 反力墙；2. 反力刚架；3. 反力梁；4. 台座；5. 铰轴；6. 刚性链杆；7. 试件；8. 加载梁；9. 伺服作动器；10. 千斤顶；11. 滑动滚轴

此外，柱顶设置压梁使电液伺服作动器施加的水平荷载和液压千斤顶施加的轴向力均匀地传至试件。试件侧面安装了防止柱和钢梁平面外侧倾的钢梁，防侧倾钢梁与试件之间设置滚轴，以消除两者之间摩擦力的影响。数据采集使用 TDS602 数据采集仪。

(a) 柱底铰轴

(b) 柱顶千斤顶及滚轴

(c) 千斤顶稳压装置

(d) 刚性链杆

图 4.1.5 试验装置细部

2. 量测内容

试验量测内容包括：施加的轴压荷载和水平荷载、试件的位移和关键位置的应变。测点布置如图 4.1.6 所示，沿柱高布设 3 个水平位移计量测水平位移，钢梁端部分别布置 1 个竖向位移计，量测梁端竖向滑移；节点域布设 1 对交叉位移计量测侧板的剪切变形；柱下部和梁塑性铰区各布设 1 个倾角仪量测截面转角。此外，在双侧板和梁塑性铰区分别布设应变片或应变花，量测双侧板纵向应变、横向应变和剪切应变。试验过程中，观察记录双侧板屈曲发展、钢梁塑性铰区发展和焊缝破坏等。

3. 加载制度

试验按照 JGJ/T 101—2015《建筑抗震试验规程》的规定，采用力–位移混合控制的加载方式。首先竖向千斤顶施加轴压荷载，试验过程中通过稳压系统保持轴压荷载不变；然后伺服作动器施加反复水平荷载，水平力加载点距柱底截面距离为 3120mm，主控测点位移计 D1 距柱底截面 2720mm。试件的水平荷载在预测屈服荷载前采用力控制加载，加载等级为 0.2 的预测屈服荷载，每级荷载循环

1 次；试件屈服后按位移控制加载，各加载等级对应的主控点位移增量为 10mm，每级位移循环 3 次，试验加载制度如图 4.1.7 所示。水平加载时先加推力，为正向加载；后加拉力，为反向加载。当试件钢板屈曲、混凝土压碎不能维持施加的轴压力或水平荷载下降到峰值水平力的 85%以下时，试验停止。

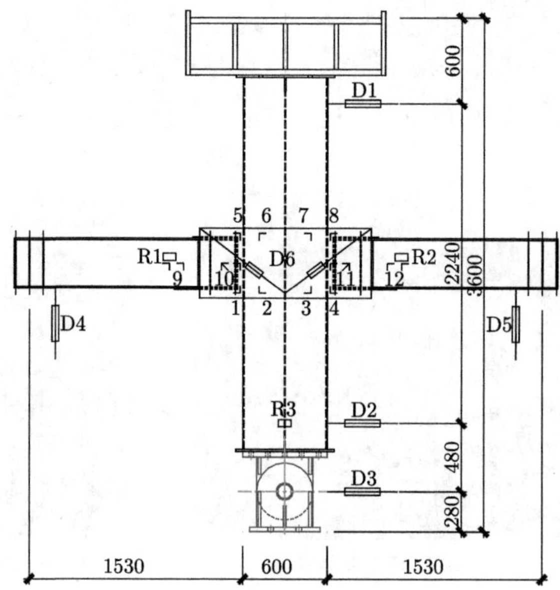

图 4.1.6　试件测点布置 (单位：mm)

D1. 磁致伸缩位移计；D2～D5. 水平位移计；
D6. 交叉位移计；R1～R3. 倾角仪；1～12. 应变片

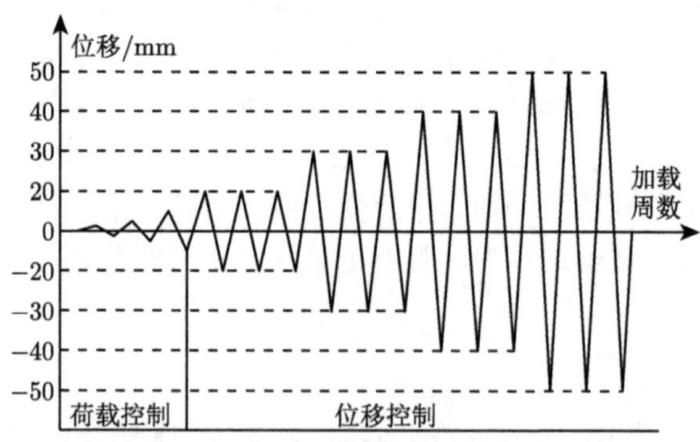

图 4.1.7　试验加载制度

4.1.3　试验现象分析

试件的破坏过程和破坏形态基本相同，试验过程可分为以下 3 个阶段：

1) 弹性阶段

加载初期各试件变形较小，试件名义屈服前 (位移约为 20mm，位移角约为 0.0075 rad，各试件不等) 基本处于弹性状态，试件各部件未发现可见变形。试件 DSP1、DSP2 残余变形微小，DSP3 残余变形相对较大。

2) 弹塑性阶段

该阶段为名义屈服后至水平荷载达到峰值的受力过程。随着位移增大，侧板和钢梁连接区域钢板浮锈产生微裂纹，但未见明显变形。当位移达到 50mm(位移角约为 0.015rad) 时，试件 DSP1 钢梁塑性铰区腹板开始微鼓曲，腹板浮锈出现斜向交叉裂纹，试件 DSP2 钢梁与侧板连接处出现微滑移，试件 DSP3 侧板轻微变形，钢梁塑性区下翼缘轻微屈曲，试件 DSP1、DSP3 水平荷载达到峰值。当位移达到 60mm(位移角约为 0.022rad) 时，试件 DSP2 钢梁塑性铰区腹板轻微鼓曲，上下翼缘轻微屈曲，试件水平荷载达到最大值。

3) 破坏阶段

该阶段为水平荷载到达峰值后，试件出现较大塑性变形，水平荷载开始下降直至峰值荷载的 85%以下或丧失竖向承载力。当位移超过 60mm(位移角约为 0.022 rad) 时，试件 DSP1、DSP3 塑性铰区域翼缘和腹板屈曲在反复荷载下持续发展，现象越来越明显，试件 DSP2 梁柱连接间隙处侧板屈曲开始发展，侧板与钢梁上翼缘盖板间焊缝及侧板与壁式柱间焊缝随着屈曲发展轻微撕裂。当位移达到 80mm(位移角约为 0.030 rad) 时，试件 DSP1 钢梁上盖板与翼缘焊接处母材轻微撕裂，试件 DSP2 塑性铰去钢梁翼缘和腹板屈曲继续发展，试件 DSP3 侧板屈曲向柱同一侧发展，梁近柱端随侧板向平面外偏移，承载力下降明显，试验结束。当位移达到 90mm(位移角约为 0.033 rad) 时，试件 DSP1 钢梁上盖板与翼缘焊接处母材断裂并向腹板发展，承载力急剧下降，试验结束，试件 DSP2 钢梁上翼缘与槽钢连接件焊接处出现轻微撕裂，钢梁塑性区板件屈曲过于严重导致承载力下降明显，试验结束。

图 4.1.8~ 图 4.1.10 给出了各试件侧板和钢梁的破坏形态。各试件壁式柱、节点域均未发现破坏现象。试件 DSP1、DSP2 侧板未发现明显变形，破坏集中于梁端塑性铰区。试件 DSP1 钢梁上盖板与下盖板长度不同，上下翼缘在不同位置屈曲，塑性铰区分布区域相对较长，其中心距柱中心约为 800mm。试件 DSP2 塑性铰区中心距柱中心约为 730mm。试件 DSP3 塑性区域集中在柱与钢梁间隙位置侧板，塑性区域较小。试件 DSP1、DSP2 节点域及梁塑性铰区未发现整体平面外变形，双侧板对梁端能够提供有效的约束。梁端塑性铰区钢板屈曲发展迅速，翼缘在循环荷载作用下反复弯折，同时翼缘与盖板连接焊缝处存在高额残余应力，导致翼缘母材开裂甚至断裂。试件 DSP3 侧板平面外变形导致钢梁整体平面外侧移，侧板屈曲后同时承受弯曲和拉压变形，在反复荷载作用下断裂。

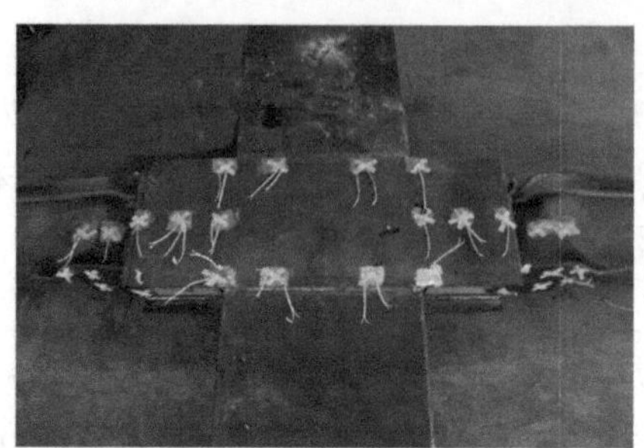

(a) 整体破坏形态

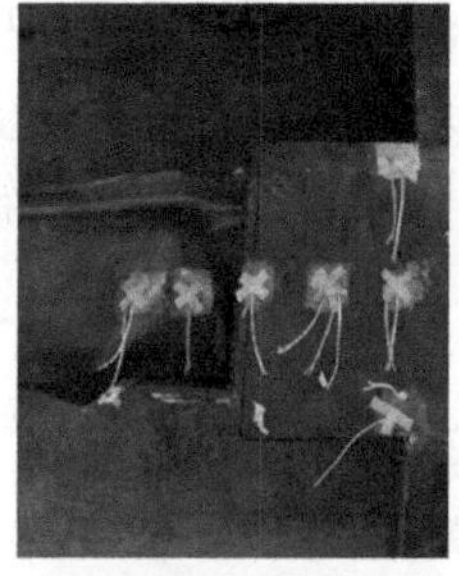

(b1) 左侧梁塑性铰区

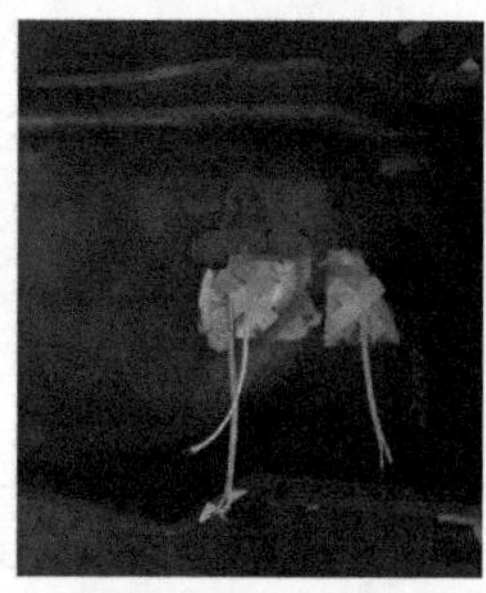

(b2) 左侧梁钢板屈曲

(b3) 左侧梁上翼缘裂缝

(c1) 右侧梁塑性铰区

(c2) 右侧梁钢板屈曲

(c3) 右侧梁上翼缘撕裂

图 4.1.8　试件 DSP1 破坏形态

(a) 整体破坏形态

(b1) 左侧梁正面钢板屈曲

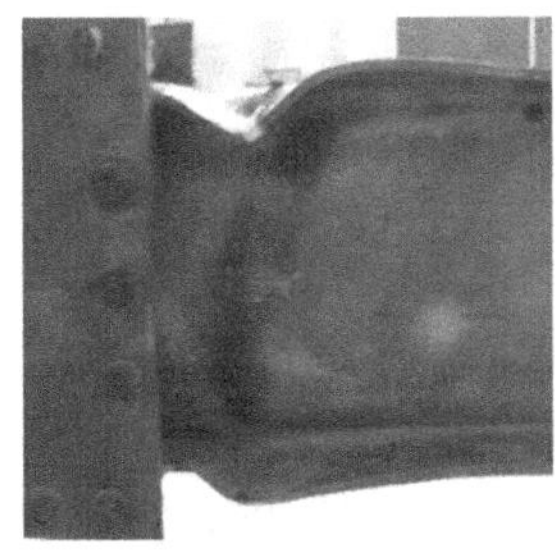
(b2) 左侧梁背面钢板屈曲

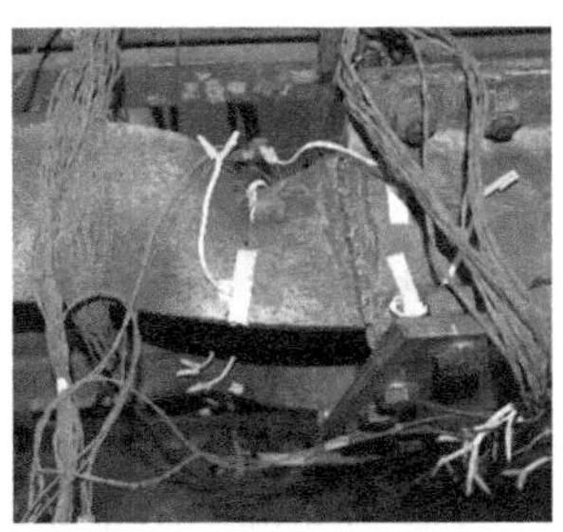
(b3) 左侧梁上翼缘微裂缝

(c1) 右侧梁正面钢板屈曲

(c2) 右侧梁背面钢板屈曲

(c3) 钢板接触面滑移

图 4.1.9 试件 DSP2 破坏形态

(a) 整体破坏形态

(b) 侧板屈曲

(c) 梁上翼缘焊缝撕裂侧板断裂

(d) 梁下翼缘焊缝撕裂侧板断裂

图 4.1.10 试件 DSP3 破坏形态

4.1.4　试验结果分析

1. 柱端荷载–位移滞回曲线和骨架曲线

图 4.1.11 为试件 DSP1~DSP3 荷载–位移滞回曲线。梁端刚性链杆端部铰轴的装配间隙约为 2mm，链杆两端均采用铰轴与钢梁和地梁连接，总装配间隙约为 4mm。由于存在装配间隙，加载过程中梁端竖向位移会出现滑移现象，柱顶水平位移增加而力基本保持不变。弹性加载阶段，试件各部件均能恢复原位，滑移段在力零点位置，后期加载过程中，由于塑性残余变形存在，滑移段逐渐偏移力零点位置，偏移量基本与塑性残余变形成正比。试件 DSP1、DSP2 为十字节点，两侧钢梁塑性变形不一致，两端装配间隙随机，滑移段影响相对较小。试件 DSP3 为边柱节点，仅单侧钢梁，滑移量为链杆两端装配间隙之和，滑移段影响较大。此外，滑移段降低了节点的初始转动刚度，增大了柱顶竖向荷载的荷载–位移效应。

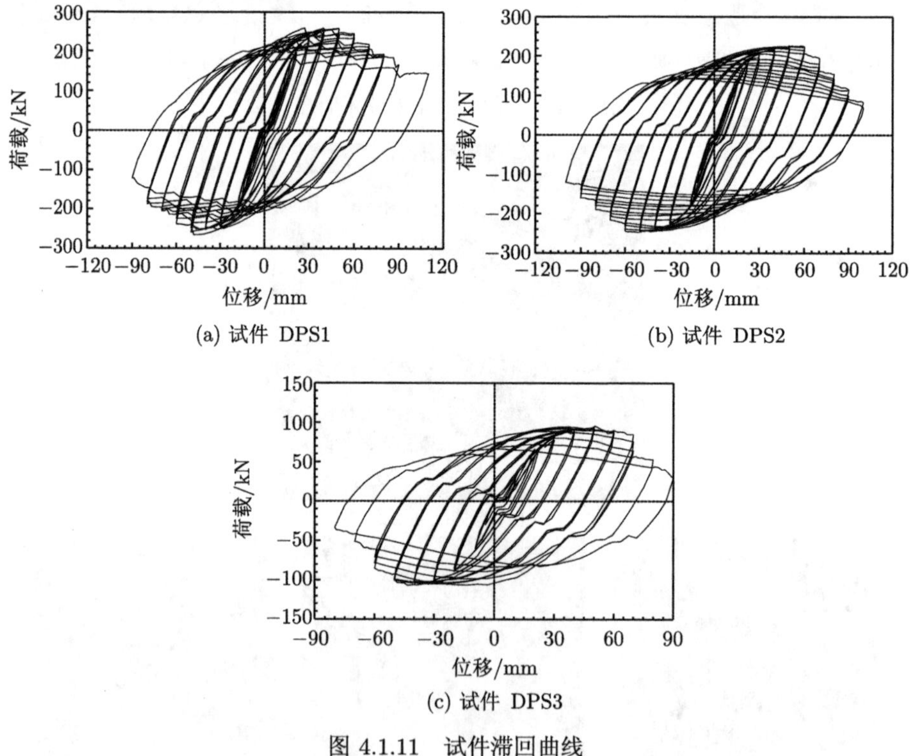

(a) 试件 DPS1　　(b) 试件 DPS2

(c) 试件 DPS3

图 4.1.11　试件滞回曲线

由图 4.1.11 可知：① 加载初期，试件处于弹性状态。水平位移小于 20mm 时，滞回曲线基本为线性，残余变形微小。位移大于 20mm 时，钢梁或侧板钢材屈服，刚度下降，荷载稳定增加，卸载后出现残余变形。水平位移为 50~60mm 时，荷载达到峰值，强节点钢梁塑性铰区钢板和弱节点侧板开始屈曲，残余变形明显，滞回环包围的面积增加，累积损耗的能量增大。继续加载，试件承载力和刚度快速退化，残余变形增大。②同一位移下，达到极限荷载前，随着荷载循环次数的增加，由于钢材强化，滞回环包围的面积略微增大；达到极限荷载后，随着荷载循环次数的增加，由于钢板屈曲，承载力下降，滞回环包围的面积明显减小，表明试件产生累积损伤，耗能能力变弱。③各试件的滞回曲线饱满，无明显的捏拢现象，表现出良好的抗震性能。④强节点承载力和能量耗散主要由钢梁塑性铰控制，表现出良好的抗震性能。弱节点塑性变形和屈曲变形集中于钢梁与壁式柱连接处，塑性区域小，耗能能力相对较差。⑤双侧板对节点域形成了良好的保护和加强，各节点域均未见屈曲或其他类型破坏。

骨架曲线能体现试件在整个受力过程中刚度、承载力的变化及其延性特征。各试件的骨架曲线均呈 S 形，并基本关于原点对称，如图 4.1.12 所示。由图可知：①试件 DSP1、DSP2 的骨架曲线具有明显的弹性阶段、弹塑性阶段和破坏阶段。试件 DSP3 变形位置集中，弹性阶段不明显，较早进入弹塑性阶段。②加载初期，试件 DSP1 和 DSP2 的骨架曲线基本重合，初始刚度基本一致。随着位移增加，各试件钢材屈服，钢梁塑性铰区钢板先后出现屈曲，骨架曲线开始出现差异。③达到水平荷载峰值时，试件 DSP1 和 DSP2 承载力基本相同，试件 DSP1 上下托板加强了钢梁上下翼缘，塑性铰区外移，承载力略高。④到达水平峰值荷载后，随着 P-Δ 效应增加，钢板屈曲发展，各试件骨架曲线进入下降段。⑤ 试件 DSP3 塑性变形区域较为集中，较早出现了非线性变形，承载力曲线平缓，试件相对强节点较早破坏，变形能力略差。

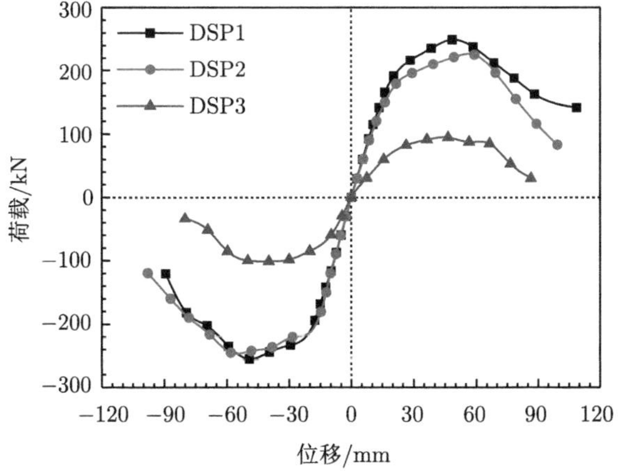

图 4.1.12 试件骨架曲线

2. 梁端竖向反力–层间位移角滞回曲线

各试件的梁端竖向反力–层间位移角滞回曲线如图 4.1.13 所示。由图 4.1.13 可知，各试件梁端竖向反力–层间位移角滞回曲线均稳定饱满，具有良好的耗能能力。各曲线具有明显的弹性阶段、弹塑性阶段和破坏阶段。试件 DSP1、DSP2 梁端反力达到最大值后梁塑性铰区板件屈曲，并随层间位移角增大而迅速发展，梁端承载力随之下降。试件 DSP3 梁端反力达到最大值后双侧板屈曲，由于屈曲被限制在较小的范围内，承载力下降并不明显，最后两级荷载使侧板撕裂，承载力迅速下降。

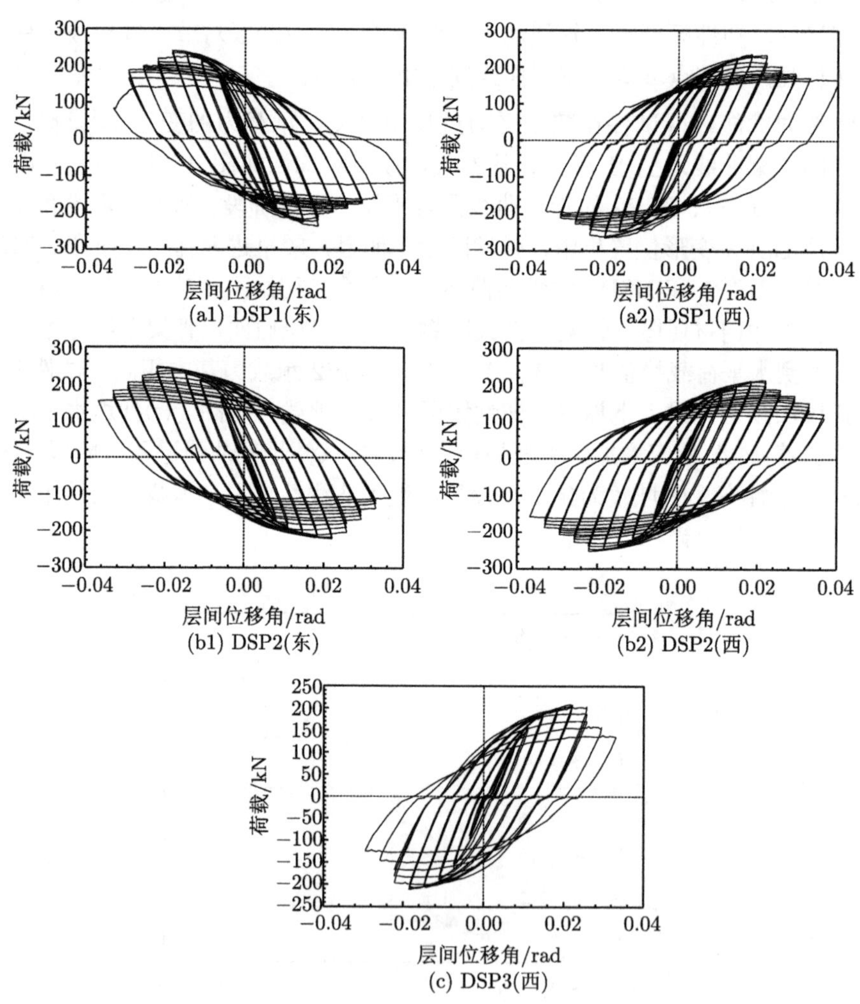

图 4.1.13 试件梁端竖向反力–层间位移角滞回曲线

3. 柱顶水平荷载计算值

建筑抗震试验所采用的仪器装备对试验结果具有较大影响。以往试验千斤顶加载头单向转动铰轴半径大，自由转动所需弯矩较大，使柱顶不能自由转动，间接增加了试件水平承载力，其增大系数可达 1.26～2.16。本试验在总结以往试验的基础上，在千斤顶加载头与柱顶之间增加小直径万向球铰对，使柱顶能够自由转动，减少试验设备对试验造成的影响。

本试验同时测得了柱顶伺服作动器施加的水平力和梁端力位移传感器测得的双向反力。由力平衡条件，并考虑柱 P-Δ 效应可反算柱顶水平力。计算时不考虑钢梁的轴向变形，计算简图如图 4.1.14 所示。计算所得柱顶水平荷载为

$$P=\frac{(V_1-V_2)\times L-(V_1+V_2)\times \Delta_1-N\times \Delta}{H} \tag{4.1.3}$$

其中，V_1 和 V_2 为梁端实测竖向反力；Δ 和 Δ_1 分别为柱顶和梁端侧移。

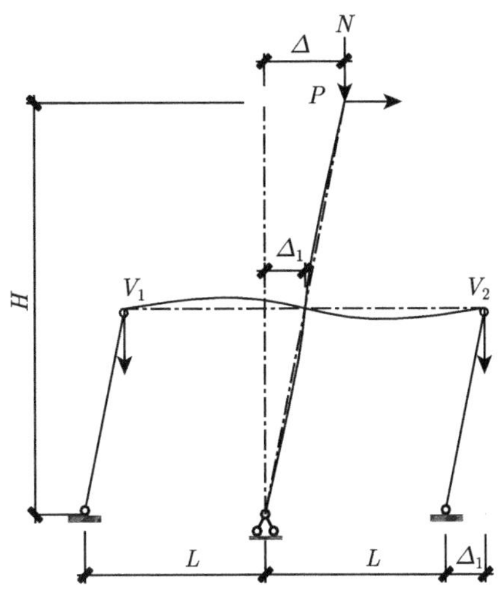

图 4.1.14 试件受力简图

柱顶水平荷载–位移滞回曲线的计算值与测量值如图 4.1.15 所示。柱顶作动器内传感器测得最大水平力和计算所得最大水平力见表 4.1.2。由对比结果可知，柱顶水平荷载直接测量值和间接计算值峰值之间的差值在 10%以内。试件 DSP1 和 DSP3 在加载过程中钢梁平面外变形较大，梁端平面外水平支点对测量结果产生了较大影响。试件 DSP2 直接测量值和间接计算值吻合良好，本试验采用的试验装置具有较高的精度。

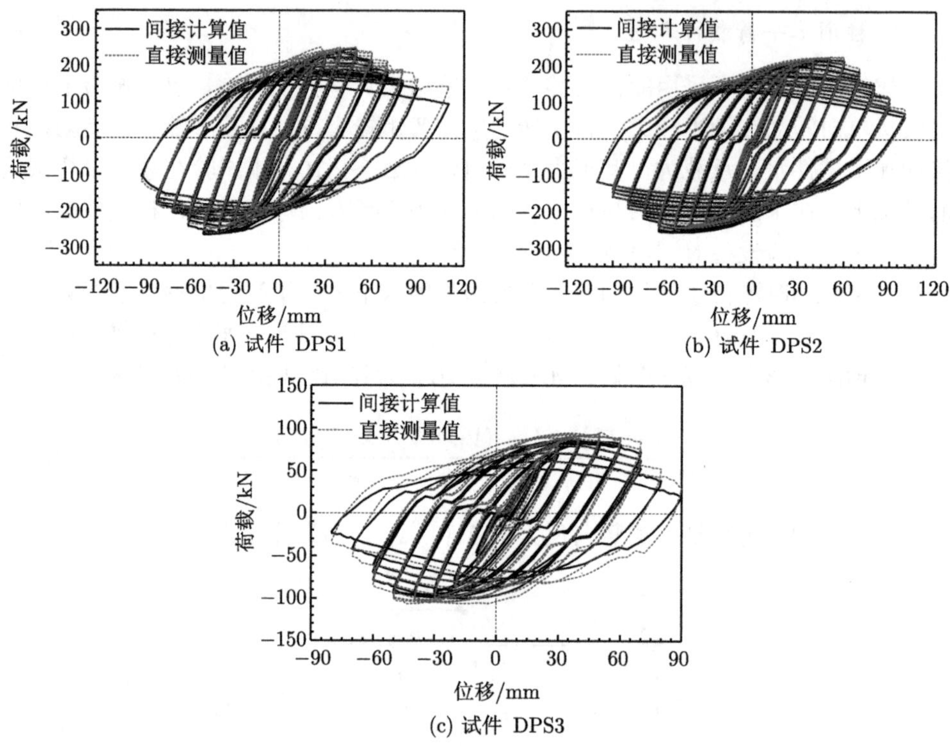

(a) 试件 DPS1

(b) 试件 DPS2

(c) 试件 DPS3

图 4.1.15 试件柱顶水平荷载–位移滞回曲线的计算值与测量值

表 4.1.2 试件柱顶水平荷载计算值与测量值

试件编号	加载方向	测量值 P_{p}/kN	计算值 P_{c}/kN	$P_{\mathrm{p}}/P_{\mathrm{c}}$
DSP1	正向	249.1	244.7	1.02
	反向	254.8	265.4	0.96
DSP 2	正向	225.1	219.8	1.02
	反向	245.0	256.8	0.95
DSP 3	正向	94.2	86.1	1.09
	反向	101.4	100.4	1.01

4. *承载能力和变形能力*

双侧板节点荷载–位移骨架曲线没有明显的屈服点和破坏点，名义屈服荷载由以下方法确定：名义屈服位移取骨架曲线弹性段延伸线与过峰值点切线交点处的位移，所对应荷载为名义屈服荷载；极限位移为试件水平荷载下降至 0.85 的峰值荷载时的位移。

试验得到的各阶段荷载、位移和层间位移角见表 4.1.3。由表 4.1.3 可知：各试件的名义屈服荷载约为峰值荷载的 0.80。试件 DSP1、DSP2 水平承载力由梁端塑性铰承载力决定，其数值接近；试件 DSP3 塑性铰位置位于双侧板位置，其水平承载力较低。试件 DSP1～DSP3 均能满足我国现行规范对多、高层壁式钢管混凝土结构弹塑性层间位移角限值 1/50 的要求。

表 4.1.3　主要试验结果

试件编号	加载方向	屈服			峰值			破坏		
		V_y/kN	Δ_y/mm	θ_y/rad	V_p/kN	Δ_p/mm	θ_p/rad	V_u/kN	Δ_u/mm	θ_u/rad
DSP1	正向	199.9	22.6	0.0083	249.1	49.7	0.0183	211.7	68.8	0.0253
	反向	214.8	21.2	0.0078	254.8	49.6	0.0182	216.5	64.6	0.0238
DSP2	正向	178.5	21.6	0.0079	225.1	59.7	0.0219	191.3	70.5	0.0259
	反向	209.3	20.7	0.0076	245.0	59.8	0.0220	208.3	71.1	0.0261
DSP3	正向	76.9	22.8	0.0084	94.2	49.9	0.0183	80.0	68.5	0.0252
	反向	80.4	17.8	0.0065	101.4	39.6	0.0146	89.2	60.3	0.0222

注：V_y、V_p 和 V_u 分别为名义屈服荷载、峰值荷载和破坏荷载；Δ_y、Δ_p 和 Δ_u 分别为名义屈服荷载、峰值荷载和破坏荷载对应的位移；θ_y、θ_p 和 θ_u 分别为 Δ_y、Δ_p 和 Δ_u 对应的层间位移角，$\theta=\Delta/H, H$ 为测点距柱底高度。

5. 延性和耗能能力

试件的位移延性系数μ 按表 4.1.3 中屈服位移 Δ_y 和极限位移 Δ_u 计算：

$$\mu=\frac{\Delta_u}{\Delta_y} \tag{4.1.4}$$

试件的能量耗散能力以荷载–位移滞回曲线所包围的面积衡量，可采用等效黏滞阻尼系数 ζ_{eq} 和累积能量耗散评估。ζ_{eq} 按图 4.1.16 中曲线 $ABCD$ 所围面积与三角形 OBE、OBF 面积计算：

$$\zeta_{eq}=\frac{1}{2\pi}\frac{S_{(\triangle ABC+\triangle CDA)}}{S_{(\triangle OBE+\triangle ODF)}} \tag{4.1.5}$$

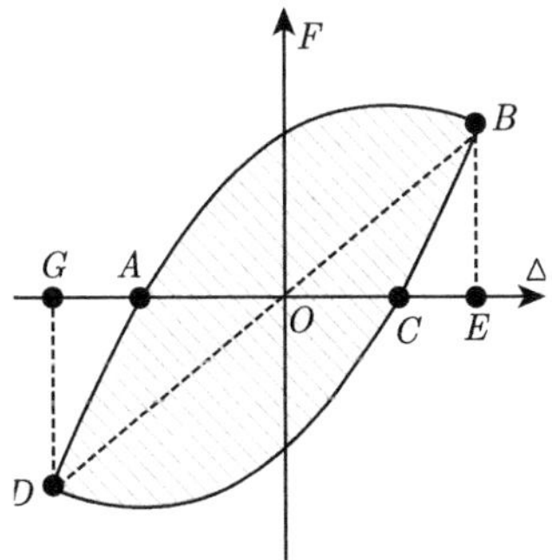

图 4.1.16　等效黏滞阻尼系数计算

按式 (4.1.4) 计算所得的延性系数，按式 (4.1.5) 计算所得的荷载峰值点所在循环正向和反向加载的 $\zeta_{eq,p}$，以及最后一级循环加载的 $\zeta_{eq,u}$，结果列于表 4.1.4。各试件的累积能量耗散见图 4.1.17。结果表明：双侧板节点具有良好的变形能力，其延性系数大于 3.0；试件 DSP1～DSP3 等效黏滞阻尼系数均大于 0.26，具有较强的耗能能力；试件 DSP1、DSP2 钢梁塑性较充分发展，能够耗散更多的能量，试件 DSP3 塑性区域较为集中，能量耗散能力较弱。

表 4.1.4　试件延性系数和等效黏滞阻尼系数

试件编号	加载方向	μ	$\zeta_{eq,p}$	$\zeta_{eq,u}$
DSP1	正向	3.04	0.307	0.491
	反向	3.05	0.288	0.486
DSP2	正向	3.26	0.365	0.665
	反向	3.43	0.368	0.546
DSP3	正向	3.00	0.266	0.425
	反向	3.39	0.347	0.573

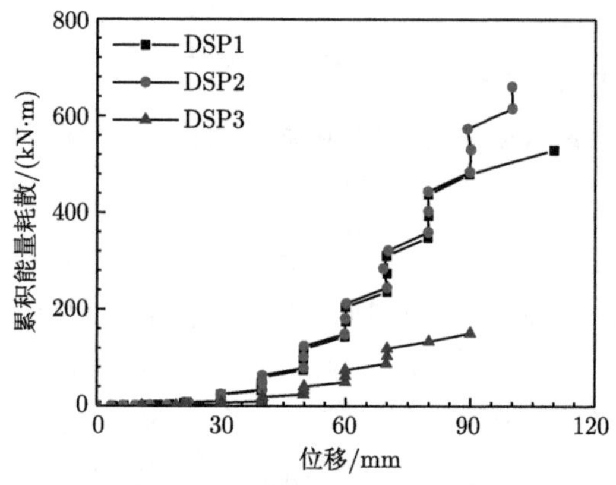

图 4.1.17　试件累积能量耗散曲线

6. 刚度退化

刚度退化能够反映构件累积损伤的影响，可采用割线刚度来表征试件加载过程中的刚度退化，其值取同一级位移下各加载循环峰值点荷载和对应位移之比的平均值。各试件的刚度退化曲线见图 4.1.18。由图可见，各试件割线刚度在进入弹塑性阶段后迅速退化，随着钢材的塑性发展和强化，刚度退化趋于平缓。试件正向刚度小于负向刚度，是由于正向加载时钢材强化，反向加载时试件具有更高的承载力。由于下托板对钢梁的加强作用，试件 DSP1 刚度略大于 DSP2。试件 DSP3 侧板被壁式柱和钢梁约束，板件宽厚比较小，刚度下降平缓，双侧板节点具有良好的抗震性能。

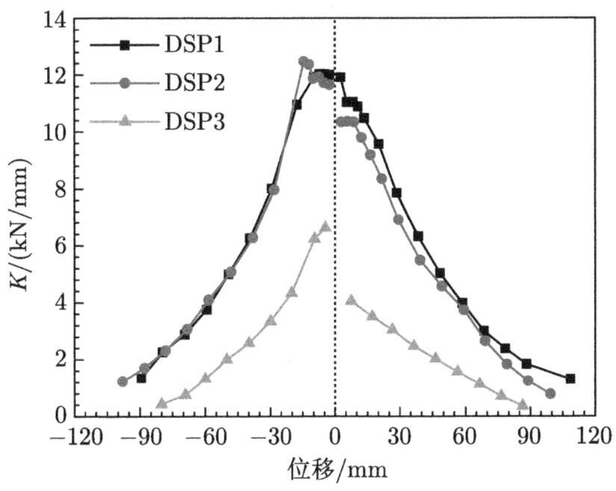

图 4.1.18 试件刚度退化曲线

7. 节点侧板和钢梁塑性区钢材应变

图 4.1.19 为试件梁端竖向反力–钢梁翼缘纵向应变滞回曲线。水平荷载到达试件名义屈服荷载时钢材开始屈服，拉、压应变基本关于原点对称。水平荷载到达试件极限承载力时，钢材应变超过屈服应变，在往复荷载下进入强化阶段。继

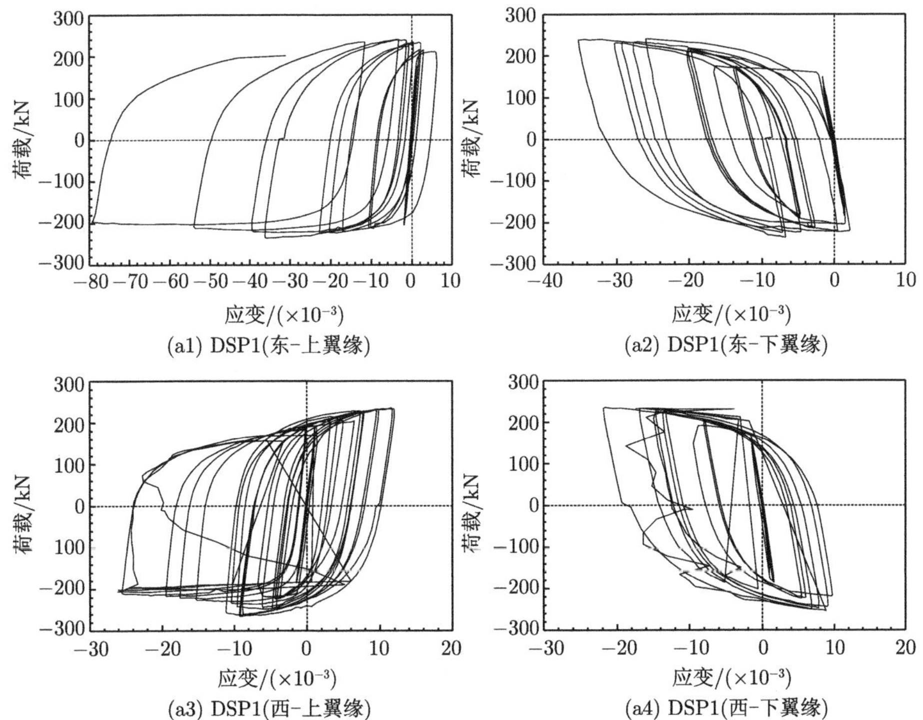

(a1) DSP1(东-上翼缘)

(a2) DSP1(东-下翼缘)

(a3) DSP1(西-上翼缘)

(a4) DSP1(西-下翼缘)

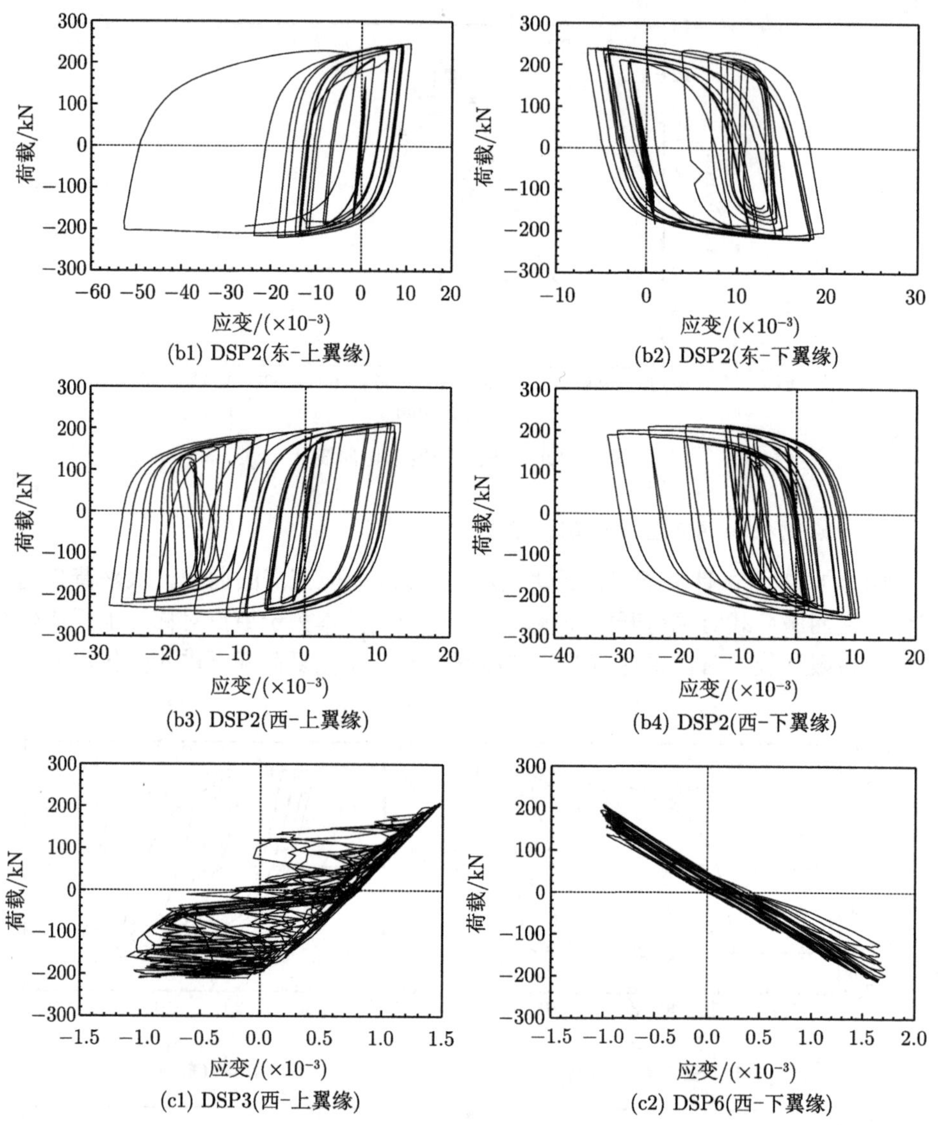

(b1) DSP2(东-上翼缘)　(b2) DSP2(东-下翼缘)
(b3) DSP2(西-上翼缘)　(b4) DSP2(西-下翼缘)
(c1) DSP3(西-上翼缘)　(c2) DSP6(西-下翼缘)

图 4.1.19　试件梁端竖向反力–钢梁翼缘纵向应变滞回曲线

续增加水平位移，钢板开始屈曲，钢材压应变迅速发展。此后，位于凹曲位置的钢材压应变迅速发展，位于凸曲位置的钢材拉应变迅速发展，并开始发散，只有单向应变。试件 DSP1、DSP2 钢梁塑性铰区钢材经历了较大的拉压应变，尤其是 DSP1 钢梁因拉应变过大而断裂。试件 DSP3 塑性铰区位于双侧板位置，钢梁端部应变达到屈服后未进一步发展。

图 4.1.20 为试件梁端竖向反力–侧板纵向应变滞回曲线。水平荷载达到名

义屈服前基本呈现弹性关系。水平荷载达到极限承载力时，钢板在往复荷载下进入强化阶段。继续增加水平位移，试件 DSP1、DSP2 梁端翼缘和腹板屈曲，承载力未进一步增加，侧板应变滞回环稳定饱满，未呈现发散趋势，受力性能良好。试件 DSP3 侧板经历了较大应变循环，由于板件受到周边构件良好的约束，试件保持了良好的承载力和耗能能力，直至侧板应变达到钢材极限应变而断裂。

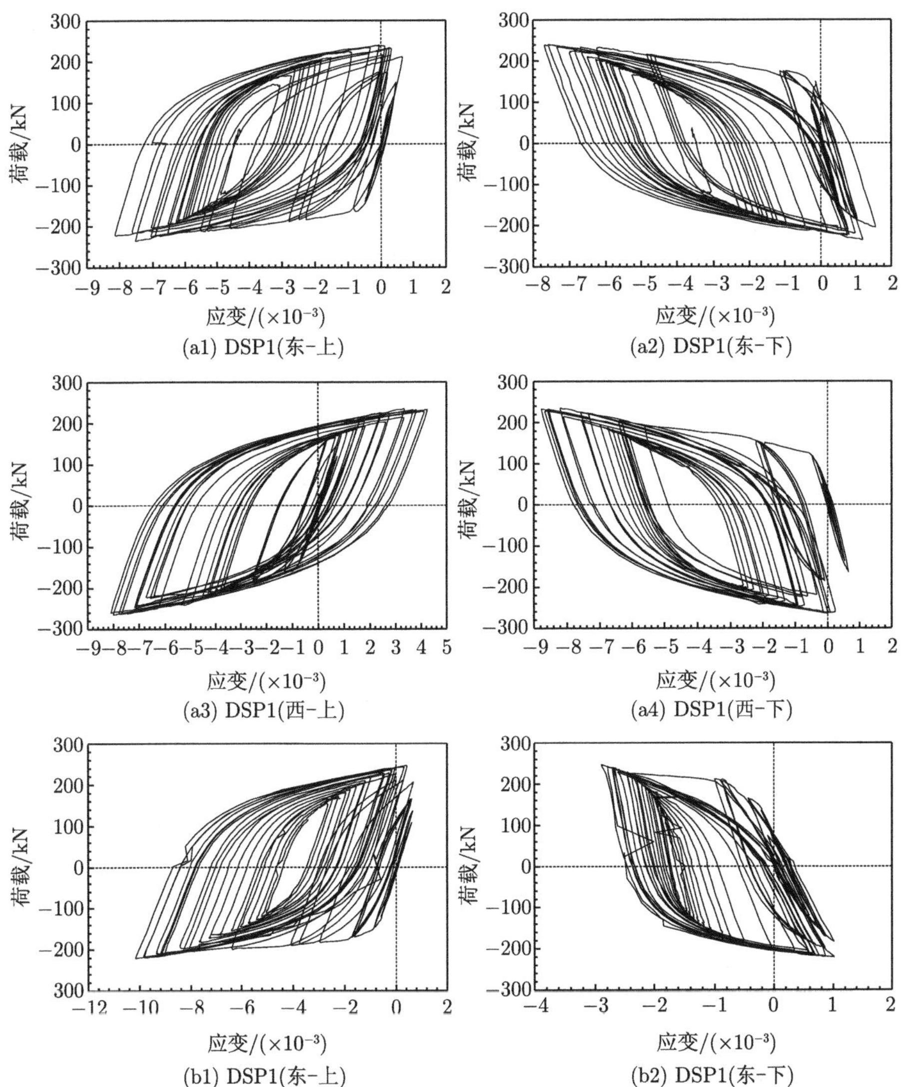

(a1) DSP1(东-上)
(a2) DSP1(东-下)
(a3) DSP1(西-上)
(a4) DSP1(西-下)
(b1) DSP1(东-上)
(b2) DSP1(东-下)

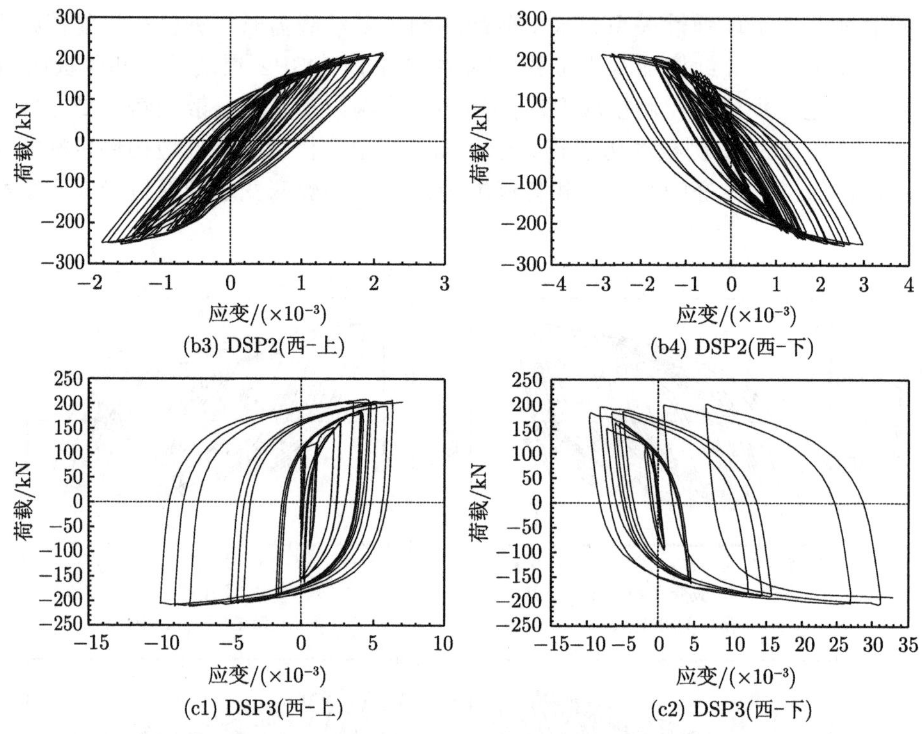

图 4.1.20　试件梁端竖向反力–侧板纵向应变滞回曲线

4.2　平面内双侧板梁柱连接节点非线性有限元分析

4.2.1　精细有限元模型

按照双侧板节点试件分别建立了全焊接、全螺栓连接和弱双侧板节点。节点柱底采用理想铰轴节点，梁端采用可平移链杆支座，受力性能接近理想状态，可以将其简化为理想铰。壁式柱在底部铰轴中心和上部压梁中心设置参考点，分别将柱底截面和柱顶截面自由度与参考点耦合。钢梁端部在链杆转动轴位置设置参考点，并与对应位置梁截面建立自由度耦合关系。同壁式柱设置一致，节点柱端部均设置高度为 100mm 的弹性区，避免刚度突变导致的收敛性问题。梁端按实际构造设置加劲肋。

双侧板节点与常规节点构造具有较大的区别，其存在大量的板件重叠，如侧板与钢柱、侧板与角钢、盖板与钢梁等。重叠板件仅在边界位置通过焊缝相互连接，受力相对独立而又存在联系。简单地将重叠板件简化为一块厚板会放大板件间的组合作用。若在边界位置耦合两块板件的自由度，对应节点间需两两分别设置约束，设置不当还会引入附加约束刚度，导致计算结果偏离实际受力情况。经过大量的试算和验证，本研究建议各板件按照实际空间位置建模，并在边界位置设置焊缝单元。本方法建立的模型各板件间的传力与实际情况完全一致，同时可以通过焊缝单元的应力分布研究板件间的传力机理。全焊接双侧板节点有限元模型见图 4.2.1。

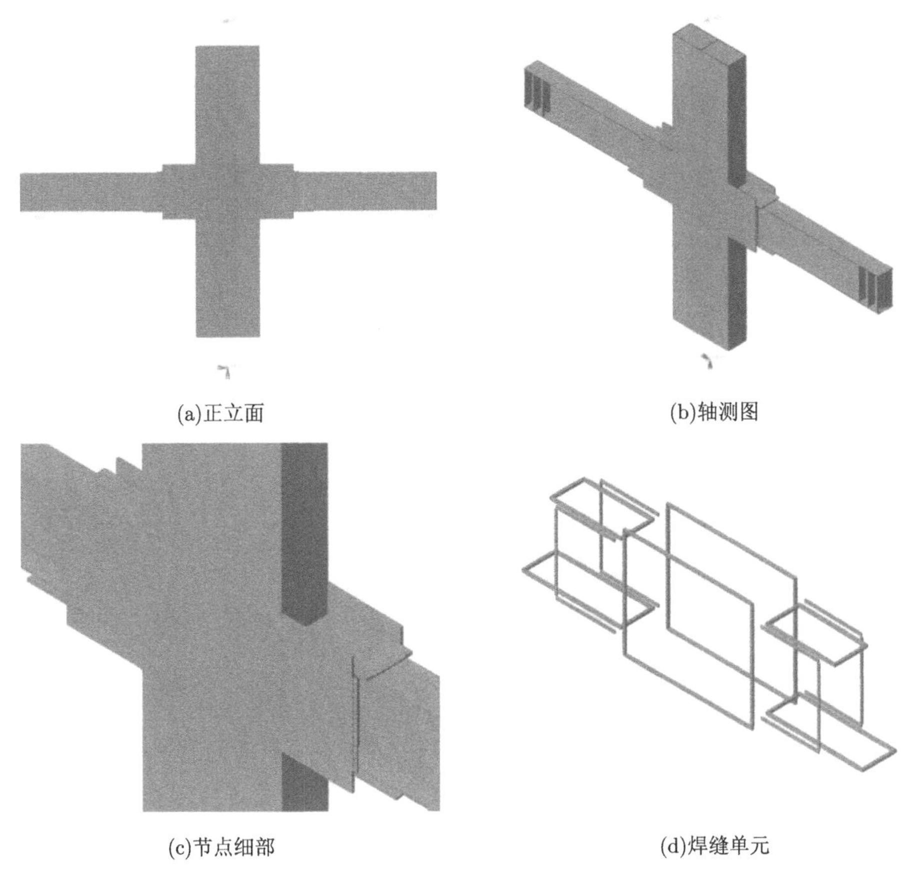

(a)正立面　(b)轴测图　(c)节点细部　(d)焊缝单元

图 4.2.1　全焊接双侧板节点有限元模型

进行高强螺栓连接的非线性有限元分析时，为了方便建立接触关系，螺栓和相连板件往往采用三维实体单元。常用螺栓三个方向的尺度相近，使用实体单元是合适的。对于连接板件使用实体单元存在以下问题：①钢板厚度方向需划分足够数量的单元数量，以准确地模拟板件的平面外弯曲，使用一阶线性单元时，所需的单元层数需要增加，一般不宜小于 4 层；②平面内和厚度方向的单元尺寸相差过大，降低了单元的计算精度；③整个试件钢板均采用实体单元时，会导致单元数巨大，求解困难。ABAQUS 采用面–面方法建立接触关系时可考虑壳单元厚度的影响，因此，本研究在高强螺栓连接位置的钢板依然采用壳单元，螺栓采用实体单元。钢板两面分别与螺栓和相邻钢板建立接触关系，需谨慎地定义主从面关系。例如，螺栓刚度较大，一般作为主面，侧板和槽钢翼缘与螺栓的相对面为从面，侧板与槽钢翼缘的相对面分别设定为主面和从面。全螺栓双侧板连接节点有限元模型见图 4.2.2。

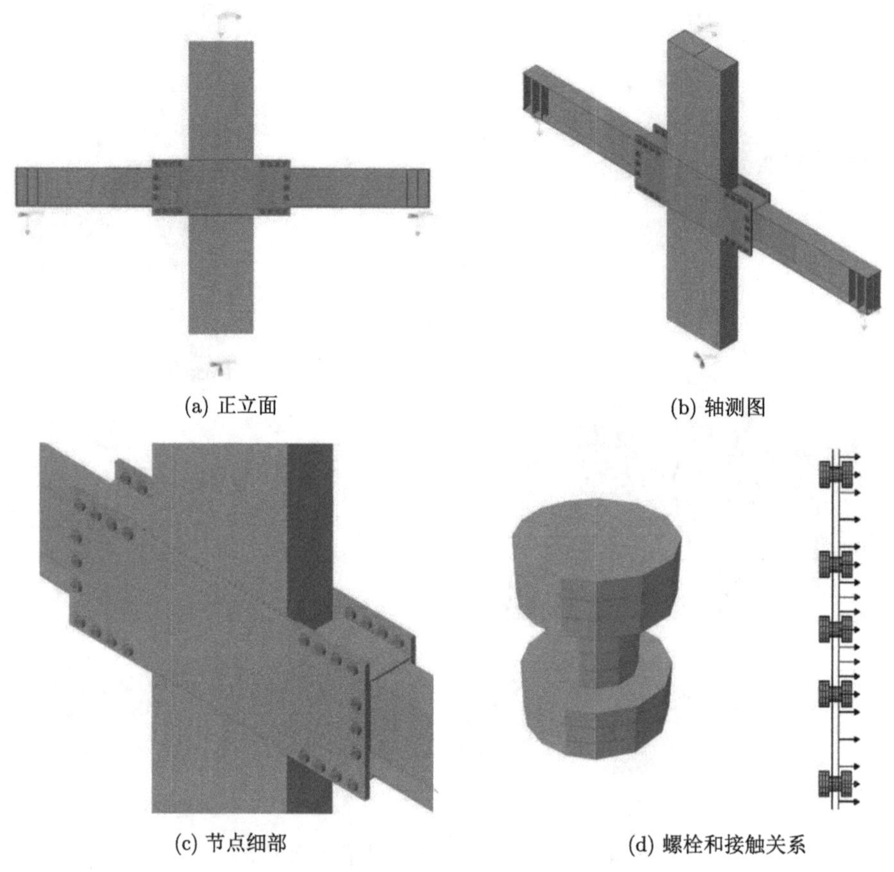

(a) 正立面　(b) 轴测图

(c) 节点细部　(d) 螺栓和接触关系

图 4.2.2　全螺栓双侧板连接节点有限元模型

试验中壁式柱底部铰轴沿竖轴扭转刚度较大，可以约束试件的转动，并在柱顶和梁端设置侧向支撑。在有限元模型中约束底部参考点 U_x，U_y，U_z 平动位移和沿竖轴的转动位移，柱顶参考点处施加 U_y 平面外位移约束；梁端设置 U_y，U_z 位移约束。

全焊接节点荷载步设置与壁式柱模型基本一致。首先建立各部件间接触关系，然后施加柱顶竖向轴力，同时在梁端附加竖向位移，保持在轴力加载过程中梁端竖向位移与节点位置一致，以消除轴向荷载引起压缩变形对钢梁造成附加弯矩。全螺栓连接节点在建立接触关系后增加预应力施加荷载步。然后在柱顶施加轴向力和水平反复位移荷载。进行水平反复位移加载时，打开非线性求解设置自动稳定控制选项，并增加允许的平衡迭代次数，放松收敛检查条件。

4.2.2 试验验证与参数分析

1. 试验验证

1) 破坏模式验证

由精细有限元模型所得到的各节点破坏形态见图 4.2.3～图 4.2.5，图中亦给出了试验所得破坏形态，以便对比分析。各节点的有限元计算结果与试验结果基本一致，试件 DSP1 主要为连接盖板临近位置钢梁翼缘和腹板屈曲破坏，试件 DSP2 为连接槽钢临近位置钢梁翼缘和腹板屈曲破坏，试件 DSP3 为壁式柱和钢梁间隙处侧板屈曲破坏。有限元模型中没有考虑钢材和焊缝累积塑性断裂，破坏形态中未能再现试验中的钢板断裂和焊缝撕裂，与试验结果有一定差异，但能从应力峰值和累积塑性应变判断可能出现断裂的位置。

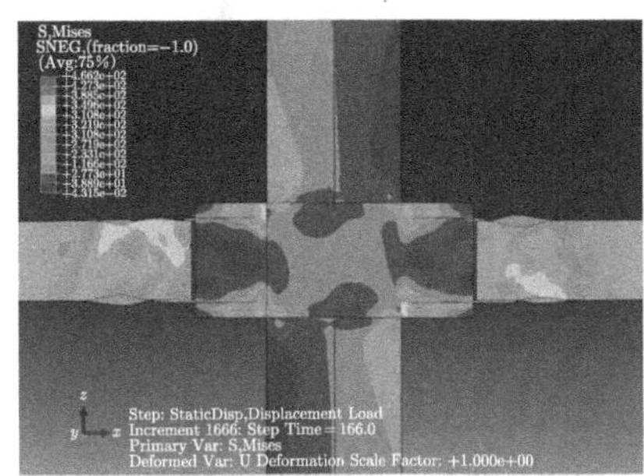

(a) 整体破坏形态

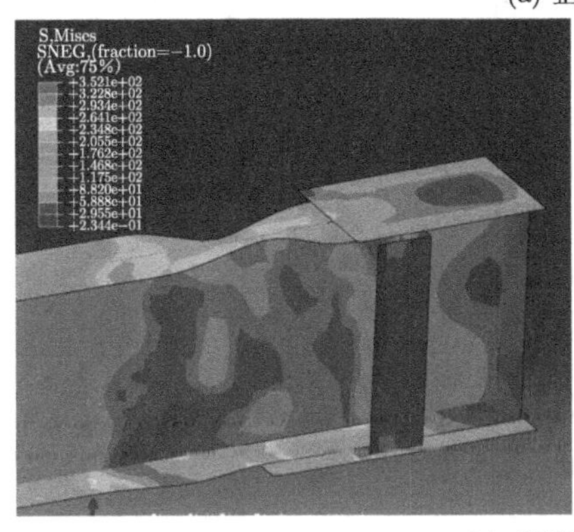

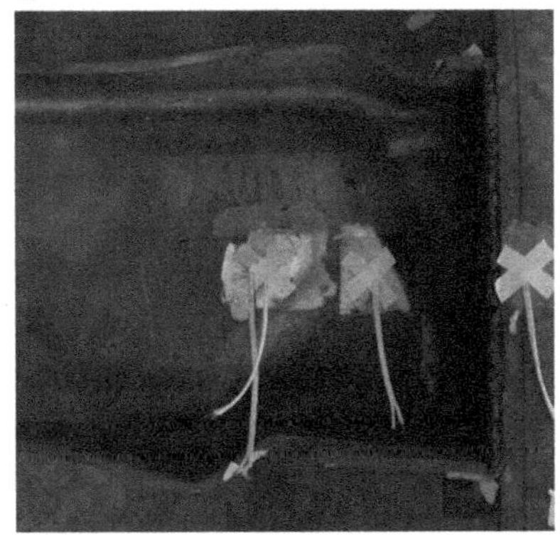

(b) 钢梁翼缘和腹板屈曲

图 4.2.3 DSP1 破坏形态对比 (彩图见封底二维码)

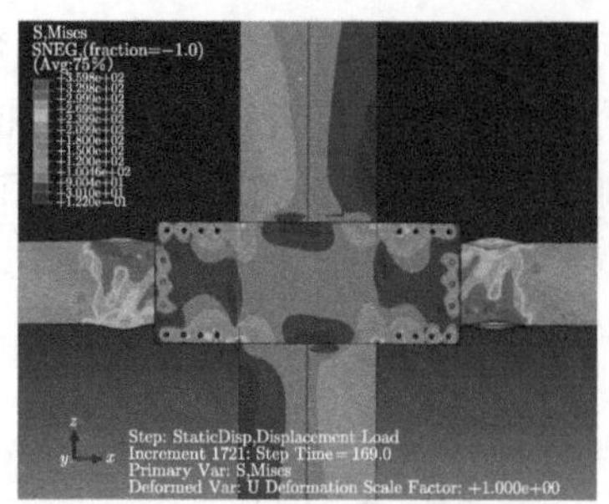

(a) 整体破坏形态

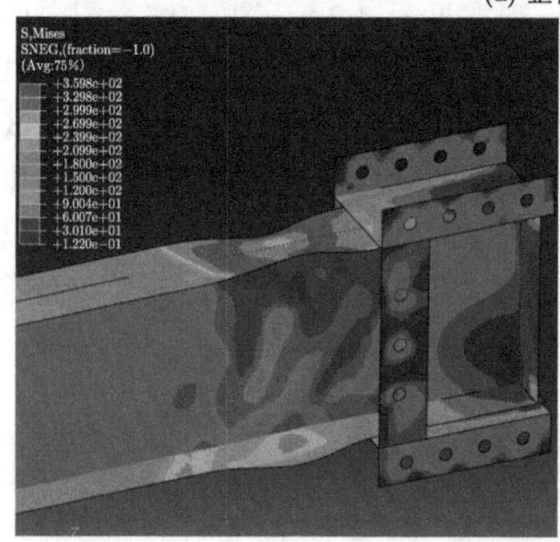

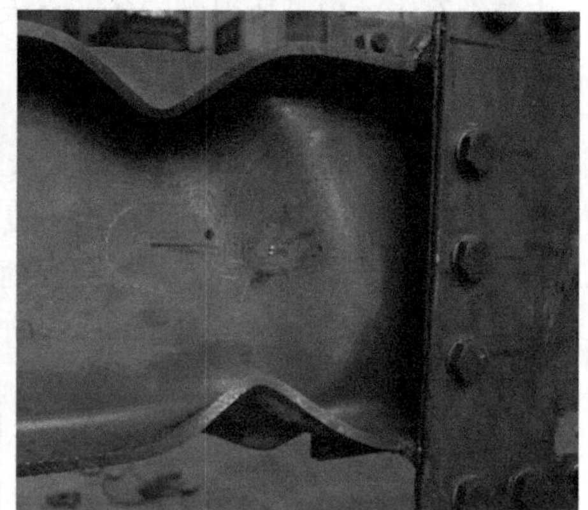

(b) 钢梁翼缘和腹板屈曲

图 4.2.4　DSP2 破坏形态对比 (彩图见封底二维码)

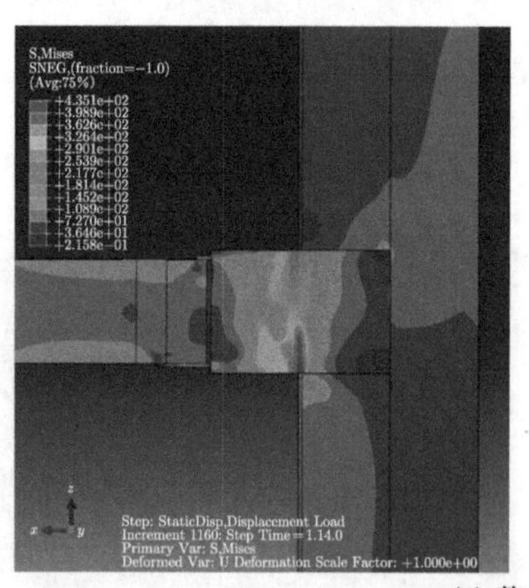

(a) 整体破坏形态

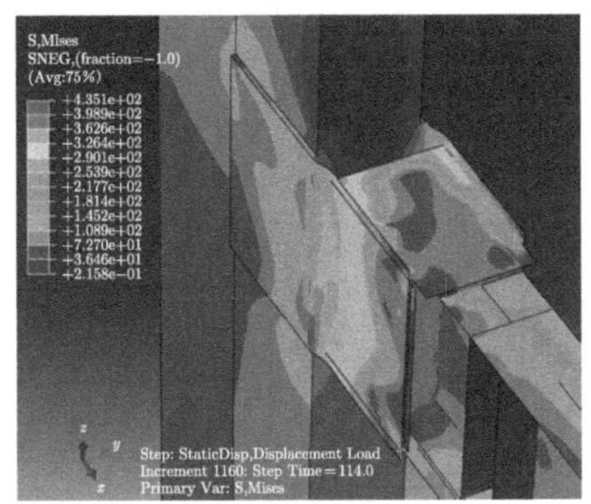

(b) 侧板屈曲

图 4.2.5 DSP3 破坏形态对比 (彩图见封底二维码)

2) 加载曲线和主要性能指标验证

由精细有限元模型所得到的各双侧板节点的柱顶 P-Δ 滞回曲线和骨架曲线与试验曲线的对比如图 4.2.6 所示。由图 4.2.6 可见，有限元计算结果和试验结果吻合良好，有限元模型能够很好地模拟双侧板节点在低周往复荷载下的受力行为。

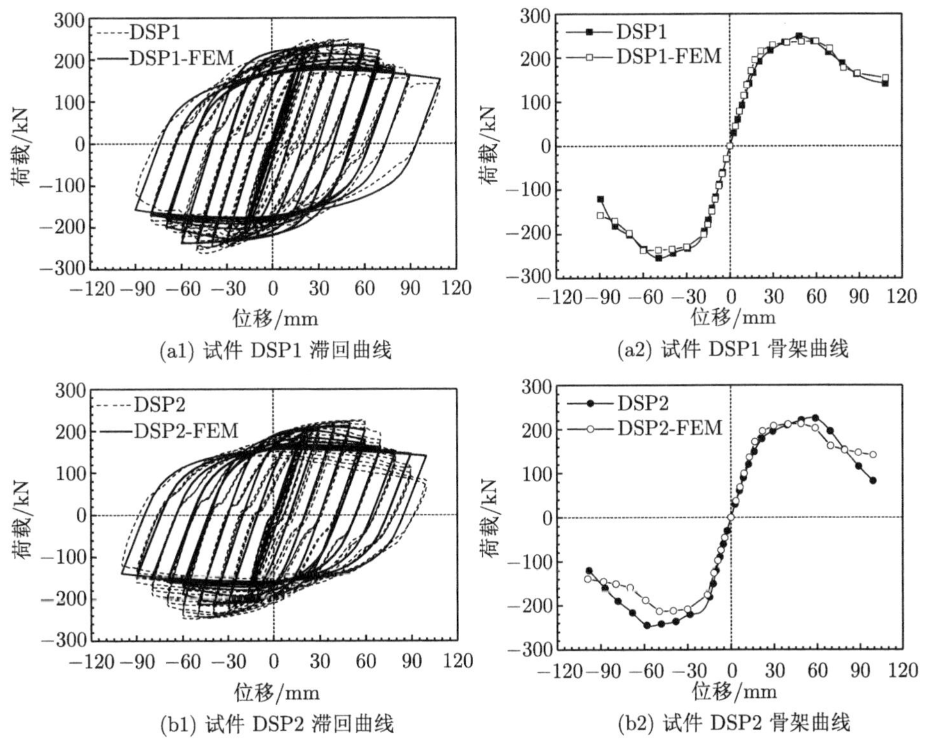

(a1) 试件 DSP1 滞回曲线 (a2) 试件 DSP1 骨架曲线

(b1) 试件 DSP2 滞回曲线 (b2) 试件 DSP2 骨架曲线

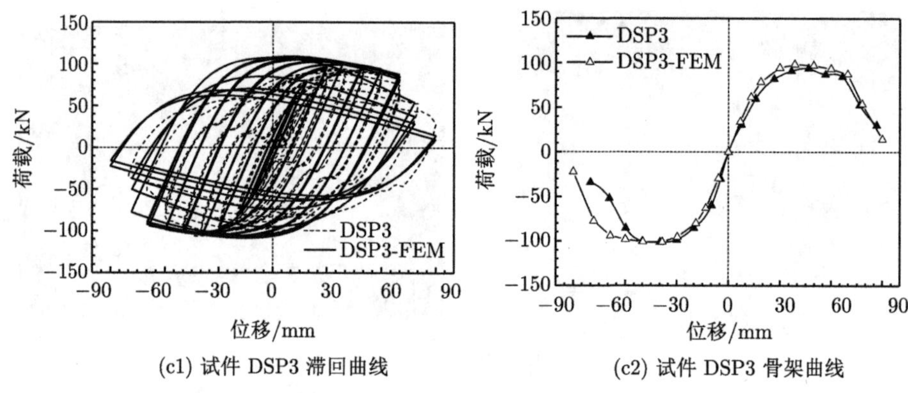

(c1) 试件 DSP3 滞回曲线　　(c2) 试件 DSP3 骨架曲线

图 4.2.6　有限元与试验 P-Δ 滞回曲线和骨架曲线的对比

双侧板节点壁式柱为平面内受力，其刚度和承载力均较大，钢管和混凝土基本处于弹性状态，节点变形主要位于双侧板和钢梁。因此，有限元计算结果与试验结果十分接近，表 4.2.1 给出了有限元分析的主要计算结果。有限元模型初始刚度略大于试验节点，其弹性阶段、弹塑性阶段和破坏阶段分界比试验更加明显。这是由于有限元模型不存在实际节点中的初始缺陷，各阶段受力基本由钢材受力性能决定。有限元模型中钢材本构关系采用随动强化模型，计算所得正向和负向加载曲线基本关于原点对称，正向和负向承载力基本相等。钢材在实际加载过程中同时存在随动硬化和部分同性硬化 (混合硬化)，使试验负向加载承载力一般大于正向加载，且试验承载力略大于计算承载力。进入破坏阶段后，有限元模型未考虑钢梁翼缘和腹板间倒角等有利因素，计算所得板件屈曲发展比试验更快。随着位移增大，荷载循环次数增加，试验节点钢材的塑性累积变形不断增加，伴随着材料的损伤和微裂纹开展，承载力下降较快，并很快破坏。与之相反，有限元模型未考虑钢材塑性累积损伤，加载后期，承载力没有明显下降。

表 4.2.1　主要分析结果对比

试件编号	加载方向	屈服 (试验)		屈服 (计算)		峰值 (试验)		峰值 (计算)	
		V_y/kN	Δ_y/mm	V_y/kN	Δ_y/mm	V_p/kN	Δ_p/mm	V_p/kN	Δ_p/mm
DSP1	正向	199.9	22.6	209.7	20.1	249.1	49.7	237.5	60.0
	反向	214.8	21.2	207.8	20.1	254.8	49.6	237.4	60.0
DSP2	正向	178.5	21.6	187.8	19.7	225.1	59.7	213.1	49.0
	反向	209.3	20.7	188.6	19.7	245.0	59.8	214.2	49.5
DSP3	正向	76.9	22.8	79.9	19.4	94.2	49.9	98.7	38.4
	反向	80.4	17.8	81.7	19.8	101.4	39.6	100.9	38.4

注：V_y、V_p 分别为名义屈服荷载、峰值荷载；Δ_y、Δ_p 分别为名义屈服荷载、峰值荷载对应的位移。

试件 DSP1 为全焊接节点，有限元模型各部件连接均与实际节点一致，计算结果最为一致。试件 DSP2 为全螺栓节点，板件间的传力通过接触分析获得，摩擦模型和简化方式与实际受力存在差异，尤其是加载后期，螺栓位置连接钢板可能出现滑移，导致计算结果与试验结果偏离。试件 DSP3 加载后期侧板与盖板间焊缝撕裂，导致侧板面外约束减弱，宽厚比变大，进而屈曲迅速发展，承载力下降，有限元模型未考虑钢材的塑性断裂，承载力下降较慢。

2. 参数分析

1) 各模型参数

本研究提出的壁式钢管混凝土柱-H 形钢梁双侧板节点作为一种新型的节点形式，配合壁式钢管混凝土柱使用。所述的壁式钢管混凝土柱截面宽厚比一般大于 3，柱子强轴方向刚度较大，相对于一般工程钢梁，壁式钢管混凝土柱线刚度远大于钢梁线刚度，因此节点区一般均满足“强柱弱梁”的设计要求。针对新型节点形式，将考虑轴压比、侧板高度、侧板厚度、盖板及托板厚度等因素对节点受力性能、破坏模式的影响，为工程设计提供依据和建议。

本研究设计了 4 个系列的节点模型，每个系列的壁式钢管混凝土柱均采用尺寸为 200mm×600mm 的试验柱，钢梁均采用尺寸为 HN350×150×7×11(单位：mm) 的试验钢梁，混凝土等级均为 C25，钢材均采用 Q235B。节点系列 1 主要研究不同轴压比对节点试件性能的影响，其模型主要参数见表 4.2.2；节点系列 2 主要分析不同侧板高度对节点试件性能的影响，其模型主要参数见表 4.2.3；节点系列 3 主要研究不同侧板厚度的影响，模型参数见表 4.2.4；节点系列 4 分析了盖板 (或托板) 厚度的影响，模型参数见表 4.2.5。节点系列 5 分析了侧板外伸长度的影响，模型参数见表 4.2.6。

表 4.2.2 节点系列 1 模型参数

模型编号	DSP1-1	DSP1-2	DSP1-3	DSP1-4	DSP1-5	DSP1-6	DSP1-7
设计轴压比	0.35	0.40	0.45	0.50	0.60	0.70	0.80
荷载/kN	1332.45	1522.80	1713.15	1903.50	2284.19	2664.89	3045.59

表 4.2.3 节点系列 2 模型参数

模型编号	DSP2-1	DSP2-2	DSP2-3	DSP2-4	DSP2-5	DSP2-6	DSP2-7
侧板高度/mm	520	490	460	430	400	370	350
与钢梁高度比	1.49	1.40	1.31	1.23	1.14	1.06	1

表 4.2.4 节点系列 3 模型参数

模型编号	DSP3-1	DSP3-2	DSP3-3	DSP3-4	DSP3-5	DSP3-6	DSP3-7
侧板厚度/mm	6	8	10	12	14	16	18
与翼缘厚度比	0.55	0.73	0.91	1.10	1.27	1.45	1.64

表 4.2.5 节点系列 4 模型参数

模型编号	DSP4-1	DSP4-2	DSP4-3	DSP4-4	DSP4-5	DSP4-6	DSP4-7
盖板厚度/mm	6	8	10	12	14	16	18
与翼缘厚度比	0.55	0.73	0.91	1.10	1.27	1.45	1.64

表 4.2.6 节点系列 5 模型参数

模型编号	DSP5-1	DSP5-2	DSP5-3	DSP5-4
侧板长度 l/mm	210	280	350	420
与梁高比值	0.60	0.80	1	1.20

本研究采用式 (4.2.1) 计算轴压比 n_d

$$n_\mathrm{d}=\frac{N}{f_\mathrm{c}A_\mathrm{c}+f_\mathrm{y}A_\mathrm{s}} \tag{4.2.1}$$

式中，N 为竖向荷载；f_c 为混凝土轴心抗压强度设计值；A_c 为截面混凝土净面积；f_y 为钢材屈服强度设计值；A_s 为截面钢材面积。

2) 轴压比对节点受力性能的影响

本研究利用有限元模拟，研究不同轴压比下试件的受力性能，各模型参数如表 4.2.2。

图 4.2.7 给出了试件在不同轴压比下节点的荷载–位移曲线，表 4.2.7 给出了不同轴压比下各模型的性能指标，结果显示：

(1) 弹性阶段试件刚度变化不大，试件的承载力随着轴压比的升高而降低，但变化率较小，变化率在 1.0%～2.0%。

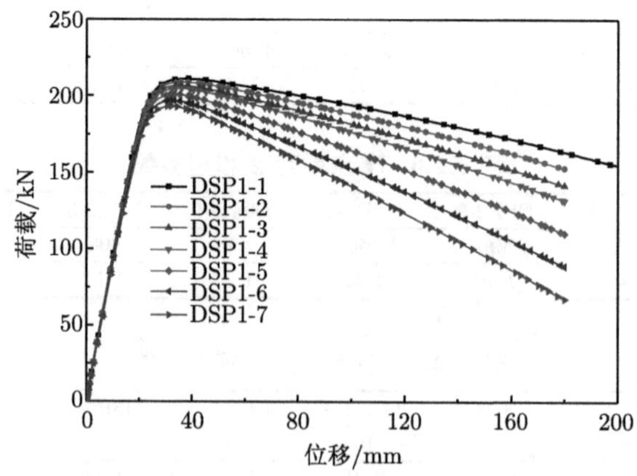

图 4.2.7 不同轴压比下节点的荷载–位移曲线

表 4.2.7 不同轴压比下有限元分析结果

模型编号	屈服状态		极限状态		破坏状态		延性系数 μ
	P_y/kN	Δ_y/mm	P_{max}/kN	Δ_{max}/mm	P_u/kN	Δ_u/mm	
DSP1-1	197.81	23.75	211.01	38.71	179.36	141.47	5.96
DSP1-2	195.80	23.57	208.87	35.76	177.54	126.15	5.35
DSP1-3	193.74	23.39	206.57	35.76	175.59	113.14	4.84
DSP1-4	192.10	23.06	204.74	36.09	174.03	104.32	4.52
DSP1-5	188.12	22.69	200.70	33.19	170.59	89.93	3.96
DSP1-6	184.83	22.46	196.81	33.19	167.29	79.82	3.55
DSP1-7	181.20	22.44	193.21	32.17	164.23	72.29	3.22

(2) 试件的延性系数随着轴压比的升高而降低，降低率在 9.3%～10.5%。

(3) 轴压比对试件的屈服位移影响较小，而对试件破坏位移的影响较大，破坏位移随着轴压比的升高而减小，这主要是因为试件屈服后，竖向荷载产生的二阶效应对试件的影响逐渐增大，轴压比越大这种影响越显著。因此，在设计中控制轴压比可保证节点具有一定的延性。

3) 侧板高度对节点受力性能的影响

图 4.2.8 给出了节点系列 2 的各个试件的荷载–位移曲线，表 4.2.8 给出了不同侧板高度下各试件的承载力指标，表 4.2.9 给出了不同侧板高度下各试件的延性指标，分析表明：

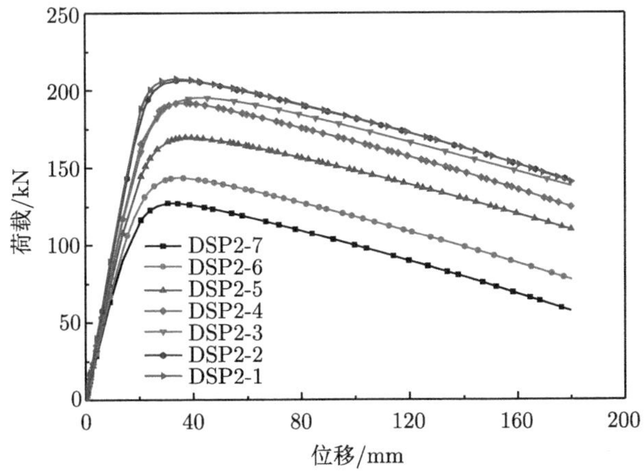

图 4.2.8 不同侧板高度下节点荷载–位移曲线

(1) 随着侧板高度增加，试件的承载力也得到提高。模型 DSP2-1、DSP2-2、DSP2-3 和 DSP2-4 的承载力相差率较小，在 10%以内，而 DSP2-4 与 DSP2-5、DSP2-6、DSP2-7 相差率在 10%以上。

(2) 模型 DSP2-1 与 DSP2-2 承载力相差较小，DSP2-3 与 DSP2-4 承载力相差较小，但 DSP2-2 与 DSP2-3 承载力相差较大，另外，DSP2-5、DSP2-6 与 DSP2-7 彼此承载力相差较大，这是因为侧板高度不同时，节点梁柱隔离处侧板塑性发展程度不同，从而节点的破坏模式发生改变。

(3) 随着侧板高度增加，节点的延性逐渐增大，延性系数均在 4 以上。

表 4.2.8 不同侧板高度下各试件的承载力指标

模型编号	屈服状态		极限状态		破坏状态	
	P_y/kN	相差/%	P_{max}/kN	相差/%	P_u/kN	相差/%
DSP2-1	195.5	0	207.59	0	176.45	0
DSP2-2	193.74	0.90	206.57	0.49	175.59	0.49
DSP2-3	179.20	7.50	195.57	5.49	165.95	5.49
DSP2-4	178.72	0.27	191.80	1.76	163.03	1.76
DSP2-5	154.77	13.40	167.57	11.59	144.13	11.59
DSP2-6	130.77	15.51	143.50	15.37	121.97	15.37
DSP2-7	115.84	11.42	127.43	11.19	108.32	11.19

表 4.2.9 不同侧板高度下各试件的延性指标

模型编号	Δ_y/mm	Δ_{max}/mm	Δ_u/mm	μ
DSP2-1	22.54	33.90	111.74	4.96
DSP2-2	23.39	35.76	113.14	4.84
DSP2-3	24.04	37.63	115.87	4.82
DSP2-4	25.47	42.14	121.19	4.76
DSP2-5	23.71	37.28	109.02	4.60
DSP2-6	21.94	33.71	92.12	4.20
DSP2-7	20.50	32.17	82.32	4.01

图 4.2.9 给出了典型节点试件在峰值荷载时的应力云图，分析表明：

(1) DSP2-1、DSP2-2 的破坏属于典型的梁端出现塑性铰的破坏模式，侧板只有与柱相连的上下两侧区域的应力值微大，其余大部分区域均处于弹性阶段，满足“强柱弱梁，强节点弱构件”的设计要求；

(2) DSP2-3、DSP2-4 的梁柱隔离处侧板有较大的塑性发展，同时钢梁翼缘也有一定的塑性发展，介于侧板与钢梁同时出现塑性铰的状态；

(3) DSP2-5、DSP2-6 和 DSP2-7 的破坏最先从侧板处开始，在梁柱物理间隔的侧板处出现了塑性铰，属于典型的节点区破坏；

(4) DSP2-2 与 DSP2-3 梁柱隔离处侧板的塑性发展程度不同，这导致 DSP2-2 承载力略高于 DSP2-3；

(5) 控制侧板高度可以有效地控制梁柱隔离处侧板的塑性发展程度，进而有效地控制节点试件的破坏模式。

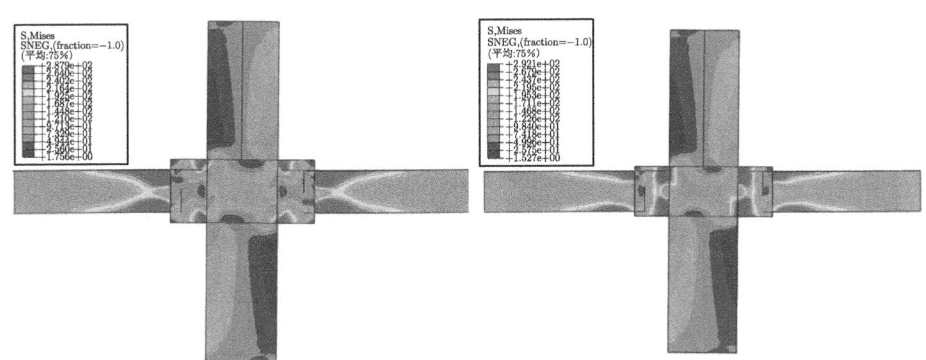

(a) DSP2-1 节点应力云图($\varDelta$=33.90mm)　　(b) DSP2-3 节点应力云图($\varDelta$=37.63mm)

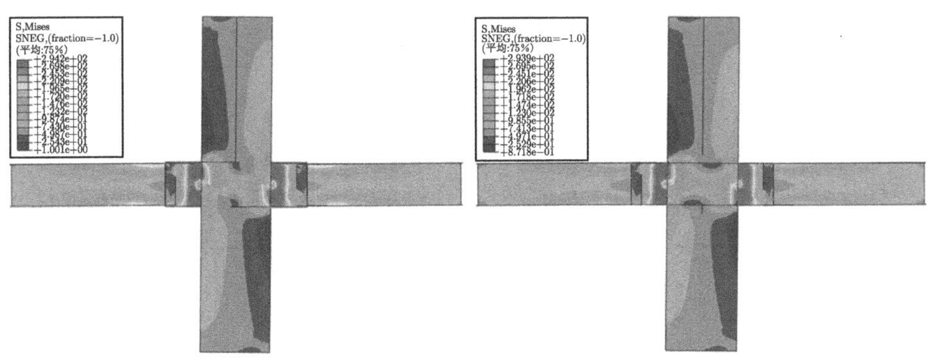

(c) DSP2-6 节点应力云图($\varDelta$=33.71mm)　　(d) DSP2-7 节点应力云图($\varDelta$=32.17mm)

图 4.2.9　典型节点试件极限荷载下的应力云图 (彩图见封底二维码)

4) 侧板厚度对节点受力性能的影响

图 4.2.10 给出了不同侧板厚度下节点系列 3 的荷载–位移曲线，表 4.2.10 给出了不同构件的承载能力以及延性参数。分析表明：侧板厚度对试件初始刚度的影响较小，当侧板厚度过小时，构件的承载力急剧下降，DSP3-1 的承载能力和延性明显低于其余节点的构件的承载能力和延性；当侧板厚度适当时，增加侧板厚度有利于提高构件的承载能力以及延性，但是增大率较小，在 0.4%～2%。

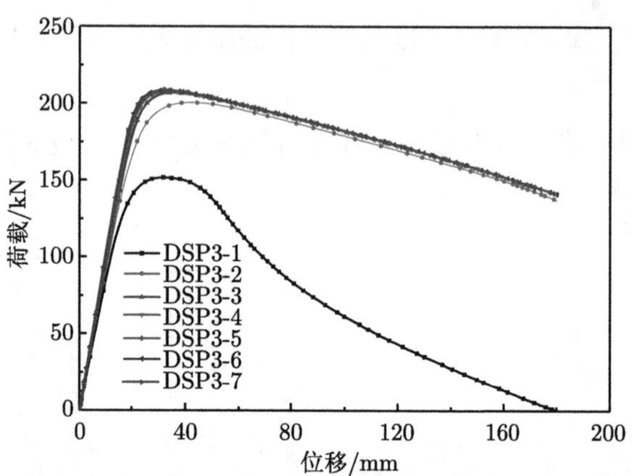

图 4.2.10　不同侧板厚度下节点系列 3 的荷载–位移曲线 (彩图见封底二维码)

表 4.2.10　不同侧板厚度下有限元分析结果

模型编号	屈服状态		极限状态		破坏状态		延性系数 μ
	P_y/kN	Δ_y/mm	P_{max}/kN	Δ_{max}/mm	P_u/kN	Δ_u/mm	
DSP3-1	138.93	19.79	151.71	31.90	128.95	54.23	2.74
DSP3-2	183.99	24.54	200.26	42.69	170.22	118.22	4.82
DSP3-3	193.74	23.39	206.57	35.76	175.59	113.14	4.84
DSP3-4	195.38	22.50	207.43	32.29	176.32	111.96	4.98
DSP3-5	196.10	22.07	207.99	33.83	176.79	111.10	5.03
DSP3-6	196.24	21.54	208.36	32.17	177.11	110.63	5.14
DSP3-7	196.93	21.24	208.48	46.58	177.21	110.38	5.20

图 4.2.11 给出了 DSP3-1、DSP3-2、DSP3-3 及 DSP3-7 在峰值荷载时构件的应力云图。分析表明：DSP3-1 的破坏最先从侧板开始，在梁柱间隔的侧板处形成塑性铰，导致构件的承载能力明显低于其他构件；DSP3-2 侧板与梁端同时出现了塑性铰，其承载能力明显高于 DSP3-1，但是比其他构件承载力略低，其余构件均属于典型的梁柱破坏模式，梁端首先形成塑性铰，侧板大部分区域处于弹性阶段；对比图 4.2.11(c) 与 (d)，表明当侧板厚度增加时，梁柱隔离处侧板的塑性发展区域减少，相应的承载力以及延性均有所提高。因此设计时应注意侧板厚度不应过小，但是过厚的侧板厚度对于构件的承载能力以及延性的提高不明显，同时过厚的侧板厚度也会影响建筑墙的厚度，影响建筑的使用功能，因此笔者建议侧板厚度取钢梁翼缘厚度。

5) 盖板厚度对节点受力性能影响

图 4.2.12 给出了不同盖板厚度下节点构件有限元计算得到的荷载–位移曲线，

表 4.2.11 给出了构件承载力以及延性性能指标。加厚盖板板厚在一定程度上可以提高构件的承载能力以及延性，但是盖板厚度对构件的受力性能影响较小，值得注意的是，当板厚过小时，结构的承载力降低幅度较大。

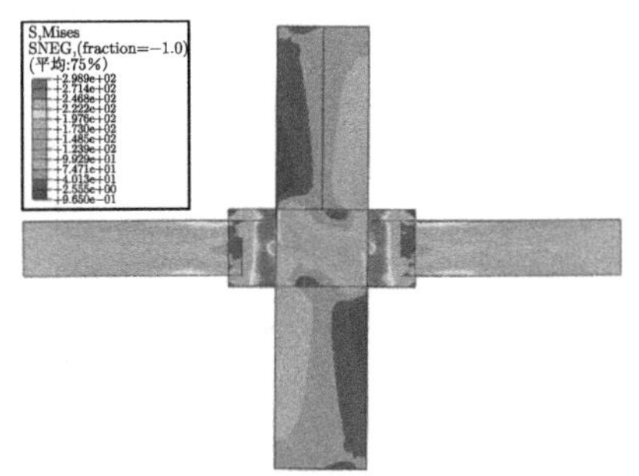

(a) DSP3-1 节点应力云图($\Delta=31.90$mm)

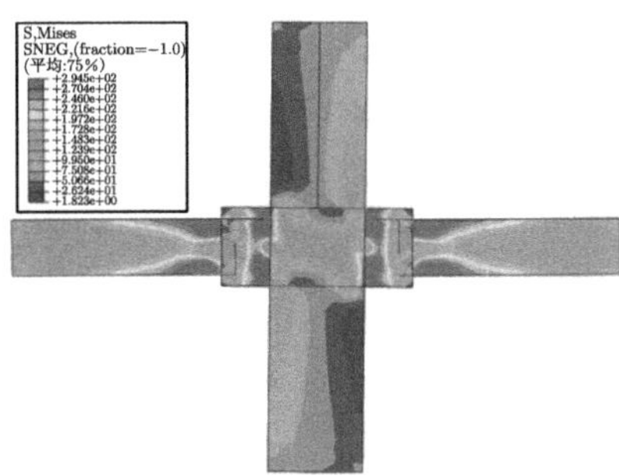

(b) DSP3-2 节点应力云图($\Delta=42.69$mm)

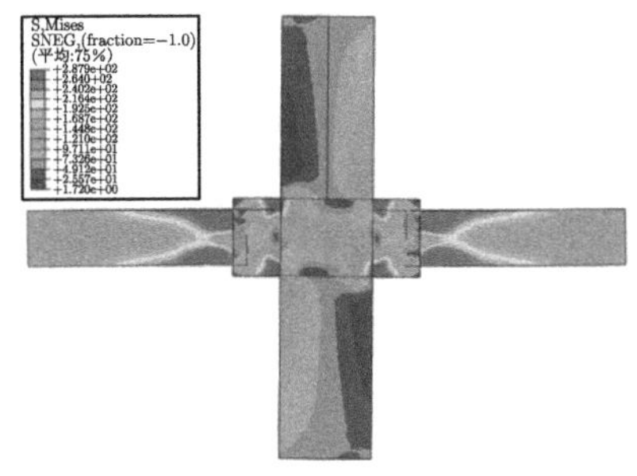

(c) DSP3-3 节点应力云图($\Delta=35.76$mm)

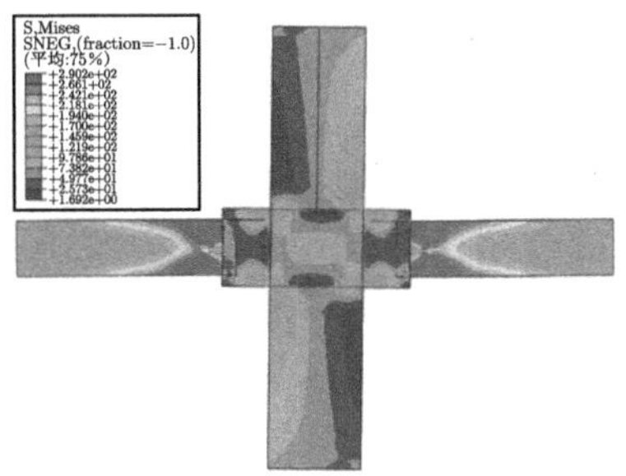

(d) DSP3-7 节点应力云图($\Delta=46.58$mm)

图 4.2.11 不同侧板厚度下节点极限荷载时的应力云图 (彩图见封底二维码)

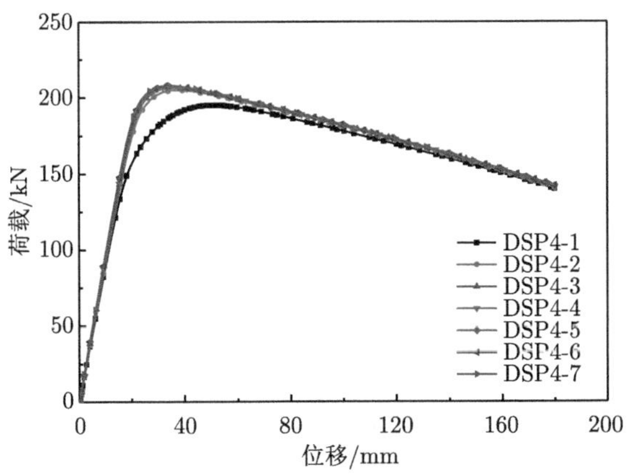

图 4.2.12 不同盖板厚度下节点的荷载–位移曲线 (彩图见封底二维码)

表 4.2.11　不同盖板厚度下有限元分析结果

模型编号	屈服状态		极限状态		破坏状态		延性系数 μ
	P_y/kN	Δ_y/mm	P_{max}/kN	Δ_{max}/mm	P_u/kN	Δ_u/mm	
DSP4-1	171.84	25.07	195.13	50.61	165.86	117.41	4.68
DSP4-2	191.31	23.90	204.93	39.37	174.19	115.26	4.82
DSP4-3	193.74	23.39	206.57	35.76	175.59	113.14	4.84
DSP4-4	194.77	22.88	207.14	35.14	176.07	112.44	4.91
DSP4-5	194.84	22.72	207.45	36.29	176.33	111.87	4.92
DSP4-6	194.88	22.53	207.66	36.29	176.51	111.81	4.96
DSP4-7	194.90	22.38	208.02	34.36	176.81	111.32	4.97

图 4.2.13 给出 DSP4-1、DSP4-3 在荷载峰值时节点的应力云图，DSP4-1 盖板与侧板连接处发生剪切屈服，构件的承载力低于其余构件；其余节点构件钢管与侧板均处于弹性工作阶段，侧板与柱相连处的上下侧区域应力值微大，但仍处于弹塑性阶段；梁端首先出现塑性铰，构件满足“强柱弱梁”的设计原则。

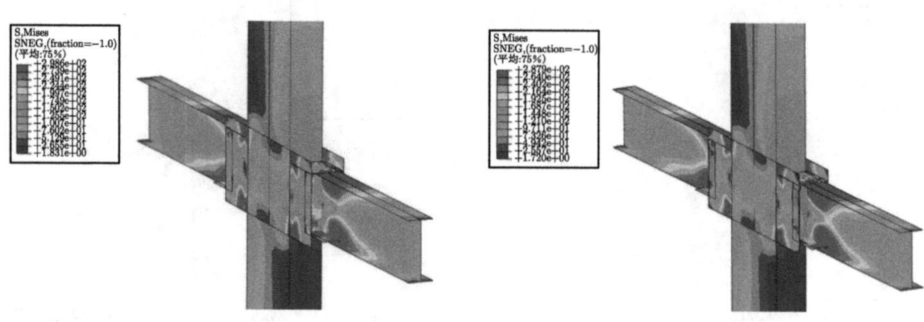

(a) DSP4-1 应力云图(Δ=50.61mm)　　(b) DSP4-3 应力云图(Δ=35.76mm)

图 4.2.13　荷载峰值时节点的应力云图 (彩图见封底二维码)

6) 侧板外伸长度对节点受力性能的影响

a. 滞回曲线和骨架曲线分析

不同侧板外伸长度下节点的荷载–位移滞回曲线见图 4.2.14，在低周往复荷载作用下，各节点的滞回曲线呈现梭形比较饱满，中间无捏缩现象，说明各节点具有良好的抗震耗能性能。骨架曲线见图 4.2.15，可以看出，骨架曲线有明显的弹性阶段、弹塑性阶段、破坏阶段。表 4.2.12 和表 4.2.13 为有限元分析数值结果，可以看出随着侧板外伸长度 l 的增加，节点的初始刚度、屈服荷载和极限荷载均增大，l 每增加 20%，初始刚度增加 10%左右，屈服荷载和极限荷载增大幅度稍小，增幅在 7%左右。总体来看，随着侧板外伸长度的增大，不仅节点核心区参与承载的单元增加，而且塑性铰位置沿梁长方向往外推移，因此节点的破坏荷载和初始刚度都随之增大。DSP5-1 初始刚度和承载力下降幅度比其他节点都大，是由于侧板外伸长度过小时，整个节点域抗弯剪能力急剧下降，因此，侧板外伸长度不应过小。由表 4.2.13 可以看出节点延性均大于 2，说明节点延性性能良好，满足抗震要求。

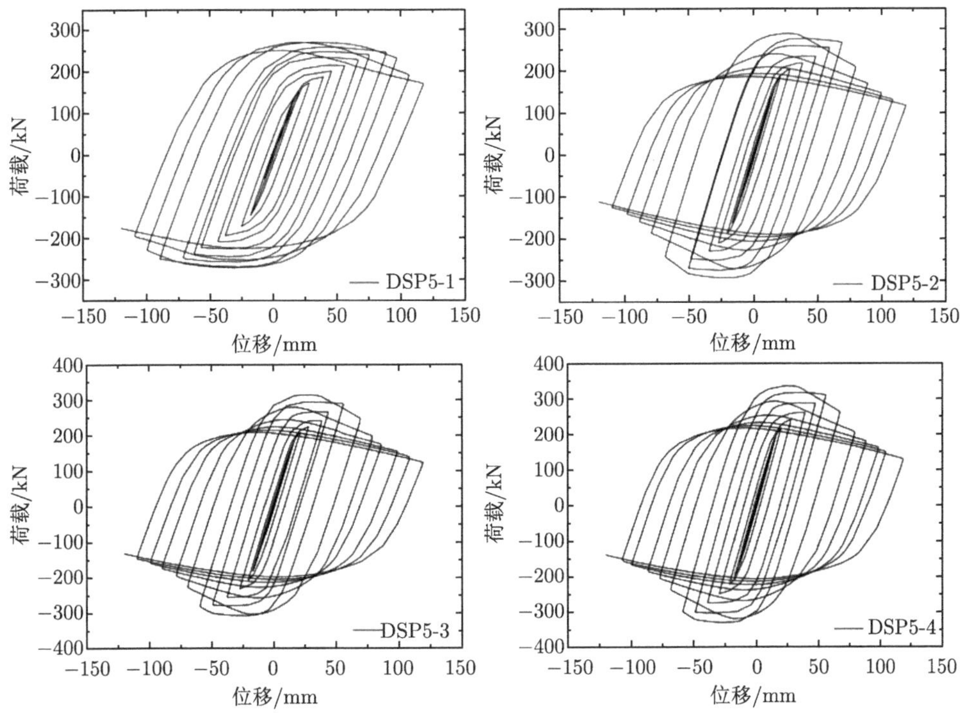

图 4.2.14 不同侧板外伸长度下节点的荷载–位移滞回曲线

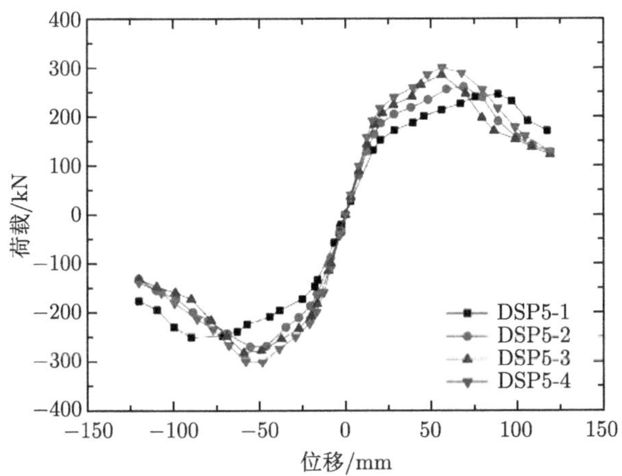

图 4.2.15 不同侧板外伸长度下荷载–位移骨架曲线

表 4.2.12　不同侧板外伸长度下有限元计算结果

模型编号	屈服状态		极限状态		破坏状态	
	P_y/kN	增量/%	P_{max}/kN	增量/%	P_u/kN	增量/%
DSP5-1	189.42	−17.87	245.59	−13.65	208.75	−13.65
DSP5-2	211.16	−8.45	267.37	−6.01	227.26	−6.01
DSP5-3	230.64	0	284.43	0	241.77	0
DSP5-4	244.21	5.88	308.47	8.45	262.20	8.45

表 4.2.13　不同侧板外伸长度下初始刚度和延性对比

模型编号	初始刚度/(kN/mm)	增量/%	Δ_y/mm	Δ_u/mm	μ
DSP5-1	8.59	−25.24	40.78	102.42	2.51
DSP5-2	10.30	−10.36	33.51	83.10	2.48
DSP5-3	11.49	0	32.78	70.90	2.16
DSP5-4	12.70	10.53	31.50	79.52	2.52

b. 刚度退化分析

不同侧板外伸长度下的刚度退化曲线见图 4.2.16，由图可见，当位移较小时，节点还处于弹性受力阶段，此时的刚度退化比较缓慢，随着位移逐渐增大，节点进入弹塑性受力阶段，节点刚度退化变快，当节点进入破坏阶段时，节点刚度退化变缓。可以看出，侧板外伸长度越大的节点刚度较大，但是随着位移增大，刚度差别逐渐变小，在后期各节点刚度趋于一致。

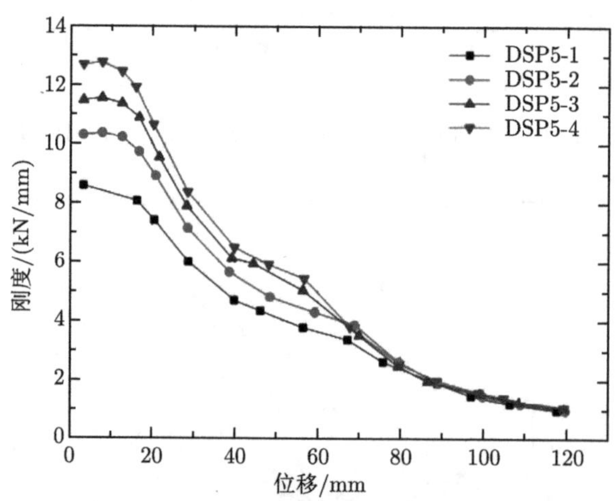

图 4.2.16　不同侧板外伸长度下的刚度退化曲线

c. 耗能能力分析

不同侧板延伸长度下节点的能量耗散系数指标见表 4.2.14，图 4.2.17 为各节点耗能系数对比图。可以看出，所有节点的能量耗散系数非线性增大。柱顶位移较小时，随着侧板长度的增大，耗能系数逐渐增大，在加载后期，到达破坏阶段后，DSP5-2、DSP5-3、DSP5-4 的耗能系数趋于一致，原因在于当位移较小时，侧板长度的增加使塑性铰位置向外推移，参与受力的节点域变大，耗能能力也逐渐增强，但是加载后期，节点的耗能能力主要取决于钢梁的尺寸，侧板长度的增加成为次要因素。

表 4.2.14 不同侧板厚度下节点的能量耗散系数 E

模型编号	40	50	60	70	80	90
DSP5-1	1.23	1.49	1.94	1.91	2.25	2.31
DSP5-2	1.29	1.76	1.93	2.36	3.46	3.70
DSP5-3	1.40	1.68	2.09	3.09	3.41	3.76
DSP5-4	1.56	1.81	2.23	3.00	3.55	3.77

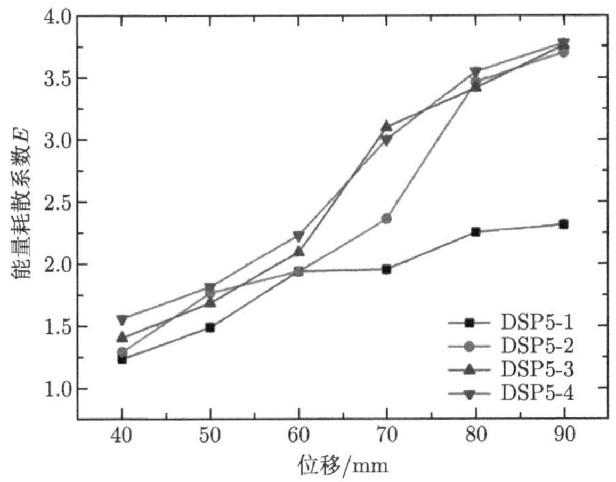

图 4.2.17 不同侧板长度下节点的能量耗散系数 E 对比图

d. 应力分析

图 4.2.18 为 DSP5-1、DSP5-2、DSP5-3、DSP5-4 的应力云图，可以看出：不同侧板外伸长度 l 下，节点呈现出的破坏模式均为梁端塑性铰破坏，塑性铰位置大约为距离侧板外侧 1/4 梁高处。随着 l 的增大，节点域向外延伸，节点域面积逐渐增大，参与受力的节点区域也随之增大，因此刚度和承载力逐渐增大。DSP5-1 节点域比较小，整个节点域基本上都已经处于塑性状态，这种状态相对不安全，因此侧板长度不宜过小。

综上所述，侧板长度越大，承载能力和初始刚度越大，长度过小时，会加速结构的破坏，但是过大会影响建筑的使用功能，并且不经济，建议侧板外伸长度取梁高的 70%～100%。

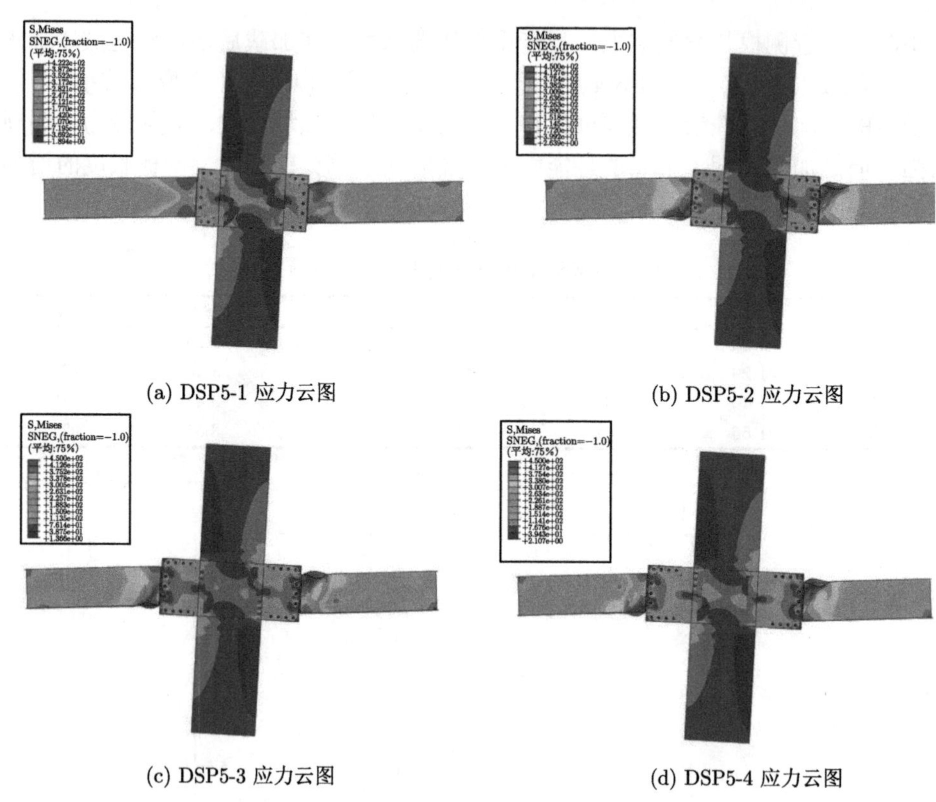

(a) DSP5-1 应力云图　　(b) DSP5-2 应力云图

(c) DSP5-3 应力云图　　(d) DSP5-4 应力云图

图 4.2.18　不同侧板外伸长度下的应力云图 (彩图见封底二维码)

4.2.3　双侧板节点受力机理分析

节点区受力较为复杂，是梁柱轴力、剪力和弯矩的传力枢纽，其受力简图如图 4.2.19 所示。双侧板焊接和螺栓连接节点工作机理相似，仅上下翼缘纵向力与侧板的传力分别采用焊接和螺栓连接，节点区传力机理完全相同。

1. 中柱节点域传力机理分析

DSP1 和 DSP2 节点域传力机理相似，以 DSP1 为例分析节点域传力机理。节点正向加载达到峰值荷载时，节点域的主应力分布如图 4.2.20 所示。图 4.2.20 清晰地展现了侧板和钢管间的应力传递机制。左侧钢梁上翼缘水平向主拉应力通过焊缝或螺栓传至侧板，侧板水平应力传至节点域后，一部分通过焊缝传至壁式柱腹板，一部分直接向斜下方传递直至右侧钢梁下翼缘。主压应力传递与主拉应力相似，从左侧钢梁下翼缘经侧板、节点域传至右侧钢梁上翼缘。钢梁腹板剪力首先传至侧板高度中部，而后向节点域传递。节点域内力由侧板、钢管腹板和混凝土共同抵抗。

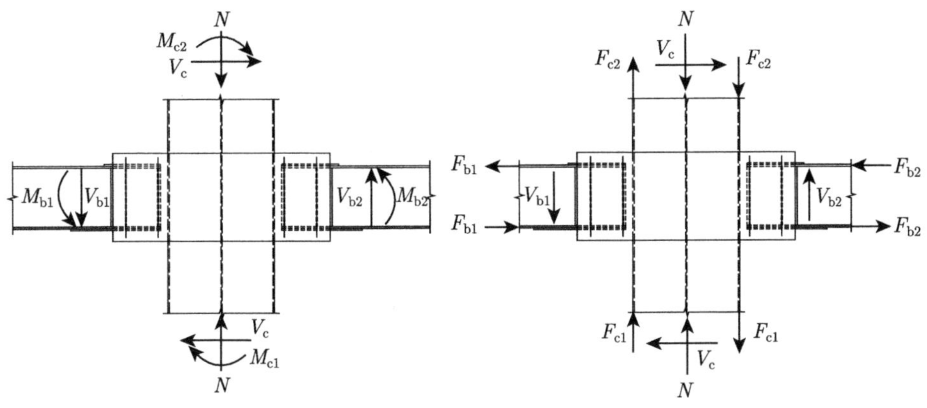

图 4.2.19 节点区受力简图

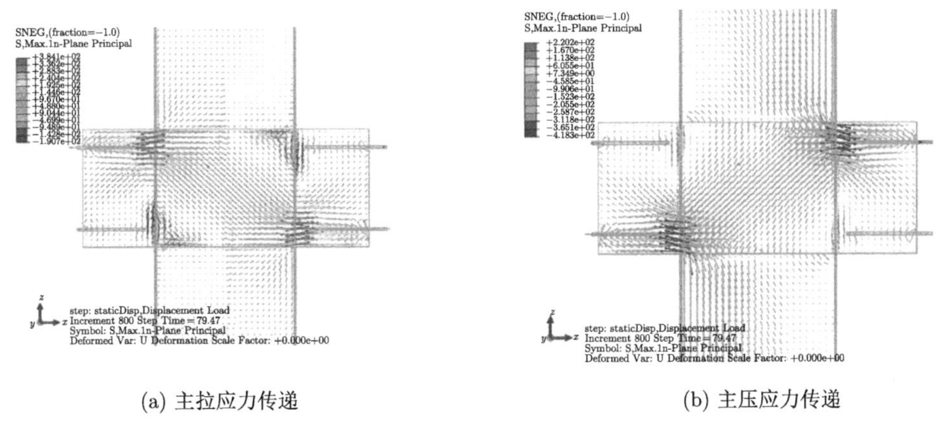

(a) 主拉应力传递　　(b) 主压应力传递

图 4.2.20 DSP1 节点域传力路径 (彩图见封底二维码)

图 4.2.21 为荷载峰值对应的侧板应力分布。梁柱端部剪力和弯矩可近似转化为作用在上下翼缘几何中心的力偶和作用在腹板处的剪力。由图 4.2.21(a) 可知，侧板在水平方向主要承受钢梁翼缘传来的力，应力沿连接焊缝逐渐从翼缘传至侧板，水平应力分布基本关于钢梁翼缘对称。而后侧板水平应力通过连接焊缝传至壁式柱钢管，侧板应力逐渐减小。由图 4.2.21(b)，侧板竖向主要承受壁式柱翼缘通过竖向焊缝传来的竖向力。与柱翼缘连接角部位置侧板竖向应力最大，在轴压力作用下，压应力数值大于拉应力。随距竖焊缝距离增加，竖向应力迅速减小。图 4.2.21(c) 和 (d) 为侧板主应力分布图。主拉应力主要由左侧钢梁上翼缘通过节点域向右侧钢梁下翼缘斜向传递，主压应力主要由左侧钢梁下翼缘通过节点域右侧钢梁上翼缘斜向传递。由于钢梁腹板剪力也通过连接角钢传至侧板，钢梁与侧板连接段存在斜向主应力带，大致与节点域主应力方向垂直。因此，主应力在侧板

中的传递路径大致为 S 形。图 4.2.21(e) 给出了侧板剪应力分布，节点域部分剪应力最大，但均小于钢材剪切屈服力。图 4.2.21(f) 给出了侧板 von Mises 等效应力，柱范围内侧板应力基本处于弹性状态。柱与梁端间隙处侧板传递梁端全部的内力，其应力最大。钢梁翼缘对应位置侧板已超过屈服应力，进入屈服状态。钢梁腹板对应位置侧板主要传递剪力，应力水平较低，形成“弹性核”。图 4.2.21(g) 给出了侧板主应变分布，侧板主拉应变和主压应变与应力分布一致，在左右两侧钢梁翼缘间形成 X 形分布。图 4.2.21(h) 给出了侧板累积塑性应变分布，钢梁翼缘与钢柱间隙位置处侧板已产生塑性应变。侧板与柱连接焊缝角部由于应力集中，累积塑性应变数值较大，由于钢材塑性内力重分布，角部位置应力已被大大消减，但设计时应特别注意，避免角部焊缝破坏。

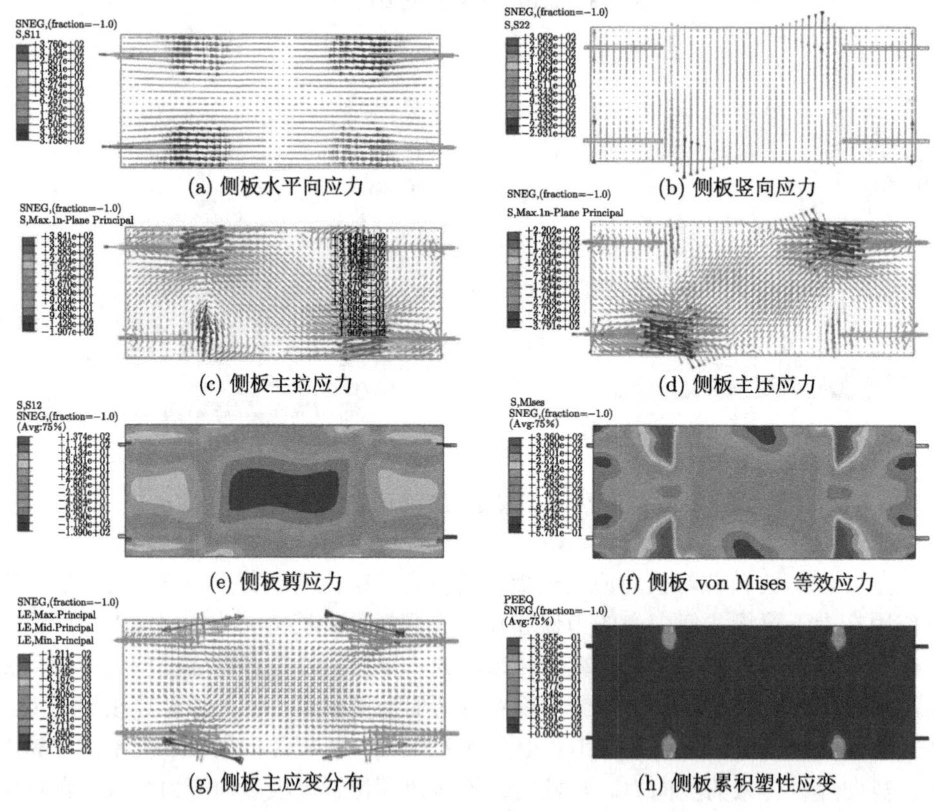

图 4.2.21 DSP1 节点区侧板应力分布 (彩图见封底二维码)

图 4.2.22 为荷载峰值对应的钢管应力分布。由图 4.2.22(a)，水平应力在钢梁受压翼缘对应位置较为集中。此处钢管腹板主要承受侧板通过焊缝传来的压应力，产生与内部混凝土的相对变形，钢管角部受到混凝土的约束，阻止这种变形趋势

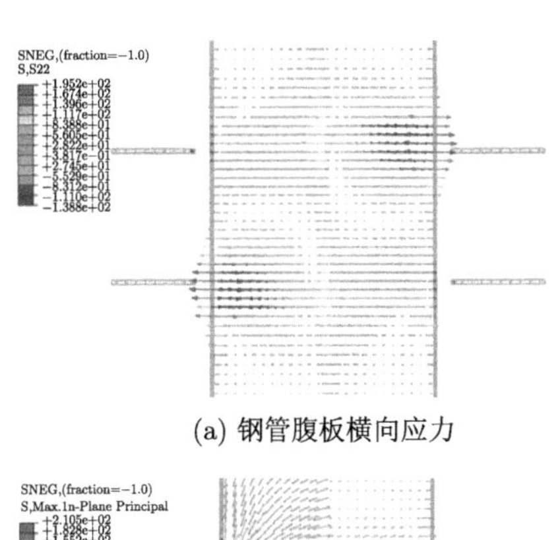

(a) 钢管腹板横向应力

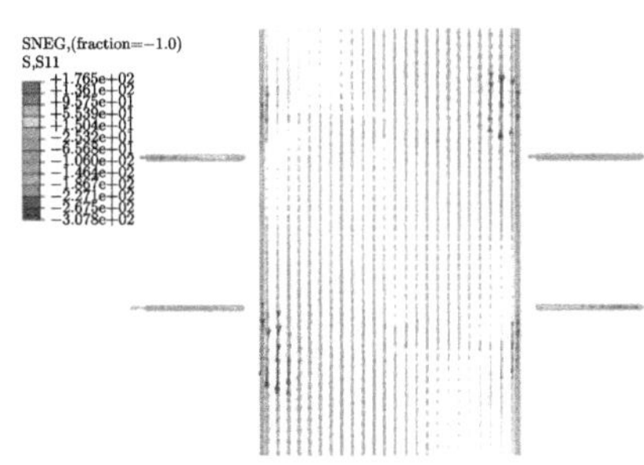

(b) 钢管腹板竖向应力

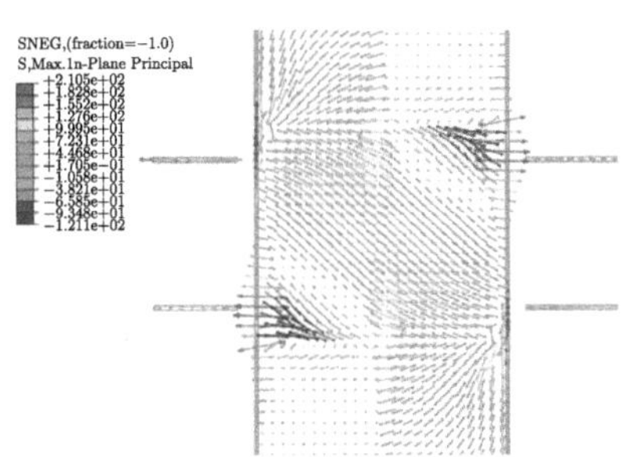

(c) 钢管腹板主拉应力

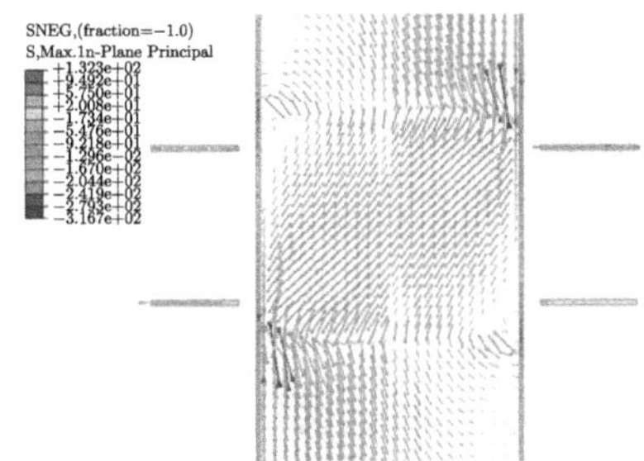

(d) 钢管腹板主压应力

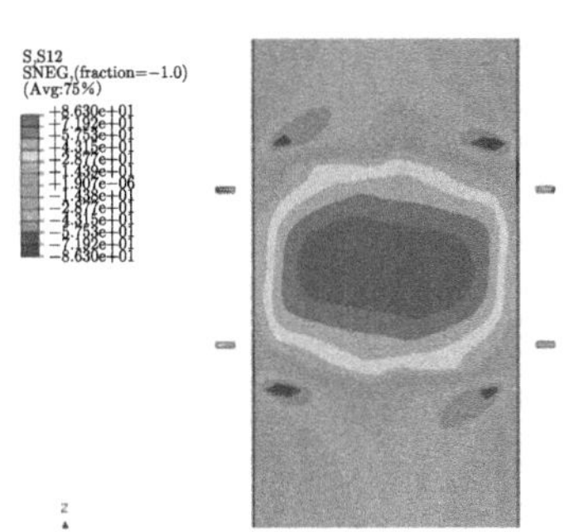

(e) 钢管腹板剪应力

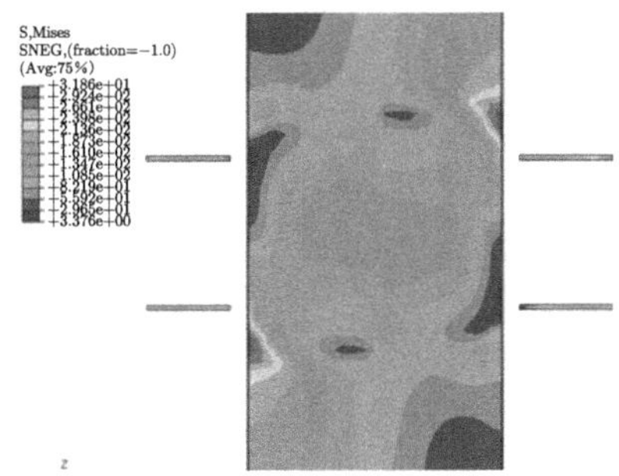

(f) 钢管腹板 von Mises 等效应力

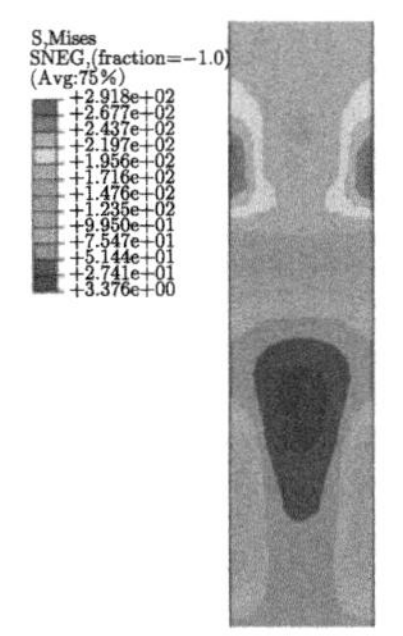

(g) 钢管翼缘 von Mises 等效应力

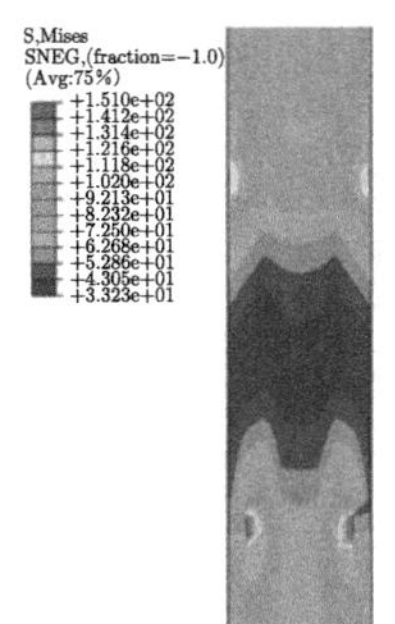

(h) 钢管隔板 von Mises 等效应力

图 4.2.22 DSP1 节点域钢管应力分布 (彩图见封底二维码)

而产生高额拉应力，而邻近位置为压应力，应力梯度较大。钢梁受拉翼缘对应位置水平应力相对均匀，这是由于钢管在拉应力作用下与混凝土脱离，拉应力被均匀地传递至钢管腹板上。由图 4.2.22(b)，钢管部分竖向应力通过焊缝传向侧板，因此节点域钢管腹板比邻近位置腹板应力水平明显降低。图 4.2.22(c) 和 (d) 为钢管腹板主应力分布图，节点域腹板在柱和梁的共同作用下产生斜向主拉应力带和主压应力带。柱尚存在轴向压力，因此主压应力值大于主拉应力值。钢梁受压翼缘对应位置钢管管壁受到混凝土约束，受力较为集中。钢管隔板位置也受此因素影响，附近位置应力较高。图 4.2.22(e)～(h) 分别给出了钢管腹板剪应力、von Mises 等效应力，以及钢管翼缘和隔板的 von Mises 等效应力。钢管腹板剪应力主要位于节点域范围内，剪切应力均处于弹性状态。钢管腹板与侧板焊接位置角部产生了较大的应力，邻近位置钢材已进入屈服。钢管翼缘和隔板等效应力基本处于弹性范围内。

图 4.2.23 给出了节点区混凝土的应力分布。由于钢管和混凝土之间采用接触界面，钢管与混凝土间存在滑移，两个腔室内混凝土受力相对独立，达不到完全组合受力性能。由图 4.2.23 (a) 和 (b)，混凝土主要承受来自钢梁翼缘的水平向压应力，以及柱的压弯竖向应力。图 4.2.23(c) 和 (d) 为混凝土核心区的主拉应力

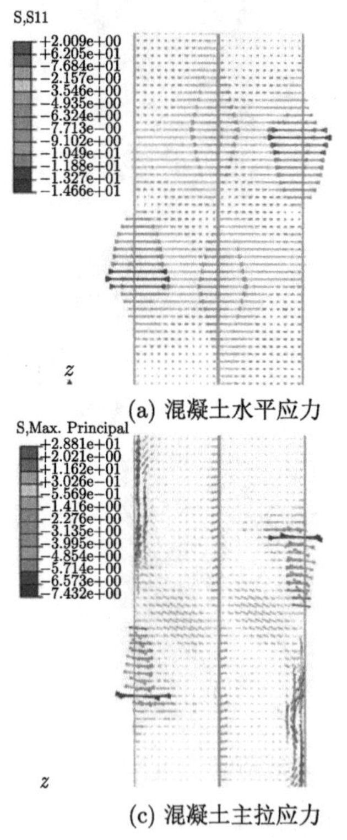

(a) 混凝土水平应力

(c) 混凝土主拉应力

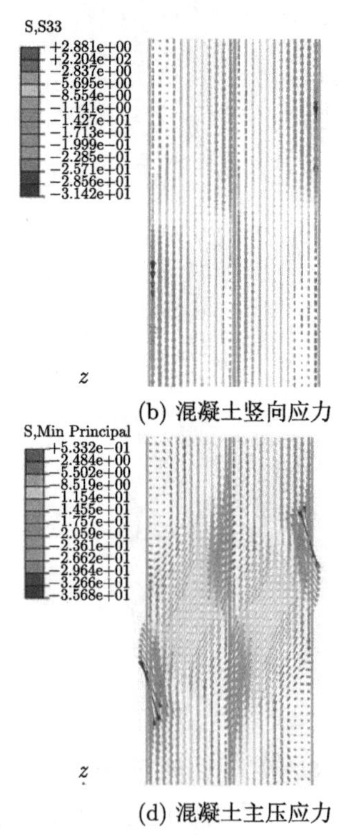

(b) 混凝土竖向应力

(d) 混凝土主压应力

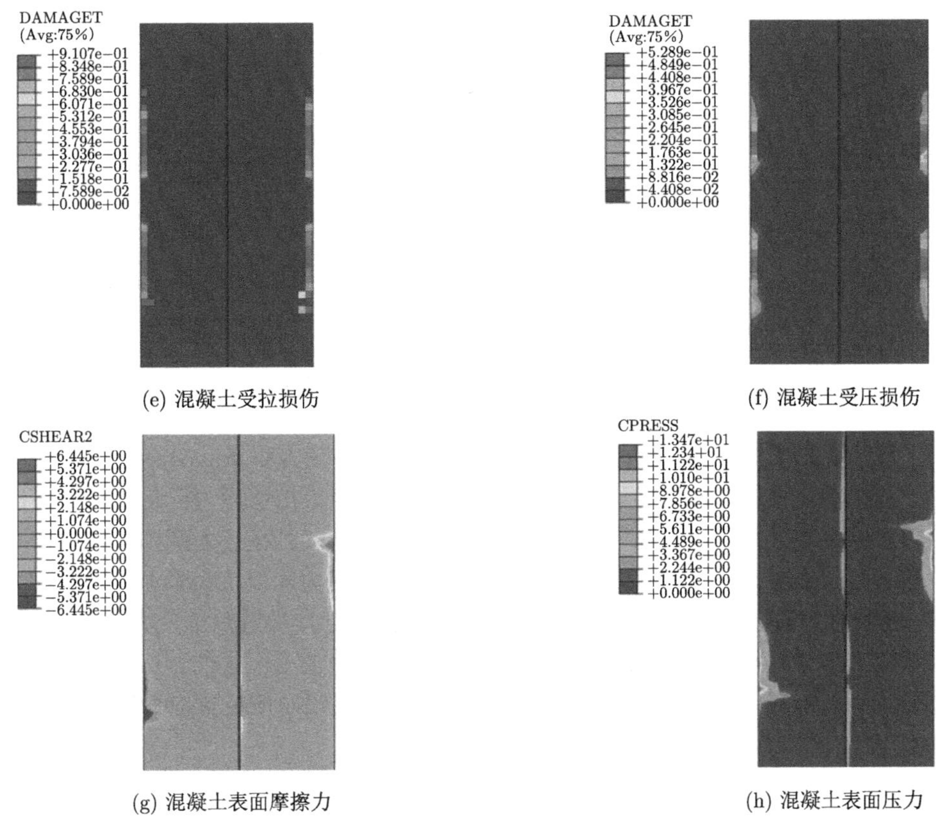

图 4.2.23 DSP1 节点区混凝土的应力分布 (彩图见封底二维码)

和主压应力，临近节点域的混凝土边缘拉应力已达到受拉开裂应力，钢梁受压翼缘对应位置的混凝土局部压应力也达到混凝土抗压强度，但范围均较小。节点区内混凝土主应力比临近位置有所减小。图 4.2.23(e) 和 (f) 给出了节点区混凝土的损伤情况，混凝土仅在应力集中位置较小范围内出现开裂和受压损伤。图 4.2.23(g) 和 (h) 给出了节点区混凝土表面接触摩擦力和压力分布，可见钢梁受压翼缘对应位置钢管向混凝土传递了较大压力。钢管隔板对混凝土形成了有效约束，接触压力较大。

2. 边柱节点域传力机理分析

边柱与中柱传力路径稍有区别，中柱梁端内力主要通过节点域向对侧钢梁传递，边柱梁端内力主要通过节点域向柱传递，正向荷载峰值对应的节点区主应力分布如图 4.2.24 所示。可见，钢梁上翼缘水平向应力通过焊缝传递至侧板，再由侧板传至柱节点域，水平向应力向节点域斜上方和斜下方扩散，直至均匀分布。钢梁下翼缘的水平压应力与拉应力传力路径相似。

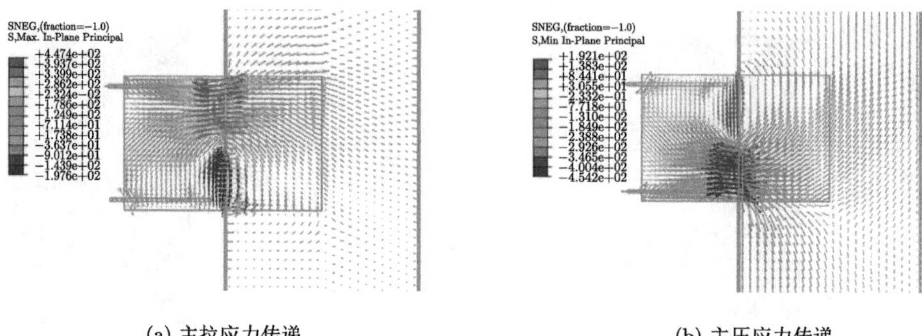

(a) 主拉应力传递　　(b) 主压应力传递

图 4.2.24　DSP3 节点域传力路径 (彩图见封底二维码)

图 4.2.25 给出了侧板的主应力传递路径，以及剪应力和 von Mises 等效应力。由于边柱节点按弱节点设计，达到峰值荷载时，侧板中部剪应力已达到剪切屈服应力。钢梁与柱间隙处侧板等效应力已超过屈服强度，且在较大范围内应力水平较高。图 4.2.26 为钢管腹板节点区主应力分布、剪应力和 von Mises 等效应力云图，侧板内力通过连接焊缝均匀传至柱腹板区域。除连接焊缝角部应力集中外，该区域应力水平均较低。图 4.2.27 给出了节点区混凝土的受压损伤、压应力和接触应力。可见混凝土基本处于弹性状态，钢梁受压下翼缘对应位置应力较高。

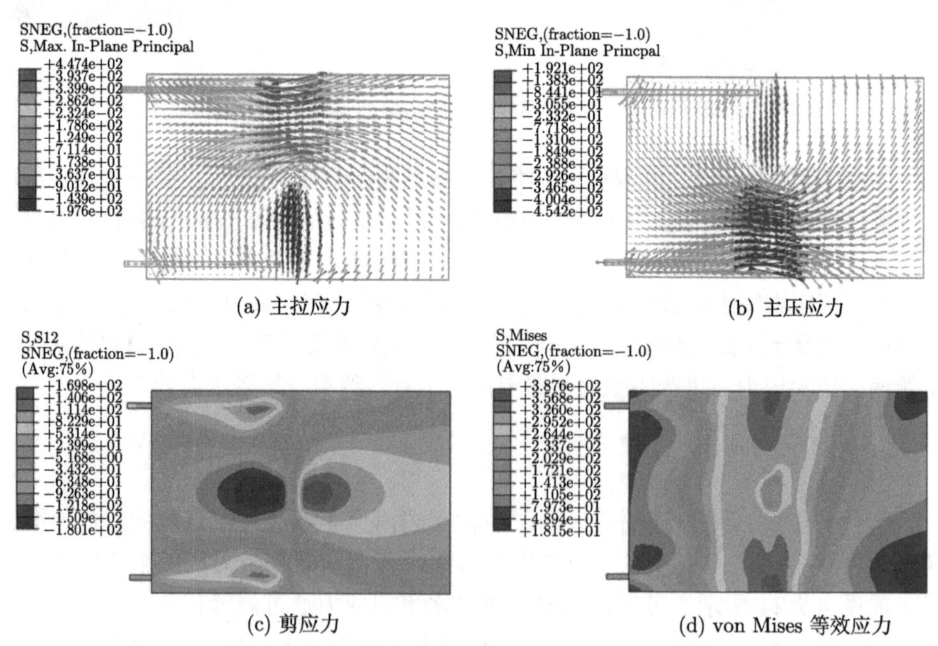

(a) 主拉应力　　(b) 主压应力

(c) 剪应力　　(d) von Mises 等效应力

图 4.2.25　DSP3 侧板应力分布 (彩图见封底二维码)

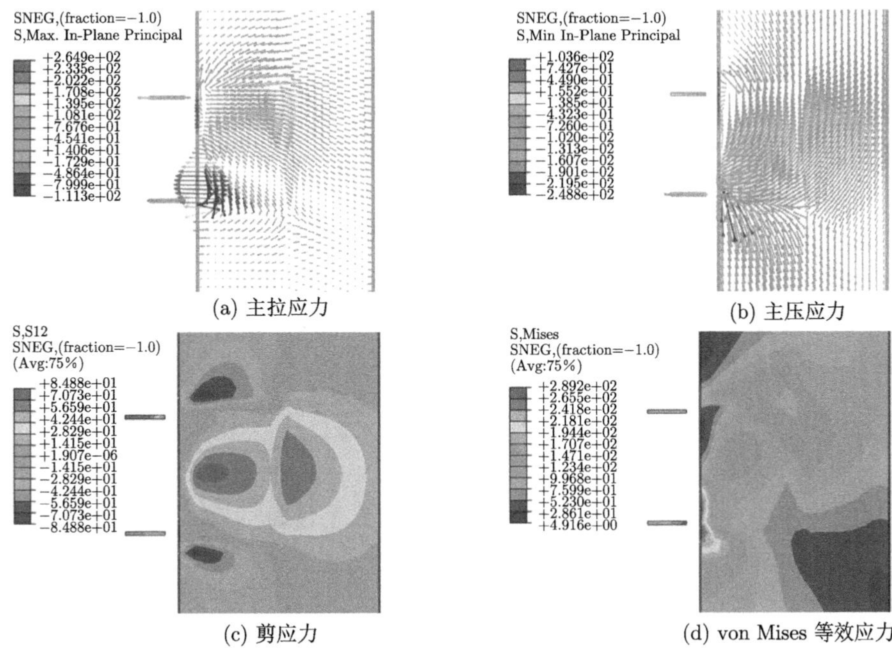

(a) 主拉应力 (b) 主压应力

(c) 剪应力 (d) von Mises 等效应力

图 4.2.26 DSP3 钢管腹板应力分布 (彩图见封底二维码)

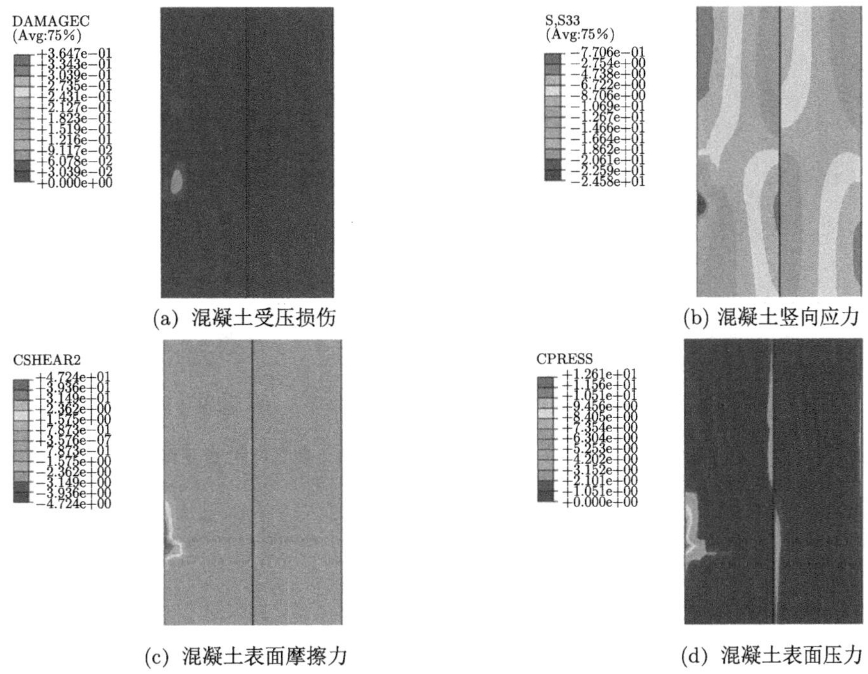

(a) 混凝土受压损伤 (b) 混凝土竖向应力

(c) 混凝土表面摩擦力 (d) 混凝土表面压力

图 4.2.27 DSP3 节点区混凝土应力分布 (彩图见封底二维码)

3. 梁端连接受力机理分析

图 4.2.28 为正向峰值荷载作用下钢梁与盖板和角钢的传力路径。钢梁上下翼缘通过连接焊缝将水平向应力转化为盖板剪应力，然后盖板将剪应力传递给侧板。钢梁腹板在剪应力作用下形成明显的压力带和拉力带，分别传向角钢的上部和下部，在角钢内部形成较大的剪应力，然后通过角钢与侧板间的连接焊缝传递至侧板。由图 4.2.28 可见，盖板与钢梁端焊缝存在应力集中，局部应力已超过屈服强度。盖板与侧板连接位置剪应力已接近剪切屈服强度。腹板剪力由两侧角钢共同承担，因此连接角钢应力水平较低。全螺栓连接节点与焊接节点传力机理相似，区别在于上下槽钢和角钢通过螺栓连接向侧板传力。

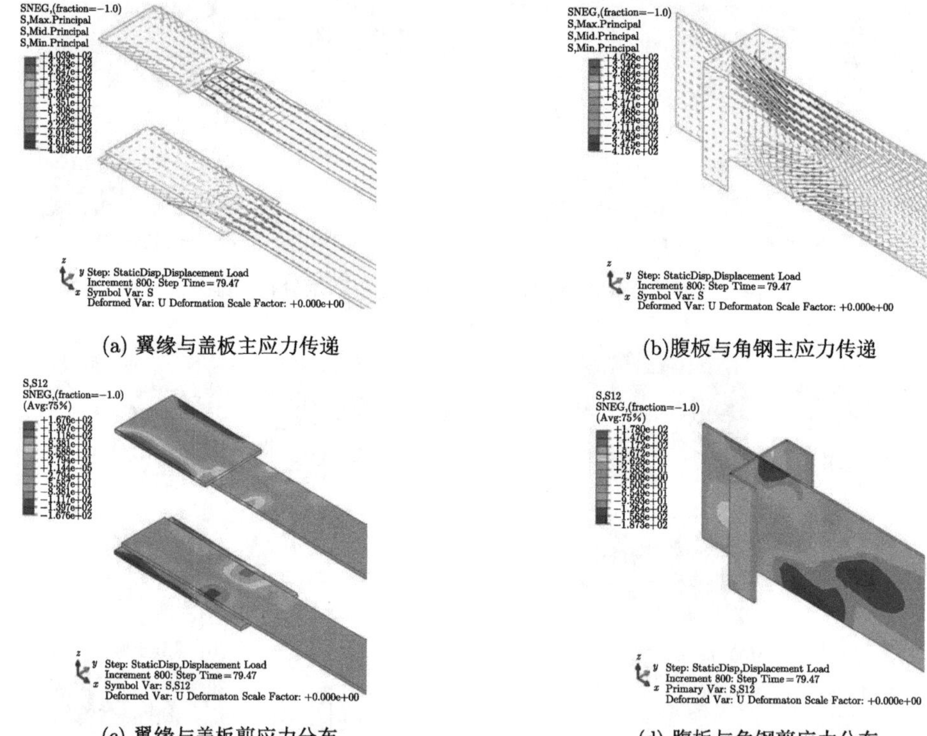

(a) 翼缘与盖板主应力传递　(b)腹板与角钢主应力传递

(c) 翼缘与盖板剪应力分布　(d) 腹板与角钢剪应力分布

图 4.2.28 DSP1 节点梁端连接应力传递 (彩图见封底二维码)

4.3 平面内双侧板梁柱连接节点设计方法研究

4.3.1 节点构造要求

抗震设计中，节点应满足“强柱弱梁，强节点弱构件”的设计原则，保证节点域具有足够的强度，以保证在梁端形成塑性铰之前不会破坏。因此建议采用如下构造要求。

(1) 根据 CECS 159—2004《矩形钢管混凝土结构技术规程》：钢管内混凝土等级不应低于 C30；对于 Q235B 钢管，宜配 C30~C40 混凝土；对于 Q345 钢管，宜配 C40~C50 混凝土。

(2) 混凝土浇筑宜采用自密实混凝土浇筑，应在钢管壁适当位置留有足够的排气孔，排气孔孔径不应小于 20mm。

(3) 采用双侧板连接形式的钢梁应满足规范宽厚比的要求，同时梁跨高比应大于 3 以保证受弯破坏起控制作用。

(4) 侧板外伸长度宜取 $0.7h \sim 1.0h$，h 为钢梁高度。

(5) 侧板、槽钢的厚度不应小于钢梁翼缘厚度，建议和钢梁翼缘同厚。

(6) 槽钢翼缘高度不应高于 200mm，以保证楼板的施工。

(7) 梁柱物理间隔处的侧板为节点侧板保护区，在加工制造时应保证此处不应有较大的初始缺陷。

(8) 宜采用摩擦型高强螺栓连接，连接板件接触面应采取必要的保护，槽钢连接处螺栓个数不应小于 3，角钢连接处螺栓个数不应小于 2。

4.3.2 节点连接设计

综合以上分析，为了满足“强节点弱构件”的设计要求，即为了保证梁端出现塑性铰，节点域的各连接组件的承载力都要保证大于钢梁的受弯承载能力。因此以钢梁塑性铰处弯矩承载能力为出发点，进行节点域各组件的设计。钢梁受弯承载能力取塑性铰处的塑性极限弯矩 M_{yb} 建议采用式 (4.3.1)；反弯点处剪力 V_{bu} 建议采用式 (4.3.2)。塑性铰位置取侧板外侧 $0.5h$(梁高) 处，计算简图如图 4.3.1。

$$M_{\mathrm{yb}} = f_{\mathrm{y}} W_{\mathrm{nx}} \tag{4.3.1}$$

$$V_{\mathrm{bu}} = \frac{M_{\mathrm{yb}}}{L} \tag{4.3.2}$$

式中，f_{y} 为钢材的屈服强度设计值；W_{nx} 为梁截面对 x 轴的塑性截面模量；L 是反弯点到塑性铰的位置，图中 x 是塑性铰到柱边的距离。

1) 侧板设计建议

由上述侧板破坏模式可以看出，梁柱隔离处的侧板为侧板的薄弱区域，此处的弯矩值也最大，为了满足梁端首先出现塑性铰，即保证此处侧板不破坏，侧板设计时建议满足式 (4.3.3)。

$$M_{\mathrm{pu}}/(M_{\mathrm{yb}} + V_{\mathrm{bu}} x) \geqslant 1.2 \tag{4.3.3}$$

$$M_{\mathrm{pu}} = f_{\mathrm{y}} W_{\mathrm{px}} \tag{4.3.4}$$

式中，M_{pu} 为侧板受弯承载力；W_{px} 为侧板塑性截面模量，f_{y} 为钢材屈服强度设计值。

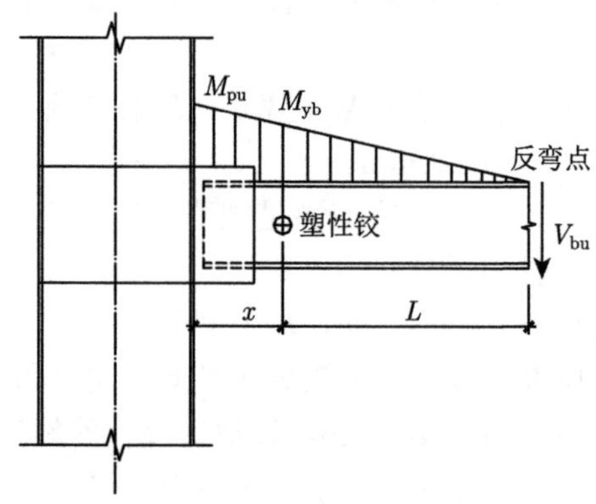

图 4.3.1　节点计算简图

2) 槽钢设计建议

槽钢连接处伸出钢梁翼缘的腹板部分为受力薄弱区域，主要承受弯矩和剪力的共同作用，把上下槽钢剖开来看，在平面内做计算简图如图 4.3.2 所示，由图可知，在弯矩和剪力的共同作用下，最不利位置在上下槽钢腹板的边缘处，参考扭矩作用下角焊缝的计算公式，并进行改进设计，槽钢的设计建议满足式 (4.3.5)：

$$f_{\mathrm{v}} \geqslant \sqrt{\left(\frac{Tr_x}{2(I_x+I_y)}+\frac{V}{2lt}\right)^2+\left(\frac{Tr_y}{2(I_x+I_y)}\right)^2} \tag{4.3.5}$$

$$T = M_{\mathrm{yb}} + V_{\mathrm{bu}}s, \quad V = V_{\mathrm{bu}} \tag{4.3.6}$$

式中，f_{v} 为钢材的抗剪强度设计值；l 为槽钢长度；t 为槽钢厚度；I_x、I_y 为有效截面绕 x、y 轴的惯性矩；$r_x = l/2$；$r_y = h/2$，h 为钢梁高度；s 为塑性铰处到计算截面形心 O 处的距离；T 为作用在截面形心处的弯矩；V 为作用在形心处的剪力。

3) 连接角钢设计建议

连接角钢主要是将梁腹板剪力传递到侧板，连接角钢的高度根据钢梁高度按构造设计，连接角钢的厚度建议采用式 (4.3.7) 设计。

$$t_{\mathrm{a}} = \frac{V_{\mathrm{bu}}}{2f_{\mathrm{v}}h_{\mathrm{a}}} \tag{4.3.7}$$

式中，t_{a} 为角钢厚度；h_{a} 为角钢高度；f_{v} 为角钢钢材的抗剪强度设计值。

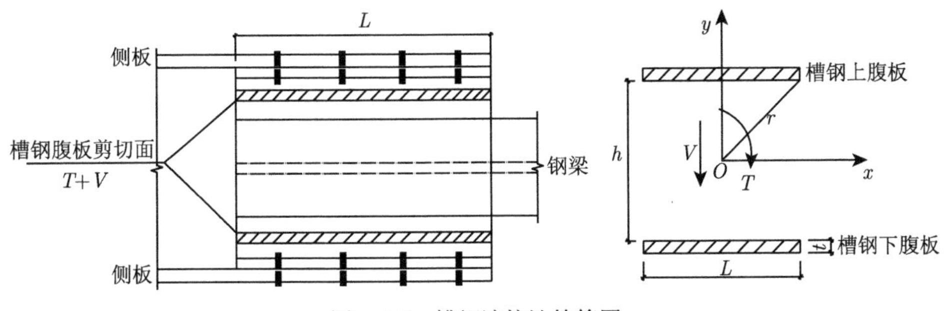

图 4.3.2 槽钢连接计算简图

4) 高强螺栓设计建议

该节点的连接形式为摩擦型高强螺栓连接，为了保证连接强度，参考螺栓群在弯矩和剪力共同作用下的承载力计算方法，计算简图如图 4.3.3 所示，建议此节点的螺栓连接满足式 (4.3.8)：

$$\sqrt{\left(\frac{Ty}{2\sum\left(x_i^2+y_i^2\right)}\right)^2+\left(\frac{Tx}{2\sum\left(x_i^2+y_i^2\right)}+\frac{V}{2n}\right)^2}\leqslant N_{\mathrm{v}}^{\mathrm{b}} \tag{4.3.8}$$

$$T=M_{\mathrm{yb}}+V_{\mathrm{bu}}s,\quad V=V_{\mathrm{bu}} \tag{4.3.9}$$

$$N_{\mathrm{v}}^{\mathrm{b}}=0.9n_{\mathrm{f}}\mu P \tag{4.3.10}$$

式中，$N_{\mathrm{v}}^{\mathrm{b}}$ 是单个摩擦型高强螺栓受剪承载力设计值；P 是高强螺栓预紧力值；n_{f} 是摩擦型高强螺栓传力摩擦面个数；μ 是摩擦面抗滑移系数；n 是单侧高强螺栓个数；x、y 为距离行心最远处螺栓的坐标；x_i、y_i 是各个螺栓在行心坐标轴当中的坐标；s 为塑性铰处到计算截面形心 O 处的距离；T 为作用在截面形心处的弯矩；V 为作用在形心处的剪力。

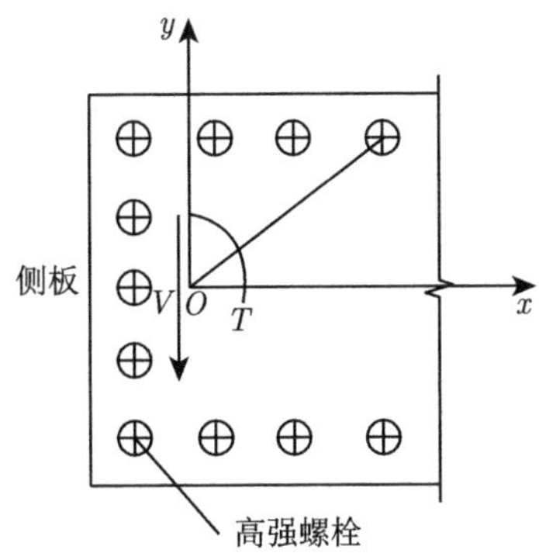

图 4.3.3 螺栓连接计算简图

4.3.3 节点设计算例

按照以上所述的计算方法，对三个节点试件进行验算，检验设计建议的可靠性。

1. 验算试验试件一

钢梁截面特征值 (H350×150×6×10(单位：mm)，Q235B)

$I_x = 104693500\text{mm}^4; A = 4980\text{mm}^2; W_{\text{ex}} = 598240\text{mm}^3; W_{\text{px}} = 673340\text{mm}^3$。

双侧板截面特征 (−1300×500×10，Q235B)

I_x=208333200mm^4；A=10000mm^2；W_{ex}=833320mm^3；W_{px}=1250000mm^3。

槽钢截面为 200mm×8mm×10mm，长度 l 为 310mm。

钢材屈服强度均取 215MPa，抗剪强度取 125MPa，塑性铰位置距离柱边 x=500mm，L=1140mm。

1) 双侧板验算

双侧板塑性极限弯矩：$M_{\text{pu}} = f_{\text{y}}W_{\text{px}} = 215 \times 1250000 = 268750000(\text{N}\cdot\text{mm})$

钢梁截面塑性极限弯矩：$M_{\text{yb}} = f_{\text{y}}W_{\text{nx}} = 215 \times 673340 = 144768100(\text{N}\cdot\text{mm})$

反弯点处剪力：$V_{\text{bu}} = M_{\text{yb}}/L = 144768100/1140 \approx 126989.6(\text{N})$

钢梁首先形成塑性铰后节点侧板薄弱处承受弯矩为

$M_{\text{yb}} + V_{\text{bu}}x = 144768100 + 126989.6 \times 500 = 208262900(\text{N}\cdot\text{mm})$

$M_{\text{pu}}/(M_{\text{yb}} + V_{\text{bu}}x) = 268750000/208262900 \approx 1.29 > 1.20$

满足设计要求。

2) 槽钢验算

上下槽钢计算截面形心处所受弯矩和剪力分别为

$T = M_{\text{yb}} + V_{\text{bu}}s = 144768100 + 126989.6 \times 300 = 182864980(\text{N}\cdot\text{mm})$

$V = V_{\text{bu}} = 126989.6\text{N}$

计算截面处截面特性：$I_x = 200931600\text{mm}^4, I_y = 49651600\text{mm}^4, r_x = 155\text{mm}$，$r_y = 175\text{mm}$，$t = 10\text{mm}$，$l = 310\text{mm}$。

上下槽钢计算截面内最不利位置所承受的最大应力：

$$\sigma = \sqrt{\left(\frac{Tr_x}{2(I_x + I_y)} + \frac{V}{2lt}\right)^2 + \left(\frac{Tr_y}{2(I_x + I_y)}\right)^2}$$

$$= 100.06\text{N/mm}^2 \leqslant f_{\text{v}} = 125\text{N/mm}^2$$

满足设计要求。

3) 连接角钢验算

连接角钢取 L90×6，按照式 (4.3.7)：

$$t_{\rm a}=\frac{V_{\rm bu}}{2f_{\rm v}h_{\rm a}}=\frac{126989.6}{2\times125\times330}\approx1.5({\rm mm})<6({\rm mm})$$

满足设计要求。

另通过力矩平衡得到柱顶水平荷载为 234.07kN，相比试验所测得柱顶水平极限荷载正方向偏低 9.5%，负方向偏低 7.2%，说明设计公式与试验值符合较好且偏于安全。

2. 验算试件二

钢梁截面特征值 (H350×150×6×10(单位：mm)，Q235B)

$I_x=104693500{\rm mm}^4$; $A=4980{\rm mm}^2$; $W_{\rm ex}=598240{\rm mm}^3$; $W_{\rm px}=673340{\rm mm}^3$。

双侧板截面特征 (−1300mm×500mm×10mm，Q235B)

$I_x=208333200{\rm mm}^4$；A=10000mm^2；$W_{\rm ex}$=833320mm^3；$W_{\rm px}$=1250000mm^3。

槽钢截面为 200mm×80mm×4mm，长度 l 为 310mm。

钢材屈服强度设计值 215MPa，抗剪强度设计值 125MPa。

槽钢验算：

上下槽钢计算截面形心处所受弯矩和剪力分别为

$T=M_{\rm yb}+V_{\rm bu}s=144768100+126989.6\times300=182864980({\rm N\cdot mm})$

$V=V_{\rm bu}=126989.6{\rm N}$

计算截面处截面特性: $I_x=200931600{\rm mm}^4$, $I_y=49651600{\rm mm}^4$, $r_x=155{\rm mm}$，$r_y=175{\rm mm}$，$t=4{\rm mm}$。

上下槽钢计算截面内最不利位置所承受的最大应力为

$$\sigma=\sqrt{\left(\frac{Tr_x}{2(I_x+I_y)}+\frac{V}{2lt}\right)^2+\left(\frac{Tr_y}{2(I_x+I_y)}\right)^2}$$

$$=125.26{\rm N/mm}^2>f_{\rm v}=125{\rm N/mm}^2$$

不满足设计要求。

根据有限元模拟结果，该模型由于槽钢厚度较薄，在槽钢翼缘连接处发生剪切屈服，导致节点破坏，承载力降低。

3. 验算模型试件三

钢梁截面特征值 (H350×150×6×10(单位：mm)，Q235B)

$I_x=104693500{\rm mm}^4$; $A=4980{\rm mm}^2$; $W_{\rm ex}=598240{\rm mm}^3$; $W_{\rm px}=673340{\rm mm}^3$。

双侧板截面特征 (−1300mm×500mm×6mm，Q235B)

$I_x=125000000{\rm mm}^4$; $A=6000{\rm mm}^2$; $W_{\rm ex}=500000{\rm mm}^3$; $W_{\rm px}=750000{\rm mm}^3$。

双侧板计算：

侧板塑性极限弯矩：$M_{\mathrm{pu}} = f_{\mathrm{y}} W_{\mathrm{px}} = 215 \times 750000 = 161250000(\mathrm{N \cdot mm})$。

钢梁首先形成塑性铰后节点侧板薄弱处承受弯矩为

$$M_{\mathrm{yb}} + V_{\mathrm{bu}} x = 215 \times 673340 + 215 \times 673340 \times 500/1140 = 208262900(\mathrm{N \cdot mm})$$

$$M_{\mathrm{pu}}/(M_{\mathrm{yb}} + V_{\mathrm{bu}} x) = 161250000/208262900 = 0.77 < 1.0$$

两者比值小于 1.0，说明侧板承载力过小而不满足设计要求。

根据有限元模拟结果，该模型由于侧板厚度过薄导致侧板梁柱隔离处首先形成塑性铰，节点最终破坏。

4.4　本 章 小 结

本章针对多腔钢管混凝土柱-H 形钢梁双侧板节点进行了足尺模型的低周往复荷载试验，并利用 ABAQUS 软件建立了考虑材料非线性、几何非线性以及接触非线性的有限元模型。对比分析了轴压比、侧板高度、侧板厚度、盖板及托板厚度等因素对双侧板节点受力性能的影响，分析了节点的传力机理及破坏模式，提出了节点侧板的优化、设计及生产和施工建议。通过上述工作得到的主要结论如下。

(1) 强节点试件的破坏模式为梁端首先出现塑性铰，梁柱隔离处侧板有一定的塑性发展，属于典型的节点破坏模式，满足“强柱弱梁，节点更强”的设计原则。弱节点试件的破坏模式为节点区薄弱处侧板破坏，在设计时应避免出现节点区破坏。

(2) 试验结果表明虽然梁端链杆销轴的安装间隙导致柱端荷载–位移曲线出现了一定的滑移现象，但是节点试件仍具有良好的延性及耗能能力，强节点试件的延性及耗能性能均高于弱节点试件。

(3) ABAQUS 有限元软件可以较准确地模拟试验现象，由于试验装置和试件加工不能达到完全理想的状态，有限元分析得到的试件承载力以及延性均高于试验值。

(4) 轴压比对试件初始刚度以及峰值荷载影响较小，随着轴压比提高，试件的延性降低幅度较大，控制轴压比可以有效地控制试件的延性；适当地增加侧板高度可以提高试件的承载能力，但是当侧板高度过小时会发生节点区的破坏，控制侧板高度可以有效地控制试件的破坏模式；侧板厚度、盖板厚度及托板厚度对试件承载力以及延性影响较小，但当厚度过小时会导致节点区首先发生破坏。

(5) 试验与有限元模拟分析表明侧板梁柱隔离区域均出现了一定程度的塑性发展，此部分区域应为节点保护区域，生产施工时应避免过多的初始缺陷。

(6) 新型双侧板节点的破坏模式主要为钢梁塑性铰破坏以及节点侧板破坏。钢梁拉压应力沿着侧板对角线路径传递到另一侧钢梁，传力路径简洁，侧板承担较多的应力传递，钢管柱与混凝土对于应力传递贡献较小。

(7) 侧板外伸远端区域可以采用降低高度的方式进行优化设计，优化区域越靠近柱端，节点侧板受力越复杂，梁柱隔离处侧板越容易发生断裂，另外优化过度区域应尽可能平缓，避免应力突变。

参 考 文 献

[1] 郝际平, 樊春雷, 苏海滨, 等. 一种螺栓连接的双侧板节点及装配方法 [P]. 中国: 106013466B, 2018-01-29.

[2] 郝际平, 薛强, 樊春雷, 等. 多腔钢管混凝土组合柱与钢梁螺栓连接节点及装配方法 [P]. 中国: 105863081B, 2018-07-10.

[3] 郝际平, 刘斌, 杨哲明, 等. 多腔钢管混凝土组合柱与钢梁刚性连接节点及装配方法 [P]. 中国: 105839793B, 2019-01-22.

[4] 刘瀚超. 多腔钢管混凝土柱-H 型钢梁双侧板节点受力性能研究 [D]. 西安: 西安建筑科技大学, 2017.

[5] Liu H C, Hao J P, Xue Q, et al. Seismic performance of a wall-type concrete-filled steel tubular column with a double side-plate I-beam connection[J]. Thin-Walled Structures, 2021, 159: 1-17.

[6] 张峻铭. 壁式钢管混凝土柱-钢梁双侧板螺栓连接节点抗震性能研究 [D]. 西安: 西安建筑科技大学, 2018.

[7] 黄育琪, 郝际平, 樊春雷, 等. WCFT 柱-钢梁节点抗震性能试验研究 [J]. 工程力学, 2020, 37(12): 34-42.

[8] Huang Y Q, Hao J P, Bai R, et al. Mechanical behaviors of side-plate joint between walled concrete-filled steel tubular column and H-shaped steel beam [J]. Advanced Steel Construction,2020,V.16(4): 346-353.

[9] 黄心怡. 壁式钢管混凝土柱-H 型钢梁双侧板节点受力性能研究 [D]. 西安: 西安建筑科技大学, 2019.

[10] 惠凡. 壁式钢管混凝土柱-钢梁嵌入式双侧板节点抗震性能研究 [D]. 西安: 西安建筑科技大学, 2020.

第 5 章　平面外穿芯拉杆–端板梁柱连接节点的力学性能

双侧板梁柱连接节点是壁式钢管混凝土柱平面内连接最优的解决方案之一，由于平面外刚性连接较为复杂，一般情况下采用铰接连接方式。高层框架结构体系为保证结构具有足够的冗余度，要求梁柱节点采用刚性连接。已有研究表明，钢管混凝土穿芯螺栓 (拉杆)–端板连接节点具有较好的抗震性能，但该节点形式存在不便于现场安装，不能施加预应力等缺点。本节在已有研究的基础上，提出了装配式穿芯拉杆–端板梁柱连接节点，具有连接刚度大，便于装配施工等优点 [1–3]。壁式钢管混凝土柱平面外穿芯拉杆–端板梁柱连接节点国内外尚未见研究。

本章重点研究壁式钢管混凝土柱–钢梁穿芯拉杆–端板连接节点的受力性能。通过对穿芯拉杆–端板连接节点进行拟静力试验，研究节点的滞回性能、刚度退化、延性性能、耗能能力以及破坏模式。通过精细有限元分析，研究不同轴压比、钢梁翼缘厚度、端板厚度、钢梁连接位置等因素对节点受力性能的影响。在理论分析、试验研究和有限元分析的基础上给出节点设计建议及节点生产施工建议 [4–5]。

5.1　平面外穿芯拉杆–端板梁柱连接节点抗震性能试验研究

5.1.1　试验概况

1. 试件设计

本次试验以壁式柱平面外梁柱连接节点为研究对象，采用新型的穿芯拉杆–端板连接节点，以期获得良好的节点滞回性能和预定的节点破坏模式。图 5.1.1 为圆钢和高强螺栓连接副，圆钢端部打孔攻丝，使其能与高强螺栓配合并可靠传递拉力。基于有效控制梁柱节点破坏模式的设计思想，依据单调加载有限元分析结果，设计了如图 5.1.2(a1)、(b1) 和 (c1) 所示的梁柱节点，包括两个中柱节点和一个边柱节点。图 5.1.2(a2)、(b2) 和 (c2) 给出了节点细部构造和各连接件明细。

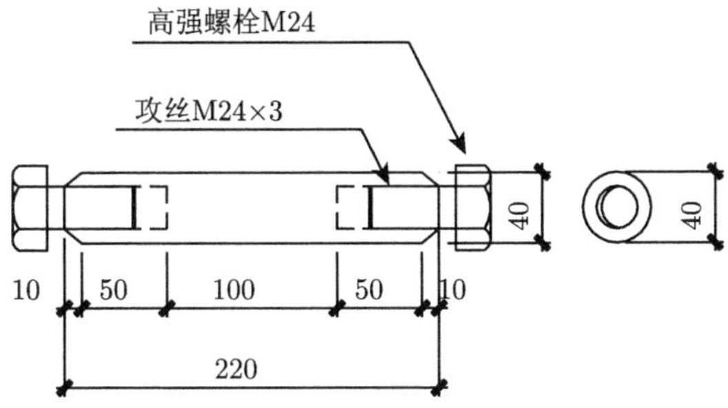

图 5.1.1 对穿圆钢尺寸及构造 (单位：mm)

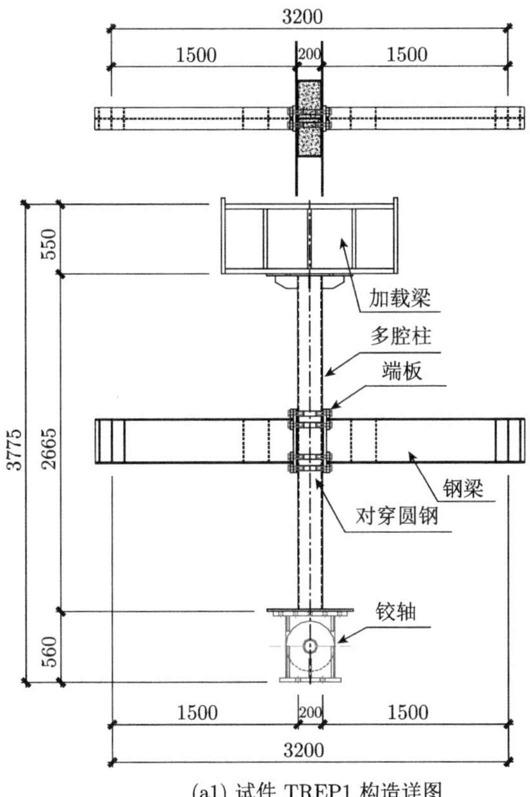

(a1) 试件 TREP1 构造详图

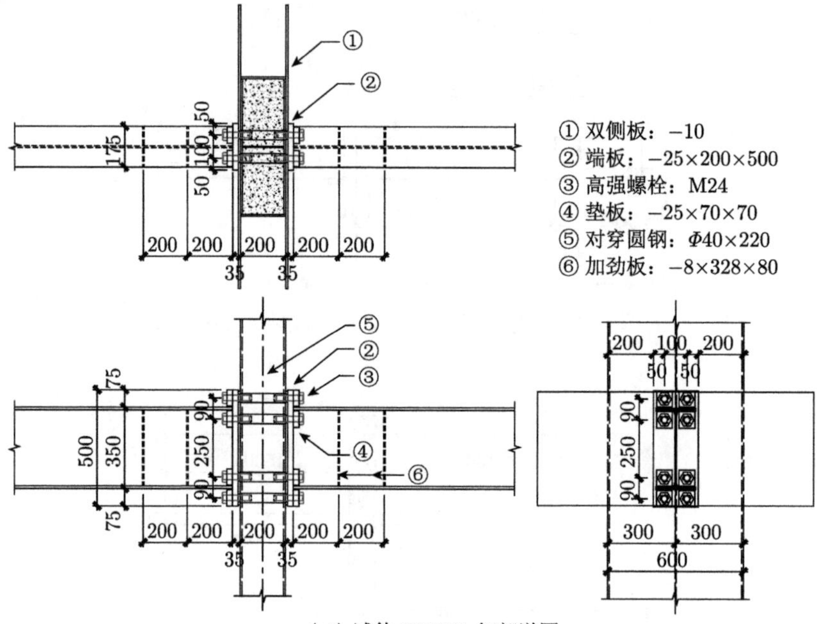

(a2) 试件 TREP1 细部详图

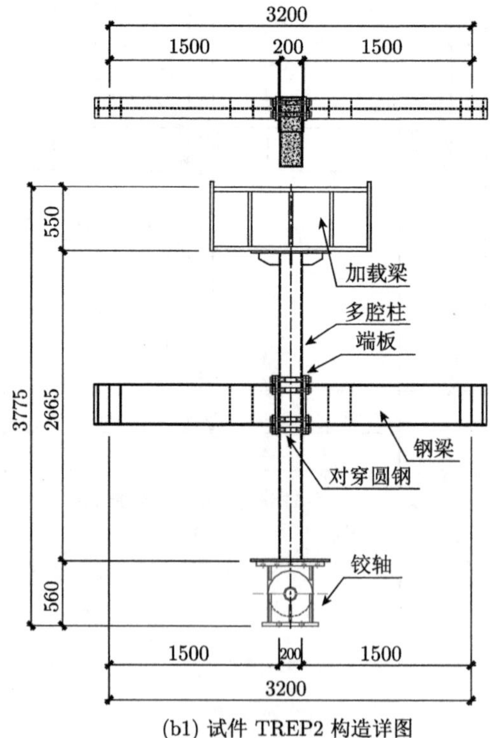

(b1) 试件 TREP2 构造详图

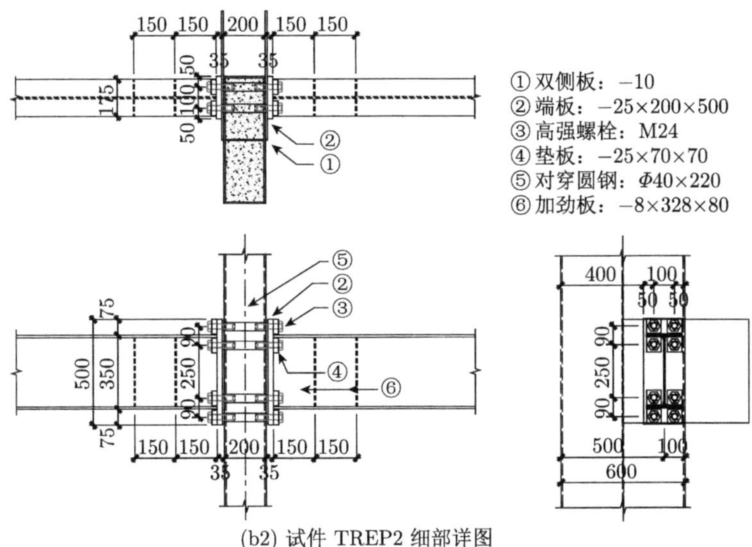

(b2) 试件 TREP2 细部详图

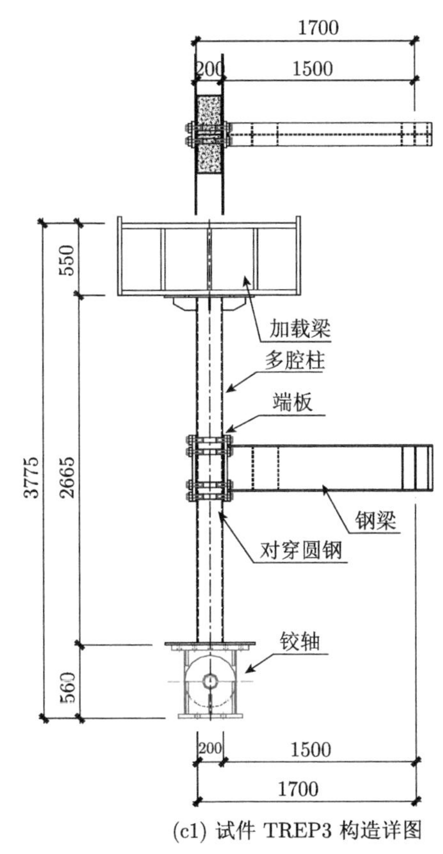

(c1) 试件 TREP3 构造详图

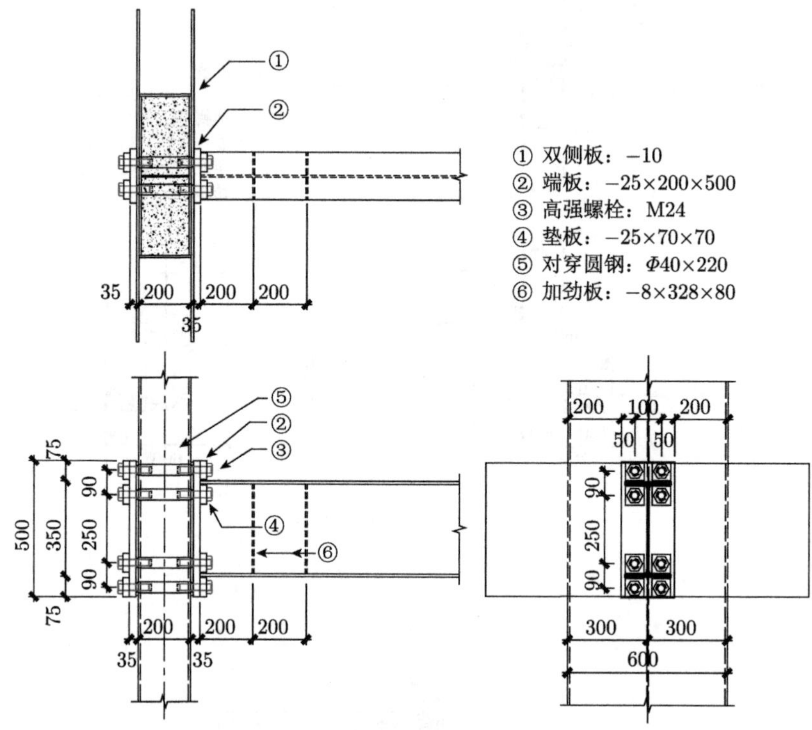

(c2) 试件 TREP3 细部详图

图 5.1.2　试件尺寸及构造 (单位：mm)

试验模型梁柱截面取自西安某住宅工程中的壁式钢管混凝土柱和钢梁截面。柱截面尺寸为 200mm×600mm，壁厚为 8mm，高度为 2800mm；梁截面尺寸为 H350×175×7×11(单位：mm)，长度为 1600mm。试验节点分为以下三类。

(1) 中柱梁柱节点，如图 5.1.2(a)。节点符合“强节点弱构件”设计原则，节点承载力为钢梁塑性承载力的 1.2 倍。首先，双侧板与柱预先焊接，双侧板和柱壁板预留孔洞。预先套丝的圆钢与柱壁板和侧板坡口熔透焊接。然后，钢梁和钢柱组装，采用 10.9 级 M24 高强大六角头螺栓连接副，为方便连接，端板螺栓孔径为 28mm，垫板螺栓孔径为 26mm。钢板接触面采用喷丸处理，钢材摩擦面的抗滑移系数按规程取 0.40。钢梁塑性铰区设置横向加劲肋，以有效约束钢梁翼缘的变形。

(2) 边柱梁柱节点，如图 5.1.2(b)。节点符合“强节点弱构件”设计原则，节点承载力为钢梁塑性承载力的 1.2 倍。为保证节点承载力和刚度，在钢梁对侧设置钢板加强节点区，并采用高强螺栓连接于圆钢上面，使节点两侧均能施加预应力，对穿圆钢处于高拉应力状态，减小节点变形。

(3) 偏心梁柱节点，如图 5.1.2(c)。壁式柱截面高度相对较大，为满足建筑使用效果，钢梁往往具有较大的偏心距离，偏心状态下的节点受力状态更为不利。本试件偏心距达到 200mm，为柱截面高度的 1/3。

双侧板对柱节点域形成了有效的加强和保护，同时，平面外梁柱节点域受力方向厚度较大，避免了节点域的破坏，因此本节未对节点域的破坏进行研究。

各试件计算轴压比时，考虑钢管的作用，轴压比设计值 n_d 和试验值 n_t 分别采用式 (5.1.1) 和式 (5.1.2) 计算：

$$n_\mathrm{d} = 1.2N/\left(f_\mathrm{s}A_\mathrm{s} + f_\mathrm{c}A_\mathrm{c}\right) \tag{5.1.1}$$

$$n_\mathrm{t} = N/\left(f_\mathrm{sm}A_\mathrm{s} + f_\mathrm{cm}A_\mathrm{c}\right) \tag{5.1.2}$$

式中，N 为柱的轴压力；f_s 为钢材屈服强度设计值；f_sm 为钢材屈服强度实测值；A_s 为钢管截面面积，其中纵向分隔钢板为拉结构造作用，轴压比及承载力计算均未考虑其作用；f_c 为混凝土轴心抗压强度设计值；f_cm 为混凝土轴心抗压强度，$f_\mathrm{cm} = 0.76f_\mathrm{cu}$，$f_\mathrm{cu}$ 为混凝土立方体抗压强度实测值；A_c 为混凝土净截面面积。

2. 材性试验

为了更准确地预测和模拟节点性能，对试件各部件进行了材料性能试验。钢材材性试验为单向拉伸试验，试件单元为条状试样，按照 GB/T 2975—2018《钢及钢产品力学性能试验取样位置及试样制备》的要求从母材中切取，然后根据 GB/T 228.1—2010《金属材料拉伸试验 第 1 部分：室温试验方法》的规定加工成试样，取样位置和典型拉伸试样见图 5.1.3。钢材材性试验结果见表 5.1.1。由表中数据可见：除 6mm 厚加劲肋外，钢材均满足 GB/T 700—2006《碳素结构钢》的性能要求；钢材的屈服强度实测值与抗拉强度实测值的比值小于 0.85，具有明显的屈服台阶，且伸长率大于 20%，满足 GB 50011—2010《建筑抗震设计规范 (附条文说明)(2016 版)》的要求。

壁式钢管混凝土柱内混凝土设计标号为 C25，采用商品混凝土浇筑。在浇筑过程中制作边长为 150mm 的混凝土立方体试块，并随同试件在实验室进行养护。试件加载时，测定混凝土试块抗压强度。试验时实测混凝土立方体抗压强度平均值为 32.3MPa，标准值为 28.1MPa。壁式钢管混凝土柱内混凝土设计标号为 C25，采用商品混凝土浇筑。在浇筑过程中制作边长为 150mm 的混凝土立方体试块，并随同试件在实验室进行养护。试件加载时，测定混凝土试块抗压强度。试验时实测混凝土立方体抗压强度平均值为 32.3MPa，标准值为 28.1MPa。

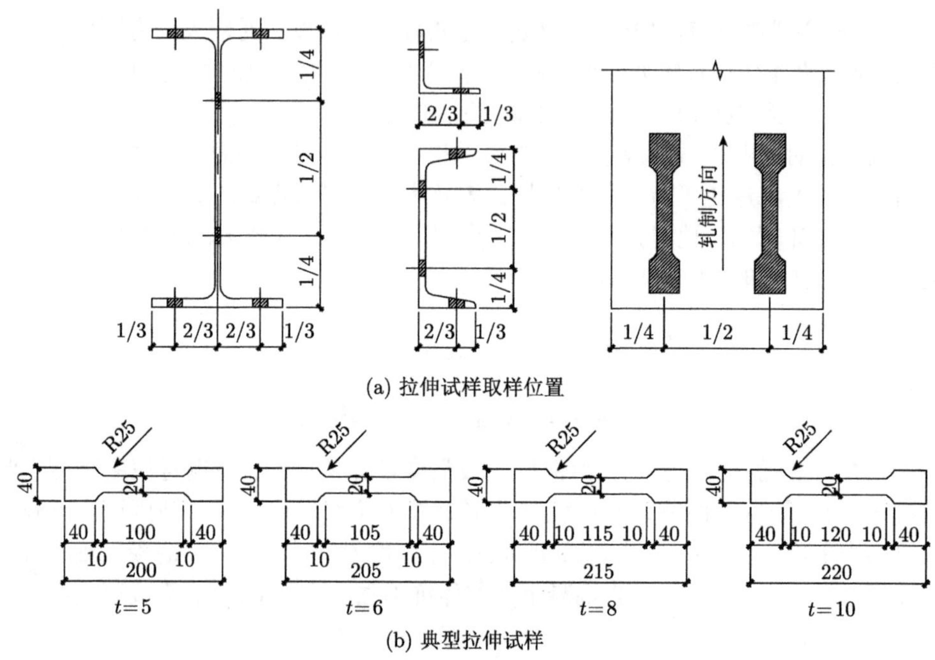

图 5.1.3　钢材材性试验试件 (单位：mm)

表 5.1.1　钢材力学性能指标

组件名称	名义厚度/mm	实测厚度/mm	f_{sm} /MPa	f_{su} /MPa	E /MPa	δ /%	f_{su}/f_{sm}
柱隔板	5	4.60	318.5	475.2	2.05×10^5	40.1	1.49
柱壁板	8	7.68	317.9	481.9	2.08×10^5	40.1	1.52
梁腹板	7	6.73	336.7	465.4	2.03×10^5	28.7	1.38
梁翼缘	11	11.52	270.8	411.0	1.81×10^5	30.8	1.52
端板	25	24.59	276.7	434.4	1.96×10^5	33.9	1.57

注：f_{sm} 为屈服强度；f_{su} 为抗拉强度；E 为弹性模量；δ 为伸长率。

5.1.2　试验装置、量测内容和加载制度

1. 试验装置

试验为在恒定轴压荷载作用下施加反复水平荷载的拟静力试验，在西安建筑科技大学结构工程与抗震教育部重点实验室进行，试验装置如图 5.1.4 所示。柱底采用理想的平面内转动铰轴约束，梁端和柱顶采用可移动的转动铰约束。柱底铰轴节点如图 5.1.5(a) 所示，允许柱底在节点平面内自由转动，同时限制柱底水平位移、竖向位移和平面外转动。柱顶竖向荷载采用 500t 液压千斤顶，千斤顶与反力梁间设置滚轴，保证水平自由滑动，千斤顶与柱顶压梁采用球铰连接，使柱顶可自由转动，如图 5.1.5(b) 所示。液压千斤顶油路与稳压装置串联，保证在加

载过程中柱顶竖向荷载保持恒定，稳压装置如图 5.1.5(c) 所示。梁端通过刚性链杆与地梁连接，使梁端水平向能够自由移动，竖向位移受到约束，并提供梁端所需要的竖向反力，同时，连杆安装有力传感器，能够精确测量梁端所受竖向力，如图 5.1.5(d) 所示。水平加载为 MTS 电液伺服结构试验系统，采用 100t 电液伺服作动器在柱顶施加低周反复水平荷载，作动器支承于反力墙，行程为 ±250mm。

此外，柱顶设置压梁使电液伺服作动器施加的水平荷载和液压千斤顶施加的轴向力均匀地传至试件。试件侧面安装了防止柱和钢梁平面外侧倾的钢梁，防侧倾钢梁与试件之间设置滚轴，以消除两者之间摩擦力的影响。数据采集使用 TDS630 数据采集仪。

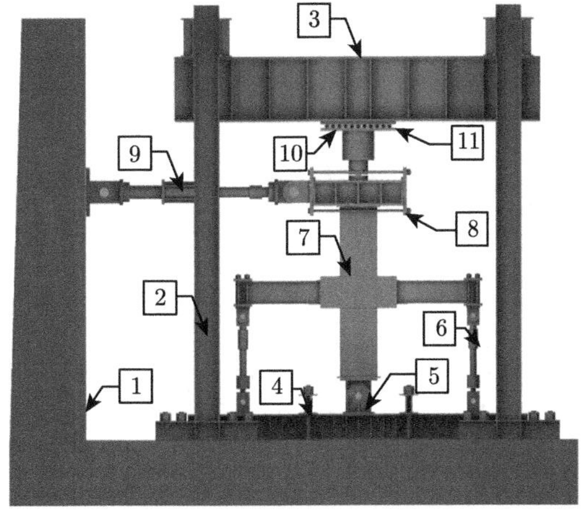

图 5.1.4 试验加载装置

1. 反力墙；2. 反力刚架；3. 反力梁；4. 台座；5. 铰轴；6. 刚性链杆；7. 试件；8. 加载梁；9. 伺服作动器；10. 千斤顶；11. 滑动滚轴

(a) 柱底铰轴

(b) 柱顶千斤顶及滚轴

(c) 千斤顶稳压装置

(d) 刚性链杆

图 5.1.5　试验装置细部

2. 量测内容

试验量测内容包括：施加的轴压荷载和水平荷载、试件的位移和关键位置的应变。测点布置如图 5.1.6 所示，沿柱高布设 3 个水平位移计量测水平位移，钢梁

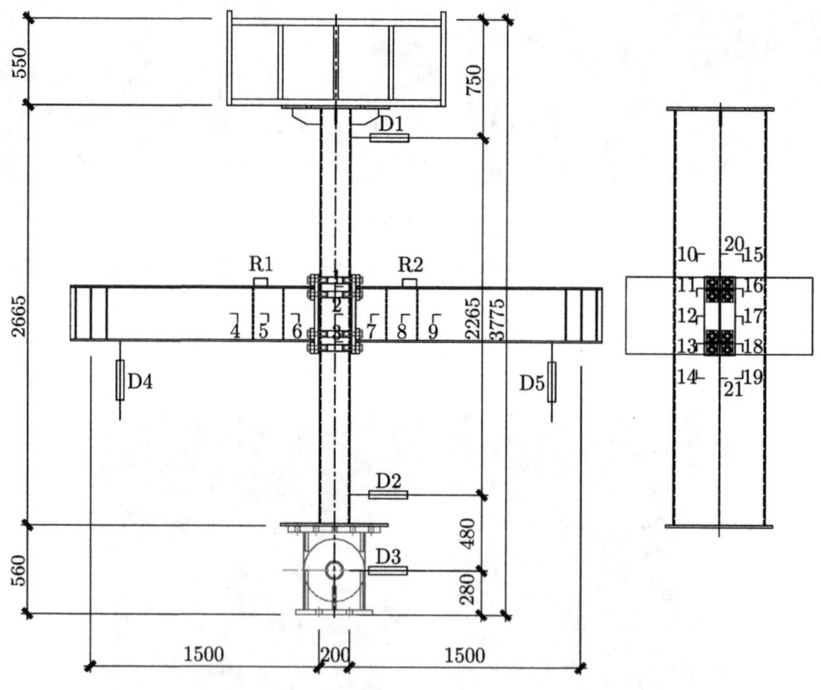

图 5.1.6　试件测点布置 (单位：mm)

D1. 磁致伸缩位移计；D2～D5. 水平位移计；R1～R3. 倾角仪；1～12. 应变片

端部分别布置 1 个竖向位移计，量测梁端竖向滑移；节点域布设 1 对交叉位移计量测侧板的剪切变形；柱下部和梁塑性铰区各布设 1 个倾角仪量测截面转角。此外，在双侧板和梁塑性铰区分别布设应变片或应变花，量测双侧板纵向应变、横向应变和剪切应变。试验过程中，观察记录双侧板屈曲发展、钢梁塑性铰区发展和焊缝破坏等。

3. 加载制度

试验按照 JGJ/T 101—2015《建筑抗震试验规程》的规定，采用力–位移混合控制的加载方式。首先竖向千斤顶施加轴压荷载，试验过程中通过稳压系统保持轴压荷载不变；然后伺服作动器施加反复水平荷载，水平力加载点距柱底截面距离为 3120mm，主控测点位移计 D1 距柱底截面 2720mm，如图 5.1.6 所示。试件的水平荷载在预测屈服荷载前采用力控制加载，加载等级为 0.2 倍预测屈服荷载，每级荷载循环 1 次；试件屈服后按位移控制加载，各加载等级对应的主控点位移增量为 10mm，每级位移循环 3 次，加载制度如图 5.1.7 所示。水平加载时先加推力，为正向加载；后加拉力，为反向加载。当试件钢板屈曲、混凝土压碎不能维持施加的轴压力，或水平荷载下降到峰值水平力的 85%以下时，试验停止。

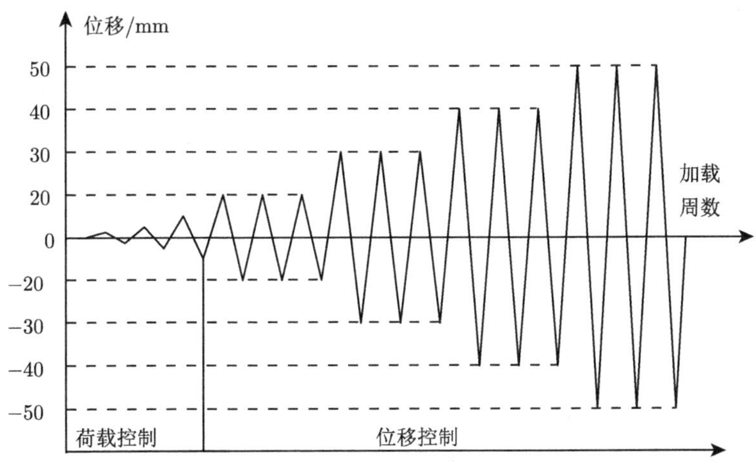

图 5.1.7 试验加载制度

5.1.3 试验现象分析

试件的破坏过程和破坏形态基本相同，试验过程可分为以下三个阶段。

(1) 弹性阶段。加载初期各试件变形较小，试件名义屈服前 (位移约为 30mm，位移角约为 0.010 rad，各试件不等) 基本处于弹性状态，试件各部件未发现可见变形。由于钢梁与壁式柱通过端板和对穿圆钢及混凝土传力，传力路径较为复杂，各试件表现出轻微非线性。试件 TREP3 为单侧钢梁，残余变形相对较大。

(2) 弹塑性阶段。该阶段为名义屈服后至水平荷载达到峰值的受力过程。随着位移增大，各试件壁式柱产生可见弯曲变形，TREP1 和 TREP2 变形明显。当位移达到 60mm(位移角约为 0.022rad) 时，试件 TREP1 钢梁翼缘和腹板略微屈曲，试件 TREP3 水平荷载达到峰值。当位移达到 75mm(位移角约为 0.028rad) 时，试件 TREP1~TREP3 受拉翼缘与端板间焊缝出现微裂纹，试件 TREP1 和 TREP3 翼缘和加劲肋轻微屈曲，试件 TREP3 承载力开始下降。当位移达到 90mm(位移角约为 0.033rad) 时，试件 TREP1 和 TREP2 水平荷载达到峰值，试件 TREP1~TREP3 受拉翼缘与端板间焊缝开裂继续发展。

(3) 破坏阶段。该阶段为水平荷载到达峰值后，试件出现较大的塑性变形，水平荷载开始下降直至峰值荷载的 85%以下或丧失竖向承载力。当位移超过 90mm(位移角约为 0.033rad) 时，TREP1 和 TREP2 柱弯曲变形显著，各试件梁端塑性铰区可见明显剪切变形，翼缘和腹板屈曲发展，受拉侧端板与柱壁开始脱离，但距离微小，且未见发展扩大趋势。当位移达到 105mm(位移角约为 0.040rad) 时，试件 TREP1 西侧梁腹板下部由工艺孔处水平撕裂，裂缝水平方向发展 2~3cm 后向斜下方发展并导致下翼缘中部撕裂，西侧梁腹板上部工艺孔处和东侧梁腹板工艺孔处均水平向撕裂，但未向翼缘方向发展，试件负向承载力急剧下降，但正向加载时西侧钢梁下翼缘裂缝闭合，能够继续承载。当位移达到 120mm(位移角约为 0.044rad) 时，试件 TREP1 西侧梁下翼缘完全断裂，屈曲严重，各工艺孔处水平裂缝继续水平向发展扩大。试件 TREP2 梁端部腹板工艺孔处均出现水平裂缝，西侧梁下翼缘与端板焊缝开裂继续发展。试件 TREP3 梁下翼缘屈曲严重，下翼缘与端板焊缝在反复荷载下断裂，承载力急剧下降，试验结束。当位移达到 135mm(位移角约为 0.050rad) 时，试件 TREP1 西侧梁下翼缘和腹板与端板连接断裂，东侧梁上翼缘屈曲继续发展，试件整体承载力下降过多，试验结束。试件 TREP2 西侧梁下翼缘与端板连接焊缝断裂，东侧梁腹板上部水平裂缝向上翼缘发展，导致翼缘断裂，同时腹板与端板间焊缝断裂，试件承载力急剧下降，试验结束。

图 5.1.8~ 图 5.1.10 给出了各试件整体和钢梁端部的破坏形态。试件 TREP1~TREP3 柱节点区和钢梁端板均未发现肉眼可见残余变形，高强螺栓保持预紧状态。各试件破坏集中于梁端塑性铰区，最终破坏均为钢梁翼缘母材断裂，或钢梁翼缘与端板连接焊缝断裂引起承载力急剧下降。梁端加劲肋的设置有效约束了钢梁翼缘和腹板的屈曲，钢梁塑性铰区在较大位移下屈曲并未迅速发展。值得注意

的是，位移较大时，钢梁塑性铰区可见明显的剪切变形，钢梁腹板在工艺孔位置发展水平裂缝，并向翼缘方向发展，导致钢梁翼缘断裂。

(a) 整体破坏形态

(b1) 左侧梁塑性铰区

(b2) 左侧梁下翼缘断裂

(b3) 左侧梁腹板撕裂

(b4) 左侧梁腹板下部开裂

(c1) 右侧梁塑性铰区

(c2) 右侧梁腹板下部开裂

图 5.1.8 试件 TREP1 破坏形态

(a) 整体破坏形态

(b1) 左侧梁塑性铰区

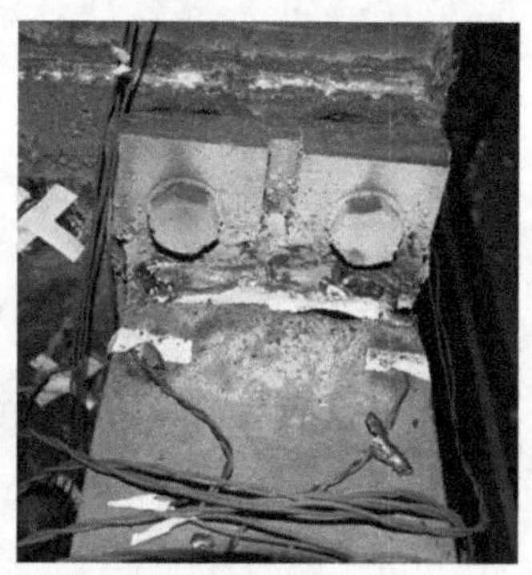

(b2) 左侧梁上翼缘断裂

(b3) 左侧梁腹板断裂

(b4) 左侧梁腹板上部裂缝

(c1) 右侧梁塑性铰区

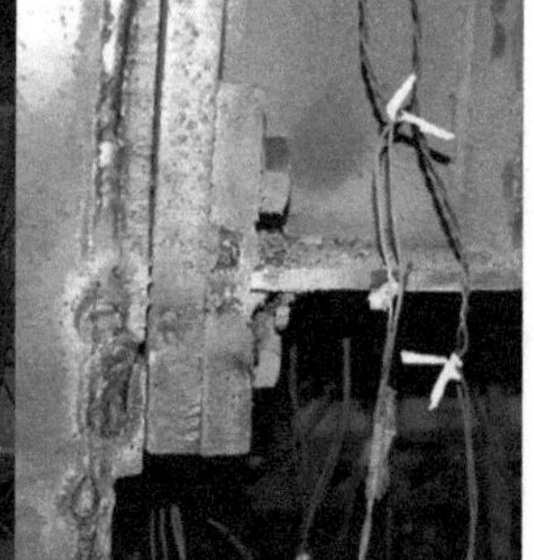

(c2) 右侧梁端焊缝断裂

图 5.1.9　试件 TREP2 破坏形态

(a) 整体破坏形态

(b1) 梁塑性铰区

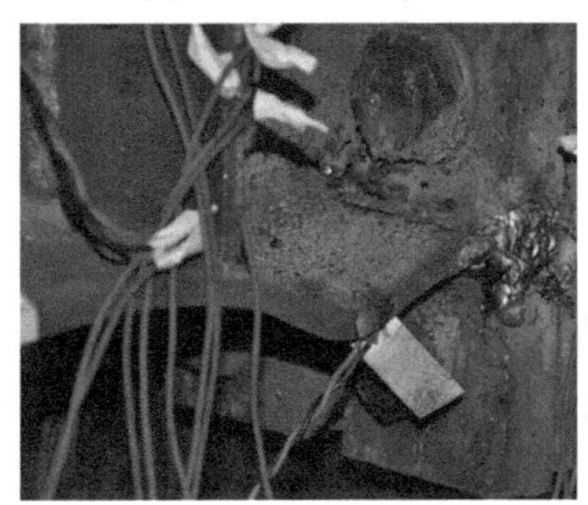

(b2) 梁下翼缘屈曲

(b3) 梁下翼缘焊缝断裂

图 5.1.10 试件 TREP3 破坏形态

图 5.1.11 给出了各试件壁式柱节点区和节点区混凝土的状态。节点区未发现残余变形和破坏，对穿圆钢、螺丝、侧板及相互之间的连接焊缝等保持完好。节点区混凝土未发现可见裂缝和滑移等破坏现象。

(a1) TREP1 柱节点区

(a2) TREP1 柱端混凝土状态

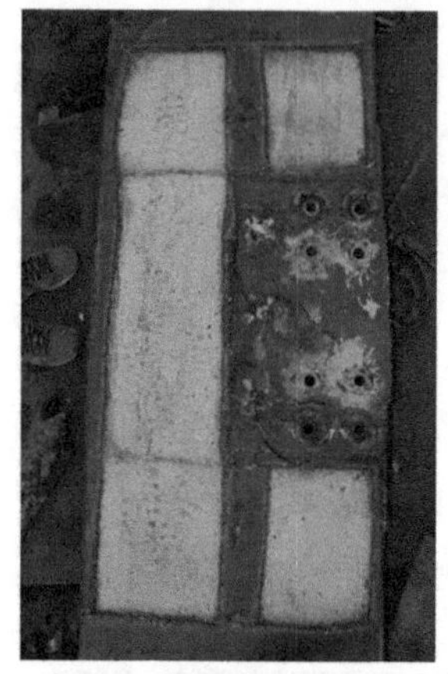

(b1) TREP2 柱节点区

(b2) TREP2 柱端混凝土状态

图 5.1.11　试件节点区形态

5.1.4　试验结果分析

1. 柱端 P-Δ 滞回曲线和骨架曲线

图 5.1.12 为试件 TREP1~TREP3 荷载–位移滞回曲线。由图 5.1.12 可知：加载初期，试件处于弹性状态。水平位移小于 30mm 时，滞回曲线基本为线性，残余变形较小。位移大于 30mm 时，钢梁钢材屈服，刚度下降，荷载稳定增加，卸载后出现残余变形。试件 TREP1 和 TREP2 梁柱刚度比较为接近，加载过程中，柱弯曲变形明显，试件 TREP3 钢梁仅在一侧，同一位移等级下柱弯曲变形相对较小，梁弯曲变形相对较大。因此，水平位移为 60mm 时，试件 TREP3 水平荷载达到峰值，钢梁塑性铰区翼缘开始屈曲；水平位移为 90mm 时，试件 TREP1 和 TREP2 水平荷载达到峰值，进入破坏阶段。试件 TREP1 和 TREP2 柱弹性变形在总变形中占有较大比例，滞回曲线略微捏拢，钢梁翼缘和腹板在加劲肋约束下屈曲发展缓慢，由于钢材进入强化阶段，承载力持续增加，直至翼缘母材断裂或翼缘与端板间的焊缝开裂。试件 TREP3 变形集中于梁端塑性区，且形成了理想的塑性滞回变形，滞回曲线饱满。试件 TREP1 位移为负向 105mm 时西侧钢梁下翼缘断裂，负向无法继续承载，但东侧钢梁完好，同时正向加载时，断裂钢梁翼缘受压闭合，能够承受一定的弯矩。因此，正向加载能够维持较高的承载力，直至西侧钢梁裂缝贯穿梁高，试验结束。各节点均为钢梁端部塑性强度破坏，发展了较为理想的梁铰机制，节点承载力高，变形能力强，表现出优异的抗震性能。

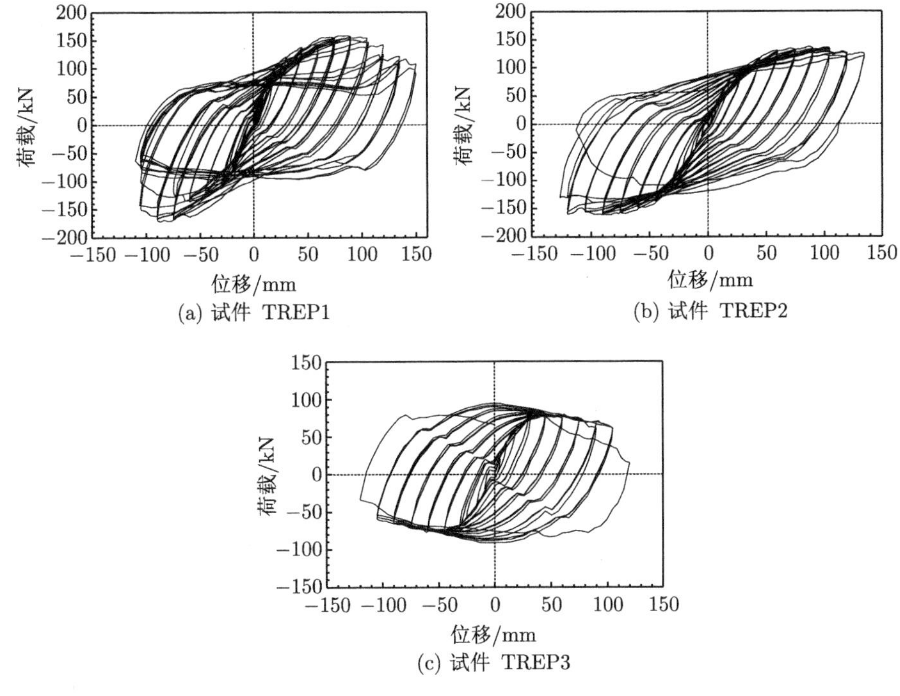

(a) 试件 TREP1

(b) 试件 TREP2

(c) 试件 TREP3

图 5.1.12 试件滞回曲线

骨架曲线能体现试件在整个受力过程中刚度、承载力的变化及其延性特征。各试件的骨架曲线均呈 S 形，并基本关于原点对称，如图 5.1.13 所示。由图可知：①试件 TREP1～TREP3 的骨架曲线具有典型的弹性阶段、弹塑性阶段和破坏阶段。各试件均为钢梁板件或焊缝断裂，经历较大塑性变形承载力后突然下降。②加载初期，试件 TREP1 和 TREP2 的骨架曲线基本重合，初始刚度基本一致。随着位移增加，各试件钢材屈服，钢梁塑性铰区钢板先后出现屈曲，骨架曲线开始出现差异。试件 TREP2 偏心受力，抗侧刚度较小。③达到水平荷载峰值时，试件 TREP1 和 TREP2 承载力基本相同，试件 TREP2 壁式柱偏心受力，承载力略低。④到达水平峰值荷载后，随着 P-Δ 效应增加，钢板屈曲或裂缝发展，各试件骨架曲线进入下降段。⑤试件 TREP1 和 TREP2 变形分布于柱和梁端，壁式柱平面外刚度较小，其弯曲变形在试件总变形中比例较大，试件在经历较大变形后钢梁塑性铰区才产生较大塑性变形，进入强化阶段，达到荷载峰值。

2. 梁端竖向反力-层间位移角滞回曲线

各试件的梁端竖向反力-层间位移角滞回曲线如图 5.1.14 所示。由图 5.1.14 可知，各试件梁端竖向反力-层间位移角滞回曲线均稳定饱满，具有良好的耗能能力。各曲线具有明显的弹性阶段、弹塑性阶段和破坏阶段。各试件钢梁均发展了理想的塑性滞回变形，承载力稳定增加，直至钢梁板件或焊缝断裂。试件 TREP1 西侧钢梁因加载后期下翼缘断裂，正负向滞回曲线呈现不对称，负向基本丧失了承载力，正向尚能维持较高的承载力。

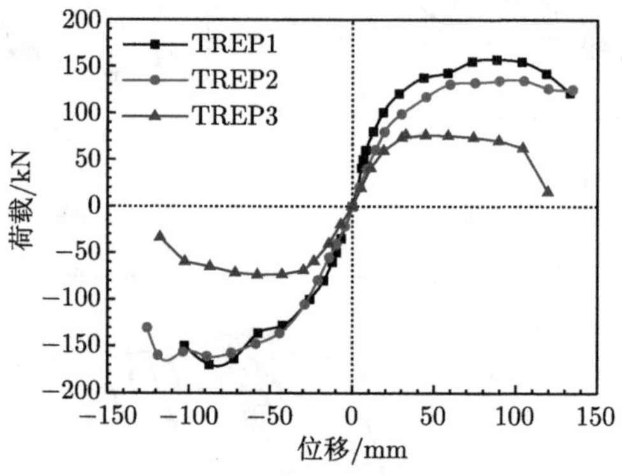

图 5.1.13　试件骨架曲线

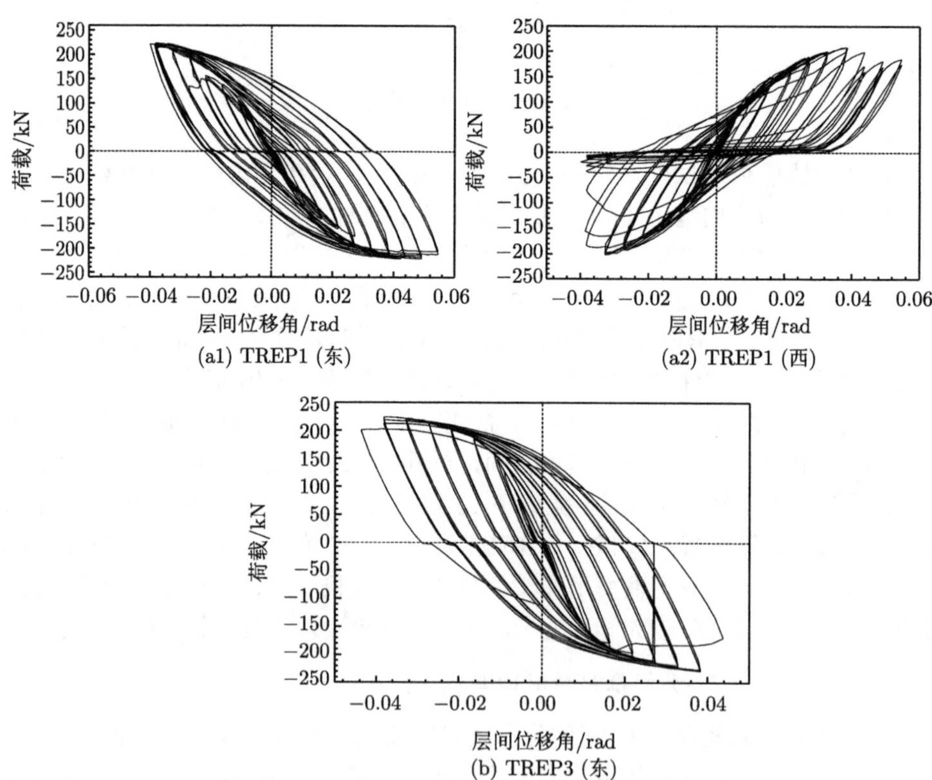

图 5.1.14　试件梁端竖向反力–层间位移角滞回曲线

3. 柱顶水平荷载计算值

本试验同时测得了柱顶伺服作动器施加的水平力和梁端力传感器测得的竖向反力。由力的平衡条件，并考虑柱 P-$\varDelta$ 效应可反算柱顶水平力。计算时不考虑钢梁的轴向变形，计算简图如图 5.1.15 所示。计算所得柱顶水平荷载为

$$P=\frac{(V_1-V_2)\times L-(V_1+V_2)\times \varDelta_1-N\times \varDelta}{H} \tag{5.1.3}$$

其中，V_1 和 V_2 为梁端实测竖向反力；$\varDelta$ 和 $\varDelta_1$ 分别为柱顶和梁端侧移。

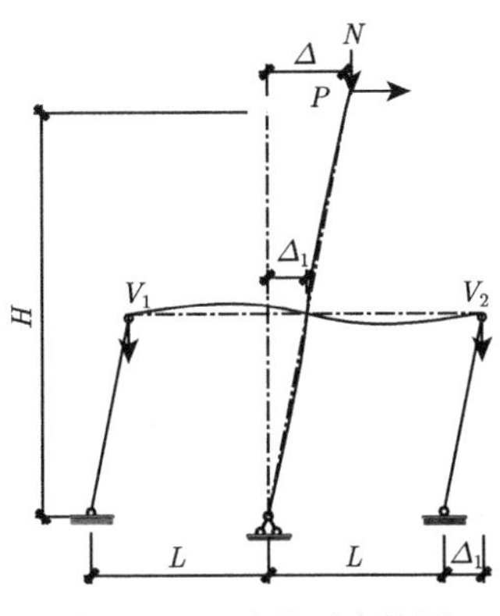

图 5.1.15　试件受力简图

试件柱顶水平荷载–位移滞回曲线的计算值与测量值如图 5.1.16 所示。柱顶作动器内传感器测得最大水平力和计算所得最大水平力见表 5.1.2。由对比结果可知，柱顶水平荷载直接测量值和间接计算值峰值之间的差值在 13%以内。试件

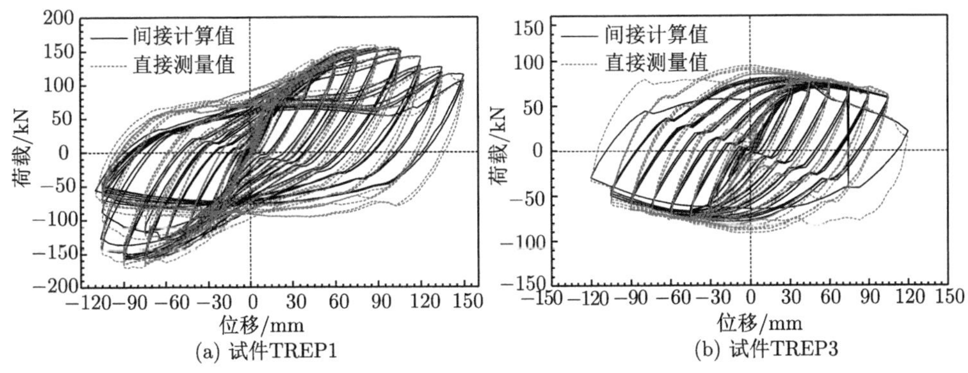

(a) 试件TREP1　(b) 试件TREP3

图 5.1.16　试件柱顶水平荷载–位移滞回曲线的计算值与测量值

TREP3 承载力较低，试验装置的摩擦力所占比例较大，试件 TREP2 直接测量值和间接计算值吻合良好。

表 5.1.2 试件柱顶水平荷载计算值与测量值

试件编号	加载方向	测量值 P_p/kN	计算值 P_c/kN	P_p/P_c
TREP1	正向	157.1	153.9	1.02
	反向	169.8	−157.5	−1.08
TREP3	正向	76.1	69.8	1.09
	反向	73.8	−65.6	−1.13

4. 承载能力和变形能力

穿芯拉杆–端板节点荷载–位移骨架曲线没有明显的屈服点和破坏点，名义屈服荷载由以下方法确定：名义屈服位移取骨架曲线弹性段延伸线与过峰值点切线交点处的位移，所对应荷载为名义屈服荷载；极限位移为试件水平荷载下降至峰值荷载 85%时的位移。

试验得到的各阶段荷载、位移和层间位移角见表 5.1.3。由表 5.1.3 可知：各试件的名义屈服荷载约为峰值荷载的 0.7。试件 TREP1、TREP2 水平承载力由梁端塑性铰承载力决定，其数值接近；试件 TREP2 钢梁偏心距较大，承载力比 TREP1 约低 15%; 试件 TREP3 承载力约为试件 TREP1 的 0.5。试件 TREP1～TREP3 层间位移角均大于 0.35rad，超过我国现行规范对多、高层壁式钢管混凝土结构弹塑性层间位移角限值 1/50 的要求。

表 5.1.3 主要试验结果

试件编号	加载方向	屈服			峰值			破坏		
		V_y/kN	Δ_y/mm	θ_y/rad	V_p/kN	Δ_p/mm	θ_p/rad	V_u/kN	Δ_u/mm	θ_u/rad
TREP1	正向	107.1	21.1	0.0078	157.1	89.7	0.0330	133.5	124.4	0.0457
	反向	113.7	32.4	0.0119	169.8	89.7	0.0330	144.3	103.2	0.0379
TREP2	正向	95.7	27.8	0.0102	134.8	89.9	0.0331	114.6	134.8	0.0496
	反向	115.3	32.8	0.0121	161.1	89.8	0.0330	136.9	125.4	0.0461
TREP3	正向	61.6	20.7	0.0076	76.1	58.8	0.0216	64.7	102.6	0.0377
	反向	64.0	25.3	0.0093	73.8	60.1	0.0221	62.7	97.2	0.0357

注：V_y、V_p 和 V_u 分别为名义屈服荷载、峰值荷载和破坏荷载；Δ_y、Δ_p 和 Δ_u 分别为名义屈服荷载、峰值荷载和破坏荷载对应的位移；θ_y、θ_p 和 θ_u 分别为 Δ_y、Δ_p 和 Δ_u 对应的层间位移角，$\theta = \Delta/H$，H 为测点距柱底高度。

5. 延性和耗能能力

试件的位移延性系数 μ 按表 5.1.3 中屈服位移 Δ_y 和极限位移 Δ_u 计算：

$$\mu = \frac{\Delta_{\mathrm{u}}}{\Delta_{\mathrm{y}}} \tag{5.1.4}$$

试件的能量耗散能力以荷载–位移滞回曲线所包围的面积衡量，可采用等效黏滞阻尼系数 ζ_{eq} 和累积能量耗散评估。ζ_{eq} 按图 5.1.17 中曲线 $ABCD$ 所围面积与三角形 $\triangle OBE$、$\triangle OBF$ 面积计算：

$$\zeta_{\mathrm{eq}} = \frac{1}{2\pi}\frac{S_{(\triangle ABC+\triangle CDA)}}{S_{(\triangle OBE+\triangle ODF)}} \tag{5.1.5}$$

按式 (5.1.4) 计算所得的延性系数、按式 (5.1.5) 计算所得的荷载峰值点所在循环正向和反向加载的 $\zeta_{\mathrm{eq,p}}$，以及最后一级循环加载的 $\zeta_{\mathrm{eq,u}}$，结果列于表 5.1.4。各试件的累积能量耗散见图 5.1.18。结果表明：穿芯拉杆–端板节点具有优秀的变形能力，除试件 TREP1 负向加载钢梁翼缘断裂导致延性系数为 3.19，其余构件延性系数均大于 3.8；试件 TREP1 和 TREP2 等效黏滞阻尼系数均大于 0.34，试件 TREP3 等效黏滞阻尼系数达到 0.7，具有较强的耗能能力；试件 TREP1、TREP2 荷载–位移滞回曲线中柱弹性变形占有较大比例，相对 TREP3 梁端塑性变形发展较为缓慢，其等效阻尼系数较小；TREP3 变形集中于钢梁端部，钢梁塑性较充分发展，能够耗散更多的能量，同级位移荷载下累积耗散的能量与 TREP1 和 TREP2 相当；试件 TREP2 由于钢梁偏心，耗散的能量略小于 TREP2。

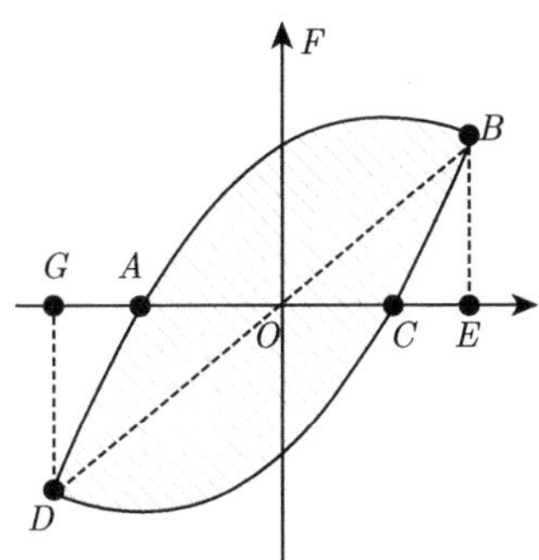

图 5.1.17 等效黏滞阻尼系数计算

表 5.1.4 试件延性系数和等效黏滞阻尼系数

试件编号	加载方向	μ	$\zeta_{\mathrm{eq,p}}$	$\zeta_{\mathrm{eq,u}}$
TREP1	正向	5.90	0.276	0.348
	反向	3.19	0.270	0.367
TREP 2	正向	4.85	0.267	0.367
	反向	3.82	0.277	0.358
TREP 3	正向	4.96	0.368	0.707
	反向	3.84	0.369	0.700

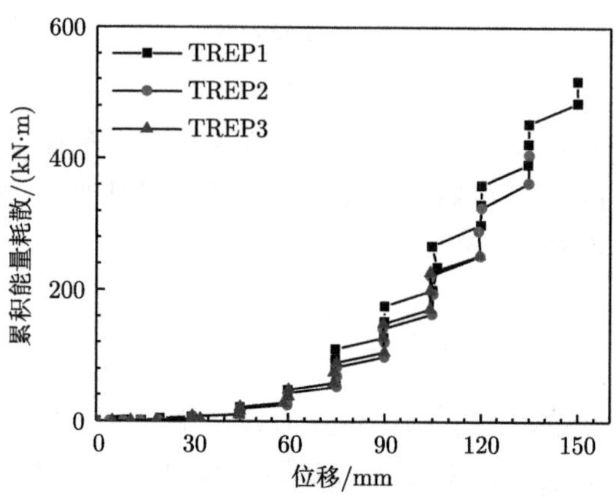

图 5.1.18　试件累积能量耗散曲线

6. 刚度退化

刚度退化能够反映构件累积损伤的影响，可采用割线刚度来表征试件加载过程中的刚度退化，其值取同一级位移下各加载循环峰值点荷载和对应位移之比的平均值。各试件的刚度退化曲线见图 5.1.19。由图可见，各试件割线刚度在进入弹塑性阶段后迅速退化，随着钢材的塑性发展和强化，刚度退化趋于平缓。前期加载试件正向刚度大于负向刚度，是由圆钢与混凝土之间相对滑移、钢柱壁板与混凝土之间的接触状态等综合因素造成。后期由于正向加载时钢材强化，反向加载时试件具有更高的刚度和承载力。由于钢梁偏心，试件 TREP2 刚度略小于 TREP1。各试件刚度均下降平缓，穿芯拉杆–端板节点具有良好的抗震性能。

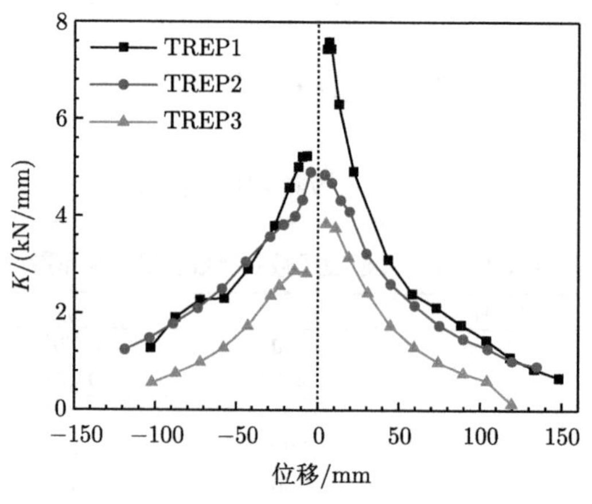

图 5.1.19　试件刚度退化曲线

7. 节点侧板和钢梁塑性区钢材应变

图 5.1.20 为试件梁端竖向反力–钢梁翼缘纵向应变滞回曲线。水平荷载到达试件名义屈服荷载时钢材开始屈服，拉压应变基本关于原点对称。水平荷载到达试件极限承载力时，钢材应变超过屈服应变，在往复荷载下进入强化阶段。继续增加水平位移，钢板开始屈曲，钢材压应变迅速发展。此后，位于凹曲位置的钢材压应变迅速发展，位于凸曲位置的钢材拉应变迅速发展。试件 TREP1 东侧梁

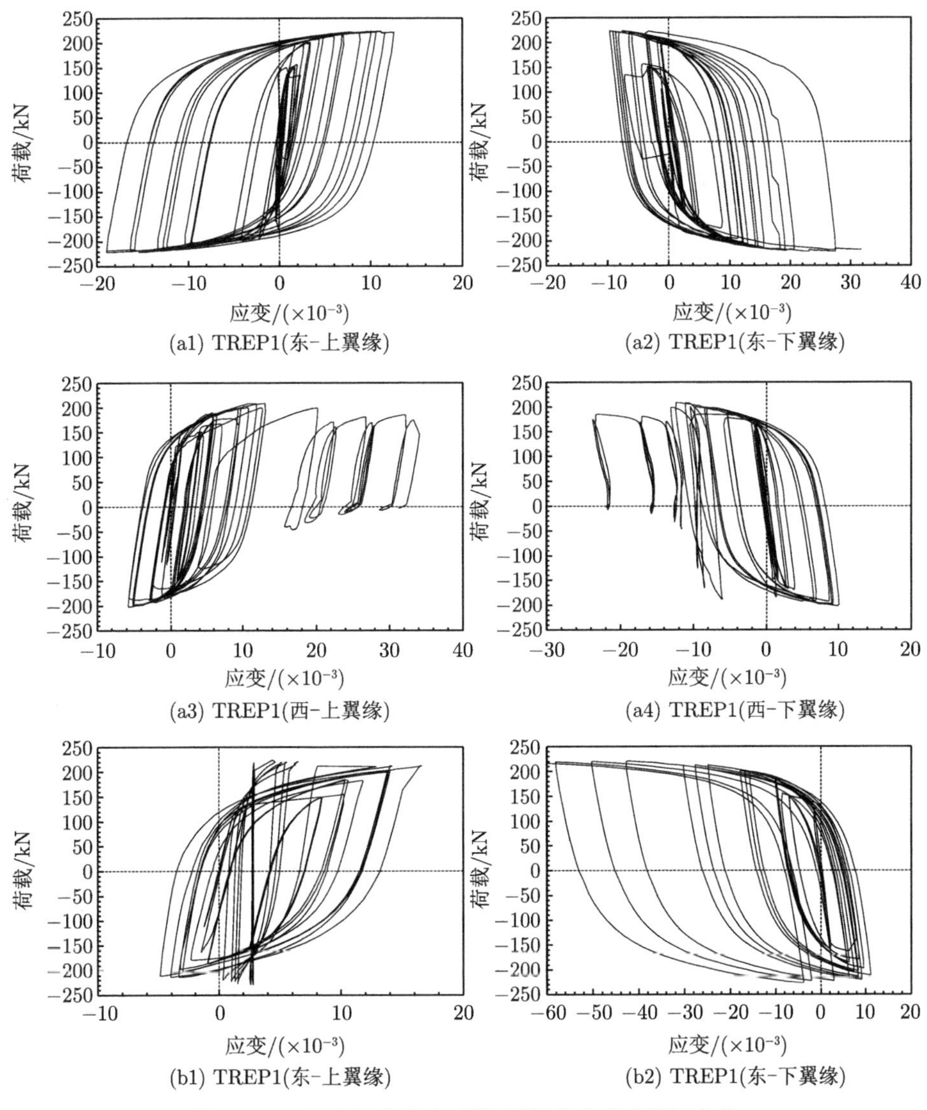

图 5.1.20 梁端竖向反力–钢梁翼缘纵向应变滞回曲线

荷载–应变滞回曲线饱满，梁端承载力不断强化，西侧梁由于西翼缘断裂，滞回曲线发散。试件 TREP3 由于钢梁下翼缘屈曲持续发展，导致滞回曲线发散。各试件钢梁塑性铰区钢材经历了较大的拉压应变，最终钢梁母材或连接焊缝断裂。

图 5.1.21 为试件柱端水平反力–柱壁板纵向应变滞回曲线。节点区柱端壁板受拉应变基本处于弹性应变范围内，受压应变与轴向力应变叠加后进入轻微非线性。图 5.1.22 为试件柱端水平反力–侧板纵向应变滞回曲线。柱端壁板应力水平较低，同时侧板对节点区柱进一步加强，使侧板应变均处于弹性范围内。

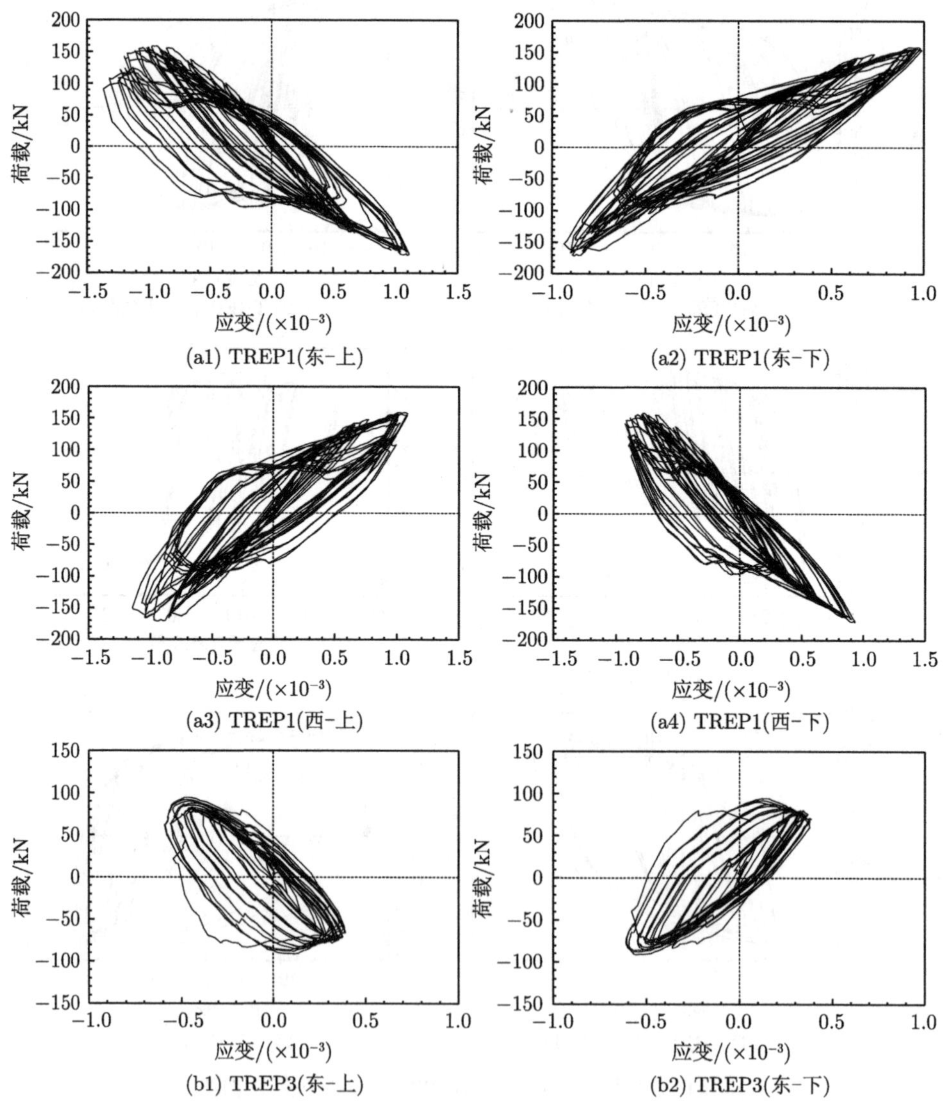

(a1) TREP1(东–上) (a2) TREP1(东–下)

(a3) TREP1(西–上) (a4) TREP1(西–下)

(b1) TREP3(东–上) (b2) TREP3(东–下)

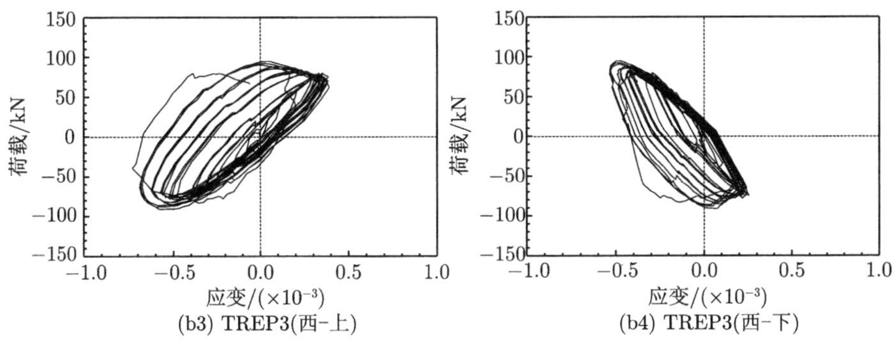

(b3) TREP3(西–上)　(b4) TREP3(西–下)

图 5.1.21 柱端水平反力–柱壁板纵向应变滞回曲线

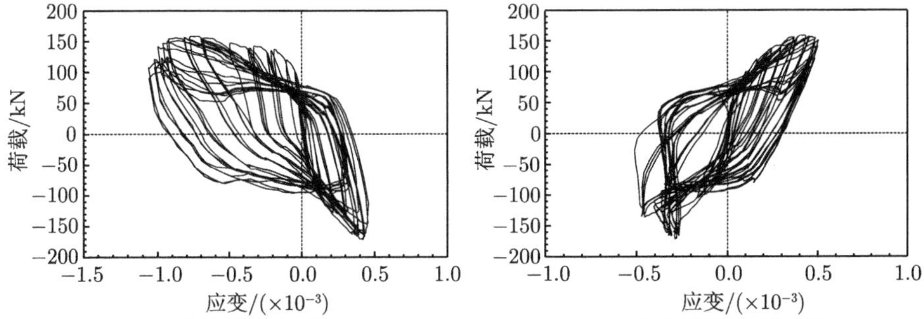

(a1) TREP1(东–上)　(a2) TREP1(东–下)

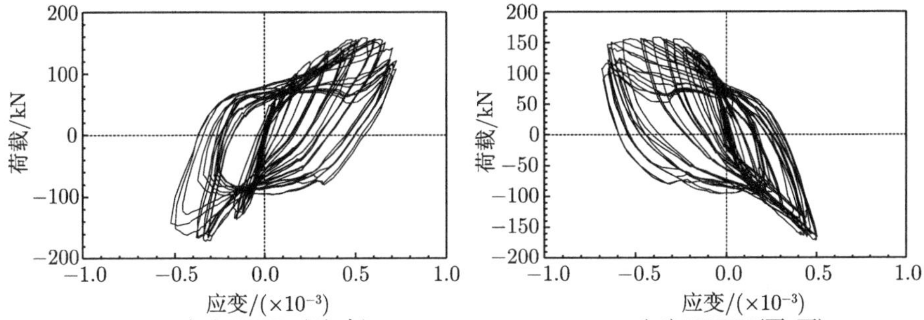

(a3) TREP1(西–上)　(a4) TREP1(西–下)

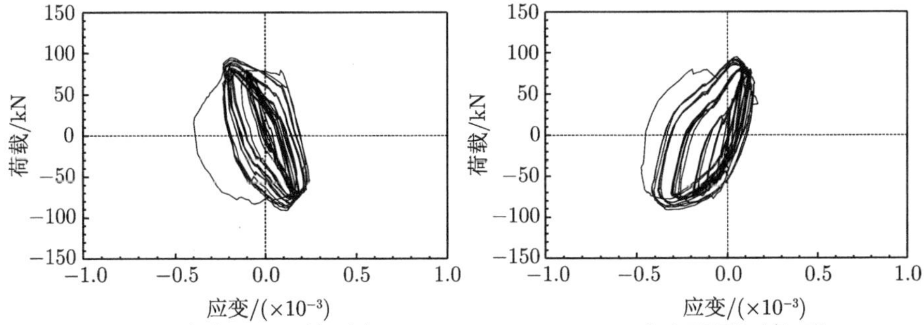

(b1) TREP3(东–上)　(b2) TREP3(东–下)

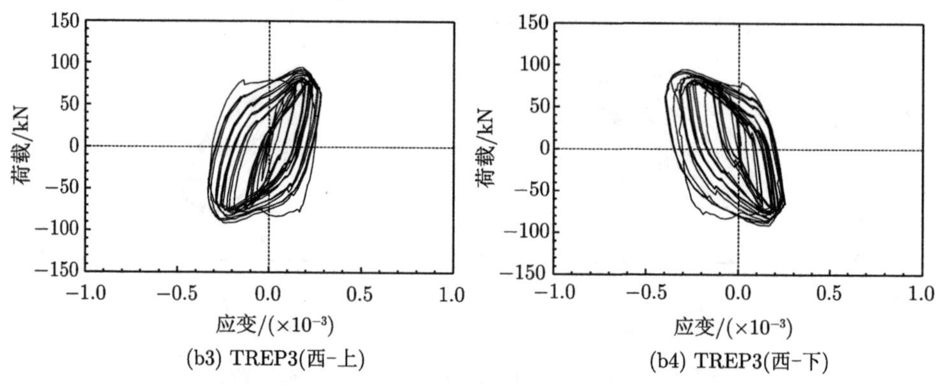

(b3) TREP3(西–上) (b4) TREP3(西–下)

图 5.1.22 柱端水平反力–侧板纵向应变滞回曲线

5.2 平面外穿芯拉杆–端板梁柱连接节点非线性有限元分析

5.2.1 精细化有限元模型

穿芯拉杆–端板节点通过螺栓和圆钢使内力在壁式柱和钢梁间传递。施加预应力后端板与柱间为面接触，受力较小时两者为面传力。随着柱顶水平位移增加，端板与壁式柱可能脱离，两者主要通过螺栓传力。同时壁式柱平面外刚度较弱，受力过程中变形较大，分析过程中混凝土与钢管间的接触关系不断变化，给计算收敛性带来了极大的难度。

为便于各部分间的连接和接触对的定义，圆钢、螺栓和垫板采用实体单元。钢管、圆钢、螺栓和垫板之间的连接采用节点重合的方式直接传力。垫板与端板在受力过程中无相对位移，为简化计算，其接触后设定为绑定约束，不再脱离。划分网格时，钢管、侧板、端板和垫板网格节点完全对应，以保证最佳的接触收敛

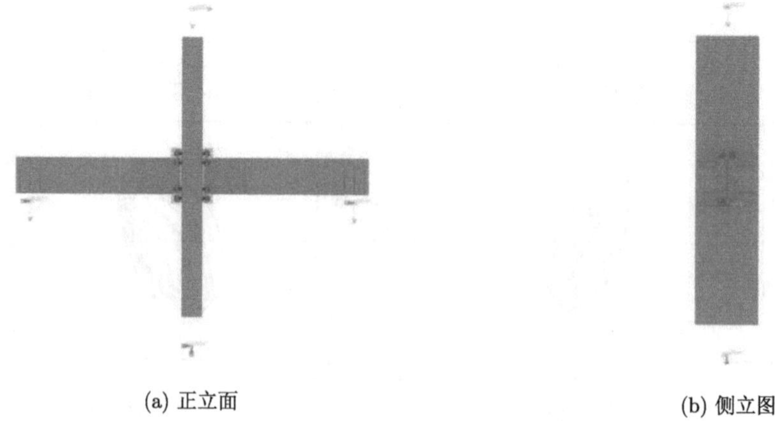

(a) 正立面 (b) 侧立图

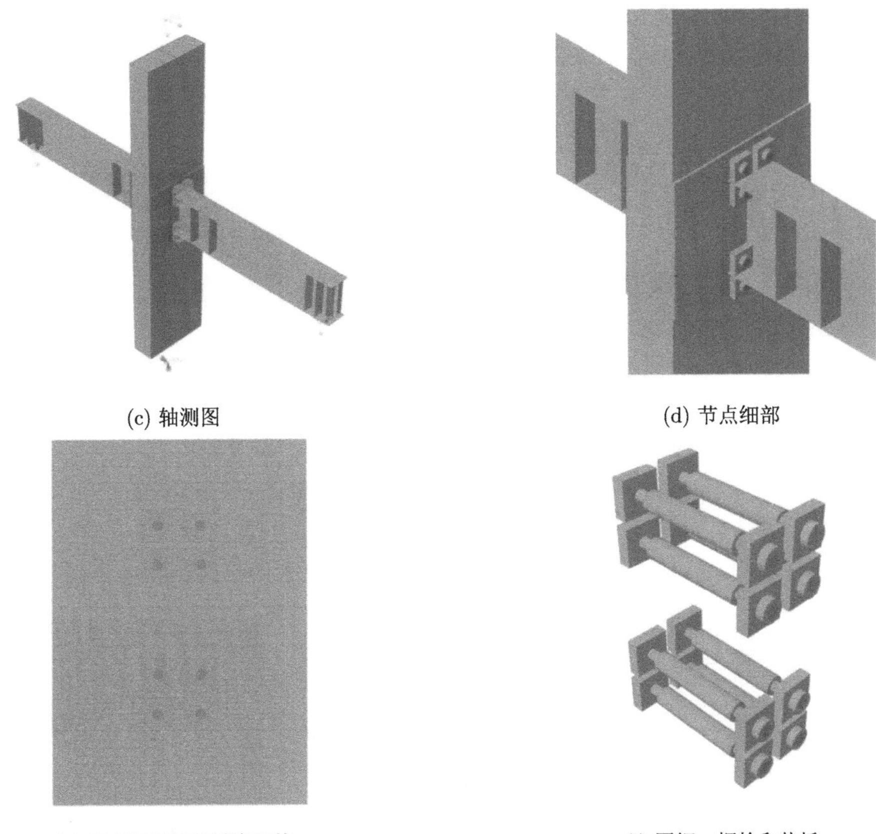

(c) 轴测图　(d) 节点细部

(e) 节点区结构化过度网格　(f) 圆钢、螺栓和垫板

图 5.2.1 穿芯拉杆–端板节点有限元模型

性。螺栓位置几何模型切分为规则的扫掠网格，通过放射型结构化网格过渡至正常网格密度。本节所建立的有限元模型如图 5.2.1 所示。

本节点边界条件和求解设置基本与全螺栓双侧板节点一致，但使用更小的荷载步，以保证计算能够收敛。

5.2.2 试验验证与参数分析

1. 试验验证

1) 破坏模式验证

由精细有限元模型进行在轴向力作用下的反复加载分析得到各试件破坏形态和试验破坏形态对比见图 5.2.2～图 5.2.4。有限元分析未能模拟钢材的塑性断裂，其他破坏过程和破坏形态基本与试验一致。各试件钢梁端部横向加劲肋能够有效约束腹板的屈曲，减小翼缘屈曲半波长度，使钢材的塑性得到充分发挥。试件

TREP1 和 TREP2 加劲肋间距为 200mm，钢梁翼缘屈曲较为明显。试件 TREP2 加劲肋间距为 150mm，钢梁翼缘屈曲发展较为缓慢。

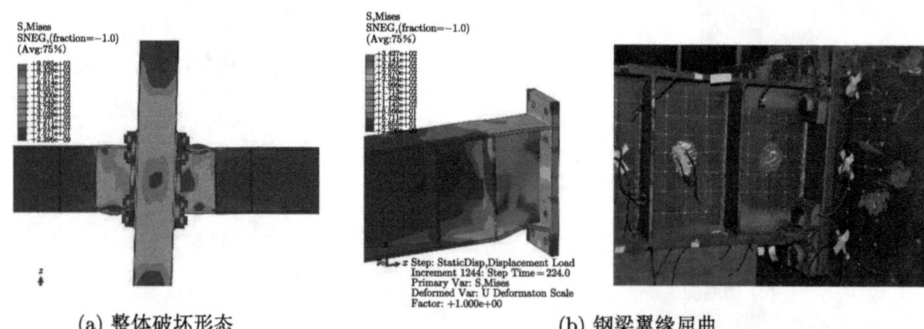

(a) 整体破坏形态　　　　　　　　　　(b) 钢梁翼缘屈曲

图 5.2.2　TREP1 破坏形态对比 (彩图见封底二维码)

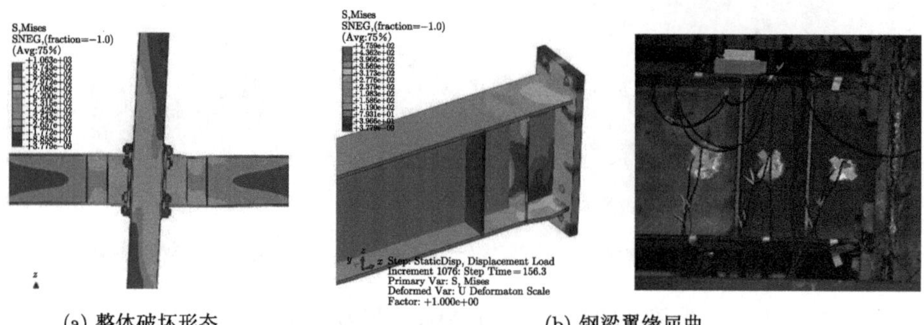

(a) 整体破坏形态　　　　　　　　　　(b) 钢梁翼缘屈曲

图 5.2.3　TREP2 破坏形态对比 (彩图见封底二维码)

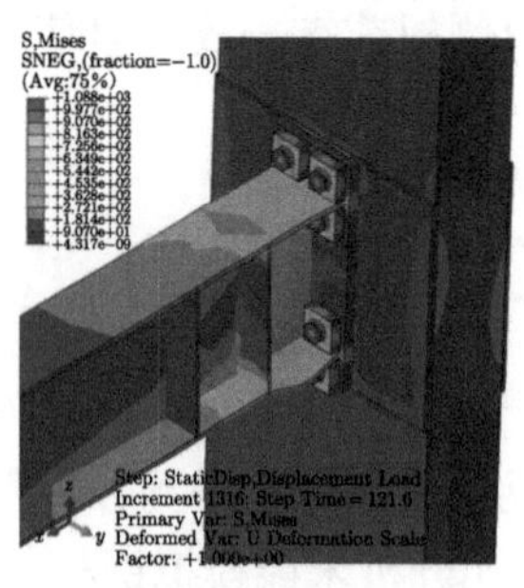

(a) 整体破坏形态　　　　　　　　　　(b) 试验结果

图 5.2.4　TREP3 破坏形态对比 (彩图见封底二维码)

2) 加载曲线和主要性能指标验证

由精细有限元模型所得到的各节点的柱顶 P-Δ 滞回曲线和骨架曲线与试验曲线的对比如图 5.2.5 所示。由图 5.2.5 可见，有限元计算结果基本和试验结果一致，有限元模型能够在宏观上模拟穿芯拉杆–端板节点在低周往复荷载下的受力行为。

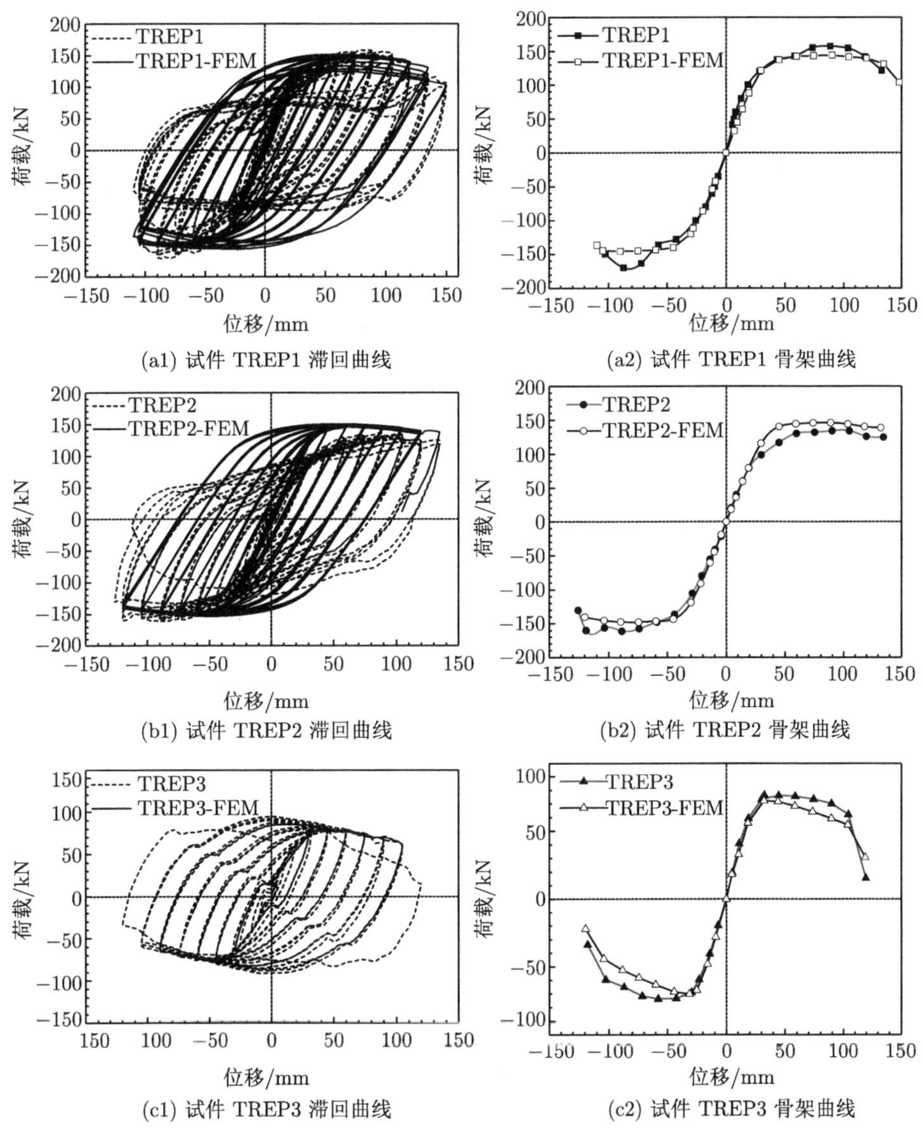

(a1) 试件 TREP1 滞回曲线

(a2) 试件 TREP1 骨架曲线

(b1) 试件 TREP2 滞回曲线

(b2) 试件 TREP2 骨架曲线

(c1) 试件 TREP3 滞回曲线

(c2) 试件 TREP3 骨架曲线

图 5.2.5 有限元与试验 P-Δ 滞回曲线和骨架曲线对比

表 5.2.1 给出了精细有限元主要计算结果与试验结果的对比。有限元计算屈服点位移和峰值点位移与试验结果基本一致。有限元计算屈服荷载略大于试验屈服荷载。这是由于有限元模型较为理想，初始几何缺陷小于实际试件，弹性段和弹塑性段刚度偏大导致的。有限元计算极限承载力与试验极限承载力数值吻合良好。

表 5.2.1 主要分析结果对比

试件编号	加载方向	屈服 (试验)		屈服 (计算)		峰值 (试验)		峰值 (计算)	
		V_y/kN	Δ_y/mm	V_y/kN	Δ_y/mm	V_p/kN	Δ_p/mm	V_p/kN	Δ_p/mm
TREP1	正向	107.1	21.1	123.6	30.9	157.1	89.7	144.0	89.8
	反向	113.7	32.4	122.0	31.2	169.8	89.7	145.4	90.0
TREP2	正向	95.7	27.8	123.0	32.6	134.8	89.9	146.1	88.5
	反向	115.3	32.8	126.0	32.9	161.1	89.8	147.5	89.8
TREP3	正向	61.6	20.7	63.9	23.3	76.1	58.8	72.4	44.1
	反向	64.0	25.3	62.6	22.4	73.8	60.1	70.1	44.3

注：V_y、V_p 分别为名义屈服荷载、峰值荷载；Δ_y、Δ_p 分别为名义屈服荷载、峰值荷载对应的位移。

2. 参数分析

1) 各模型参数

本研究提出的平面外穿芯拉杆–端板梁柱节点作为一种新型的节点形式，配合壁式钢管混凝土柱使用。所述的壁式钢管混凝土柱截面宽厚比一般大于 3，柱子强轴方向刚度较大，相对于一般工程钢梁，壁式钢管混凝土柱线刚度远大于钢梁线刚度，因此节点区一般均满足“强柱弱梁”的设计要求。针对新型节点形式，将考虑轴压比、钢梁翼缘厚度、端板厚度以及钢梁偏心度等因素对节点受力性能、破坏模式的影响，为工程设计提供依据和建议。

本研究设计了 4 个系列的节点模型，每个系列的壁式钢管混凝土柱均采用尺寸 200mm×600mm 的试验柱，钢梁均采用尺寸 HN350×150×7×11(单位：mm) 的试验钢梁，混凝土等级均为 C25，钢材均采用 Q235B。节点系列 1 主要研究不同轴压比对节点试件性能的影响，其模型主要参数见表 5.2.2；节点系列 2 主要分析了不同翼缘厚度对节点试件性能的影响，其模型主要参数见表 5.2.3；节点系列 3 主要研究不同端板厚度及钢梁不同连接位置的影响，模型参数见表 5.2.4。

表 5.2.2 节点系列 1 模型参数

模型编号	TREP1-1	TREP1-2	TREP1-3	TREP1-4	TREP 1-5
设计轴压比	0.45	0.5	0.6	0.7	0.8
荷载/kN	1515.58	1656.54	1987.843	2319.1504	2650.458

表 5.2.3 节点系列 2 模型参数

模型编号	TREP2-1	TREP 2-2	TREP 2-3	TREP 2-4	TREP 2-5	设计轴压比
翼缘厚度/mm	10	12	16	20	25	0.45

表 5.2.4 节点系列 3 模型参数

模型编号	轴压比	钢梁翼缘厚度/mm	端板厚度/mm	钢梁连接位置
TREP3-1	0.45	11	16	壁柱梁无偏心双边节点
TREP3-2			20	壁柱梁无偏心双边节点
TREP3-3			25	壁柱梁无偏心双边节点
TREP3-4			30	壁柱梁无偏心双边节点
TREP3-5			16	壁柱梁偏心双边节点
TREP3-6			20	壁柱梁偏心双边节点
TREP3-7			25	壁柱梁偏心双边节点
TREP3-8			30	壁柱梁偏心双边节点
TREP3-9			16	壁柱梁无偏心单边节点
TREP3-10			20	壁柱梁无偏心单边节点
TREP3-11			25	壁柱梁无偏心单边节点
TREP3-12			30	壁柱梁无偏心单边节点

本研究采用式 (5.2.1) 计算轴压比 n_{d}

$$n_{\mathrm{d}}=\frac{1.2N}{f_{\mathrm{c}}A_{\mathrm{c}}+f_{\mathrm{y}}A_{\mathrm{s}}} \tag{5.2.1}$$

式中，N 为竖向荷载；f_{c} 为混凝土轴心抗压强度设计值；A_{c} 为截面混凝土净面积；f_{y} 为钢材屈服强度设计值；A_{s} 为截面钢材面积。

2) 轴压比对节点受力性能的影响

本研究利用有限元模拟，研究不同轴压比下试件的受力性能，各模型参数如表 5.2.2。

图 5.2.6 给出了节点系列 1 试件在不同轴压比下节点的荷载–位移曲线，表 5.2.5 给出了不同轴压比下各模型的性能指标，结果显示：

(1) 弹性阶段试件刚度变化不大，试件的承载力随着轴压比的升高而降低，但变化率较小，变化率在 1.0%~3.0%。

(2) 试件的延性系数随着轴压比的升高而降低。

(3) 轴压比对试件的屈服位移影响较小，而对试件破坏位移的影响较大，破坏位移随着轴压比的升高而减小，这主要是因为试件屈服后，竖向荷载产生的二阶效应对试件的影响逐渐增大，轴压比越大这种影响越显著。因此，在设计中控制轴压比可保证节点具有一定的延性。

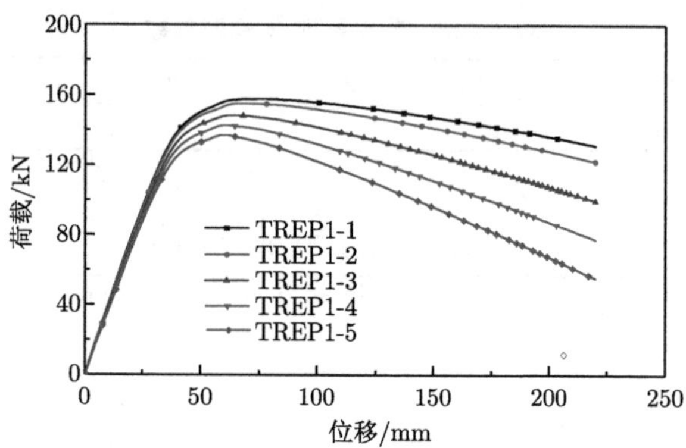

图 5.2.6　不同轴压比下节点的荷载–位移曲线

表 5.2.5　不同轴压比下有限元分析结果

模型编号	屈服状态		极限状态		破坏状态		延性系数 μ
	P_y/kN	Δ_y/mm	P_{max}/kN	Δ_{max}/mm	P_u/kN	Δ_u/mm	
TREP1-1	144.54	44.15	157.57	79.68	133.93	209.14	4.74
TREP1-2	142.31	43.74	154.77	67.99	131.56	186.51	4.26
TREP1-3	136.75	42.81	147.96	67.79	125.76	149.91	3.50
TREP1-4	131.80	42.21	142.10	64.28	120.78	127.45	3.02
TREP1-5	126.98	41.77	157.57	79.68	133.93	72.13	1.73

3) 钢梁翼缘厚度对节点受力性能的影响

图 5.2.7 给出了节点系列 2 的各个试件在不同翼缘厚度下节点的荷载–位移曲线，表 5.2.6 给出了不同翼缘厚度下各试件的承载力指标，表 5.2.7 给出了不同翼缘厚度下各试件的延性指标，分析表明：

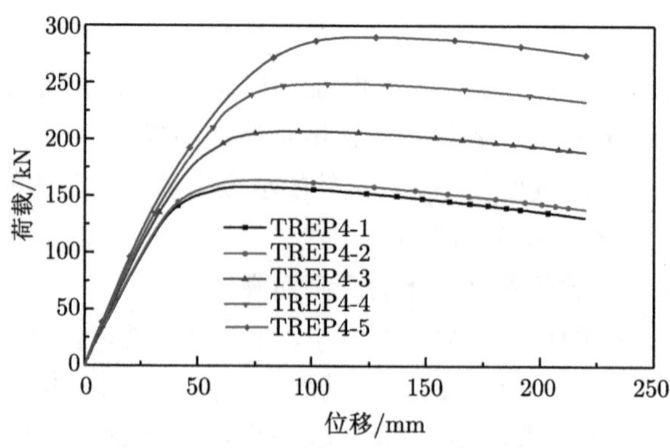

图 5.2.7　不同翼缘厚度下节点的荷载–位移曲线

(1) 随着翼缘厚度增加，试件的承载力也得到提高。模型 TREP2-1 与 TREP2-2,TREP2-4 与 TREP2-5 的承载力相差率较小,在 10%以内,而 TREP2-4 与 TREP2-2、TREP2-3 相差率在 10%以上。

(2) 随着翼缘厚度增加，节点的延性先增大后减小，延性系数均在 4 以上。这是因为钢梁翼缘过厚后，节点不满足“强柱弱梁”的设计原则，节点区发生了破坏。

表 5.2.6 不同翼缘厚度下各试件的承载力指标

模型编号	屈服状态		极限状态		破坏状态	
	P_y/kN	相差/%	P_{max}/kN	相差/%	P_u/kN	相差/%
TREP2-1	144.54	0	157.57	0	133.93	0
TREP2-2	149.46	3.40	163.20	3.57	138.72	3.57
TREP2-3	188.00	25.78	206.90	26.78	175.87	26.78
TREP2-4	277.43	47.56	248.65	20.18	211.35	20.18
TREP2-5	257.65	7.13	289.90	16.59	246.42	16.59

表 5.2.7 不同翼缘厚度下各试件的延性指标

模型编号	Δ_y/mm	Δ_{max}/mm	Δ_u/mm	μ
TREP2-1	44.15	79.68	209.14	4.74
TREP2-2	45.30	79.68	217.63	4.80
TREP2-3	54.61	94.29	277.43	5.08
TREP2-4	64.26	115.31	313.48	4.88
TREP2-5	73.33	127.70	312.37	4.26

图 5.2.8 给出了典型节点试件在峰值荷载时的应力云图，分析表明：

(1) TREP2-1、TREP2-2 的破坏属于典型的梁端出现塑性铰的破坏模式，柱翼缘节点区域中间区域的应力值微大，其余大部分区域均处于弹性阶段，满足“强柱弱梁，强节点弱构件”的设计要求。

(2) TREP2-3 的柱翼缘节点区域塑性发展，同时钢梁翼缘也有一定的塑性发展，介于侧板与钢梁同时出现塑性铰的状态；因此其承载能力和延性都较好。

(3) TREP2-4、TREP2-5 的破坏最先从柱壁翼缘节点区开始，在柱壁翼缘节点区内出现了塑性铰，属于典型的节点区破坏，承载能力虽高但是延性较差。

4) 端板厚度及梁偏心位置对受力性能的影响

图 5.2.9～ 图 5.2.12 给出了节点系列 3 的各个试件的荷载–位移曲线，表 5.2.8 给出了节点系列 3 各试件的承载力指标，分析表明：

(1) 随着端板厚度增加，试件的极限承载力提高 7%左右，延性提高 8%左右。

(2) 钢梁连接位置不同，试件的承载力和延性均有差别。梁无偏心双边节点极限承载力与梁偏心双边节点极限承载力相差 1%左右，相差较小，延性相差 5%左右，表明梁偏心对承载力影响微小，对延性有一定影响。

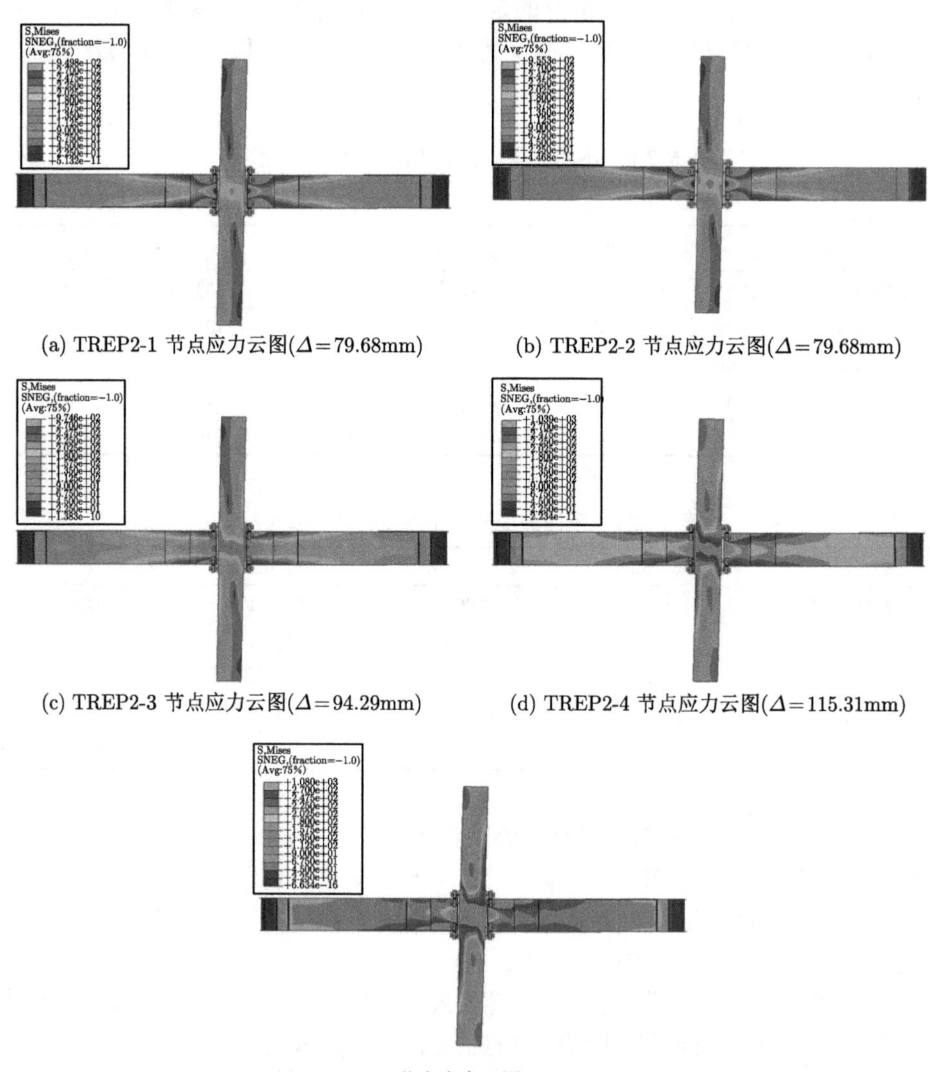

(a) TREP2-1 节点应力云图($\Delta=79.68$mm)

(b) TREP2-2 节点应力云图($\Delta=79.68$mm)

(c) TREP2-3 节点应力云图($\Delta=94.29$mm)

(d) TREP2-4 节点应力云图($\Delta=115.31$mm)

(e) TREP2-5 节点应力云图($\Delta=127.70$mm)

图 5.2.8　典型节点试件极限荷载下的应力云图 (彩图见封底二维码)

(3) 梁无偏心双边节点极限承载力与梁无偏心单边极限承载力相差 50%左右，延性相差 30%左右，单边连接梁对节点承载力及延性影响较大。

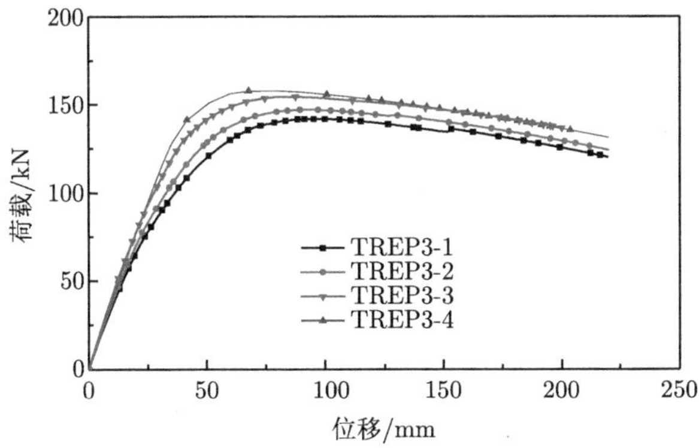

图 5.2.9 梁无偏心双边节点不同端板厚度下节点荷载–位移曲线

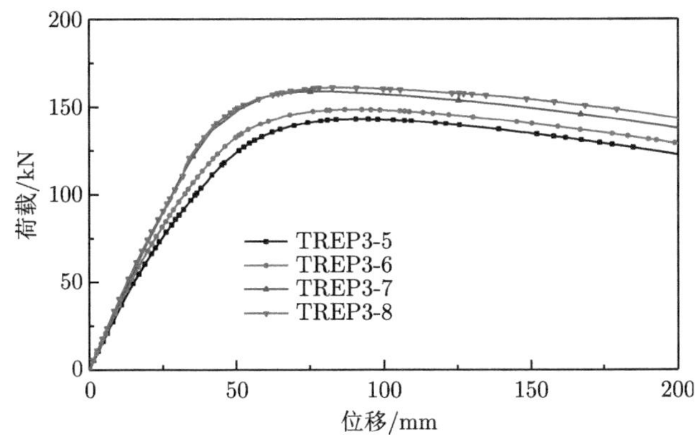

图 5.2.10 梁偏心双边节点不同端板厚度下节点荷载–位移曲线

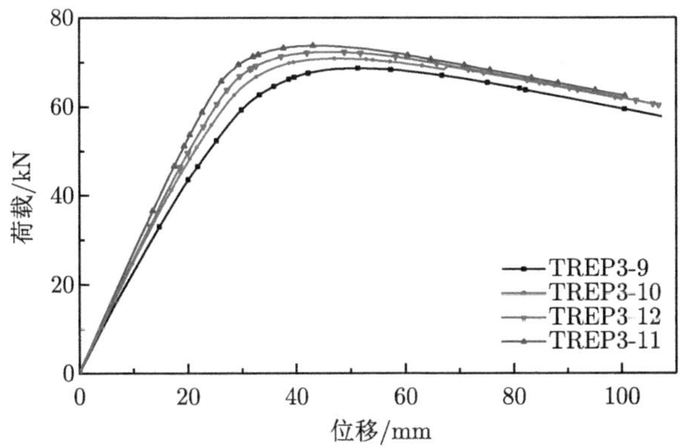

图 5.2.11 梁偏心单边节点不同端板厚度下节点荷载–位移曲线

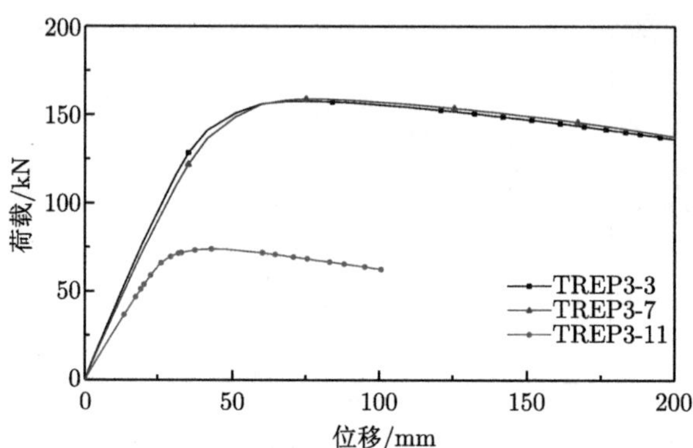

图 5.2.12　相同端板 25mm 厚度下不同梁端连接位置下节点荷载–位移曲线

表 5.2.8　节点系列 3 有限元分析结果

模型编号	屈服状态		极限状态		破坏状态		延性系数 μ
	P_y/kN	Δ_y/mm	$P_{\max}$/kN	$\Delta_{\max}$/mm	P_u/kN	Δ_u/mm	
TREP3-1	122.42	52.30	141.88	96.14	120.60	218.55	4.18
TREP3-2	128.09	49.84	147.02	93.55	124.97	216.86	4.35
TREP3-3	144.54	44.15	157.57	79.68	133.93	209.14	4.74
TREP3-4	136.89	45.75	154.25	85.90	131.11	222.13	4.86
TREP3-5	125.92	51.73	143.05	90.66	121.59	203.61	3.94
TREP3-6	132.40	50.00	148.37	90.91	126.11	209.91	4.20
TREP3-7	145.28	47.67	158.67	75.22	134.87	209.30	4.39
TREP3-8	144.52	46.33	161.01	84.34	136.86	221.03	4.77
TREP3-9	63.35	34.40	68.64	50.26	58.35	104.99	3.05
TREP3-10	65.90	31.93	70.78	47.08	60.16	106.28	3.33
TREP3-11	67.92	31.23	72.26	45.61	61.42	104.07	3.33
TREP3-12	69.49	29.76	73.67	45.12	62.62	99.64	3.35

图 5.2.13 给出了典型节点试件在峰值荷载时的应力云图，分析表明：

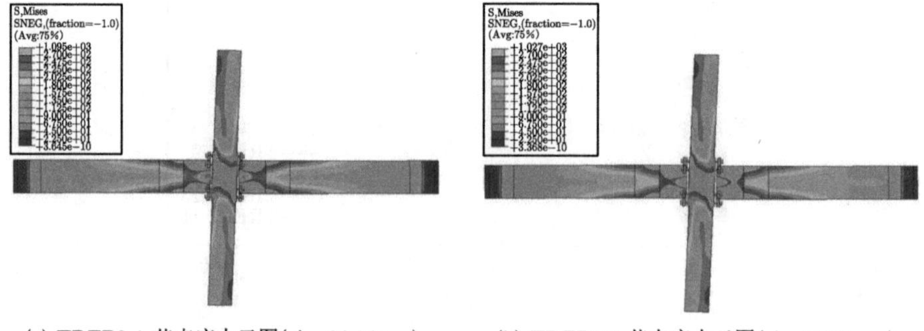

(a) TREP3-1 节点应力云图(Δ=96.14mm)　　(b) TREP3-2 节点应力云图(Δ=93.55mm)

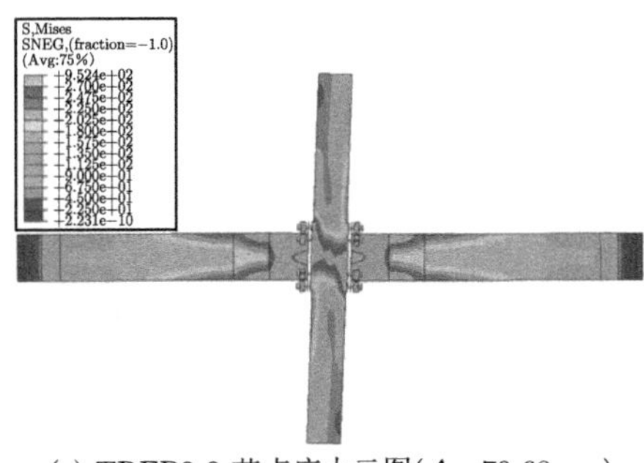

(c) TREP3-3 节点应力云图($\Delta=79.68$mm)

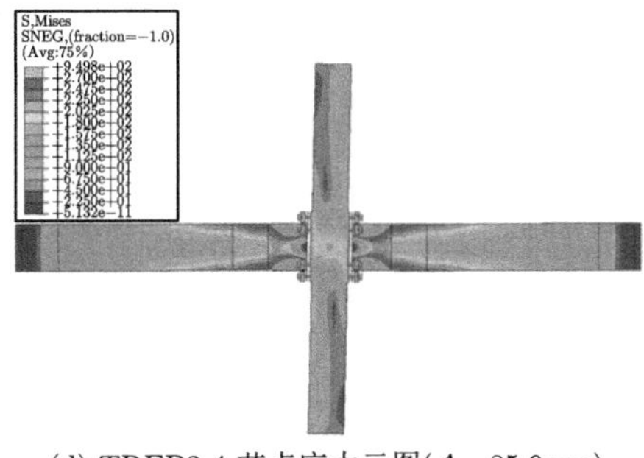

(d) TREP3-4 节点应力云图($\Delta=85.9$mm)

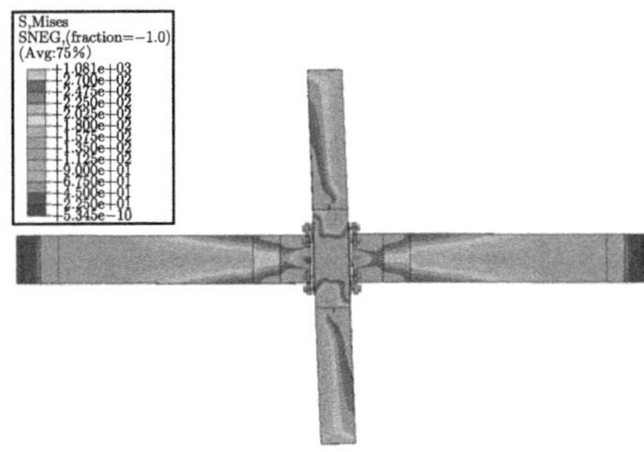

(e) TREP3-5 节点应力云图($\Delta=90.66$mm)

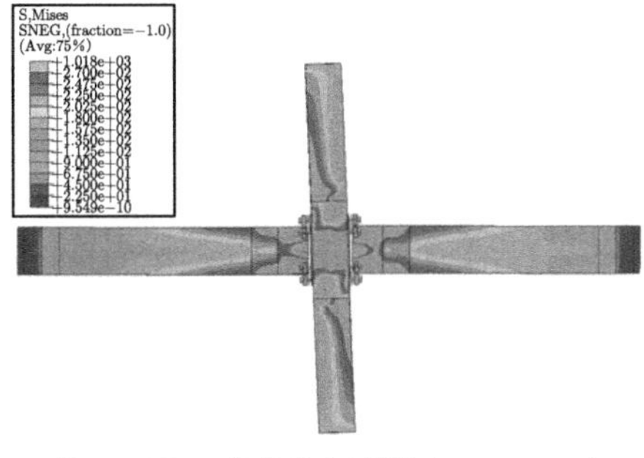

(f) TREP3-6节点应力云图($\Delta=90.91$mm)

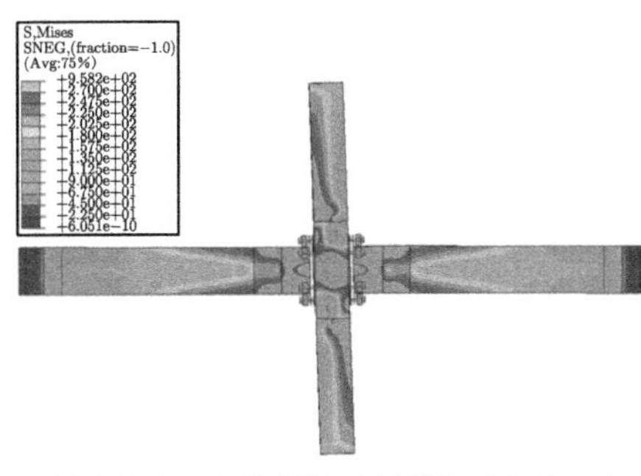

(g) TREP3-7 节点应力云图($\Delta=75.22$mm)

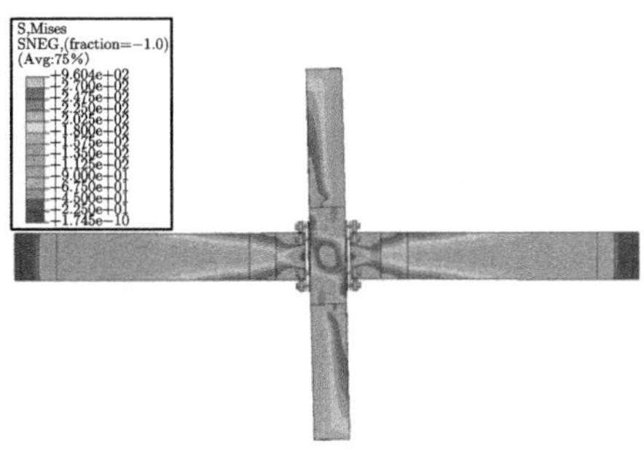

(h) TREP3-8节点应力云图($\Delta=84.34$mm)

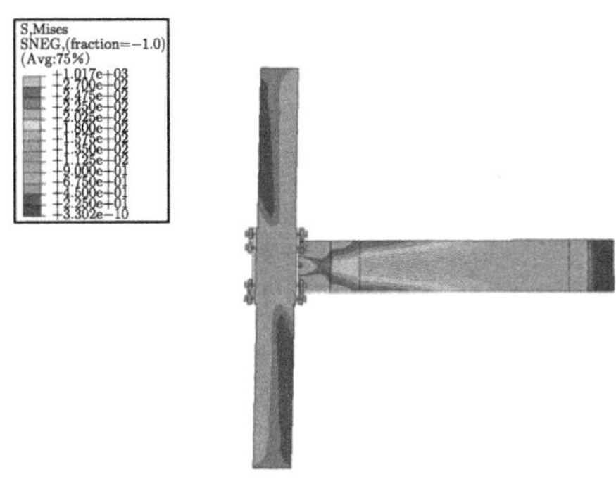

(i) TREP3-9 节点应力云图($\Delta=50.26$mm)

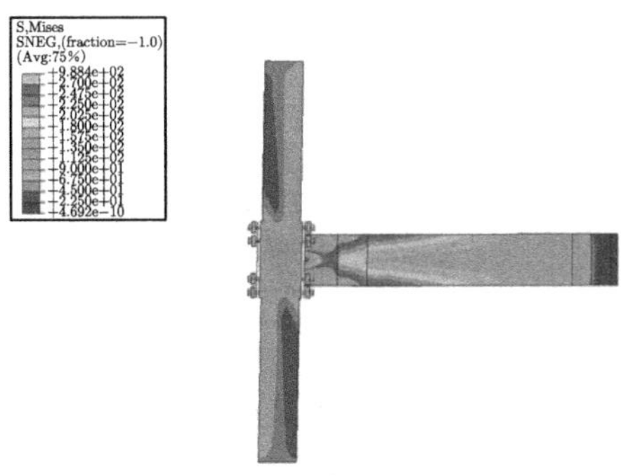

(j) TREP3-10节点应力云图($\Delta=47.08$mm)

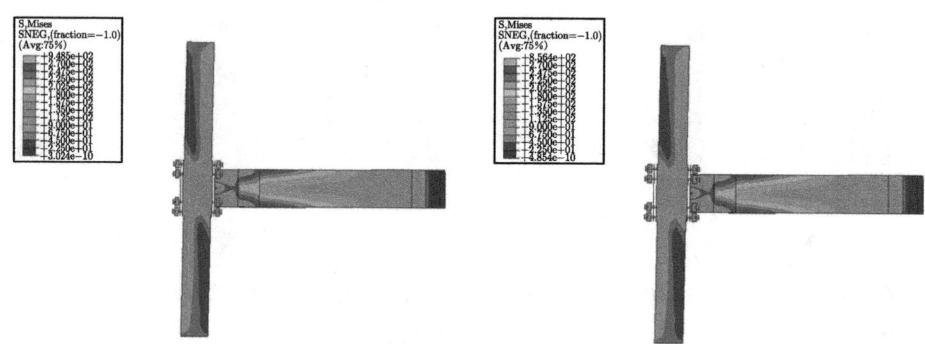

(k) TREP3-11 节点应力云图($\varDelta=45.61$mm)　　(l) TREP3-12节点应力云图($\varDelta=45.12$mm)

图 5.2.13　典型节点峰值荷载下的应力云图 (彩图见封底二维码)

(1) TREP3-1～TREP3-12 的破坏属于典型的梁端出现塑性铰的破坏模式，柱翼缘节点区域有一定的塑性发展，满足“强柱弱梁，强节点弱构件”的设计要求。

(2) 端板越厚，柱翼缘节点区域塑性发展越小。偏心节点，靠近梁侧柱翼缘节点区域有较大的塑性发展，且柱翼缘节点域上下侧壁均有一定的塑性发展。

(3) 梁柱平面外节点，双边梁节点区域塑性发展程度大；单边梁节点，柱翼缘区域基本处于弹性阶段，未有塑性发展，梁端出现塑性铰。

5.2.3　平面外穿芯拉杆–端板节点工作机理分析

节点区受力较为复杂，是梁柱轴力、剪力和弯矩的传力枢纽，其受力简图如图 5.2.14 所示。双侧板焊接和螺栓连接节点工作机理相似，仅上下翼缘纵向力与侧板的传力分别采用焊接和螺栓连接，节点区传力机理完全相同。

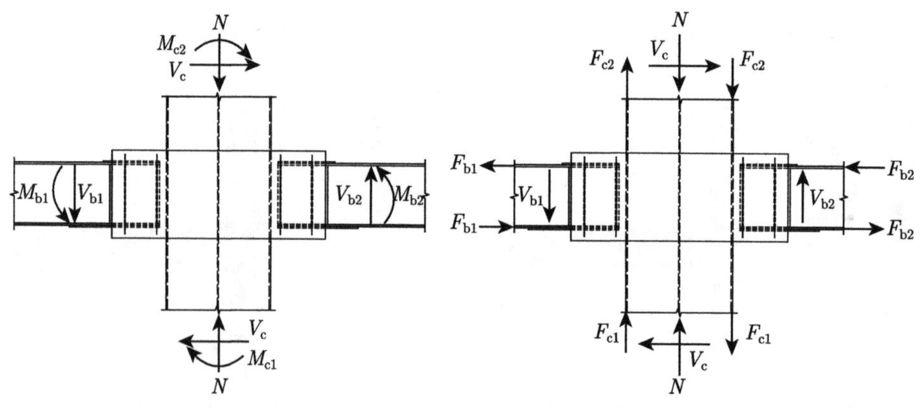

图 5.2.14　节点区受力简图

1. 中柱节点域传力机理分析

节点 TREP1 和 TREP3 的节点域传力机理相似，以 TREP1 为例分析节点域传力机理。节点正向加载达到峰值荷载时，节点域的主应力分布如图 5.2.15 所示。图 5.2.15 清晰地展现了端板、钢棒和钢管间的应力传递机制。左侧钢梁上翼缘水平向主拉应力通过焊缝传至端板，端板应力一部分通过焊缝传至壁式柱腹板，一部分直接向通过对穿螺栓传递直至右侧钢梁上翼缘。主压应力传递与主拉应力相似，从左侧钢梁下翼缘经端板、节点域、对穿螺栓传至右侧钢梁下翼缘。钢梁腹板剪力首先传至端板高度中部，而后向节点域传递。节点域内力由端板、钢管腹板和混凝土共同抵抗。

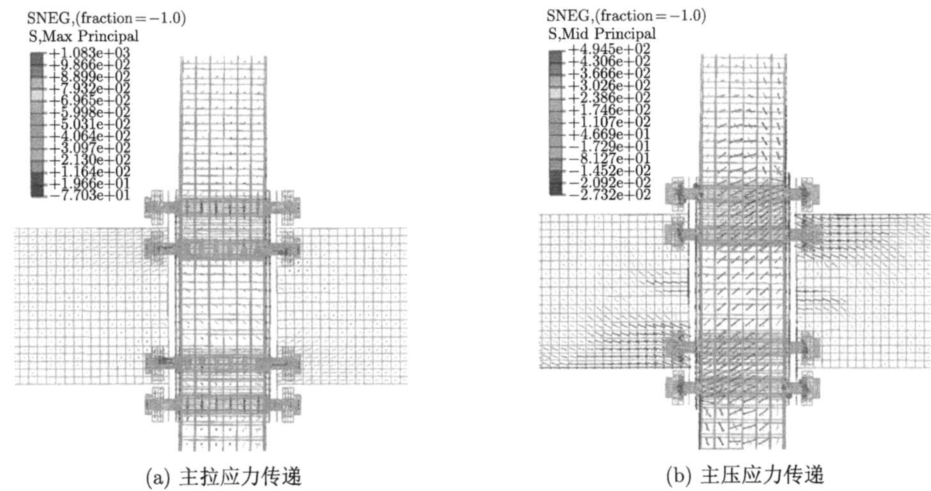

(a) 主拉应力传递　　(b) 主压应力传递

图 5.2.15　TREP1 节点域传力路径 (彩图见封底二维码)

图 5.2.16 为荷载峰值对应的节点应力分布。梁柱端部剪力和弯矩可近似转化为作用在上下翼缘几何中心的力偶和作用在腹板处的剪力。由图 5.2.16(a) 可知，螺栓在水平方向主要承受钢梁翼缘传来的力，水平应力分布基本关于钢梁翼缘对称。图 5.2.16(c) 和 (d) 为节点主应力分布图。主拉应力主要由左侧钢梁上翼缘通过节点端板及螺栓向右侧钢梁上翼缘传递，主压应力主要由左侧钢梁下翼缘通过节点端板及螺栓向右侧钢梁下翼缘斜向传递，钢梁腹板剪力通过端板传至壁式钢管腹板，对中节点该部分剪力通过壁式内部竖向隔板传递。图 5.2.16(e) 给出了节点剪应力分布，节点域部分剪应力最大，但均小于钢材剪切屈服应力。图 5.2.16(f) 给出了端板 von Mises 等效应力，柱范围内螺栓应力基本处于弹性状态，壁式内部隔板部分较大部分屈服，钢梁翼缘梁端位置上下翼缘，进入屈服状态。钢梁腹板应力水平较低，形成“弹性核”。

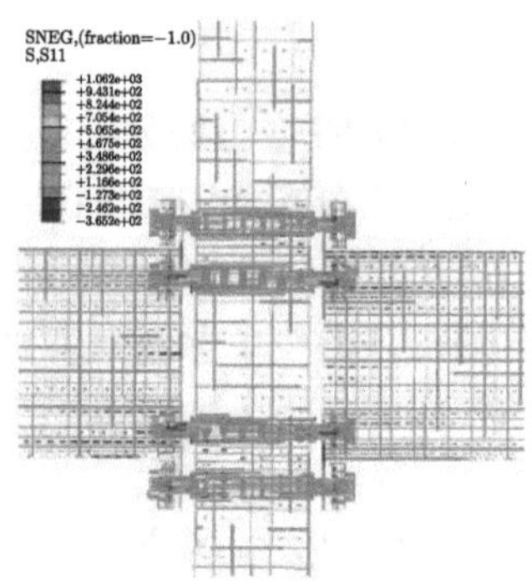

(a) 节点水平向应力

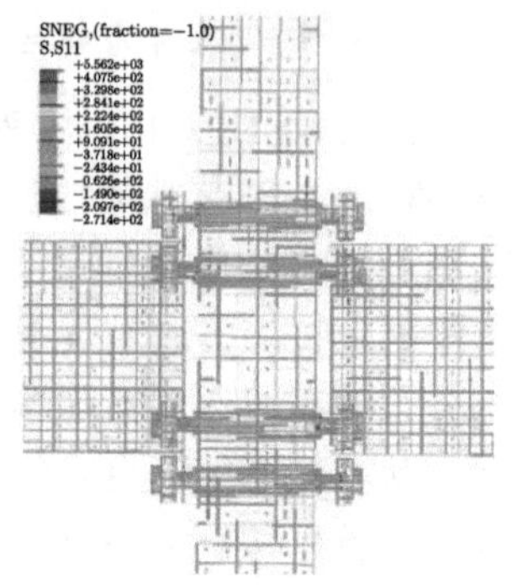

(b) 节点竖向应力

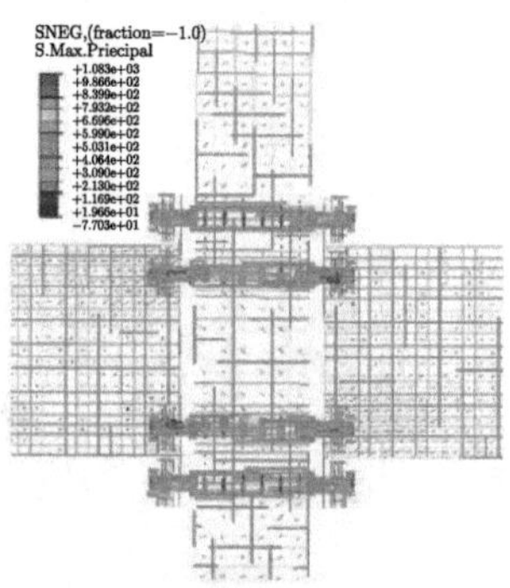

(c) 端板及螺栓主拉应力

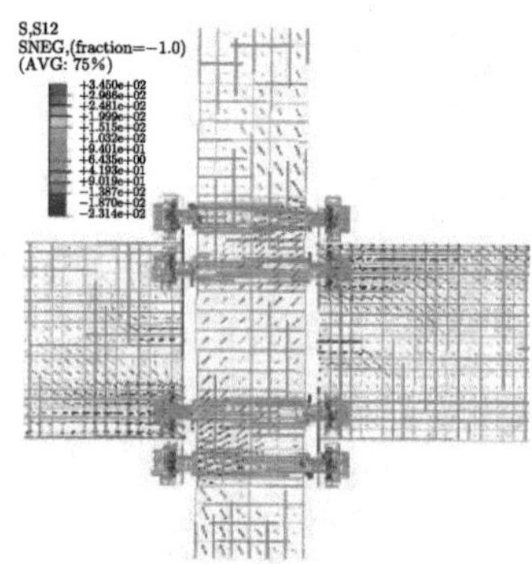

(d) 端板及螺栓主压应力

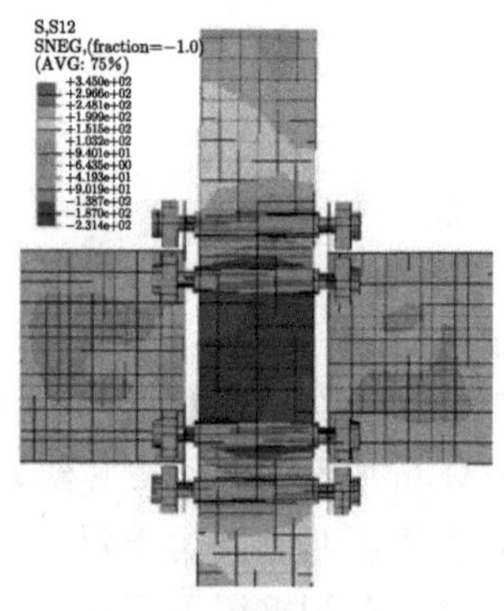

(e) 端板及螺栓剪应力

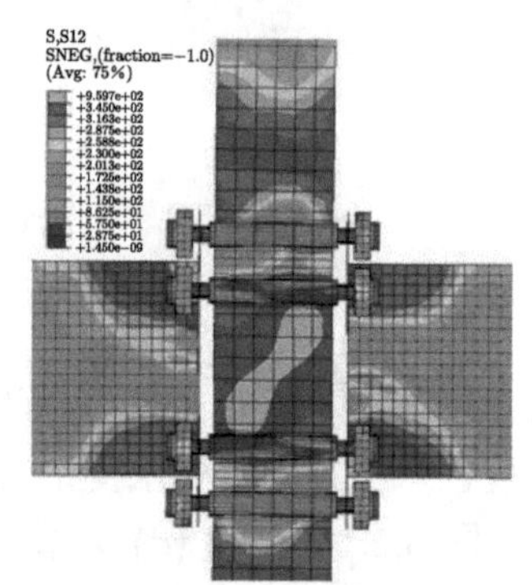

(f) 端板及螺栓 von Mises 等效应力

图 5.2.16　TREP1 节点区侧板的应力分布 (彩图见封底二维码)

图 5.2.17 为荷载峰值对应的钢管应力分布。由图 5.2.17(a)，水平应力在钢梁受压翼缘对应位置较为集中。此处钢管腹板主要承受侧板通过螺栓传来的压应力，产生与内部混凝土的相对变形，钢管角部受到混凝土的约束，阻止这种变形趋势

而产生高额拉应力，而邻近位置为压应力，应力梯度较大。由图 5.2.17(b)，钢管部分竖向应力压应力在梁受压翼缘处集中，因为钢管已承受竖向荷载，因此拉应力范围较压应力范围小。图 5.2.17(c) 和 (d) 为钢管腹板主应力分布图，节点域腹板主应力较复杂，钢梁受拉及受压主应力主要通过对穿螺栓传递，部分通过钢管腹板及壁式隔板传递。柱尚存在轴向压力，因此主压应力值大于主拉应力值。对穿螺栓对应位置钢管管壁受到混凝土约束，受力较为集中。钢管隔板位置也受此因素影响，附近位置应力较高。图 5.2.17(e)～(h) 分别给出了钢管翼缘剪应力、von Mises 等效应力，以及钢管隔板 von Mises 等效应力。钢管翼缘剪应力主要位于节点域范围内，剪切应力均处于弹性状态。钢管隔板因为对穿钢棒及端板的作用，剪应力较大但仍处于弹性状态。钢管翼缘小部分范围进入屈服，钢管隔板大范围已经屈服。

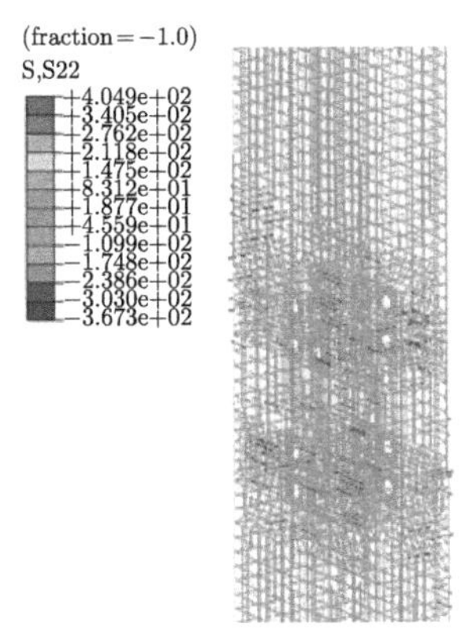

(a) 钢管节点处横向应力

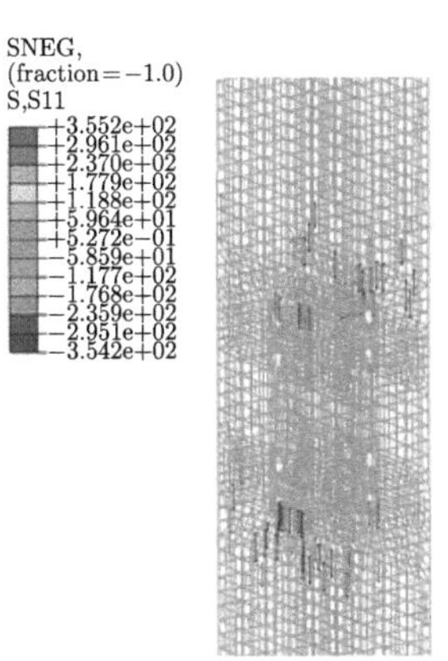

(b) 钢管节点处竖向应力

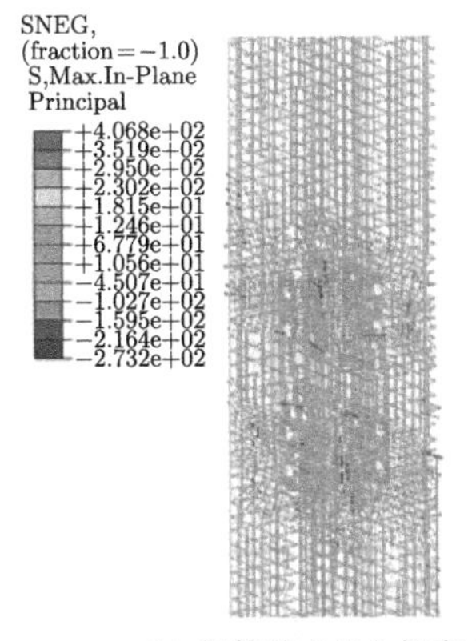

(c) 钢管节点处主拉应力

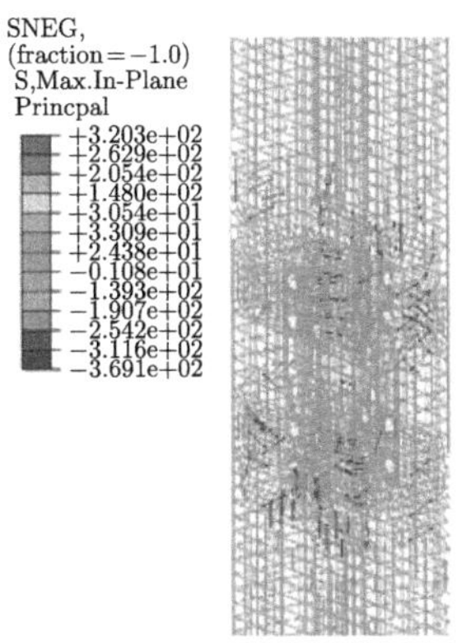

(d) 钢管节点处主压应力

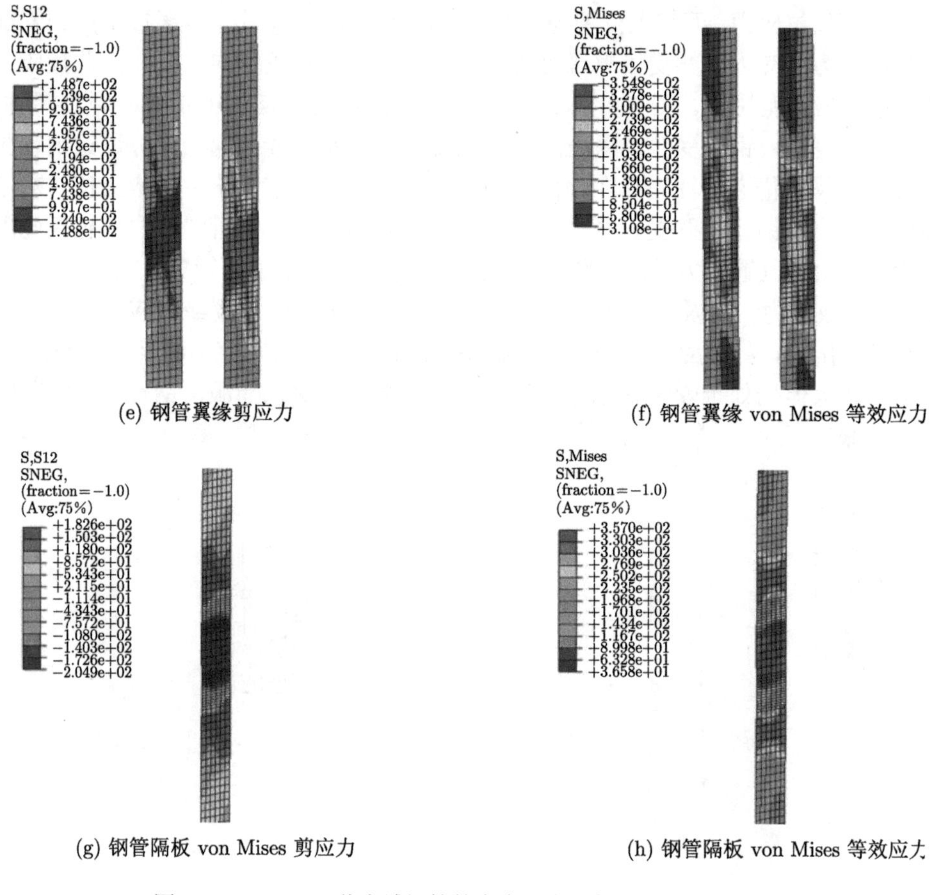

(e) 钢管翼缘剪应力　　(f) 钢管翼缘 von Mises 等效应力

(g) 钢管隔板 von Mises 剪应力　　(h) 钢管隔板 von Mises 等效应力

图 5.2.17　DSP1 节点域钢管的应力分布 (彩图见封底二维码)

图 5.2.18 给出了节点域混凝土的应力分布。由于钢管和混凝土之间采用接触界面，钢管与混凝土间存在滑移，两个腔室内混凝土受力相对独立，达不到完全组合受力性能。由图 5.2.18(a) 和 (b)，混凝土主要承受来自对穿螺栓水平向压应力，以及柱的压弯竖向应力。图 5.2.18(c) 和 (d) 为混凝土核心区的主拉应力和主压应力，临近对穿螺栓的混凝土边缘拉应力已达到受拉开裂应力，但范围均较小。图 5.2.18(e) 和 (f) 给出了节点区混凝土的损伤情况，因为壁式柱平面外刚度较弱，所以混凝土在节点域范围内出现部分开裂和受压损伤。图 5.2.18(g) 和 (h) 给出了节点区混凝土表面接触摩擦力和压力分布，可见对穿螺栓对应位置钢管向混凝土传递了较大压力。钢管隔板对混凝土形成了有效约束，接触压力较大。

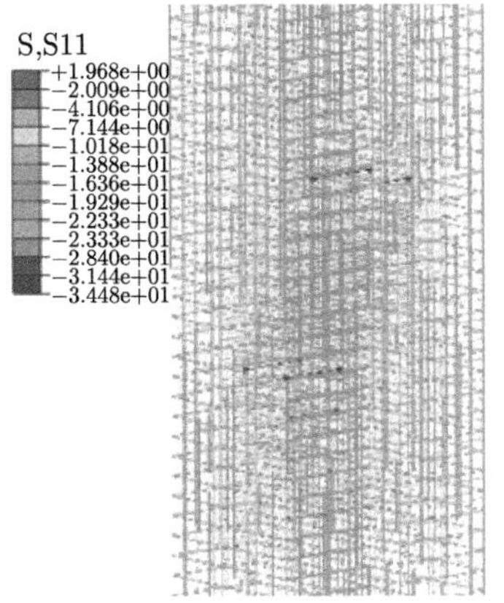

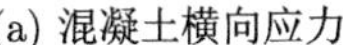

(a) 混凝土横向应力

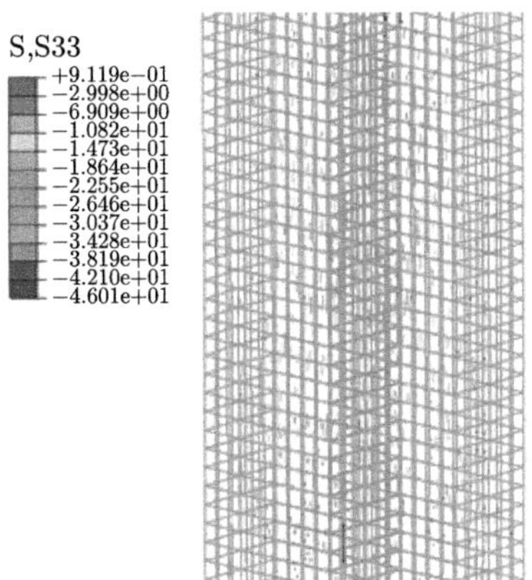

(b) 混凝土竖向应力

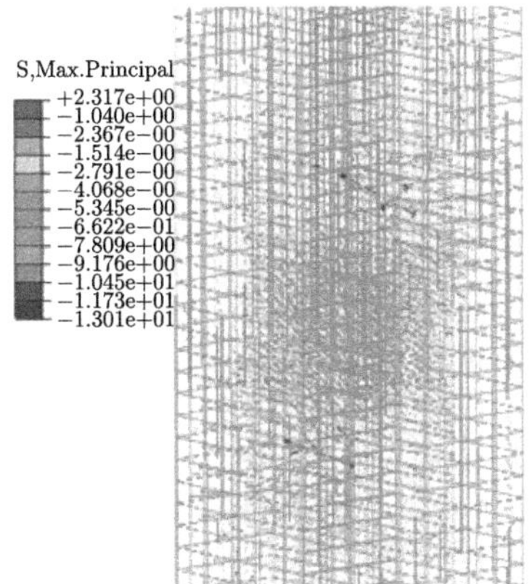

(c) 混凝土主拉应力

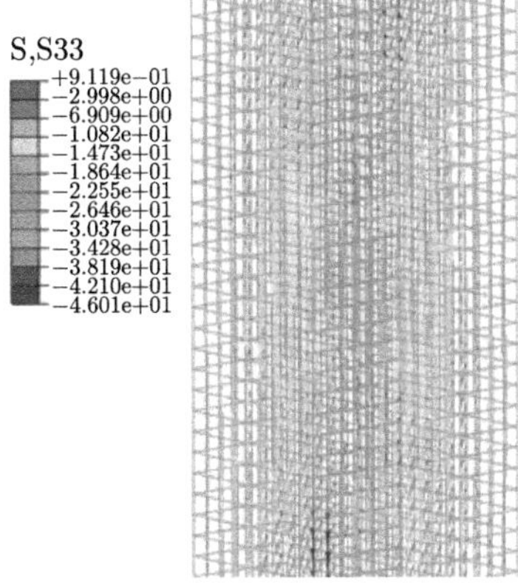

(d) 混凝土主压应力

DAMAGET
(Avg, 75%)
+9.276e−01
+8.707e−01
+7.730e−01
+6.521e−01
+6.084e−01
+5.042e−01
+4.612e−01
+3.061e−01
+2.061e−01
+1.935e−01
+0.548e−01
+7.730e−012
+0.000e+00

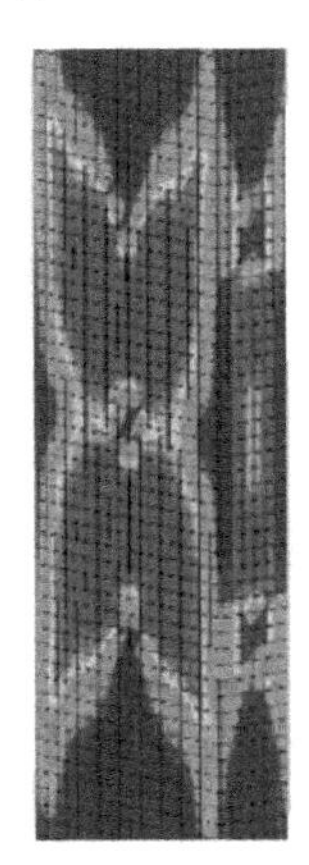

(e) 混凝土受拉损伤

DAMAGEC
(Avg:75%)
+9.126e−01
+8.366e−01
+7.605e−01
+6.845e−01
+6.084e−01
+5.324e−01
+4.563e−01
+3.803e−01
+2.282e−01
+3.042e−01
+1.521e−01
+7.605e−02
+0.000e+00

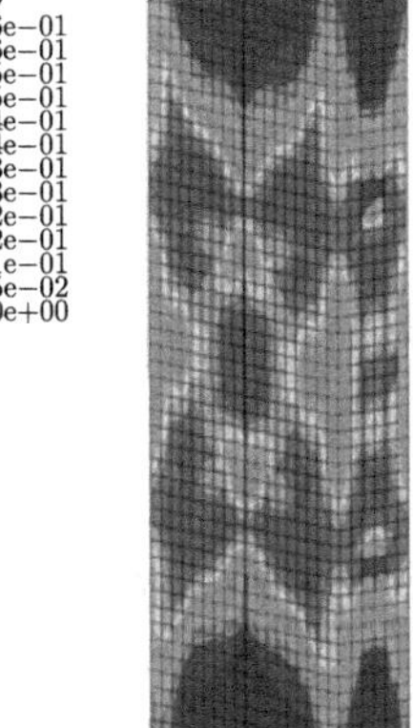

(f) 混凝土受压损伤

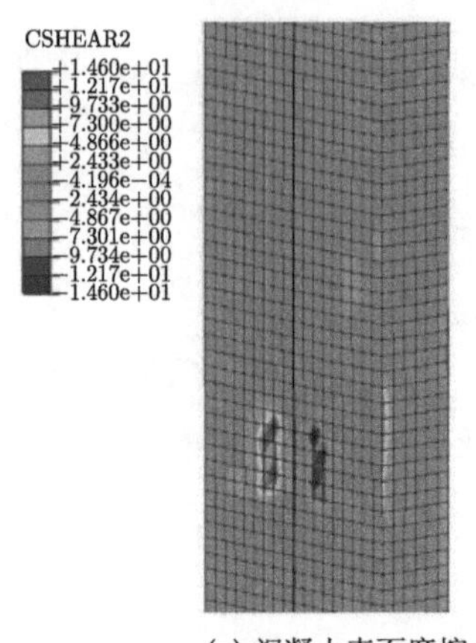

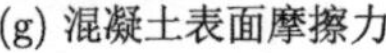
(g) 混凝土表面摩擦力

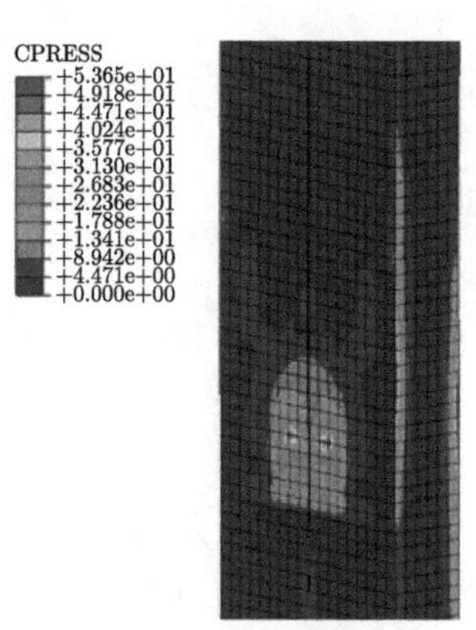

(h) 混凝土表面压力

图 5.2.18 TREP1 节点区混凝土的应力分布 (彩图见封底二维码)

2. 偏心节点域传力机理分析

偏心节点与中柱节点传力路径稍有区别，节点域受力情况不同。正向荷载峰值对应的节点区主应力分布如图 5.2.19 所示。可见，钢梁上翼缘水平向应力通过端板递至对穿螺栓，再由螺栓传至柱另一侧钢梁，剪力及部分水平应力通过隔板及偏心侧钢管翼缘对角传递。钢梁下翼缘的水平压应力与拉应力传力路径相似。

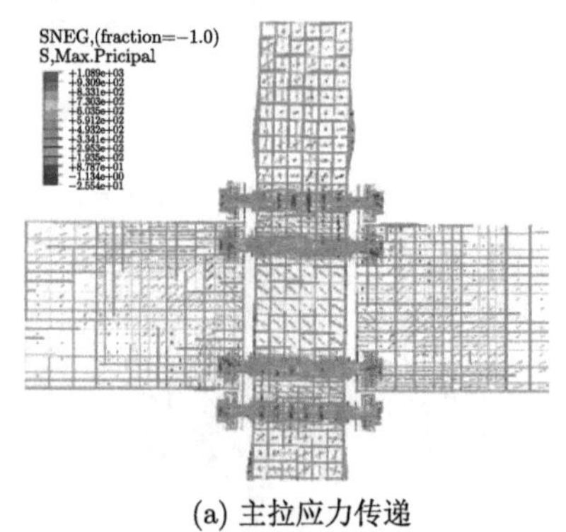

(a) 主拉应力传递

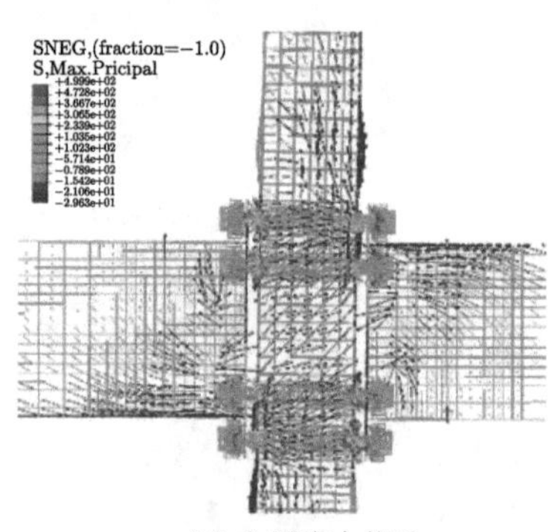

(b) 主压应力传递

图 5.2.19 TREP2 节点域传力路径 (彩图见封底二维码)

图 5.2.20 给出了端板及对穿螺栓的主应力传递路径，以及剪应力和 von Mises 等效应力。钢梁上下翼缘处应力集中通过端板应力传递到对穿螺栓，再由螺栓传递到另一侧钢梁。图 5.2.21 为钢管翼缘及钢管隔板节点区主应力分布、剪应力和 von Mises 等效应力云图，梁端剪力及部分拉压应力通过钢管翼缘及钢管隔板传递，靠近钢梁一侧的钢管翼缘应力集中，应力值幅值较大。图 5.2.22 给出了节点

区混凝土的受压损伤。偏心节点，靠钢梁一侧的混凝土损伤较大，对偏心节点一侧的钢管翼缘建议补强设计。

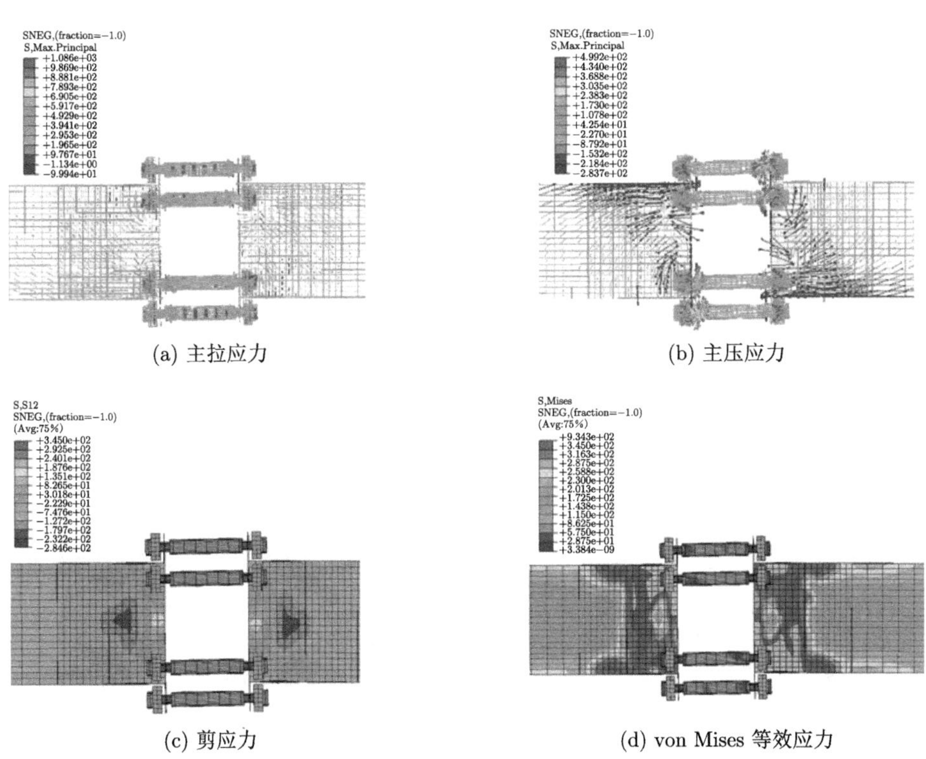

(a) 主拉应力　(b) 主压应力

(c) 剪应力　(d) von Mises 等效应力

图 5.2.20 TREP2 端板及对穿螺栓应力分布 (彩图见封底二维码)

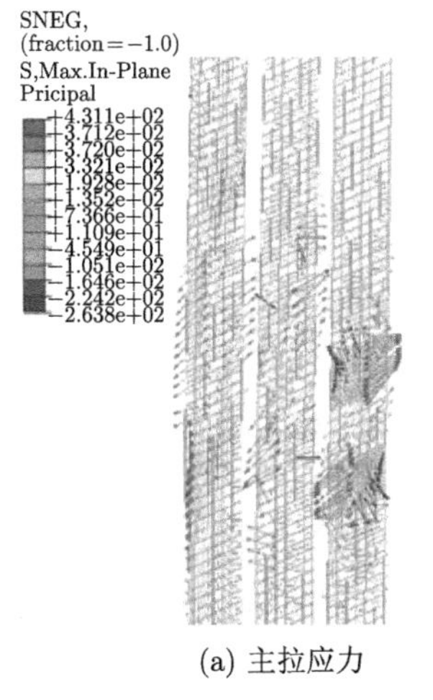

(a) 主拉应力

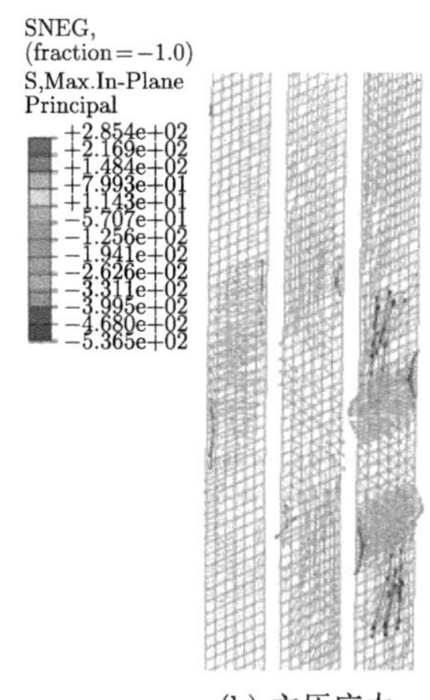

(b) 主压应力

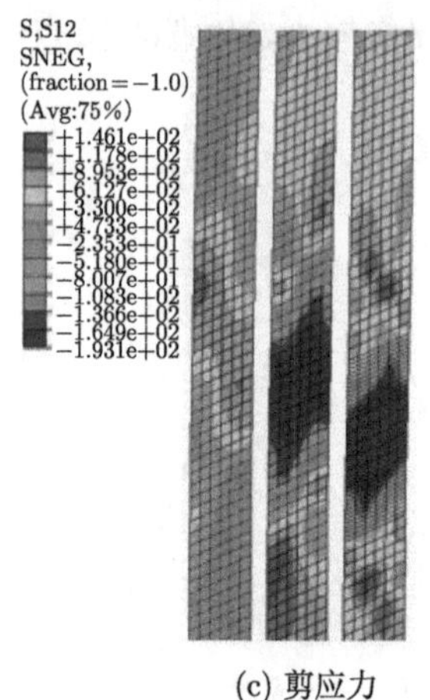

(c) 剪应力

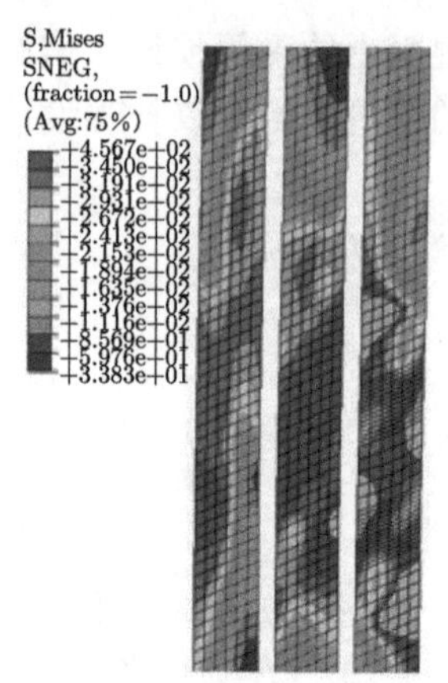

(d) von Mises 等效应力

图 5.2.21　DSP3 钢管翼缘及隔板应力分布 (彩图见封底二维码)

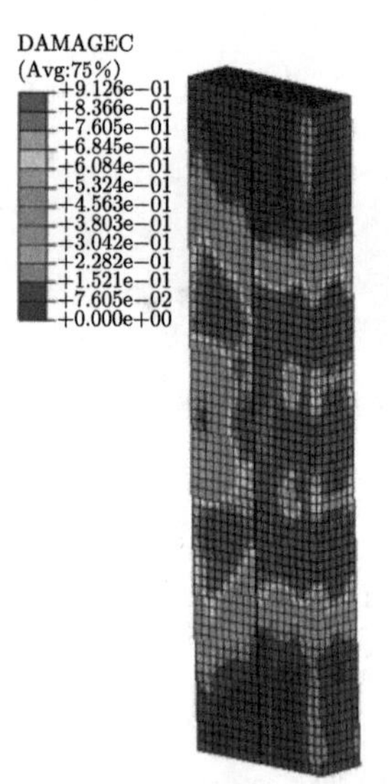

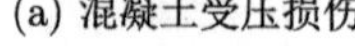

(a) 混凝土受压损伤

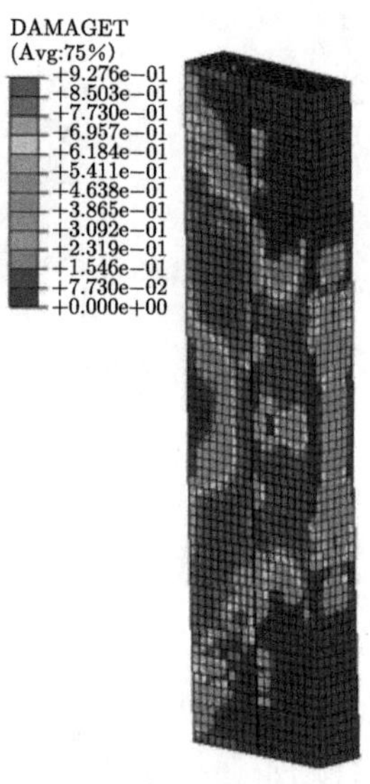

(b) 混凝土竖向应力

图 5.2.22　TREP2 节点区混凝土应力分布 (彩图见封底二维码)

5.3　平面外穿芯拉杆–端板梁柱连接节点设计方法研究

5.3.1　节点构造要求

抗震设计中，节点应满足“强柱弱梁，强节点弱构件”的设计原则，保证节点域具有足够的强度，以保证在梁端形成塑性铰之前不会破坏。因此建议采用如下构造要求。

(1) 根据《矩形钢管混凝土结构技术规程》: 钢管内混凝土等级不应低于 C30; 对于 Q235B 钢管, 宜配 C30~C40 的混凝土; 对于 Q345 钢管, 宜配 C40~C50 的混凝土。

(2) 混凝土浇筑宜采用自密实混凝土浇筑, 应在钢管壁适当位置留有足够的排气孔, 排气孔孔径不应小于 20mm。

(3) 在浇灌混凝土之前应对高强螺栓进行初拧紧。

(4) 当应用于中柱节点时, 应注意两个方向对穿螺栓杆的相互避让。

5.3.2 承载力设计公式

平面外穿芯拉杆–端板梁柱节点在弯矩和剪力作用下可能发生以下破坏形式:

(1) 端板和梁端的焊缝连接破坏;

(2) 端板处高强螺栓的抗拉或拉剪破坏;

(3) 端板的受弯和受剪破坏;

1. 端板和梁端焊缝验算

常用简化设计方法是假设作用在梁端的弯矩完全由翼缘承担, 而剪力完全由腹板承担。焊缝强度验算采用梁端翼缘承受的弯矩, 如图 5.3.1 为焊缝计算简图。

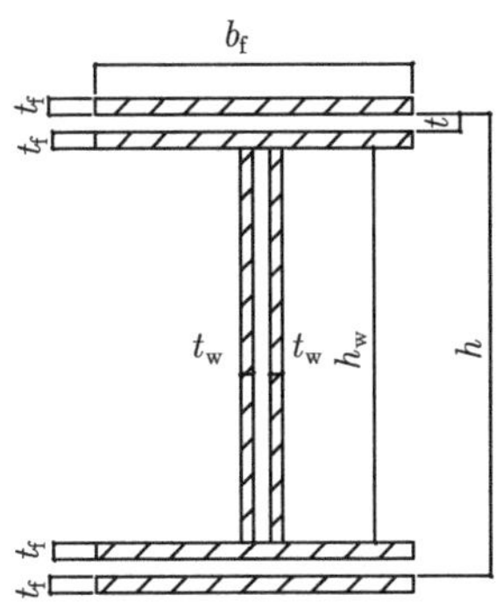

图 5.3.1 焊缝计算简图

端板与翼缘角焊缝抗弯承载力验算:

$$M_{\max} = 2b_f t_{ef}(h-t) f_t^w \tag{5.3.1}$$

式中, b_f 为翼缘焊缝计算长度; t_{ef} 为翼缘焊缝计算高度; f_t^w 为焊缝的抗拉强度设计值。

端板与腹板焊缝抗剪承载力验算:

$$V_{\max} = 2h_w t_{ew} f_f^w \tag{5.3.2}$$

式中，h_w 为腹板焊缝计算长度；t_{ew} 为腹板焊缝计算高度；f_f^w 为焊缝的抗剪强度设计值。

2. 对穿螺栓的抗拉设计

目前，高强螺栓的抗拉设计有以下四种方法：①传统三角法：认为螺栓群受力呈三角形分布，利用平衡条件确定各螺栓的受力大小，我国规范即采用这种方法；②英国规范：认为受拉翼缘两侧的螺栓受力相等，其余螺栓受力按线性分布，按弹性方法计算螺栓拉力；③欧洲规范：为塑性设计法，认为翼缘内侧第一排螺栓拉力最大，其余拉力重新分配；④美国规范法：即 T 形构件法，将弯矩简化为一对力偶，拉力由翼缘两侧的螺栓承担。研究表明，T 形构件法更适合端板式连接。对穿螺栓按以下公式进行抗拉设计：

$$n_t N_t^b / r_{RE} \geqslant N_{fb} \tag{5.3.3}$$

且

$$ntN_{tu}^b \geqslant r_Q A_{fb} f_u \tag{5.3.4}$$

式中，n_t 为翼缘两侧第一排受拉螺栓总数；r_{RE} 为承载力抗震调整系数，取 0.85，仅计算竖向地震作用时取 1.0；N_t^b 为单个螺栓的抗拉承载力设计值，N_t^b=0.8P，P 为预拉力；N_{fb} 为梁端翼缘等效设计轴力，$N_{fb} = M/h_1$，M 为梁端弯矩设计值 (包含地震作用效应)，$h_1 = h_b - t_{fb}$，h_b，t_{fb} 分别为梁的截面高度和翼缘厚度；N_{tu}^b 为单个螺栓的极限抗拉承载力，$N_{tu}^b = A_e^b f_u^b$，A_e^b 为螺栓螺纹处的有效截面面积，f_u^b 为螺栓钢材的极限抗拉强度最小值；r_Q 为考虑撬力作用的调整系数，端板有肋时取 1.2，无肋时取 1.3；$A_{fb} f_u$ 为梁端一个梁翼缘的有效截面面积及其极限抗拉强度最小值。

3. 对穿螺栓的抗剪设计

对穿螺栓按以下公式进行抗剪设计：

$$n_t N_v^b / r_{RE} \geqslant V \tag{5.3.5}$$

且

$$n\left(N_{vu}^b, N_{cu}^b\right) \geqslant 0.58 h_{wb} t_{wb} f_u \tag{5.3.6}$$

式中，n 为连接螺栓总数；N_v^b 为单个螺栓的抗剪承载力设计值，$N_v^b = 0.9\mu(P - 1.25N_t)$，$\mu$ 为连接抗滑移系数，N_t 为螺栓拉力，$N_t = N_{fb}/n_t$；V 为梁端剪力设计值 (包括地震作用效应)；N_{vu}^b 为单个螺栓的极限受剪承载力，$N_{vu}^b = 0.58 A_e^b f_u^b$；$N_{cu}^b$ 为被连接板件的极限承压力，N_{cu}^b=$d t_{min} f_{cu}^b$，d 为螺栓公称直径；t_{min} 为被连接板件中较薄板件的厚度，f_{cu}^b 为被连接板件的极限承压强度，取 1.5f_u；f_u 为板件的极限抗拉强度最小值；h_{wb}、t_{wb} 分别为钢梁腹板的高度和厚度。

4. 对穿圆钢验算

与高强螺栓相连的内套丝圆钢棒采用简化的等强设计原则验算 (如图 5.3.2 为验算截面简图)

$$f_{\mathrm{y}} \times A_{\mathrm{e}}^{\mathrm{D}} \geqslant N_{\mathrm{tu}}^{\mathrm{b}} \tag{5.3.7}$$

式中，$A_{\mathrm{e}}^{\mathrm{D}}$ 为套丝截面有效截面, $A_{\mathrm{e}}^{\mathrm{D}} = \dfrac{\pi}{4}\left[D^2 - \left(d - \dfrac{13}{24}\sqrt{3}P\right)\right]$; f_{y} 为圆钢棒材料抗拉强度设计值；$N_{\mathrm{tu}}^{\mathrm{b}}$ 为单个螺栓的极限抗拉承载力，$N_{\mathrm{tu}}^{\mathrm{b}} = A_{\mathrm{e}}^{\mathrm{b}} f_{\mathrm{u}}^{\mathrm{b}}$，$A_{\mathrm{e}}^{\mathrm{b}}$ 为螺栓螺纹处的有效截面面积。

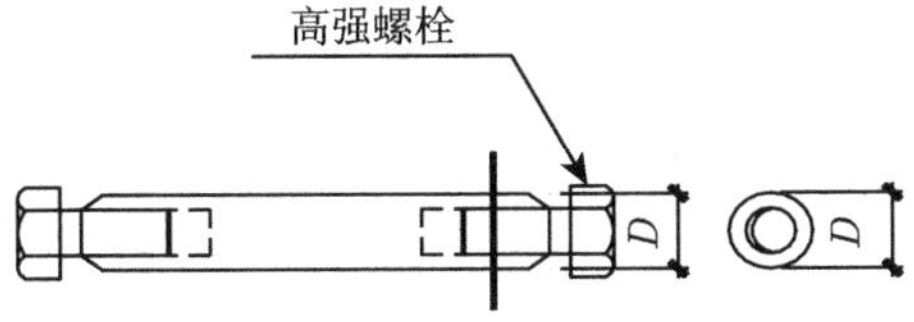

图 5.3.2 对穿圆钢尺寸及构造

5. “强柱弱梁” 的验算

当轴压比超过一定限值时，节点域下部框架柱在较大的压应力作用下将先于节点域破坏，故抗震设计时，应对任一节点进行 “强柱弱梁” 验算：

$$\sum \left(1 - \frac{N}{N_{\mathrm{uk}}}\right) \frac{M}{1 - a_{\mathrm{c}}} \geqslant \eta_{\mathrm{c}} \sum M_{\mathrm{uk}}^{\mathrm{b}} \tag{5.3.8}$$

$$\sum M_{\mathrm{uk}} \geqslant \eta_{\mathrm{c}} \sum M_{\mathrm{uk}}^{\mathrm{b}} \tag{5.3.9}$$

$$N_{\mathrm{uk}} = f_{\mathrm{s}} A_{\mathrm{s}} + f_{\mathrm{ck}} A_{\mathrm{c}} \tag{5.3.10}$$

$$M_{\mathrm{uk}} = \left[0.5 A_{\mathrm{s}} \left(h - 2t - d_{\mathrm{nk}}\right) + bt \left(t + d_{\mathrm{nk}}\right)\right] f_{\mathrm{y}} \tag{5.3.11}$$

式中，N 为按多遇地震作用组合的柱轴力设计值；N_{uk} 为壁式钢管混凝土柱轴心受压时，截面受压承载力标准值；f_{ck} 为框架柱管内混凝土抗压强度标准值；η_{c} 为强柱系数，一般取 1.0，对超过 6 层的框架，8 度设防时取 1.2，9 度设防时取 1.3; M_{uk}^{b} 为计算平面内交汇于节点的框架梁的全塑性受弯承载力标准值；M_{uk} 为计算平面内交汇于节点的框架柱的全塑性受弯承载力标准值；b、h 分别为矩形钢管截面平行、垂直于弯曲周的边长；d_{nk} 为框架柱管内混凝土受压区高度，$d_{\mathrm{nk}} = \dfrac{A_{\mathrm{s}} - 2bt}{(b - 2t)\dfrac{f_{\mathrm{ck}}}{f_{\mathrm{y}}} + 4t}$，为钢管壁厚；$a_{\mathrm{c}}$ 为受压构件中混凝土的工作承担系数，$a_{\mathrm{c}} = f_{\mathrm{c}}/(f_{\mathrm{s}} A_{\mathrm{s}} + f_{\mathrm{c}} A_{\mathrm{c}})$。

5.4 本章小结

本章针对多腔钢管混凝土柱-H 形钢梁穿芯拉杆–端板节点进行了足尺模型的低周往复荷载试验，并利用 ABAQUS 软件建立了考虑材料非线性、几何非线性以及接触非线性的有限元模型。对比分析了轴压比、钢梁翼缘厚度、端板厚度、钢梁连接位置等因素对穿芯拉杆–端板节点受力性能的影响，分析了节点的传力机理及破坏模式，提出了穿芯拉杆–端板节点的优化、设计及生产和施工建议。通过上述工作得到的主要结论如下。

(1) 壁式钢管混凝土柱平面外穿芯拉杆–端板梁柱节点满足 “强柱弱梁，强节点弱构件” 的设计要求，节点区域主要构件侧板、端板、对穿圆钢及高强螺栓均未发生局部屈曲和强度破坏，试件最终在距梁端 1 倍梁高区域形成了塑性铰。

(2) 试件在屈服前，骨架曲线基本为线性，试件屈服后，骨架曲线呈现非线性。当节点试件的延性在 3 以上时，试件具有较好的延性及耗散性能。

(3) 精细化有限元模型可以较准确地模拟试验现象，由于试验装置和试件加工不能达到完全理想的状态，有限元分析得到的试件承载力以及延性略高于试验值。

(4) 试件满足 “强柱弱梁，节点更强” 的设计要求，试件的破坏形式主要为梁端塑性铰破坏。节点域钢管应力值较小，均处弹性阶段，节点域混凝土损伤值微小，说明节点域柱整体均未遭到破坏。

(5) 平面外偏心节点靠近梁侧的柱壁建议加厚或补强设计。针对端板、焊缝、对穿螺栓及对穿圆钢等节点关键构件的设计建议可保证节点设计安全。

参考文献

[1] 郝际平, 孙晓岭, 刘斌, 等. 一种采用对穿钢棒的多腔钢管混凝土柱–钢梁平面外装配式连接节点 [P]. 中国: 206681150U, 2017-11-28.

[2] 郝际平, 刘斌, 刘瀚超, 等. 用对穿钢棒的多腔体钢管混凝土柱–钢梁面外塞焊装配式连接节点 [P]. 中国: 206693391U, 2017-12-01.

[3] 郝际平, 樊春雷, 黄育琪, 等. 用对穿螺杆的多腔体钢管混凝土柱–钢梁面外螺栓装配式连接节点 [P]. 中国: 206800624U, 2017-12-26.

[4] 刘瀚超, 郝际平, 薛强, 等. 壁式钢管混凝土柱平面外穿芯拉杆–端板梁柱节点抗震性能试验研究 [J]. 建筑结构学报, 2020, https://doi.org/10.14006/j.jzjgxb.2020.0248.

[5] 孙航. 壁式钢管混凝土柱–面外穿芯螺栓连接节点抗震性能研究 [D]. 西安: 西安建筑科技大学, 2018.

第 6 章　钢连梁–壁式钢管混凝土柱双侧板节点的力学性能

在抗震设计时，连梁是保证结构在强震下延性和耗能能力第一道防线的重要构件，然而在使用钢筋混凝土梁作为连梁时出现了一系列的缺点，主要是由于连梁的跨高比较小，而按照规范对钢筋混凝土连梁进行设计尚不能解决小跨高比连梁延性不足的问题，在大震下常常发生脆性的剪切破坏。钢连梁有足够的延性和塑性变形能力，能够提供更加饱满的滞回曲线，可以解决钢筋混凝土连梁延性差和耗能能力不足的问题。在高层及超高层建筑中，壁式钢管混凝土柱可灵活布置，承载力高，抗侧力易满足要求，使用效果好。在壁式钢管混凝土柱-钢梁节点研究的基础上，提出了钢连梁与壁式钢管混凝土柱双侧板节点 [1−7]。

本章重点研究钢连梁与壁式钢管混凝土柱双侧板节点的受力性能。通过对钢连梁与壁式钢管混凝土柱双侧板节点进行拟静力试验研究，研究节点的滞回性能、刚度退化、延性性能、耗能能力以及破坏模式。通过精细有限元分析，研究不同轴压比、加劲肋布置方式、钢连梁跨度、侧板厚度等因素对节点受力性能的影响。在理论分析、试验研究和有限元分析的基础上给出节点设计建议以及节点生产施工建议 [8]。

6.1　钢连梁与壁式柱双侧板节点抗震性能试验研究

6.1.1　试验概况

1. 材性试验

钢材材性试验为单向拉伸试验，按照 GB/T 2975—2018《钢及钢产品-力学性能试验取样位置及试样制备》的要求在母材中切割板材，根据 GB/T 228.1—2010《金属材料拉伸试验-第 1 部分：室温试验方法》的规定加工成哑铃状试样。

1) 钢材材性试验

钢材材性试验在西安建筑科技大学理学院材料力学实验室进行。材性试验结果见表 6.1.1。按照 GB 50011—2010《建筑抗震设计规范 (附条文说明)(2016 年版)》的要求，钢材实测屈强比均大于 1.2，伸长率大于 20% ，满足要求。

表 6.1.1　钢材材性试验结果

板件规格	试件编号	厚度/mm	f_y/MPa	f_u/MPa	δ	E/MPa	f_u/f_y
t=5(Q235B)	5-A	4.78	307.97	456.72	34.00%	217347	1.48
	5-B	4.86	305.12	453.38	38.00%	214472	1.49
	5-C	4.83	311.30	460.46	40.00%	218119	1.48
	平均值	4.82	308.13	456.86	37.33%	216646	1.48
t=8(Q235B)	8-A	7.39	255.90	400.33	38.00%	207024	1.56
	8-B	7.36	257.35	406.22	46.00%	195246	1.58
	8-C	7.54	259.85	411.84	38.00%	207715	1.58
	平均值	7.43	257.70	406.13	40.67%	203328	1.58
t=10(Q235B)	10-A	9.73	318.73	456.60	26.45%	208686	1.43
	10-B	9.65	314.16	453.17	28.31%	203671	1.44
	10-C	9.63	313.21	453.47	27.77%	206083	1.45
	平均值	9.67	315.37	454.41	27.51%	206056	1.44

2) 混凝土试块材性试验

壁式钢管混凝土柱内灌注 C25 级商品混凝土，混凝土抗压强度 f_{cu} 由与试件相同条件下养护成型的 150mm 立方体试块测得。依照 GB 50107—2010《混凝土强度检验评定标准》的测试方法进行测试，测得混凝土 28 天立方体强度平均值，材性试验结果见表 6.1.2。

表 6.1.2　混凝土试块试验结果

编号	立方体抗压强度试验值 f_{cu}/MPa	立方体抗压强度试验平均值 $f_{cu,m}$/MPa	立方体抗压强度标准值 $f_{cu,k}$/MPa	轴心抗压强度 f_{ck}/MPa	轴心抗压强度平均值 f_{cm}/MPa
C1	32.87	32.25	28.14	18.82	21.57
C2	31.24				
C3	32.64				

对于钢管混凝土结构，混凝土强度取为轴心抗压强度平均值 f_{cm}，其换算过程见式 (6.1.1)～ 式 (6.1.3)。

$$f_{cu,k} = f_{cu,m} - 1.645\sigma \tag{6.1.1}$$

由于结构中混凝土的实体强度与立方体试件混凝土强度之间存在差异，结合试验数据并参考其他国家规范，对混凝土强度修正系数取为 0.88，对于 C50 以下的混凝土，棱柱体强度与立方体强度比值取为 0.76。

$$f_{ck} = 0.88 \times 0.76 f_{cu,k} \tag{6.1.2}$$

$$f_{\mathrm{cm}} = f_{\mathrm{ck}}/(1-1.645\delta_{\mathrm{c}}) \tag{6.1.3}$$

式中，σ 为立方体强度标准差；δ_{c} 为混凝土变异系数，二者关系为$\delta_{\mathrm{c}}=\sigma/f_{\mathrm{cu,m}}$。

2. 试件设计

本研究对 1 个钢连梁-钢板组合墙双侧板节点 (简称 SCB) 的足尺试件进行了设计及试验。如图 6.1.1 所示，SCB 采用双侧板焊接连接形式，壁式钢管混凝土组合柱由两个热轧钢管、腹板构成，并采用全熔透坡口焊连接而成，侧板与柱采用角焊缝围焊，封板和连接角钢与钢梁腹板、翼缘均采用角焊缝连接，侧板分别与钢梁上下翼缘和连接角钢焊接连接。壁式钢管混凝土柱详细尺寸见图 6.1.2。试件的组成如表 6.1.3 所示。钢材均采用 Q235B，焊接均采用手工焊，手工焊条采用 E43 型。壁式钢管混凝土柱内填充 C25 级混凝土，施工时由柱顶灌入混凝土。制作完成后，在实验室人工养护。

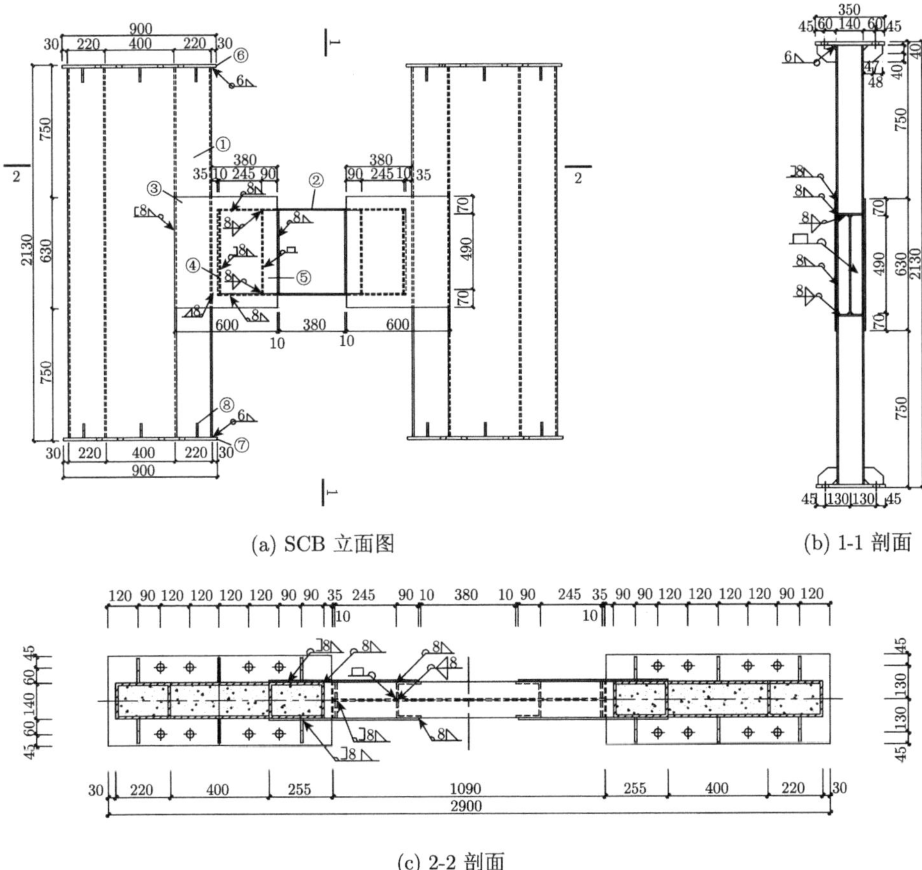

(a) SCB 立面图

(b) 1-1 剖面

(c) 2-2 剖面

图 6.1.1 SCB 试件示意图 (单位：mm)

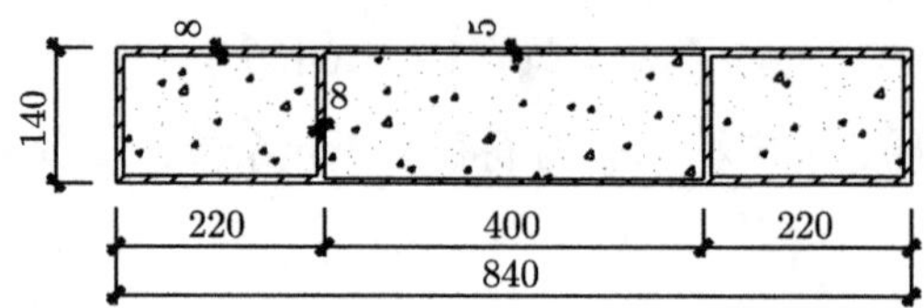

图 6.1.2 1:6 壁式钢管混凝土柱横截面尺寸图 (单位：mm)

表 6.1.3 试件构成表

试件	构件编号	名称	尺寸	数量
SCB	①	壁式柱	840mm×140mm	2
	②	钢梁	490mm×140×8mm×8mm	1
	③	侧板	600mm×630mm×10mm	4
	④	加劲封板	66mm×474mm×8mm	4
	⑤	连接角钢	100mm×63mm×8mm×8mm	4
	⑥	上盖板	900mm×350mm×16mm	2
	⑦	下盖板	900mm×350mm×16mm	2
	⑧	加劲肋	95mm×80mm×10mm	24

6.1.2 试验装置、加载制度和量测内容

试验装置如图 6.1.3 和图 6.1.4 所示，试验采用柱端加载的方式，水平方向采用支撑于反力墙上的 MTS 液压伺服作动器进行低周水平往复加载，加载能力为 1000kN，作动器行程为 ±250mm。竖直方向通过反力梁上的两个油压千斤顶施加荷载，加载能力均为 3000kN。这种柱端主动加载模式，对柱顶装置要求较高，即柱顶压力随柱顶位移而始终保持恒定，试验中在柱顶安装球铰，连接加载梁与千斤顶，以实现柱顶压力在柱顶移动过程中始终保持恒定。在柱的向上三分点的位置设置了一道侧向支撑，侧向支撑滚轮与柱接触，以防止试件在破坏前发生平面外失稳，模拟实际工程中楼板的面外约束作用。

本研究采用式 (6.1.4) 和式 (6.1.5) 分别计算了试验轴压比 n_{t}，设计轴压比 n_{d}。试验轴压比 n_{t} 为 0.30，对应设计轴压比为 0.38。

$$n_{\mathrm{d}}=\frac{1.2N}{f_{\mathrm{c}}A_{\mathrm{c}}+f_{\mathrm{y}}A_{\mathrm{s}}} \tag{6.1.4}$$

$$n_{\mathrm{t}}=\frac{N}{f_{\mathrm{cm}}A_{\mathrm{c}}+f_{\mathrm{ym}}A_{\mathrm{s}}} \tag{6.1.5}$$

式中，N 为竖向荷载；f_{c} 为混凝土轴心抗压强度设计值；f_{cm} 为混凝土轴心抗压强度试验平均值；f_{y} 为钢材屈服强度设计值；f_{ym} 为钢材屈服强度试验平均值；A_{c} 为截面混凝土净面积；A_{s} 为截面钢材面积。

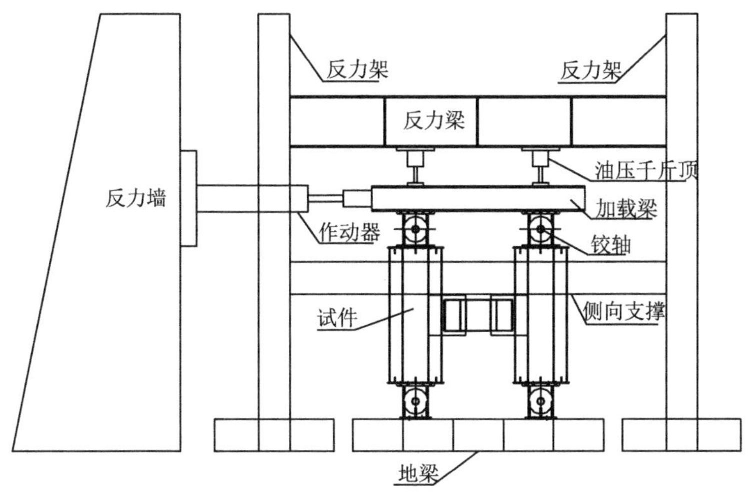

图 6.1.3 加载装置示意图

图 6.1.4 加载装置实物图

试件与加载装置安装完毕后，首先将竖向液压千斤顶加至轴压力设计值，然后通过水平向的梁端作动器施加往复荷载。初次加载水平力为 50kN，之后逐级增加 50kN，每级荷载为单循环，加至试件屈服，屈服后采用变形控制，变形值取试件屈服值的最大变形值 δ_y，并之后以 $1.5\delta_y$，$2\delta_y$，$3\delta_y, \cdots$ 依此进行位移控制的加载，每级加载循环 3 次，直至荷载降到峰值荷载的 85% 时，停止加载，试验结束。加载制度如图 6.1.5 所示。

测量内容包括：试件水平荷载、试件各个高度的水平位移、侧板与钢梁测点的应变、柱底部和钢梁的转角。测点布置如图 6.1.6 所示。

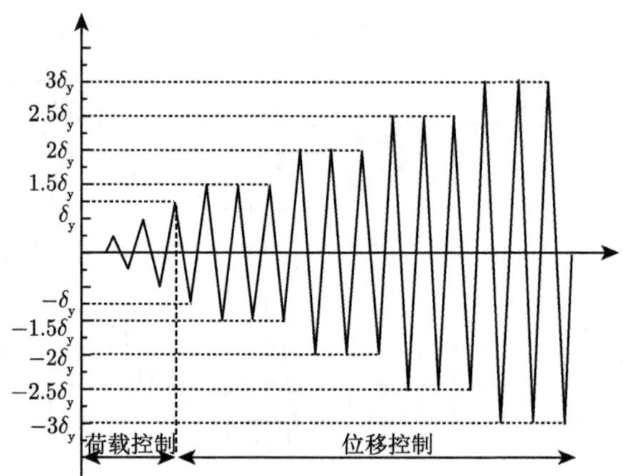

图 6.1.5　加载制度示意图

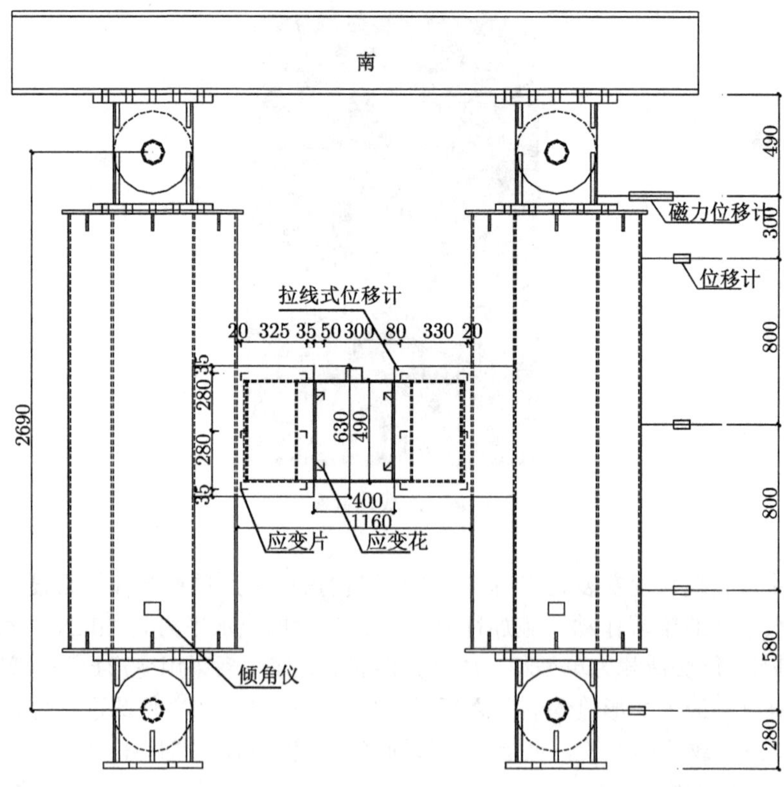

(a) SCB 正立面测点布置

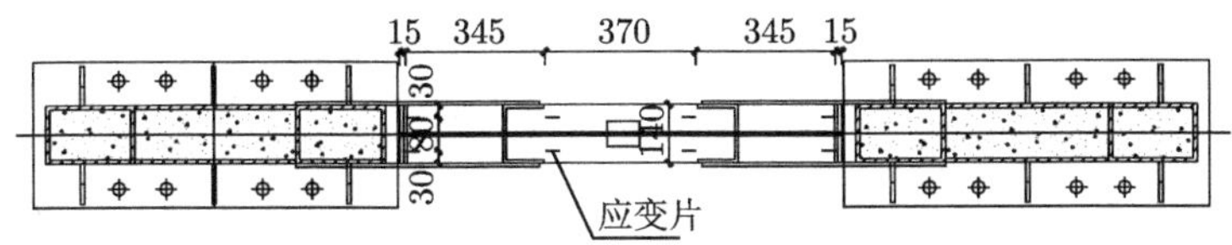

(b) 钢梁上翼缘测点布置

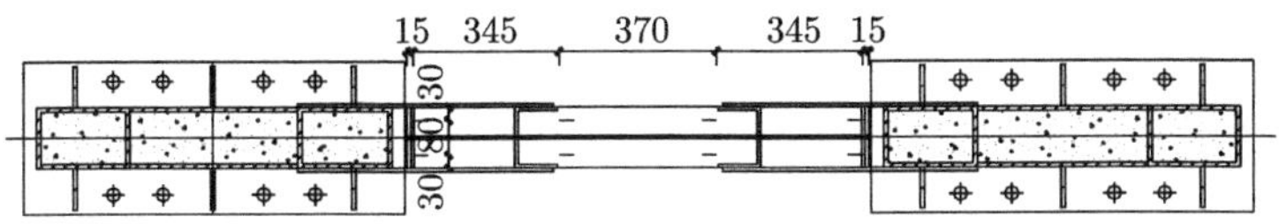

(c) 钢梁下翼缘测点布置

图 6.1.6 应变片及位移计布置图 (单位：mm)

水平荷载由压力传感器测得，在柱顶处布置 1 个磁力位移计，以测量柱顶位移。沿柱高均匀布置水平位移计，测量不同高度处的水平位移。在柱底部铰轴布置 1 个位移计，以测量底部是否发生滑移。在钢梁、侧板上分别于各个测点布置应变片或应变花，以测量测点处的应变。柱底部分与钢梁上翼缘分别布置 1 个倾角仪，以测量这 3 个位置的转角。

6.1.3 试验现象分析

1. 试验现象

1) 力加载阶段

首先液压千斤顶对柱顶施加竖向荷载，无明显现象发生。竖向荷载施加完毕后，进行水平加载，单周循环以 50kN 为一级加至 450kN，水平位移为 10mm 左右时试件开始屈服，此前基本处于弹性状态，试件无明显现象。

2) 位移加载阶段

加载至 $1.0\delta_y$=10mm 时，钢梁腹板中部斜向应变片测点达到屈服，试件无明显现象发生。

加载至 $1.5\delta_y$=15mm 时，北面钢梁腹板出现轻微鼓曲现象，面外最大位移约为 6mm，钢梁腹板及侧板上靠近柱一侧的个别测点应变片数值达到 $1000\mu_\varepsilon$，未出现明显屈服现象。反向加载至 $-1.5\delta_y=-15$mm 时，南面腹板轻微鼓曲，未出现明显屈服现象，如图 6.1.7(a) 所示。

加载至 $2.0\delta_y$=20mm 时，北面腹板呈现“上东下西”鼓曲，面外最大位移约 15mm，南面腹板呈现“上东下西”凹陷，梁上翼缘出现轻微向下弯曲现象。反向加载至 $-2.0\delta_y$=−20mm 时，北面腹板呈现“上西下东”凹曲，南面梁腹板呈现“上西下东”鼓曲，如图 6.1.7(b) 所示。

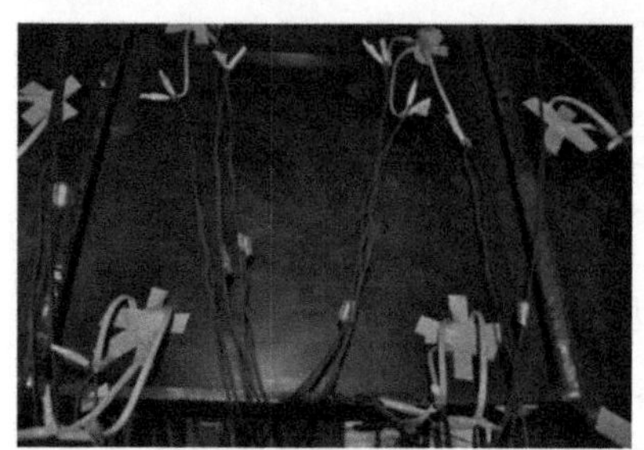
(a) 15mm, 腹板轻微鼓曲

(b) 20mm, 腹板鼓曲

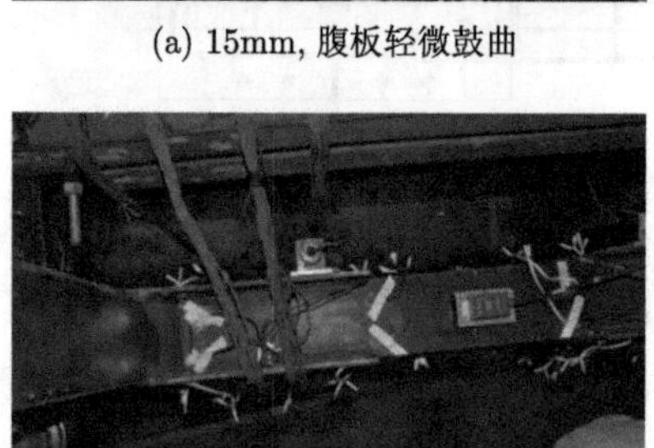
(c) 20mm, 钢梁上翼缘、侧板有微小倾斜

(d) 30mm, 钢梁上翼缘开始向上弯曲

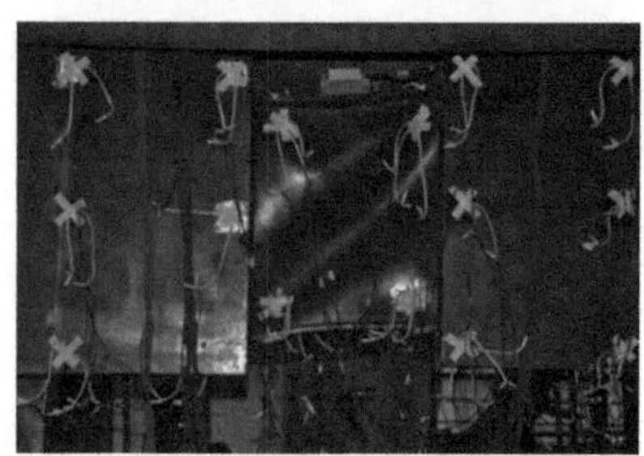
(e) 40mm, 钢梁上下翼缘明显向内弯曲

(f) 40mm, 钢梁上翼缘向下弯曲

(g) 50mm, 腹板中部出现小的交叉斜裂缝

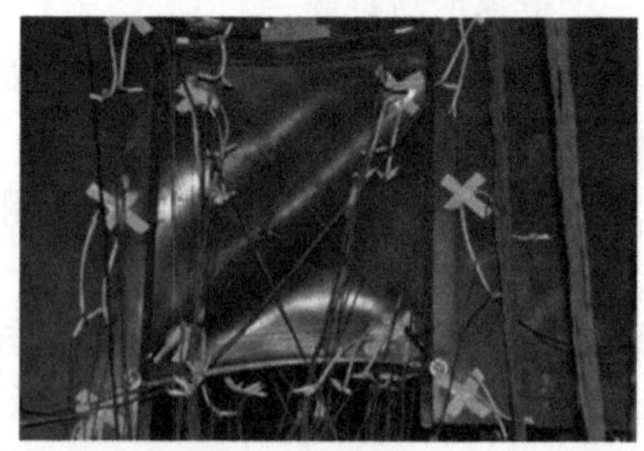
(h) 50mm, 钢梁腹板鼓曲严重，试件承载力下降至极限值的85%

(i) 60mm, 交叉裂缝不断扩展，承载力下降至极限值的65%

(j) 70mm交叉裂缝大面积扩展，试件承载力下降至极限值的55%

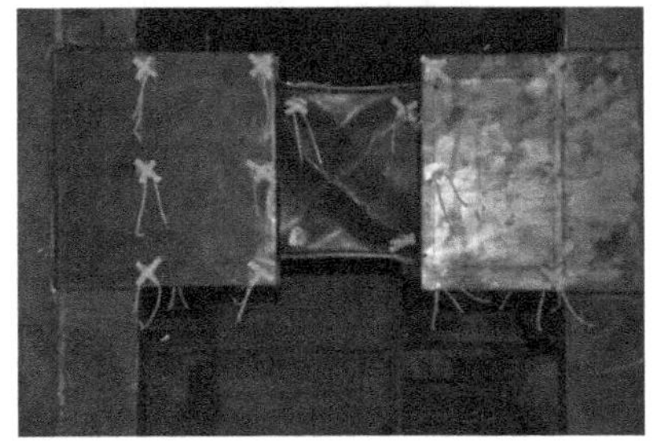
(k) 加载结束后腹板与钢梁局部图

(l) 加载结束后试件整体图

图 6.1.7 试验现象

加载至 $3.0\delta_y$=30mm 时，北面腹板呈现明显“上东下西”鼓曲，南面腹板呈现明显“上东下西”凹曲，面外最大位移约 23mm。钢梁中间上下翼缘部分呈向内弯曲趋势，下翼缘轻微扭曲，如图 6.1.7(c)，(d) 所示。

加载至 $-4.0\delta_y$=-40mm 时，钢梁腹板鼓曲更为明显，面外最大位移约 31mm，钢梁中间上下翼缘部分明显向内弯曲，如图 6.1.7(e)，(f) 所示。

加载至 $5.0\delta_y$=50mm 时，梁腹板中部受剪破坏，出现一个十字交叉状的裂口，面外最大位移约为 45mm，下翼缘扭曲更明显。反向加载至 $-5.0\delta_y$=-50mm 时，裂口撕裂发展趋势变大，上翼缘呈向下弯曲，下翼缘呈向上弯曲。此时承载力较极限承载力下降接近 15%，如图 6.1.7(g)、(h) 所示。

加载至 $6.0\delta_y$=60mm 时，裂口沿拉力带发展范围变大。此时承载力较极限承载力下降接近 35%，如图 6.1.7(i) 所示。

加载至 $7.0\delta_y$=70mm 时，裂口大范围发展，此时承载力较极限承载力下降接近 45%，如图 6.1.7(j) 所示。

试验结束后钢梁局部破坏情况与试件整体情况如图 6.1.7(k)、(l) 所示。

2. 破坏特征分析

试件 SCB 呈现出钢梁剪切破坏模式，在往复荷载作用下，腹板中部出现局部屈曲，并在剪力作用下，钢梁腹板中部出现斜向拉力带，最终出现交叉斜裂缝，随着位移的加大，裂缝逐渐发展，导致试件丧失承载能力。

在整个加载过程中，侧板靠近柱边上下边缘处应力较大，从试验现象来看，该处并无开裂现象，说明该处有一定塑性发展，并没有发生断裂。混凝土部分的损伤情况如图 6.1.8 所示，可以看出在外力荷载的作用下，混凝土仅表面出现细微裂纹，满足“强柱弱梁，节点更强”的设计要求。

图 6.1.8　试件混凝土损伤情况

6.1.4　试验结果分析

1. 滞回曲线与骨架曲线

滞回曲线，是在循环荷载作用下，得到结构的荷载–位移曲线，能够较直观地反映出试件的抗震性能，滞回曲线的最高点为峰值荷载，滞回环的形状能够反映试件的耗能能力，每个滞回环所包围的面积为试件在该循环过程中的耗散能量值，所有滞回环面积相加的总和就是试件的总耗能。SCB 试件的滞回曲线如图 6.1.9 所示。

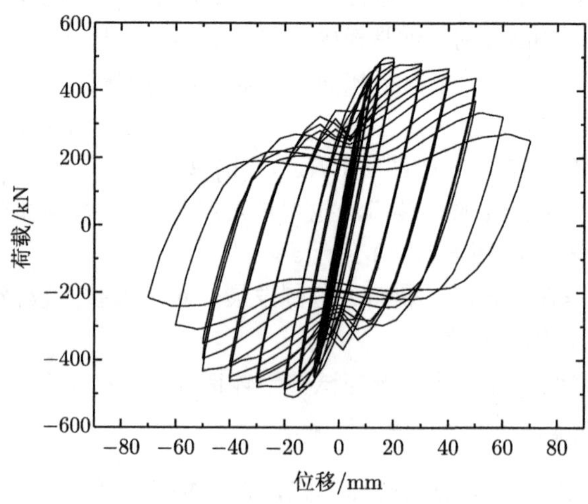

图 6.1.9　SCB 荷载–位移滞回曲线

由图 6.1.9 可知，试件 SCB 滞回曲线具有以下特征。

(1) 加载初期，荷载 P 和位移 δ_y 基本呈线性关系，卸载后几乎无残余变形，表明试件处于弹性变形阶段，滞回环所围成的面积较小，耗能较少，刚度无明显退化现象。

(2) 进入弹塑性阶段，试件由位移加载控制，循环加载至 $2.0\delta_y$=20mm 时，钢梁腹板中部出现平面外屈曲，在滞回曲线上体现为出现“捏缩”现象。随着循环荷载等级增大，骨架曲线的斜率逐步降低，说明试件的刚度正在退化。位移加至 $5.0\delta_y$=50mm 时，由于钢梁腹板中部拉力带开始出现交叉斜裂缝，此时试件承载力下降至最大承载力的 85%，较之前承载力下降速度更快。随着裂缝范围的扩大，试件位移加至 $7.0\delta_y$=70mm 时，试件承载力下降至最大承载力的 51%，承载力明显降低。

骨架曲线能反映出结构在加载过程中的承载力、刚度以及变形情况。骨架曲线为滞回曲线各级加载第一次循环的峰值点所连成的包络线，在加载过程中，峰值点均不能超出骨架曲线。试件 SCB 的骨架曲线如图 6.1.10 所示，加载初期，骨架曲线接近直线，说明试件处于弹性阶段。随着循环加载，试件达到屈服，骨架曲线斜率逐渐减小，说明试件刚度逐步退化。达到峰值荷载后 ($2.0\delta_y$=20mm)，钢梁腹板屈曲，试件承载力开始下降，直至钢梁腹板出现交叉裂缝 ($5.0\delta_y$=50mm)，试件承载力下降速度加快，承载力明显降低。

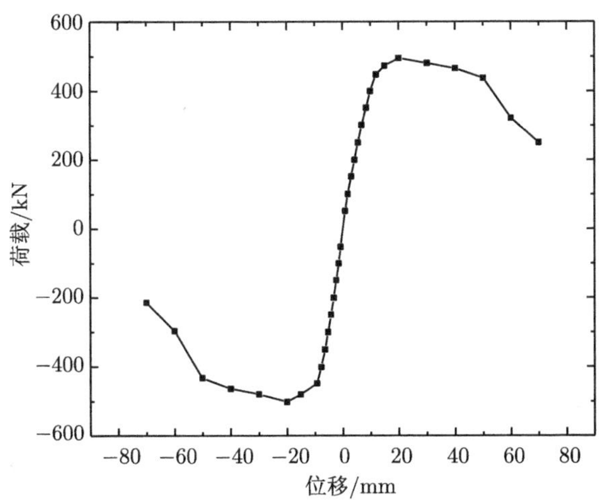

图 6.1.10　SCB 荷载–位移骨架曲线

2. 应变分析

试件 SCB 共布置了 32 个应变测点，本节仅对 4 个比较具有代表性的测点进行分析，分别是钢梁腹板斜向 (①号应变片)、钢梁翼缘中部横向 (②号应变片)，侧板靠柱一侧下部的纵向与横向 (③、④号应变片)。分析应变以水平力为纵坐标，以应变片的微应变为横坐标，用测点应变与水平力的关系来说明该测点应变的变化。

如图 6.1.11 所示，分别给出了①号、②号、③号、④号的水平力-微应变曲线。根据材性试验可知，钢梁腹板及翼缘位置，即①号、②号测点钢材屈服的微应变数值约为 1250。侧板上③号、④号测点钢材屈服的微应变数值约为 1530。由图可知，在加载初期，应变增长较为缓慢，以弹性应变为主。随着循环荷载的增大，各个测点逐渐达到屈服状态，应变增长幅度较大，残余应变缓慢增大，①号应变片的应变首先超过应变片极限退出工作，与钢梁腹板后来首先出现平面外屈曲的现象相吻合。③号、④号应变片反映了侧板处测点的纵向、横向应变，④号测点应变值比③号测点对应的应变值大，说明侧板靠近柱一侧的横向拉应力较大，侧板易在此处出现裂缝。

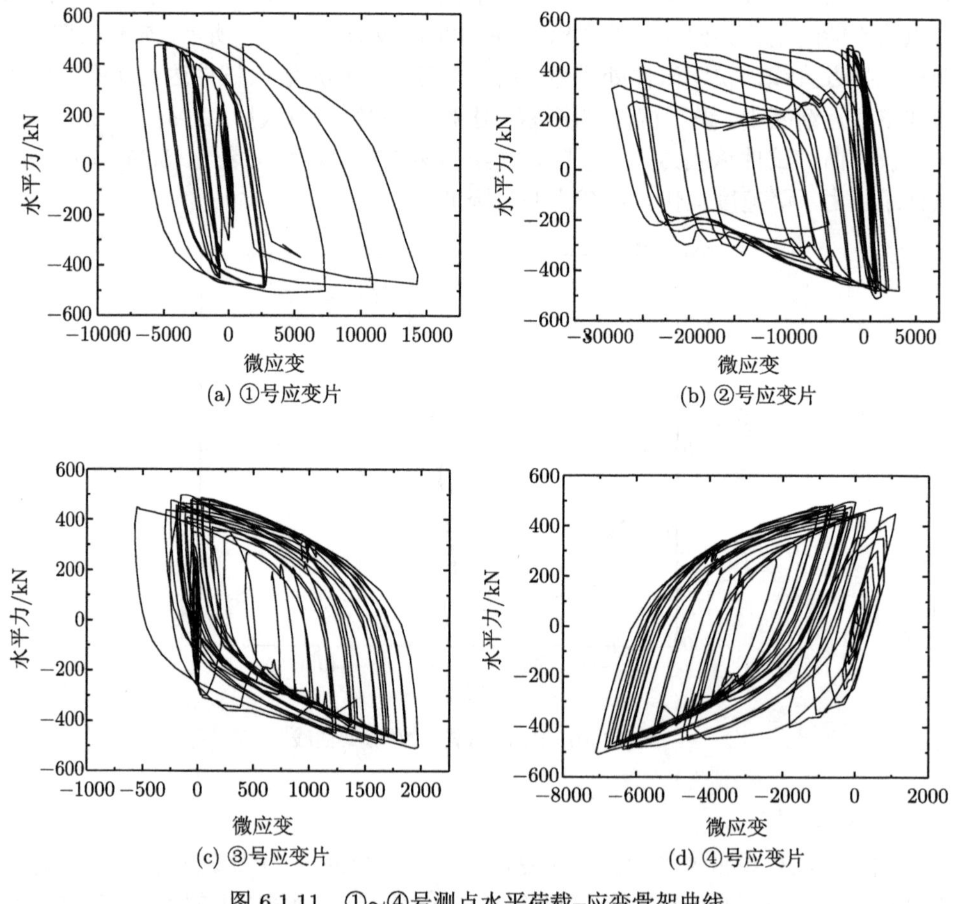

图 6.1.11 ①~④号测点水平荷载–应变骨架曲线

3. 试件屈服和破坏的确定

当试件的骨架曲线没有明显的屈服点时，可根据“通用屈服弯矩法”来确定试件的屈服位移$\varDelta_y$，屈服荷载 P_y，最大位移$\varDelta_{max}$，最大荷载 P_{max}，极限位移$\varDelta_u$，破坏荷载 P_u。如图 6.1.12 所示，先过曲线最高点作水平线交 y 轴为 P_{max}，过 O 点作曲线的切线交 PE 于 A 点，过 A 点作垂线交曲线于 B 点，过 O、B 两点作直线交 PE 于 C 点，过 C 点作 x 轴垂线交曲线于 D 点，即为试件的屈服点，D 点横坐标即为屈服位移$\varDelta_y$，纵坐标即为屈服荷载 P_y。试件的破坏荷载一般定义为 P_u=0.85P_{max}，过 (0.85P_{max},0) 作水平线交曲线于 F 点，即为试件的破坏点，F 点横坐标即为破坏荷载 P_u。按照通用屈服弯矩法得出的各参数见表 6.1.4。

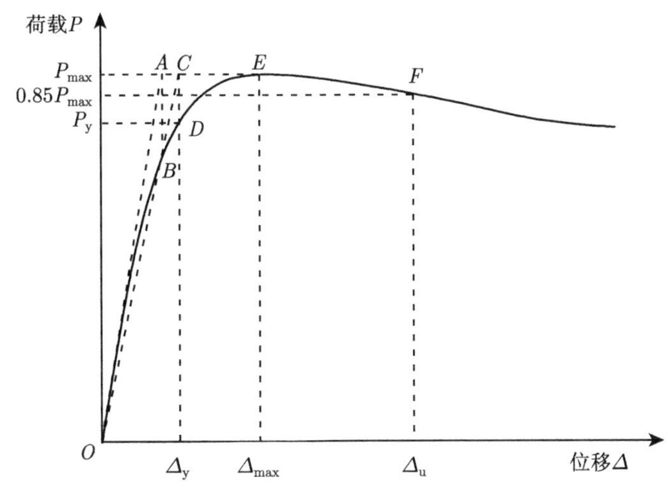

图 6.1.12 通用弯矩屈服法

表 6.1.4 试验各参数结果

试件	方向	屈服状态		极限状态		破坏状态	
		P_y/kN	$\varDelta_y$/mm	P_{max}/kN	$\varDelta_{max}$/mm	P_u/kN	$\varDelta_u$/mm
SCB	正向	446.6	11.89	496.3	22.08	398.9	54.14
	负向	−452.1	−9.59	−503.1	−21.38	−426.7	−50.81

4. 延性及耗能能力

1) 延性性能

试件屈服后，在承载力没有明显降低的情况下，能够承受的塑形变形能力称为试件的延性，延性系数的大小是评价延性性能优劣的标准，延性系数越大，延性越好。延性系数包括曲率位移延性系数、位移延性系数、转角延性系数等。为配合钢管混凝土柱的试验，本研究采用柱顶位移延性系数μ_Δ 来衡量试件的延性性能，位移延性系数μ_Δ 由式 (6.1.6) 计算:

$$\mu_\Delta = \varDelta_u/\varDelta_y \tag{6.1.6}$$

式中，$\varDelta_u$ 为极限水平位移，$\varDelta_y$ 为名义屈服位移，二者大小的确定方法已在前文叙述。

根据表中数据，得出试件 SCB 的位移延性系数如表 6.1.5 所示。

表 6.1.5　位移延性系数

试件	加载方向	$\varDelta_y$/mm	$\varDelta_u$/mm	μ_Δ
SCB	正向	11.89	54.14	4.55
	负向	9.59	50.81	5.30

2) 耗能能力

耗能能力是衡量连梁在地震中是否有效吸收地震能量的体现，在位移加载过程中，每级位移循环下荷载–位移曲线所围成的面积，为该级循环下试件所耗的能量值 E，与前面各级所耗能量值相加即为累计耗能值 E_t。如图 6.1.13 所示为试件单周循环耗能与累计耗能随位移的变化曲线。

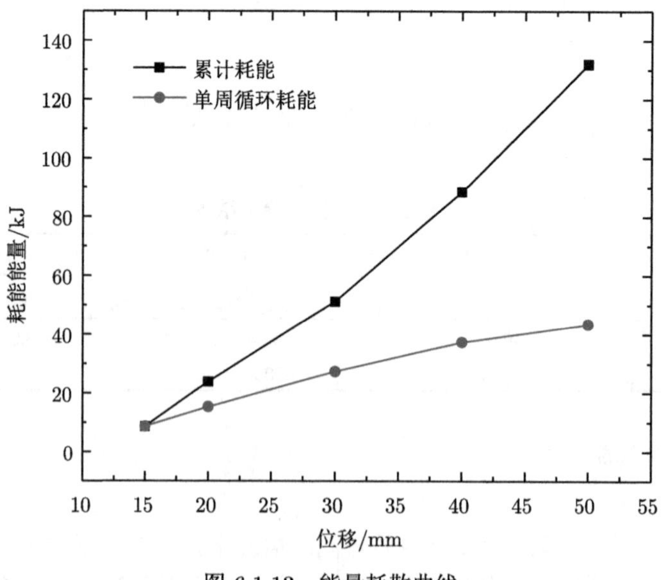

图 6.1.13　能量耗散曲线

试件耗能能力的优劣可由曲线的饱满程度分析，根据 JGJ/T 101—2015《建筑抗震试验规程》，可用等效黏滞阻尼系数来说明滞回曲线的饱满程度，如图 6.1.14 与图 6.1.15 所示，等效黏滞阻尼系数 h_e 按式 (6.1.7) 计算。

$$h_e = \frac{1}{2\pi}\frac{S_{ACD+BCD}}{S_{AOF+EOB}} \tag{6.1.7}$$

式中，$S_{ACD+BCD}$ 为一个滞回环包围的面积；$S_{AOF+EOB}$ 为一个滞回环正负向峰值位移及荷载与位移轴围成的三角形面积之和。

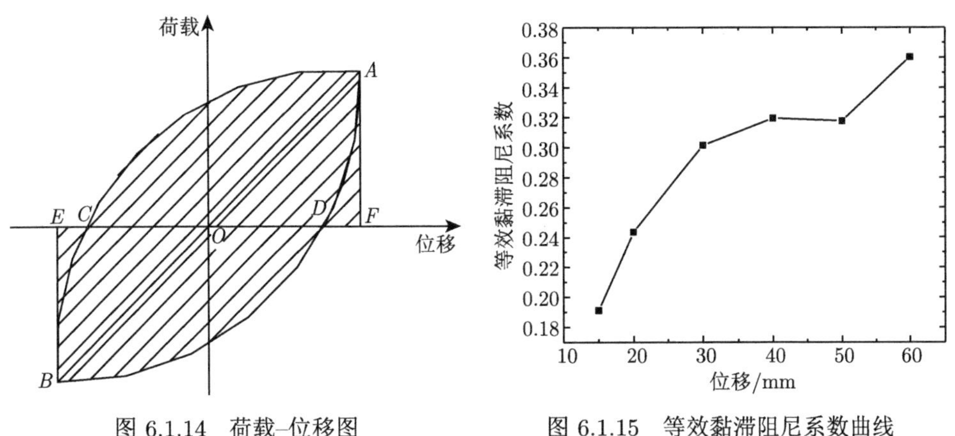

图 6.1.14　荷载–位移图　　图 6.1.15　等效黏滞阻尼系数曲线

5. 刚度退化

在循环反复荷载作用下，当保持相同峰值荷载时，峰值点位移随循环次数增加而增大的现象称为刚度退化。试件的刚度退化可用割线刚度 k_i 来表示，其表达式为

$$k_i = \frac{|F_i| + |-F_i|}{|X_i| + |-X_i|} \tag{6.1.8}$$

式中，F_i、$-F_i$ 为第 i 次正、反向峰值点的荷载值；X_i、$-X_i$ 为第 i 次正、反向峰值点的位移值。

试件刚度退化曲线见图 6.1.16，由图中曲线可知，试件刚度退化较为均匀，没有出现刚度突变的现象，位移控制阶段，每级施加循环荷载三次，在相同加载等级下，各循环刚度接近，退化不明显，这是由于相较于施加更高等级荷载，相同加载等级下钢材损伤发展较小，所以刚度退化不明显。

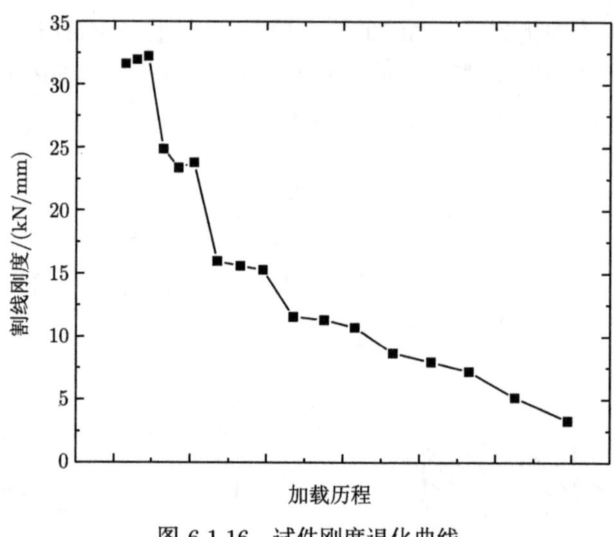

图 6.1.16　试件刚度退化曲线

6.2　钢连梁与壁式柱双侧板节点非线性有限元分析

本节对壁式钢管混凝土柱和新型梁柱节点进行精细有限元模拟，考虑了几何非线性、材料非线性和接触非线性。采用有限元分析和试验数据相结合的方法，对试件的钢材应变发展、应力分布、变形及内力传递机制进行深入研究。

6.2.1　精细化有限元模型

1. 单元类型与划分

本研究中有限元模型分为钢材部分与混凝土部分，对其分别建模。其中，混凝土部分采用三维八节点减缩积分实体单元 (C3D8R)，钢材部分采用四节点减缩积分壳单元 (S4R)。在 ABAQUS 的实体单元库中，可采用完全积分或缩减积分的单元形式，本研究的试件使用缩减积分即可达到要求，分析结果的精度可以得到很好的保证，并且完全积分单元容易出现剪切自锁的问题，故采取缩减积分单元。

有限元分析中单元网格要根据实际情况而定，网格过大会导致计算精度不能达到要求，划分网格过密，则会导致浪费计算机资源，因此，选用合理的网格密度大小是得到精确结果的关键。本节模型单元网格大小取为 25mm。网格划分情况如图 6.2.1 所示。

2. 界面模型

本研究中需考虑的界面模型为钢管与混凝土的接触问题，由法线方向和切线方向的黏结滑移组成，其中，法线方向采用 “硬”(hard) 接触，接触单元传递法向

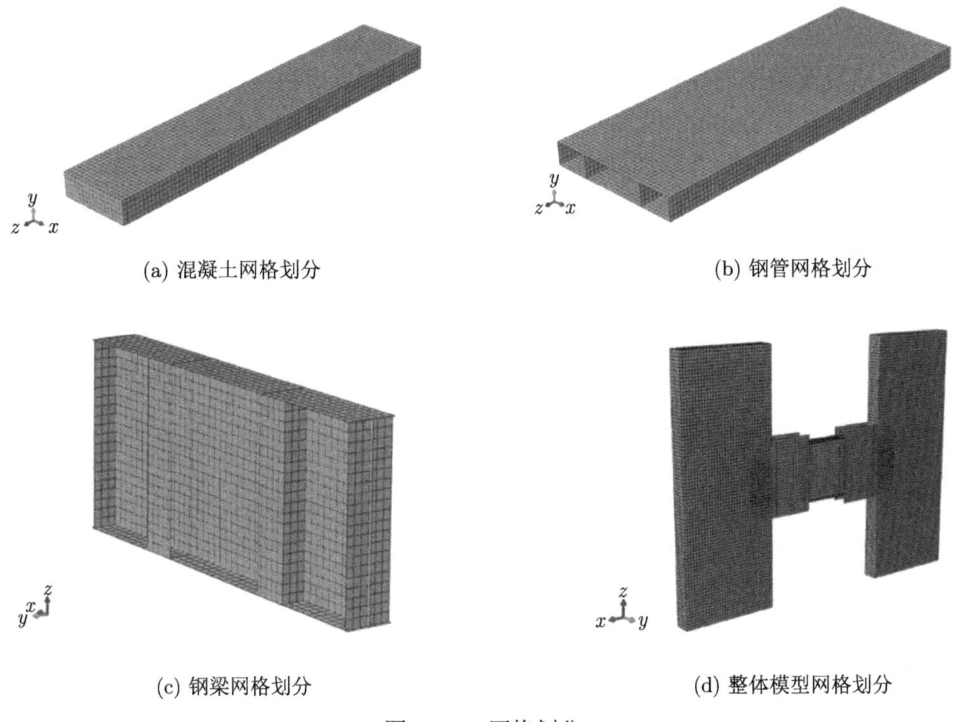

(a) 混凝土网格划分

(b) 钢管网格划分

(c) 钢梁网格划分

(d) 整体模型网格划分

图 6.2.1 网格划分

压力可以完全通过该接触进行传递。切线方向的黏结滑移采用库仑摩擦模型，当界面上的剪应力小于τ_{bond} 时，钢材与混凝土保持相对静止，当剪应力达到τ_{bond} 时，钢材与混凝土之间产生相对滑移，并保持剪应力大小不变。界面剪应力与法向压应力的关系为

$$\tau = \mu \cdot p \tag{6.2.1}$$

式中，μ 为界面摩擦系数，钢与混凝土的界面摩擦系数取值范围为 0.2~0.6，根据国内外钢管混凝土的研究，钢与混凝土的界面摩擦系数为 0.6 时相较于试验较为吻合，故 μ 取为 0.6。

3. 边界条件与加载方式

由于构件水平荷载与竖向荷载是通过顶上的加载梁施加的，故模拟时向两个柱的柱顶分别同时施加水平和竖向荷载，只允许平面内转动和平动。柱底施加约束，只允许平面内转动，以模拟试验柱底铰接。

构件的加载机制分为两个分析步进行，第一个分析步定义构件的竖向加载，第二个分析步定义构件的水平加载，其中，构件的水平加载为位移控制的加载。

4. 分析类型和分析选项定义

本研究采用低周往复加载的数值模拟，加载过程可视为静态模拟，本研究取用 ABAQUS/Standard 作为分析类型，ABAQUS/Standard 是一个通用分析模块，可以求解线性及非线性问题，包括静态分析、动态分析以及复杂的非线性耦合物理场分析等。

非线性问题包括材料非线性、几何非线性、边界非线性三大问题。在本研究中为钢材与混凝土的材料非线性，大位移下所产生的几何非线性，钢管与混凝土界面接触的边界非线性问题。本研究采用增量迭代法计算，该方法综合了增量法与迭代法的优点，可对每一个增量步进行往复迭代，从而求得精确结果。

6.2.2 试验验证与参数分析

1. 试验验证

1) 破坏模式验证

SCB 有限元模拟与试验破坏模式对比如图 6.2.2 所示，由图可知，由于钢梁的剪应力较大，钢梁腹板中部的斜向拉力带应力较大，出现的破坏区域与试验现象吻合，并且侧板靠近柱边处的部分，上下边缘应力也较大，属于构件的薄弱处。

模拟结果显示，连梁破坏模式属于连梁的剪切破坏，与试验现象相吻合。

2) 加载曲线和主要性能指标验证

图 6.2.3(a)、(b) 为试验与有限元的滞回曲线与骨架曲线的对比图，对比发现：在弹性阶段，有限元曲线斜率较试验稍大，说明有限元分析的构件刚度较大，分析原因为试验试件存在一定的初始缺陷及安装误差导致试验的刚度稍有下降。在弹塑性阶段，由于钢梁腹板在外力荷载作用下发生局部屈曲，有限元分析与试验的滞回曲线均出现了“捏缩”现象。从骨架曲线上来看，二者较为吻合。

表 6.2.1 给出了试验结果与有限元数值模拟分析结果的对比情况，由表中数据可知，试验结果与有限元数值模拟分析结果比较吻合，分析由于试验时销轴处发生滑移，所以试验的屈服位移大于有限元计算的屈服位移。

2. 参数分析

1) 轴压比的影响

在地震作用下，壁式钢管混凝土柱会发生水平位移，在竖向力的作用下会产生 P-Δ 效应，水平位移越大，竖向力对构件的影响越大。随着轴压比增大，构件的 P-Δ 效应增大，对构件水平位移量的贡献也逐渐增大，故轴压比可以直接影响构件的抗震性能。以设计轴压比 n_{d} 为变量，分析 n_{d} 为 0.2、0.3、0.4、0.5、0.6、0.7 时钢连梁–钢板组合墙双侧板节点在往复荷载下的抗震性能分析。

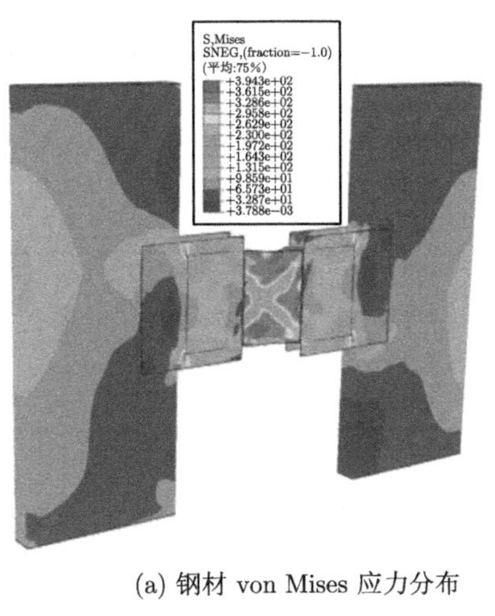

(a) 钢材 von Mises 应力分布

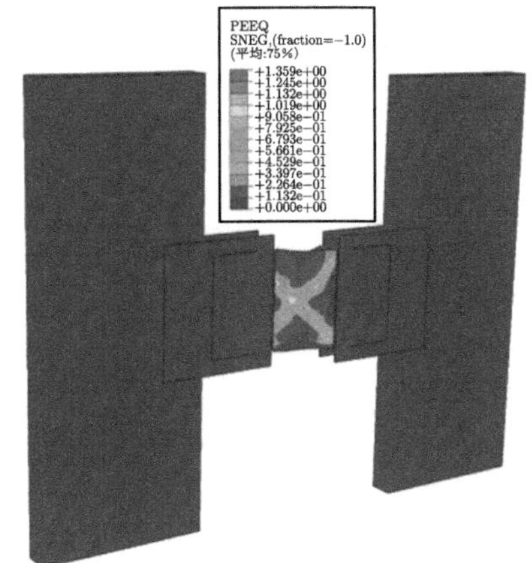

(b) 钢材等效塑性应变

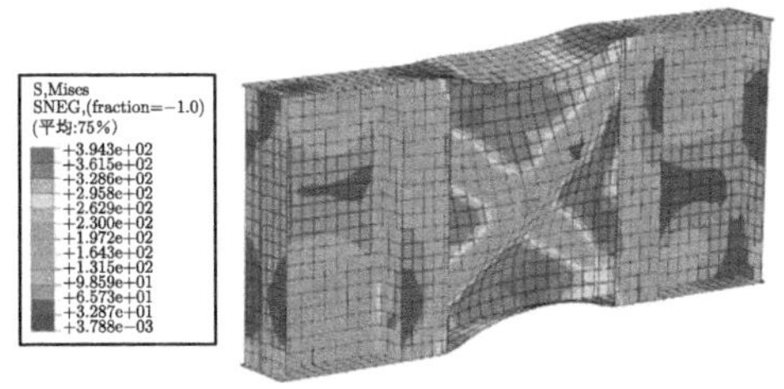

(c) 钢梁部分 von Mises 应力分布

(d) 破坏时试验图

图 6.2.2 SCB 破坏模式对比

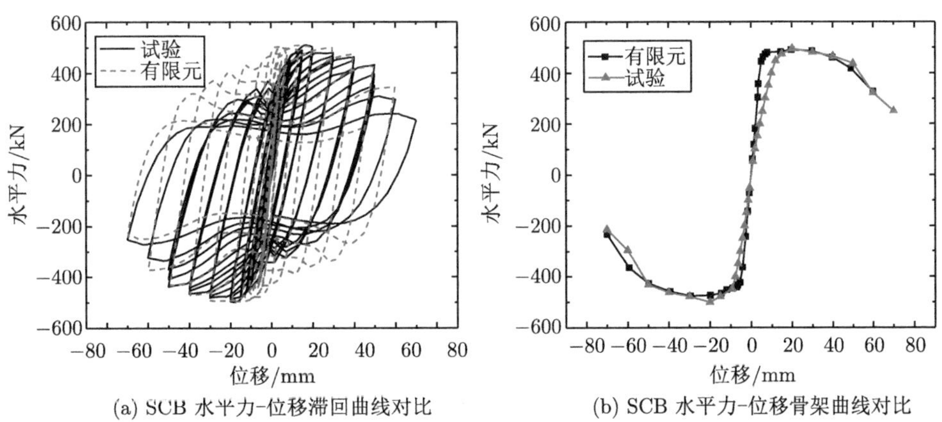

(a) SCB 水平力-位移滞回曲线对比

(b) SCB 水平力-位移骨架曲线对比

图 6.2.3 水平力–位移曲线对比

表 6.2.1 SCB 低周往复加载数值计算结果对比

构件状态	加载方向	试验		有限元		对比
		$P_{y,E}$/kN	$\Delta_{y,E}$/mm	$P_{y,F}$/kN	$\Delta_{y,F}$/mm	$P_{y,E}/P_{y,F}$
屈服状态	正向	446.2	11.84	454.3	5.3	0.982
	负向	452.1	9.59	430.2	6.2	1.051
极限状态	正向	496.7	22.08	493.4	24.14	1.01
	负向	503.1	21.38	477.6	25.95	1.05
破坏状态	正向	398.9	54.14	419.8	48.75	0.95
	负向	426.7	50.81	405.6	54.14	1.05

图 6.2.4 为不同轴压比下的荷载–位移骨架曲线，在弹性阶段，构件的骨架曲线几乎重合，说明在弹性阶段，轴压比对构件的影响不大。随着构件水平位移的增大，P-Δ 效应越来越明显。

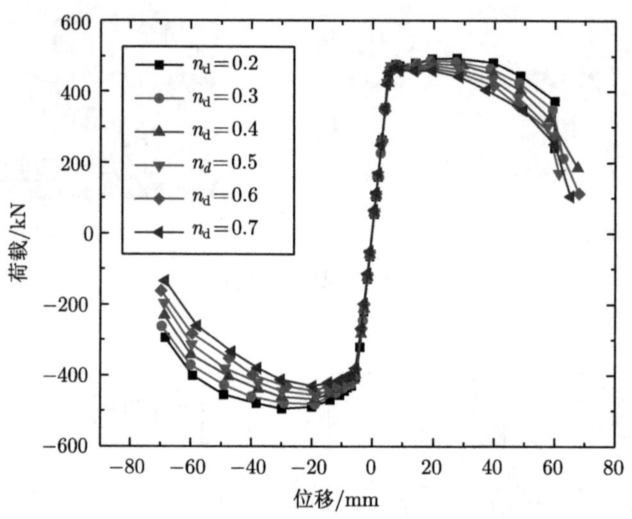

图 6.2.4 不同轴压比下的荷载–位移骨架曲线

由表 6.2.2 可以看出,轴压比每提高 0.2, 构件极限承载力下降幅度 2.9% ~5%，破坏位移下降幅度 10% ~15% ，延性下降幅度 10% ~15% 。综上所述，轴压比对构件的极限承载力、延性均有不利影响，为了确保连梁在地震作用下有足够的承载力和延性，实际设计中应考虑轴压比的不利影响，并进行限制。

表 6.2.3 给出了 SCB1 的初始刚度对比，构件的初始刚度随轴压比的提高而降低，降低的幅度很小，保持在 0.6% 左右。

表 6.2.2 不同轴压比下有限元分析结果

方向	构件编号	轴压比	屈服状态		极限状态		破坏状态		延性
			P_y/kN	Δ_y/mm	P_u/kN	对比	Δ_u/mm	对比	μ_Δ
正向	SCB1-1	0.2	467.8	6.23	493.9	0	53.96	0	8.66
	SCB1-2	0.3	461.2	5.91	489.4	−0.9%	49.87	−7.5%	8.43
	SCB1-3	0.4	457.9	6.10	479.3	−2.9%	47.88	−11.2%	7.84
	SCB1-4	0.5	445.1	5.29	472.8	−4.2%	45.04	−16.5%	8.51
	SCB1-5	0.6	448.5	5.53	464.2	−6.0%	43.32	−19.7%	7.83
	SCB1-6	0.7	450.2	5.39	460.5	−6.7%	40.28	−25.3%	7.47
负向	SCB1-1	0.2	431.3	7.36	496.7	0	56.34	0	7.65
	SCB1-2	0.3	424.2	6.93	486.7	−2.0%	52.50	−6.8%	7.57
	SCB1-3	0.4	417.6	7.05	472.5	−4.8%	48.16	−14.5%	6.83
	SCB1-4	0.5	414.3	7.66	459.3	−7.5%	46.45	−17.5%	6.06
	SCB1-5	0.6	409.4	7.73	445.0	−10.4%	43.17	−23.3%	5.58
	SCB1-6	0.7	403.5	7.74	432.3	−12.9%	40.41	−28.2%	5.22

表 6.2.3 SCB1 初始刚度对比表

构件编号	轴压比	初始刚度 k/(kN/mm)	对比
SCB1-1	0.2	82.1	0
SCB1-2	0.3	81.7	−0.4%
SCB1-3	0.4	81.2	−1.0%
SCB1-4	0.5	80.7	−1.7%
SCB1-5	0.6	80.3	−2.1%
SCB1-6	0.7	79.8	−2.8%

图 6.2.5 给出了不同轴压比下构件的耗能能量情况，由图可知，轴压比对构件的单周耗能与总耗能影响不大，SCB1-1~SCB1-6 的单周耗能与总耗能曲线几乎重合，这是因为在构件正向加载时 $P\text{-}\Delta$ 效应不利于构件耗能，在反向回“零”时 $P\text{-}\Delta$ 效应有助于构件耗能，二者大部分相互抵消。说明轴压比的大小对构件在往复荷载作用下的耗能能量影响不大。

虽然轴压比不影响构件的耗能能量，但由图 6.2.6 可知，构件的黏滞阻尼系数呈现一定规律，随着构件轴压比增大，构件的等效黏滞阻尼系数增大，这是因为构件在往复荷载作用下的滞回环承载力极值点虽然减小，但滞回环包围的面积相差不大，随着轴压比的增大，滞回环形状更加“饱满”，所以轴压比越大，构件的耗能效率越高。

2) 加劲肋的影响

AISC 341—2010 和 GB 50011—2010《建筑抗震设计规范 (附条文说明)(2016

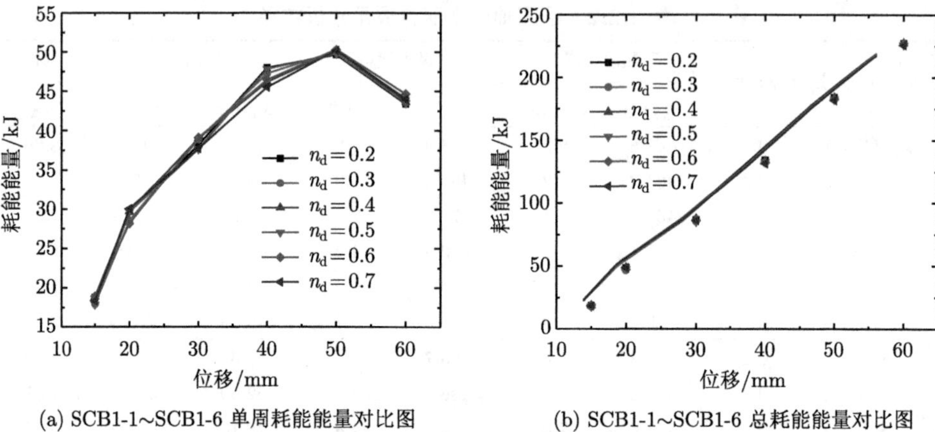

(a) SCB1-1~SCB1-6 单周耗能能量对比图　　(b) SCB1-1~SCB1-6 总耗能能量对比图

图 6.2.5　不同轴压比下构件的耗能能量对比图

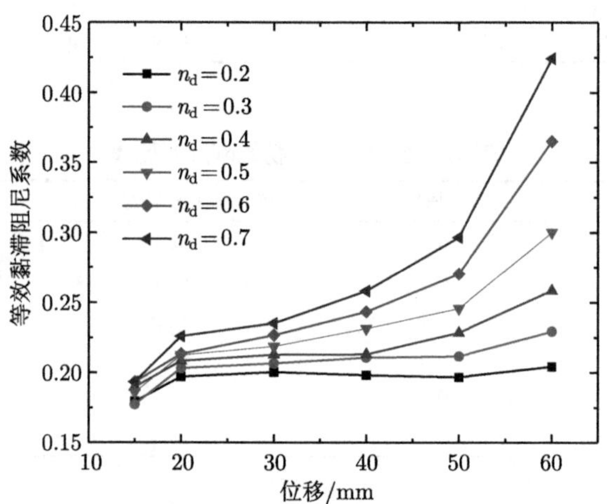

图 6.2.6　SCB1-1~SCB1-6 等效黏滞阻尼系数对比图

年版)》规定消能梁段的加劲肋间距限值按式 (6.2.2) 计算

$$d_{\max} = 30t_{\mathrm{w}} - h/5 \tag{6.2.2}$$

式中，t_{w} 为钢梁腹板厚度；h 为截面高度。

计算所得的加劲肋间距最大为 $d_{\max}$=142mm，侧板长度范围内钢梁翼缘与侧板焊接，中部钢梁腹板没有侧向支撑，连接角钢焊接于钢梁梁端腹板两侧，不仅起着连接钢连梁和侧板的作用，在这里还起到加劲肋的作用。本节提到的加劲肋布置于两连接角钢之间。

本节重点研究加劲肋两个方面的影响，分别是加劲肋区隔间距、单面加劲肋和双面加劲肋对钢连梁力学性能的影响，因此，设计了 4 个有限元模型来探究加劲肋这两个方面的影响，设计参数见表 6.2.4。

表 6.2.4 SCB2 构件参数表

构件编号	加劲肋布置方式	区隔间距 d/mm
SCB2-1	无加劲肋	580
SCB2-2	单面加劲肋	290
SCB2-3	单面加劲肋	140
SCB2-4	双面加劲肋	140

图 6.2.7 给出了 SCB 在加劲肋影响下的各个模型的滞回曲线，对比 SCB2-1 与 SCB2-2、SCB2-3、SCB2-4 来看，SCB2-1 由于没有加劲肋的侧向约束，钢梁腹板最先发生屈曲，承载力较低。SCB2-3 与 SCB2-4 的滞回曲线较为接近，参考 AISC 341—2010 和 GB 50011—2010 中的规定，当钢连梁截面高度不大于 640mm 时，可设置单面加劲肋，现钢连梁高度为 490mm，单面加劲肋已经可以达到防止钢梁腹板屈曲的要求。SCB2-1 与 SCB2-2 的滞回曲线均出现 “捏缩” 的现象，而 SCB2-3、SCB2-4 的滞回曲线较为饱满，说明钢梁腹板的局部屈曲导致了滞回曲线的 “捏缩” 现象。局部屈曲越严重，滞回曲线 “捏缩” 越明显，从而降低构件的耗能能力。

图 6.2.8(a) 给出了 SCB2-1~SCB2-3 的骨架曲线，SCB2-2 的钢连梁加劲肋区隔间距为 290mm，相较 SCB2-1 发生局部屈曲稍晚，承载力较 SCB2-1 高。SCB2-3 的钢连梁加劲肋区隔间距为 140mm，发生局部屈曲最晚，承载力最高。

表 6.2.5 给出了有限元分析结果，SCB2-1~SCB2-3 对比得知，加劲肋区隔间距越小，构件极限承载能力越大，按照式 (6.2.2) 布置的加劲肋与无加劲肋极限承载能力相差 28% 左右，说明布置加劲肋在一定程度上可有效提高构件极限承载能力。随着加劲肋区隔间距的减小，构件破坏状态的位移也随之减小，按照式 (6.2.2) 布置加劲肋与无加劲肋极限承载能力相差 16% 左右。从表中可以看出 SCB2-1~SCB2-4 正负向延性系数均大于 4，即钢连梁和连接区域具有较大的塑性变形能力，展现出很好的抗震性能。

表 6.2.5 中 SCB2-3 与 SCB2-4 的屈服荷载与屈服位移均高于 SCB2-1 与 SCB2-3，由表 6.2.6 还可看出，SCB2-3 与 SCB2-4 的刚度稍高于 SCB2-1 与 SCB2-2，说明在构件屈服前，带加劲肋的钢连梁的受力性能要优于不带加劲肋的钢连梁。

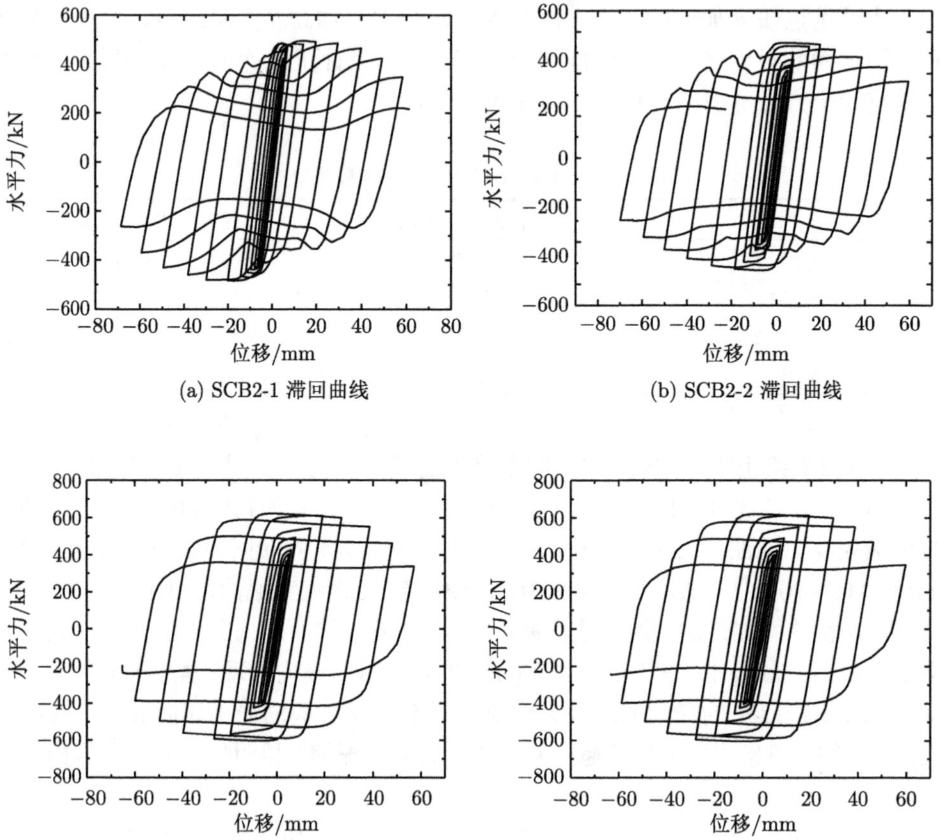

(a) SCB2-1 滞回曲线

(b) SCB2-2 滞回曲线

(c) SCB2-3滞回曲线

(d) SCB2-4滞回曲线

图 6.2.7 SCB2-1~SCB2-4 滞回曲线对比图

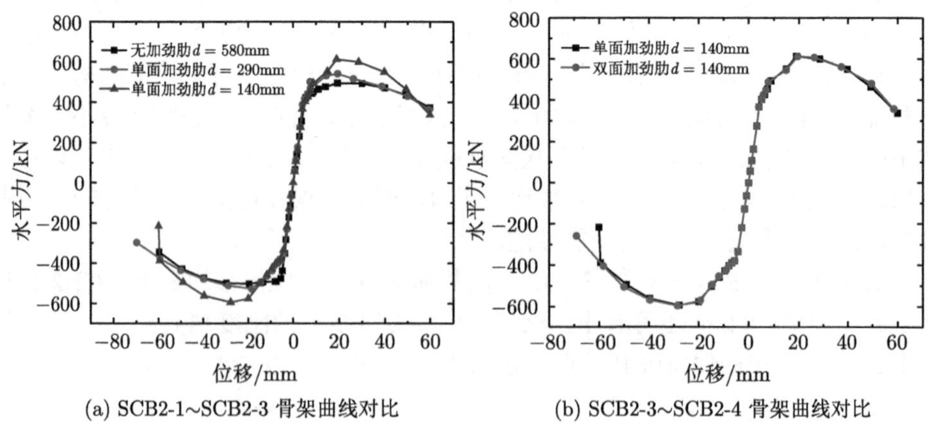

(a) SCB2-1~SCB2-3 骨架曲线对比

(b) SCB2-3~SCB2-4 骨架曲线对比

图 6.2.8 SCB2-1~SCB2-4 骨架曲线对比图

表 6.2.5 加劲肋有限元参数分析结果

方向	构件编号	屈服状态		极限状态		破坏状态		延性系数 μ_Δ
		P_y/kN	Δ_y/mm	P_{max}/kN	对比/%	Δ_u/mm	对比/%	
正向	SCB2-1	461.2	5.91	489.4	0	49.87	0	8.43
	SCB2-2	466.0	6.96	542.2	10.7	43.49	−12.7	6.24
	SCB2-3	511.3	8.89	631.4	29.0	41.64	−16.5	4.68
	SCB2-4	511.5	8.89	631.3	28.9	41.76	−16.5	4.69
负向	SCB2-1	424.2	6.93	486.7	0	52.50	0	7.57
	SCB2-2	427.9	8.99	532.3	9.3	46.41	−11.6	5.16
	SCB2-3	475.6	11.03	613.5	26.0	44.35	−15.5	4.02
	SCB2-4	475.4	11.08	613.6	26.0	44.31	−15.6	4.00

表 6.2.6 SCB2 初始刚度对比表

构件编号	加劲肋布置方式	初始刚度 k/(kN/mm)	对比
SCB2-1	无加劲肋	87.1	0
SCB2-2	单面加劲肋	87.4	0.3%
SCB2-3	单面加劲肋	89.1	2.2%
SCB2-4	双面加劲肋	89.2	2.4%

图 6.2.9 给出了 SCB2-1~SCB2-3 的单周耗能能量与总耗能能量对比情况，由此分析：由于前期加载时，钢梁腹板变形还很小，SCB2-1~SCB2-3 在 15mm 的单周耗能能量几乎相同，随着循环加载位移的增大，SCB2-1 与 SCB2-2 腹板局部屈曲逐渐变大，SCB2-3 由于加劲肋的有效约束，所以腹板材料可充分利用耗能，因此，加强约束钢梁腹板的局部屈曲能有效地提高构件的耗能能力。

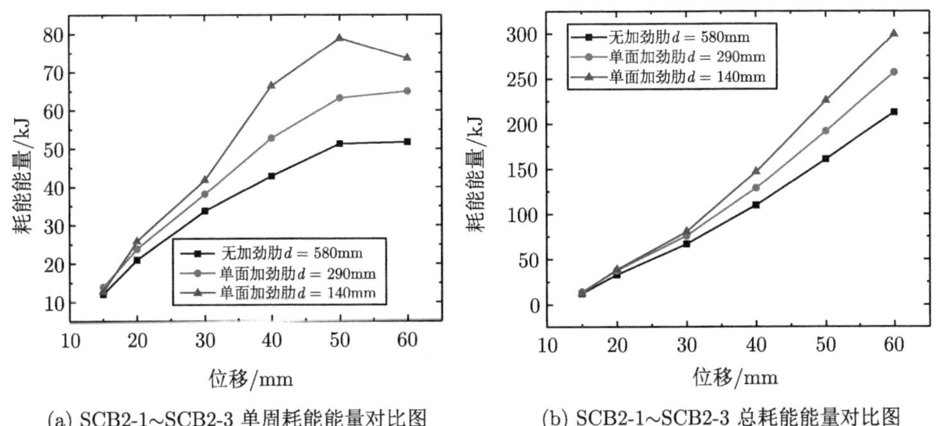

(a) SCB2-1~SCB2-3 单周耗能能量对比图

(b) SCB2-1~SCB2-3 总耗能能量对比图

图 6.2.9 加劲肋区隔间距影响下构件耗能能量对比图

图 6.2.10 给出了 SCB2-1~SCB2-3 的等效黏滞阻尼系数的对比情况，分析表明：由于 SCB2-1 与 SCB2-2 腹板中部出现的斜向拉力带不断张开闭合，在加载过程中出现了“捏缩”现象，而 SCB2-3 由于加劲肋的有效约束，并没有出现“捏缩”现象，滞回曲线相较 SCB2-1 与 SCB2-2 的更加饱满，体现了更好的耗能能力，说明构件的等效黏滞阻尼系数在一定程度上与加劲肋的有效约束成正比。

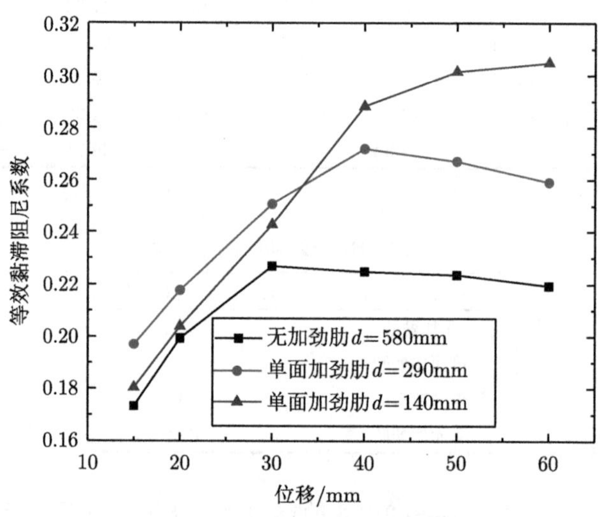

图 6.2.10　等效黏滞阻尼系数对比图

图 6.2.11 给出了 SCB2-1 和 SCB2-3 的面外位移对比图，对比可知，带加劲肋更能有效防止腹板发生平面外的局部屈曲，SCB2-3 的腹板部分的材料较 SCB2-1 的更能充分利用，所以改进钢连梁-钢板组合墙双侧板节点为带加劲肋更为合理，加劲肋间距按式 (6.2.2) 计算，因此在下文中，钢连梁跨度与腹板厚度两个参数变化均采用单面加劲肋模型。

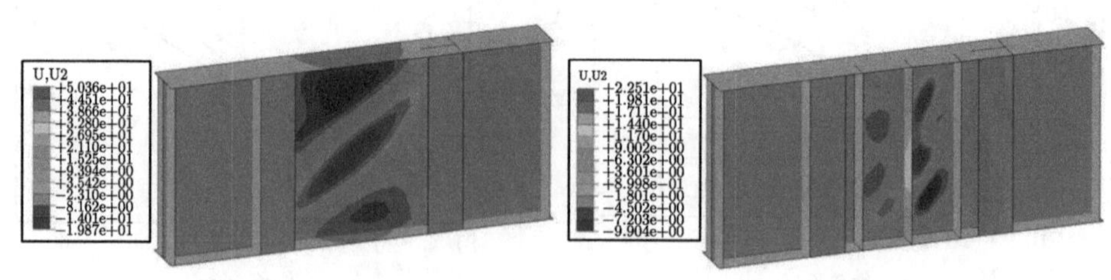

(a) SCB2-1 破坏时腹板平面外位移图　　(b) SCB2-2 破坏时腹板平面外位移图

图 6.2.11　SCB2-1 与 SCB2-3 的面外位移对比图 (彩图见封底二维码)

3) 钢连梁跨度的影响

根据 AISC 341—2010 的相关规定，钢连梁耗能机制分为三种类型，剪切塑性耗能、弯剪共同作用耗能与弯曲塑性耗能，连梁的跨度决定着连梁的耗能类型，如表 6.2.7 所示。

表 6.2.7　不同净跨钢连梁耗能类型

钢连梁跨度	钢连梁耗能类型
$l_n < 1.6M_p/V_p$	剪切塑性耗能为主
$1.6M_p/V_p < l_n < 2.6M_p/V_p$	剪切塑性耗能与弯曲塑性耗能
$l_n > 2.6M_p/V_p$	弯曲塑性耗能为主

表中，l_n 为连梁净跨，在本研究中取侧板之间梁段的距离，M_p 为钢连梁截面塑性抗弯承载力，V_p 为钢连梁界面塑性抗剪承载力。

计算可得

$$1.6M_p/V_p = 722.9\text{mm}$$

$$2.6M_p/V_p = 1174.7\text{mm}$$

本小节设计了 l_m=580mm~1230mm 的一系列 SCB3 来探究在不同钢连梁跨度参数控制下钢连梁的受力性能与耗能能力。

表 6.2.8 列出了不同钢连梁跨度与对应的跨高比，需要说明的是，由于连接角钢部分的钢梁腹板与中部腹板同样受剪，所以此处的耗能梁端长度 l_m 取为连接角钢与钢梁腹板焊接部分之间的距离。

表 6.2.8　不同钢连梁跨度参数

构件编号	钢连梁跨度 l_m/mm	钢连梁跨高比 l_m/h
SCB3-1	580	1.18
SCB3-2	730	1.48
SCB3-3	880	1.79
SCB3-4	1030	2.10
SCB3-5	1180	2.40
SCB3-6	1230	2.51

如图 6.2.12 所示，图 (a)、(b)、(c) 分别表示钢连梁在剪切屈服机制、剪切与弯曲屈服共同作用、弯曲屈服机制下的极限状态时的应力云图，可以看出，构件达到极限承载力状态时，SCB3-1 与 SCB3-4 的钢梁腹板部分应力最大，SCB3-6 的钢连梁梁端的应力最大，说明 SCB3-1 与 SCB3-4 发生了剪切屈服，SCB3-6 发生了弯曲屈服，与表 6.2.5 中各屈服机制的范围相符。SCB3-4 的侧板塑性发展最

大，SCB3-6 的侧板塑性发展最小，其原因是 SCB3-4 的极限承载能力较强，钢连梁达到最大承载能力时，侧板靠近柱边处的弯矩较大。

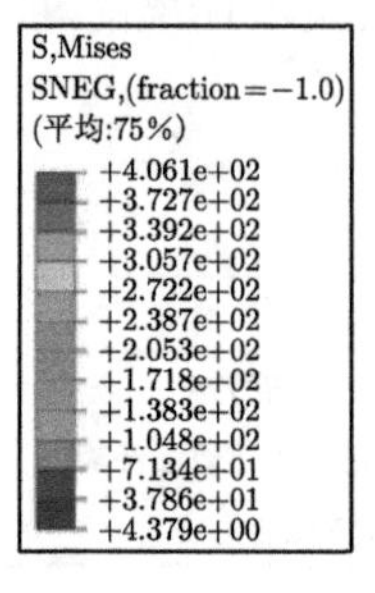

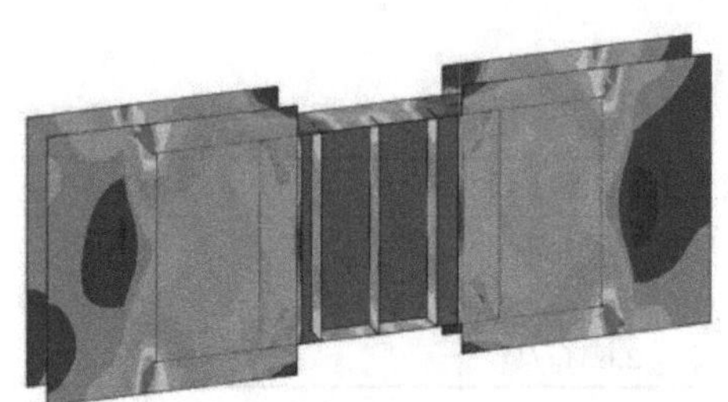

(a) SCB3-1 应力云图

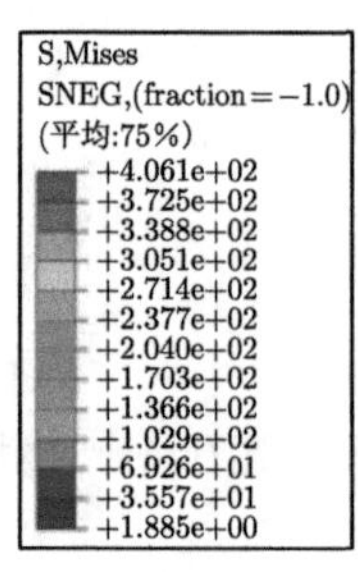

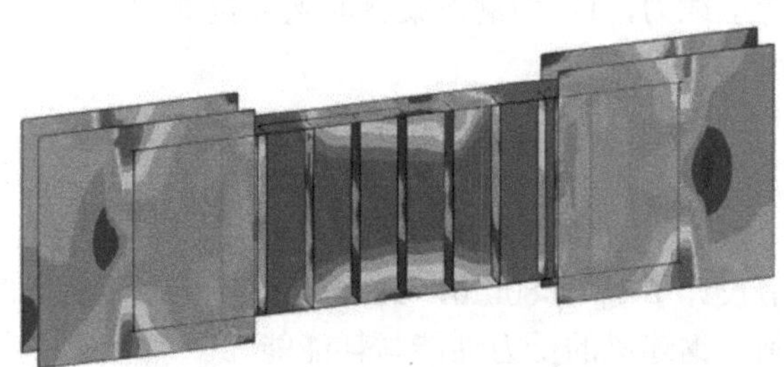

(b) SCB3-4 应力云图

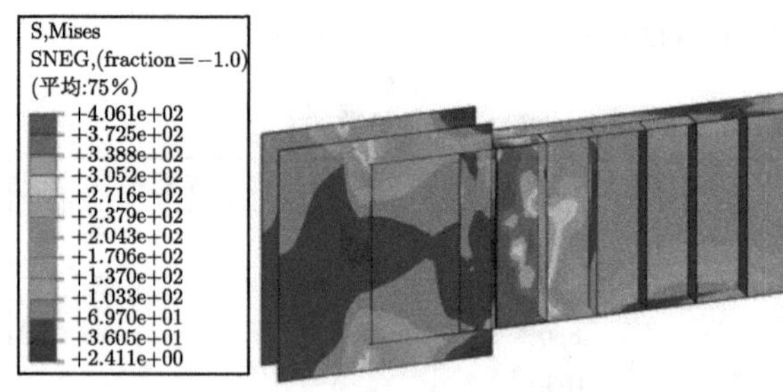

(c) SCB3-6 应力云图

图 6.2.12　典型屈服机制的极限状态应力云图 (彩图见封底二维码)

图 6.2.13 表示了不同耗能梁端长度下水平力–位移骨架曲线，可以说明：弯剪共同作用的屈服机制承载力与初始刚度最高，剪切屈服机制次之，弯曲屈服机制下的钢连梁性能较差。CECS 230—2008《高层建筑钢-混凝土混合结构设计规程 (附条文说明)》中将钢连梁的弯曲屈服与剪切屈服共同作用也归为剪切屈服，下文将剪切屈服机制与弯剪共同作用的屈服机制都统称为剪切屈服机制。

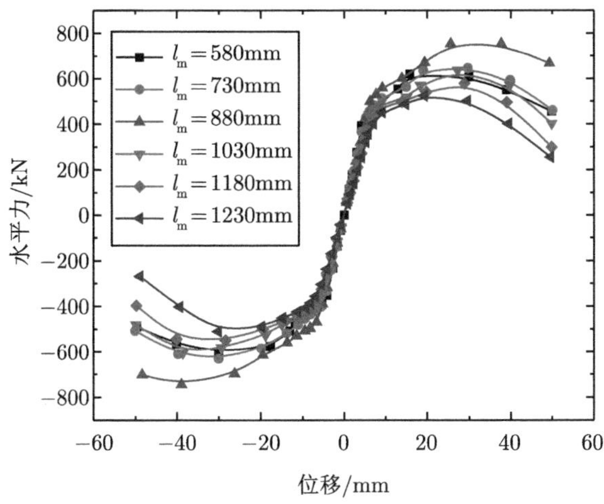

图 6.2.13 不同耗能梁端长度下水平力–位移骨架曲线

表 6.2.9 给出了不同钢连梁跨度下有限元分析结果,从结果中可以看出在 $l_m < 2.6M_p/V_p$ 时，构件正向的极限承载力从 631.4kN 上升到 753.4kN，随后下降到 636.2kN，当 $l_m > 2.6M_p/V_p$ 时，构件正向极限承载力下降迅速，负向也具有相同趋势，说明在仅改变钢连梁跨度时，剪切屈服机制下，构件的极限承载能力在 l_m=880mm 附近可以达到最高，进入弯曲屈服机制时，即 l_m=1030mm，构件的极限承载能力下降严重。构件延性系数随钢连梁的跨度增加而减小，说明节点区受到的弯矩与剪力的比值越大，构件的延性系数越小，延性变差。

表 6.2.9 不同钢连梁跨度下有限元分析结果

构件编号	方向	屈服状态		极限状态		破坏状态		延性系数 μ_Δ
		P_y/kN	Δ_y/mm	P_{max}/kN	对比/%	Δ_u/mm	对比/%	
正向	SCB3-1	511.3	8.89	631.4	−16.1	41.64	−16.7	4.68
	SCB3-2	517.2	9.60	646.1	−14.2	43.22	−13.5	4.50
	SCB3-3	582.2	11.83	753.4	0	50.02	0	4.22
	SCB3-4	495.0	11.04	636.2	−15.5	41.52	−16.9	3.76
	SCB3-5	477.3	10.12	578.3	−23.2	39.26	−21.5	3.87
	SCB3-6	455.4	9.72	524.5	−30.3	35.09	−29.8	3.61
负向	SCB3-1	475.6	11.03	613.5	−17.6	44.35	−16.2	4.02
	SCB3-2	496.8	12.28	630.8	15.3	47.23	−10.8	3.84
	SCB3-3	571.0	14.81	745.0	0	52.95	0	3.57
	SCB3-4	469.1	13.48	605.3	−18.7	46.83	−11.5	3.47
	SCB3-5	452.6	12.59	549.4	−26.2	45.11	−14.8	3.58
	SCB3-6	431.8	12.26	509.6	−31.5	36.69	−30.7	2.99

表 6.2.10 给出了 SCB3 的初始刚度对比情况，l_m 越大，构件初始刚度越小，由此可以看出，当钢连梁截面相同时，钢连梁跨度越大，构件初始刚度越小，说明节点区受到的弯矩和剪力的比值与构件初始刚度成反比。

表 6.2.10 SCB3 初始刚度对比表

构件编号	钢连梁跨度 l_m/mm	初始刚度 k/(kN/mm)	对比/%
SCB3-1	580	89.1	0
SCB3-2	730	82.1	−7.8
SCB3-3	880	80.0	−10.2
SCB3-4	1030	68.8	−22.7
SCB3-5	1180	63.5	−28.7
SCB3-6	1230	59.4	−33.3

需要说明的是，在实际工程中，钢连梁由于其很小的跨度，受力状态常常由剪力控制，而双侧板的截面形式比工字型的截面更有利于抗剪，这种截面形式更符合“强节点，弱构件”的设计思路，在截面形式方面，双侧板节点形式下的钢连梁设计为剪切屈服机制更为合理。

图 6.2.14 给出了构件在不同钢连梁跨度下的耗能能量对比情况，由图可以看出，在前期构件耗能情况差别不大，随着 l_m 的增大，在剪切屈服机制下的构件耗能能量要高于弯曲屈服机制下的构件，在剪切屈服机制设计的构件中，SCB3-3 在循环荷载作用下消耗的能量达到最大，在弯曲屈服机制设计的构件中，SCB3-6 消耗的能量最小，其规律与各构件极限承载力较为相似。

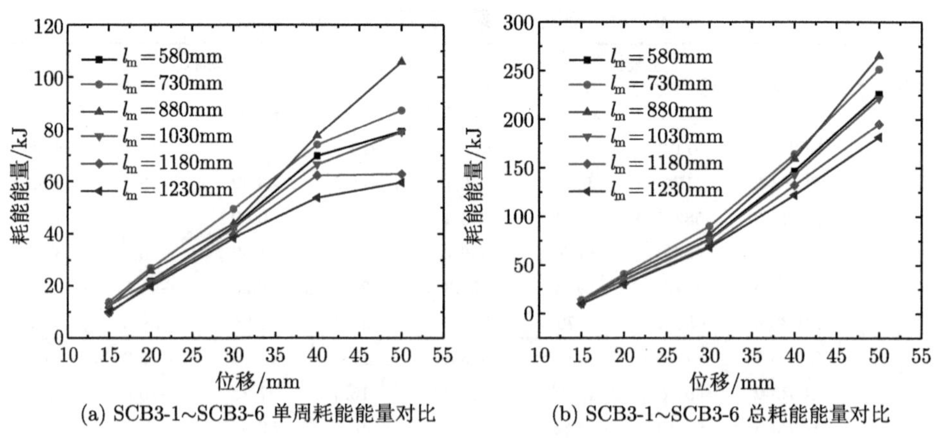

(a) SCB3-1∼SCB3-6 单周耗能能量对比 (b) SCB3-1∼SCB3-6 总耗能能量对比

图 6.2.14 SCB3-1∼SCB3-6 耗能能量对比

图 6.2.15 给出了构件在不同钢连梁跨度下的等效黏滞阻尼系数对比情况，由

图可以看出，各个构件的等效黏滞阻尼系数的规律性不强，在每个滞回环的等效黏滞阻尼系数相差不大，说明钢连梁跨度对构件的等效黏滞阻尼系数的影响不大。

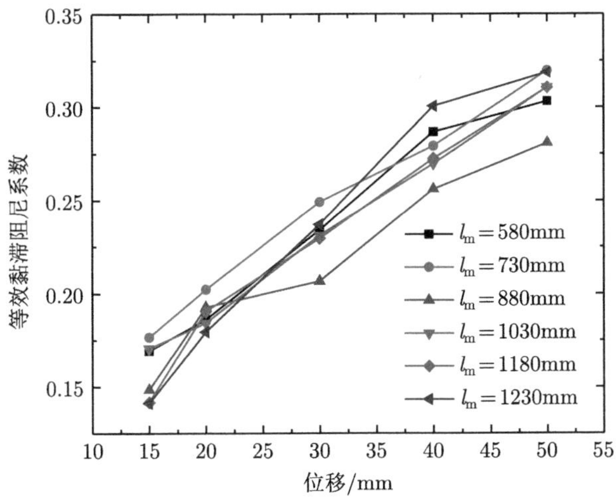

图 6.2.15 SCB3-1~SCB3-6 等效黏滞阻尼系数对比

4) 侧板厚度的影响

为探究侧板厚度对钢连梁-钢板组合墙双侧板节点的影响，分别取侧板厚度为 6mm、8mm、10mm、12mm、14mm、16mm 建立有限元模型，通过其延性、承载能力、耗能能力等指标来研究侧板厚度对构件抗震性能的影响。构件参数见表 6.2.11。

表 6.2.11 SCB4 构件参数表

构件编号	侧板厚度 t/mm
SCB4-1	6
SCB4-2	8
SCB4-3	10
SCB4-4	12
SCB4-5	14
SCB4-6	16

图 6.2.16 表示了不同侧板厚度影响下构件的骨架曲线对比，由图可以看出，SCB4-2~SCB4-6 的骨架曲线几乎相同，SCB4-1 较早达到构件的极限承载力，且承载力较低，变形能力较差，这是由于侧板厚度过小，所以侧板先于钢连梁发生弯曲破坏。

表 6.2.12 给出了不同侧板厚度下的构件有限元分析结果。分析表明：SCB4-1 的承载能力、延性、初始刚度均小于其他构件，说明侧板厚度太小而导致的侧板

受弯破坏的情况应该避免。

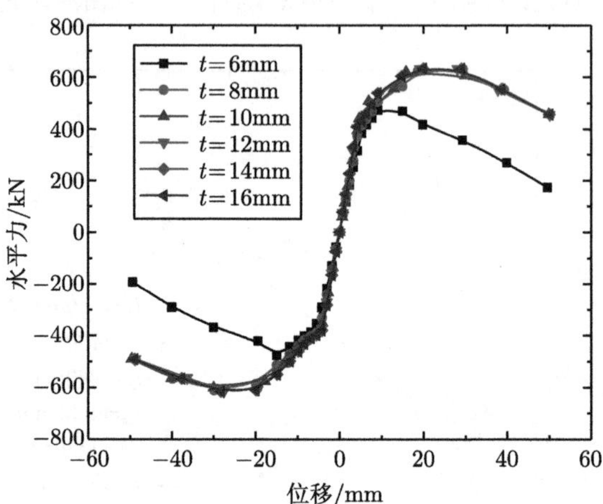

图 6.2.16 不同侧板厚度下钢连梁的骨架曲线

表 6.2.12 不同侧板厚度下的构件有限元分析结果

构件编号	方向	屈服状态		极限状态		破坏状态		延性系数 μ_Δ
		P_y/kN	Δ_y/mm	P_{max}/kN	对比/%	Δ_u/mm	对比/%	
正向	SCB4-1	424.4	6.70	473.3	−25.0	22.16	−46.7	3.30
	SCB4-2	510.4	9.58	630.6	−0.1	41.00	−1.5	4.27
	SCB4-3	511.3	8.89	631.4	0	41.64	0	4.68
	SCB4-4	518.7	8.67	631.8	0.06	40.89	−1.8	4.55
	SCB4-5	518.2	8.41	632.8	0.2	40.37	−3.0	4.79
	SCB4-6	518.2	8.41	632.8	0.2	40.32	−3.1	4.79
负向	SCB4-1	404.1	8.68	475.9	−22.4	22.54	−49.1	2.59
	SCB4-2	475.2	12.16	611.3	−0.3	45.47	−2.5	3.73
	SCB4-3	475.6	11.03	613.5	0	44.35	0	4.02
	SCB4-4	476.8	10.93	615.7	0.3	43.31	−2.3	3.96
	SCB4-5	475.2	10.53	616.2	0.4	44.06	−0.6	4.18
	SCB4-6	475.2	10.53	616.2	0.4	44.12	−0.5	4.18

表 6.2.13 给出了 SCB4 的初始刚度对比情况，随着侧板厚度增大，构件的初始刚度逐渐变大，增大幅度较小，说明在一定范围内，侧板厚度与构件初始刚度成正比。可以看出 SCB4-5 与 SCB4-6 的各项数值均相同，分析可知，由于侧板超过一定厚度，其刚度比中部梁段大很多，侧板越厚，钢连梁的刚度就越起控制作用，所以 SCB4-2~SCB4-4 的各项抗震性能指标浮动越来越小，SCB4-5~SCB4-6 的各项抗震性能指标几乎相同。

表 6.2.13 SCB4 初始刚度对比表

构件编号	侧板厚度 t/mm	初始刚度 k/(kN/mm)	对比
SCB4-1	6	75.85	−14.9%
SCB4-2	8	83.20	−6%
SCB4-3	10	89.14	0
SCB4-4	12	92.57	3.8%
SCB4-5	14	96.05	7.7%
SCB4-6	16	96.05	7.7%

由于 SCB4-2~SCB4-6 的滞回曲线几乎相同，耗能性能指标也相同，所以取 SCB4-1 和 SCB4-3 研究其耗能能力，如图 6.2.17 所示，从单周耗能与总耗能的情况来看，SCB4-1 每级滞回环所消耗能量均小于 SCB4-3，说明 SCB4-3 的耗能能力较好，设计时应避免侧板厚度过小的情况。

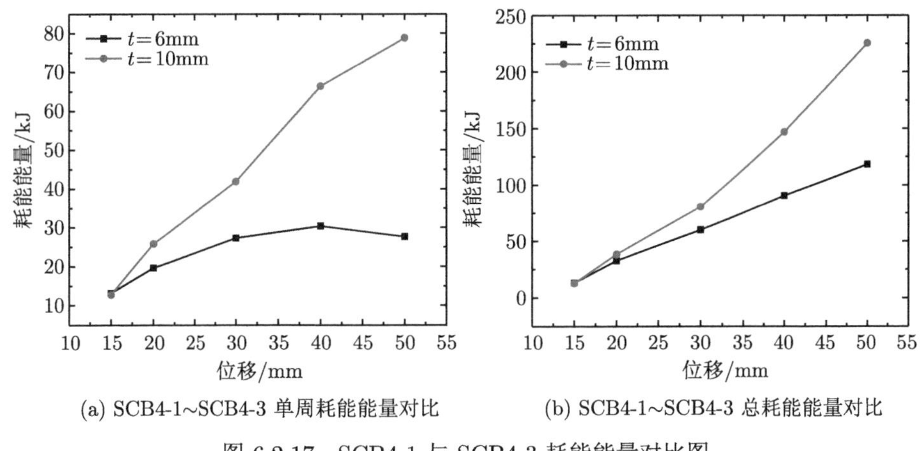

(a) SCB4-1~SCB4-3 单周耗能能量对比　　(b) SCB4-1~SCB4-3 总耗能能量对比

图 6.2.17 SCB4-1 与 SCB4-3 耗能能量对比图

图 6.2.18 为 SCB4-1 和 SCB4-3 的等效黏滞阻尼系数对比图，位移为 15mm、20mm、30mm 时，二者等效黏滞阻尼系数相差较小，随着循环位移的加大，SCB4-3 的滞回环相较 SCB4-1 更加饱满，等效黏滞阻尼系数也大于 SCB4-1。

图 6.2.19 给出了在破坏状态时构件的应力云图。分析表明，构件 SCB4-1 的破坏是从侧板开始的，在梁柱隔间的侧板部分形成塑性铰，钢连梁的承载力没有充分利用，导致 SCB4-1 的承载能力明显低于其他构件。构件 SCB4-2~SCB4-6 钢连梁部分首先破坏，侧板部分塑性发展较大，充分利用了钢连梁的承载力，所以构件 SCB4-2~SCB4-6 的承载力明显高于 SCB4-1。

由图 6.2.19 中构件 SCB4-3~SCB4-6 可知，当侧板厚度增加时，侧板的塑性发展越来越小，SCB4-5 与 SCB4-6 破坏时侧板还处于弹性状态，此时，整个构件

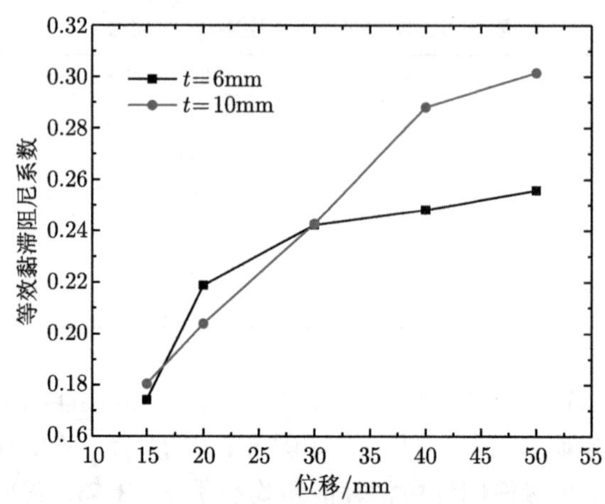

图 6.2.18 SCB4-1 与 SCB4-3 的等效黏滞阻尼系数对比图

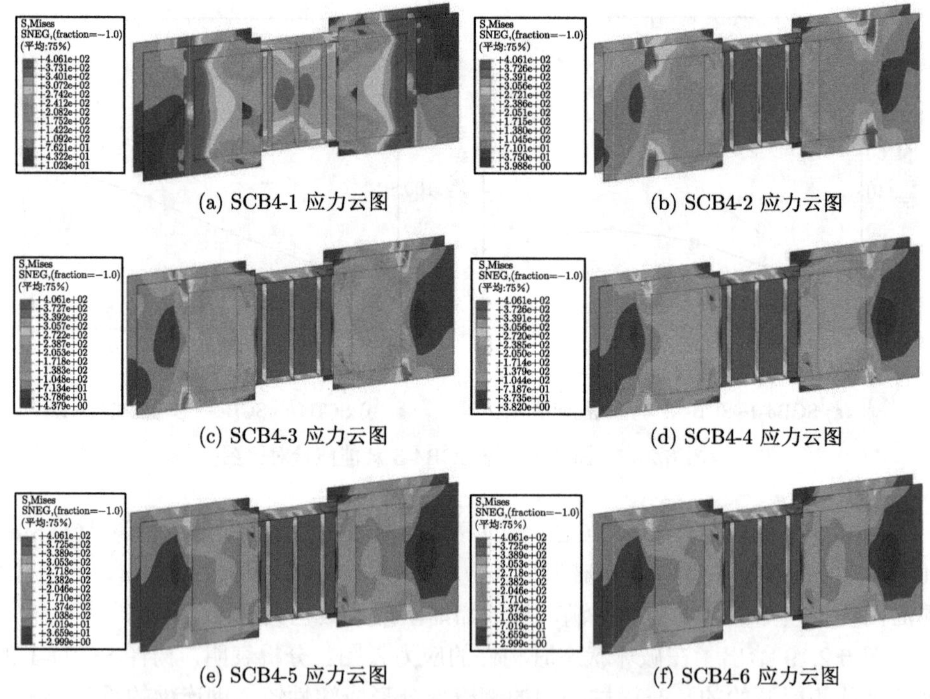

(a) SCB4-1 应力云图 (b) SCB4-2 应力云图

(c) SCB4-3 应力云图 (d) SCB4-4 应力云图

(e) SCB4-5 应力云图 (f) SCB4-6 应力云图

图 6.2.19 极限状态时不同侧板厚度构件的应力云图 (彩图见封底二维码)

的承载力由钢连梁控制，故增加侧板厚度不能提高构件的承载能力。因此设计时应注意侧板的厚度不宜过小，并且侧板厚度过大并不能有效提高构件的承载能力，应注意避免钢材的浪费，侧板的厚度还可能影响建筑墙的厚度，从而影响建筑使用功能，建议侧板取钢连梁翼缘厚度。

6.2.3 钢连梁工作机理分析

1. 钢连梁及侧板应力分析

钢连梁及侧板在屈服状态下的 von Mises 应力分布、等效塑性应变、切应力分布、刚度退化情况如图 6.2.20 所示，由图可知，当构件处于屈服状态时，钢连梁翼缘应力较小，侧板靠近柱边处上下边缘由于弯矩作用而出现应力较大区域。最大应力与最大塑性应变出现在钢连梁腹板斜向拉力带上，钢梁腹板切应力较大，但整个钢连梁及侧板在此构件屈服状态时并没有出现有钢材刚度退化的情况。

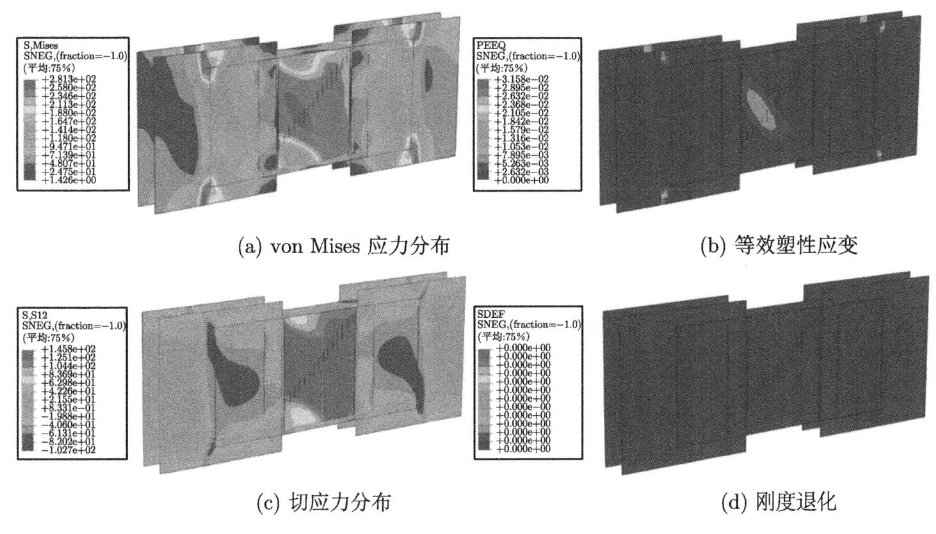

(a) von Mises 应力分布　(b) 等效塑性应变

(c) 切应力分布　(d) 刚度退化

图 6.2.20 屈服状态 (彩图见封底二维码)

图 6.2.21 给出了钢连梁及侧板在极限状态下的应力分布，由图可知，由于钢连梁上弯矩并不大，所以钢连梁翼缘的应力依然保持在较低的水平。最大 von Mises 应力与切应力以及等效塑性应变出现在钢梁腹板交叉拉力带上，侧板靠近柱边处由于弯矩的增大，应力也同样增大，但没有进入塑性阶段，与试验中钢梁腹板中部交叉鼓曲的现象较为吻合。并且，钢梁腹板中部交叉拉力带开始出现了刚度退化的现象。

图 6.2.22 给出了钢连梁及侧板在构件破坏状态下的应力分布，由图可知，因为钢连梁翼缘发生局部屈曲，钢连梁两侧上下翼缘出现应力较大区域，由于钢梁腹板交叉拉力带的钢材刚度退化较为严重，故此处 von Mises 应力与切应力有所下降，并且图中腹板中部交叉拉力带部分刚度退化达到 1，并且此处的等效塑性

应变比较大，与构件在破坏状态出现的交叉斜裂缝相吻合。侧板靠近柱边处的部分有一定塑性发展，但远未达到形成塑性铰的程度。

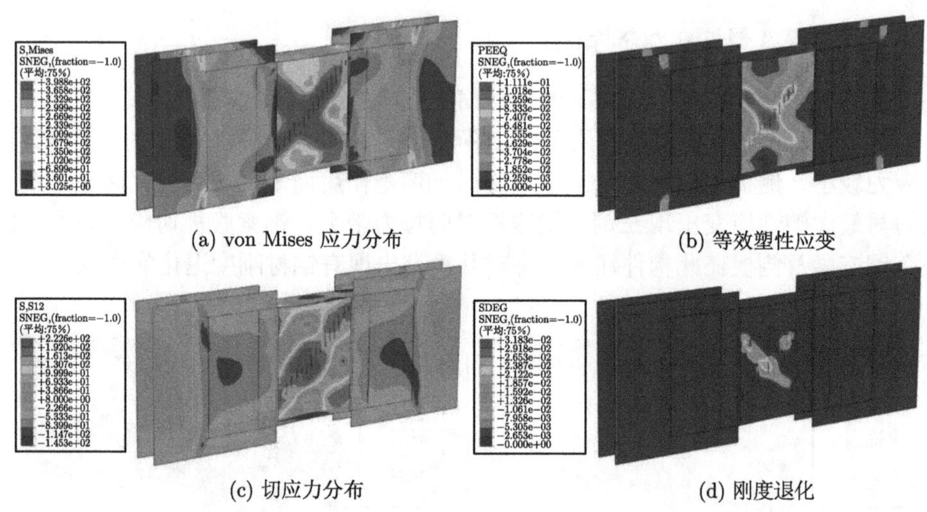

(a) von Mises 应力分布　(b) 等效塑性应变

(c) 切应力分布　(d) 刚度退化

图 6.2.21 极限状态 (彩图见封底二维码)

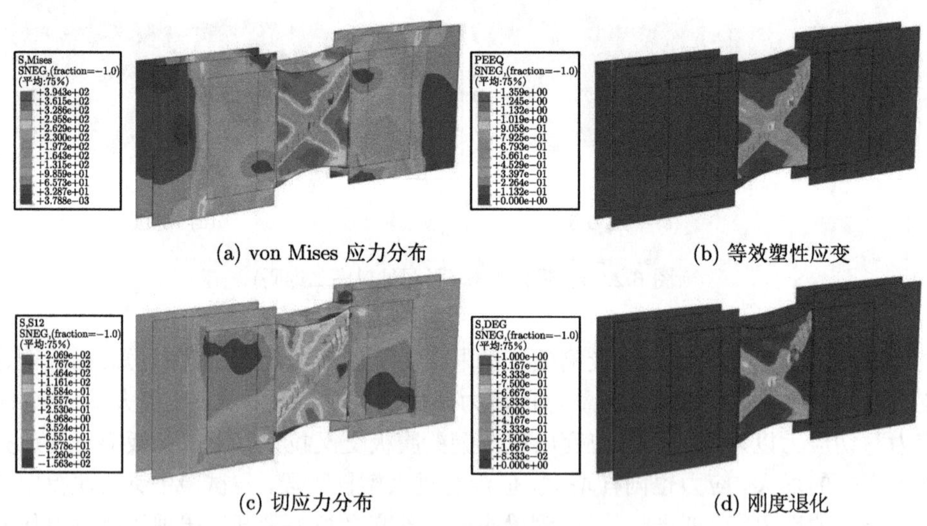

(a) von Mises 应力分布　(b) 等效塑性应变

(c) 切应力分布　(d) 刚度退化

图 6.2.22 破坏状态 (彩图见封底二维码)

2. 钢管及混凝土应力分析

图 6.2.23(a) 和 (b) 分别给出了钢管与混凝土在破坏状态下的应力云图，从图中可以看出，钢管在与侧板连接的上下边缘处应力相对别的区域较大，但总体

处于弹性状态，满足“强柱弱梁”的设计要求。图 6.2.23(c) 和 (d) 分别给出了混凝土受压与受拉损伤情况，可以看出在构件破坏后，混凝土的最大受拉损伤值为 0.47，最大受压损伤值为 0.57，与试验后混凝土只是有轻微裂纹的现象相吻合。

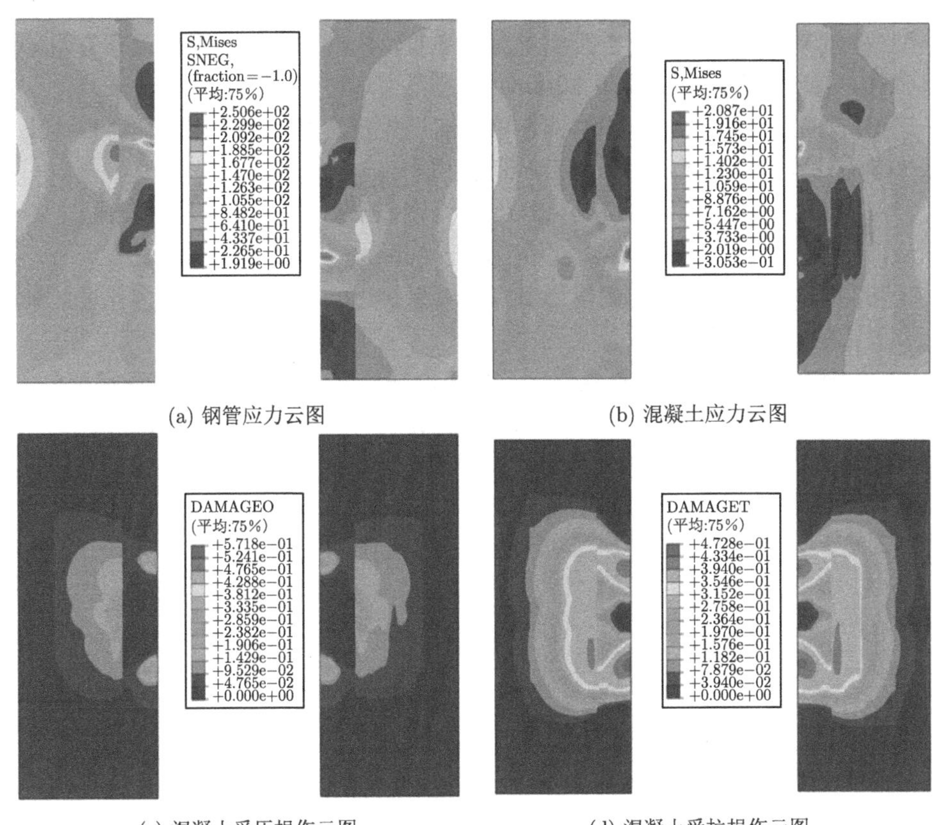

(a) 钢管应力云图　　(b) 混凝土应力云图

(c) 混凝土受压损伤云图　　(d) 混凝土受拉损伤云图

图 6.2.23 钢管与混凝土破坏状态下的应力与损伤云图 (彩图见封底二维码)

6.3 钢连梁与壁式柱双侧板节点设计方法研究

本节对壁式钢管混凝土柱和新型梁柱节点进行精细有限元模拟，考虑了几何非线性、材料非线性和接触非线性。采用有限元分析和试验数据相结合的方法，对试件的钢材应变发展、应力分布、变形及内力传递机制进行了深入研究。

6.3.1 构造要求

抗震设计中，节点应满足“强柱弱梁，节点更强”的设计原则，保证节点域具有足够的强度，以保证在梁端形成塑性铰之前不会破坏。因此建议采用如下构造要求。

(1) 根据 CECS 159—2004《矩形钢管混凝土结构技术规程》：钢管内混凝土等级不应低于 C30；对于 Q235B 钢管，宜配 C30～C40 混凝土；对于 Q345 钢管，宜配 C40～C50 混凝土。

(2) 混凝土浇筑宜采用自密实混凝土浇筑，应在钢管壁适当位置留有足够的排气孔，排气孔孔径不应小于 20mm。

(3) 采用双侧板连接形式的钢连梁应满足规范宽厚比的要求，同时钢连梁宜按本节方法设计以保证受剪破坏起控制作用。

(4) 侧板外伸长度取 $0.77d \sim 1.0d$，d 为钢连梁高度。

(5) 侧板超出钢连梁翼缘高度不应高于 200mm，以保证楼板的施工。

(6) 梁柱物理间隔处的侧板为节点侧板保护区，在加工制造时应保证此处不应有较大的初始缺陷。

(7) 钢连梁试件设计时钢连梁上下翼缘恰好与侧板内侧同宽，可直接施焊，当设计钢连梁翼缘宽度不需要达到侧板之间的距离时可采用如图 6.3.1 的连接形式，增加上下盖板，将上盖板预先与钢连梁焊接，下盖板预先与侧板焊接，然后于施工现场施焊连接，可以有效地节省钢材。

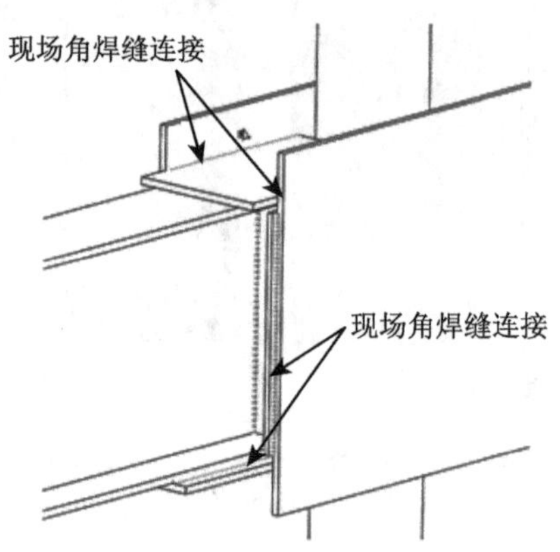

图 6.3.1 钢连梁与侧板连接

6.3.2 设计方法

钢连梁与壁式钢管混凝土双侧板节点的设计采用承载能力极限状态的设计方法。当受到外力荷载时，首先要保证钢连梁受剪屈服或受弯屈服，受剪屈服时假定钢梁腹板承受全部剪力，最先达到抗剪极限承载力，以此剪力推算出侧板靠近柱边处的弯矩；受弯屈服时钢连梁形成塑性铰，以此弯矩推算出侧板靠近柱边处的弯矩，两种破坏模式都要保证钢连梁先于侧板屈服。根据以上设计思路，设计时分为以下几个部分：

1) 判断钢连梁的屈服机制

目前的钢连梁设计方法包括两种屈服机制，弯曲屈服与剪切屈服，钢连梁的剪切屈服性能要优于弯曲屈服性能，所以一般情况下钢连梁设计时应优先考虑钢连梁的剪切屈服，下文主要针对剪切屈服机制与弯曲屈服机制的钢连梁进行研究。钢连梁为何种屈服机制按式 (6.3.1)~ 式 (6.3.4) 来判断。

剪切屈服机制：

$$l_{\mathrm{n}} < 2.6M_{\mathrm{p}}/V_{\mathrm{p}} \tag{6.3.1}$$

弯曲屈服机制：

$$l_{\mathrm{n}} \geqslant 2.6M_{\mathrm{p}}/V_{\mathrm{p}} \tag{6.3.2}$$

$$M_{\mathrm{p}} = f_{\mathrm{y}}W_{\mathrm{p}} \tag{6.3.3}$$

$$V_{\mathrm{p}} = A_{\mathrm{w}}f_{\mathrm{v}} \tag{6.3.4}$$

式中，l_{n} 为钢连梁净跨，在本书中取连接角钢之间梁段的距离；M_{p} 为钢连梁截面塑性抗弯承载力；V_{p} 为钢连梁截面塑性抗剪承载力；f_{y} 为钢连梁钢材屈服强度设计值；f_{v} 为钢连梁钢材剪切屈服强度设计值；A_{w} 为钢梁腹板截面面积；W_{p} 为钢连梁塑性截面模量。

2) 确保在侧板弯曲屈服前钢连梁首先发生屈服

当侧板厚度过小时，会在钢梁腹板发生剪切屈服前发生弯曲屈服，导致整个构件承载能力丧失，这样的破坏模式不符合“强柱弱梁，节点更强”的设计原则。图 6.3.2 为钢连梁弯矩图和剪力图。要保证钢梁腹板先于侧板发生屈服，需要从两个方面考虑，首先是在钢连梁达到抗剪极限承载力或抗弯极限承载力时，侧板靠近柱边的弯矩要小于侧板的抗弯承载能力，侧板的受力状态如图 6.3.3 所示，由试验和有限元分析可知，侧板的破坏是从上下边缘开始的，而上下边缘处的剪力值为零，所以在上下边缘处仅考虑由钢连梁传过来的弯矩即可。然后是抗剪承载力，由于钢连梁和侧板上的剪力是相同的，所以需要确保侧板的抗剪承载力比钢连梁的抗剪承载力大。因为侧板高度比钢连梁高，所以确保抗剪承载力比钢连梁大容易满足。

在外力荷载作用下，要保证钢连梁先于侧板发生破坏建议采用式 (6.3.5)~ 式 (6.3.10)。

当 $l_{\mathrm{n}} < 2.6M_{\mathrm{p}}/V_{\mathrm{p}}$ 时：

$$M_{\mathrm{spu}}/\left(V_{\mathrm{p}} \cdot x\right) \geqslant 1.2 \tag{6.3.5}$$

当 $l_{\mathrm{n}} \geqslant 2.6M_{\mathrm{p}}/V_{\mathrm{p}}$ 时：

$$M_{\mathrm{spu}}/(M_{\mathrm{p}} + V_{\mathrm{bu}} \cdot s) \geqslant 1.2 \tag{6.3.6}$$

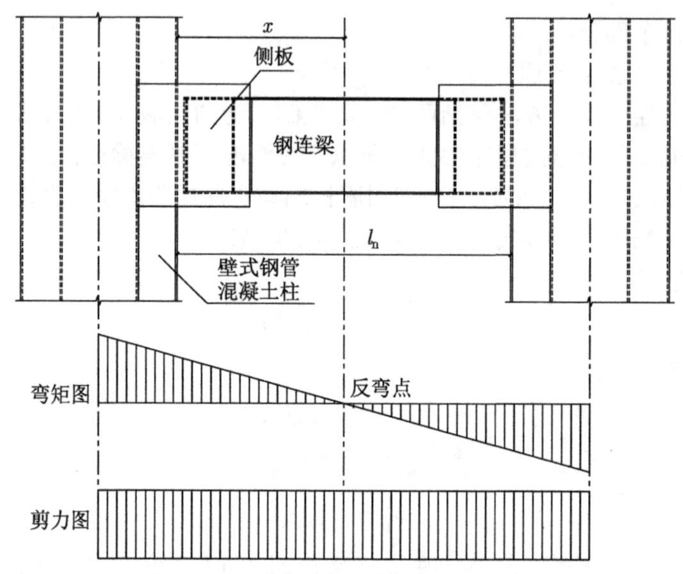

图 6.3.2 SCB 受力示意图

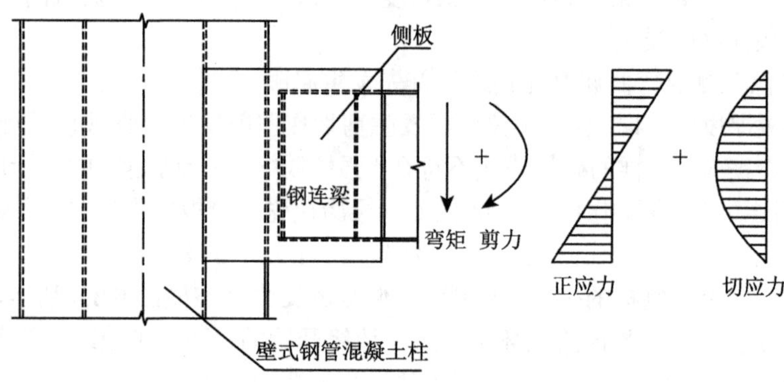

图 6.3.3 侧板受力示意图

$$M_{\mathrm{spu}} = f_{\mathrm{spy}} W_{\mathrm{spp}} \tag{6.3.7}$$

$$V_{\mathrm{p}} = f_{\mathrm{v}} A_{\mathrm{w}} \tag{6.3.8}$$

$$V_{\mathrm{bu}} = \frac{2M_{\mathrm{p}}}{l_{\mathrm{n}} - 2s} \tag{6.3.9}$$

$$x = l_{\mathrm{n}}/2 \tag{6.3.10}$$

式中，M_{spu} 为侧板塑性抗弯承载力；W_{spp} 为侧板塑性截面模量；V_{bu} 为钢连梁塑性抗剪承载力；x 为柱子净跨的一半；s 为钢连梁一侧形成塑性铰到柱边的距离，一般取 s 为 450mm。

需要说明的是，在地震荷载作用下，钢连梁不仅承受剪力与弯矩，还有轴力，JGJ 99—2015《高层民用建筑钢结构技术规程》规定钢连梁的受剪承载力应符合下列公式规定：

当 $N \leqslant 0.15Af$ 时

$$V \leqslant \phi V_1 \tag{6.3.11}$$

当 $N > 0.15Af$ 时

$$V > \phi V_{1c} \tag{6.3.12}$$

式中，N 为消能梁段的轴力设计值; V 为消能梁段的剪力设计值; ϕ 系数取为 0.9; V_1、V_{1c} 分别为消能梁段不计入轴力影响和计入轴力影响的受剪承载力, 可按式 (6.3.13) 与式 (6.3.14) 计算

当 $N \leqslant 0.15Af$ 时：

$$V_1 = 0.58A_{\rm w}f_{\rm y} \quad 或 \quad V_1 = 2M_{\rm lp}/a, \ 取较小值 \tag{6.3.13}$$

当 $N > 0.15Af$ 时：

$$V_1 = A_{\rm w}f_{\rm v}\sqrt{1-[N/(fA)]^2} \quad 或 \ V_1 = 2.4M_{\rm 1p}[1-N/(fA)]/a, \ 取较小值 \tag{6.3.14}$$

式中，$M_{\rm lp}$ 为消能梁段的全塑性受弯承载力；f、$f_{\rm y}$ 分别为消能梁段钢材的抗压强度设计值和屈服强度值；$A_{\rm w}$ 为消能梁段腹板截面面积；A 为消能梁段截面面积。

由此可以看出，当钢连梁轴力大于 $0.15A_{\rm f}$ 时，轴力对钢连梁的影响会降低钢连梁的抗剪承载能力，由于钢管混凝土柱相对于钢连梁的刚度较大，在外力荷载作用下，两柱柱顶几乎没有相对位移，所以钢连梁产生的轴力很小，不计入轴力对钢连梁抗剪承载能力的影响，故按式 (6.3.14) 计算。

3) 连接角钢设计

连接角钢主要是将梁腹板剪力传递到侧板，连接角钢的高度根据钢连梁高度按构造设计，连接角钢的厚度建议采用式 (6.3.15) 设计

$$t_{\rm as} = \frac{V_{\rm p}}{2f_{\rm v}h_{\rm as}} \tag{6.3.15}$$

式中，$t_{\rm as}$ 为连接角钢厚度；$h_{\rm as}$ 为连接角钢高度；$f_{\rm v}$ 为连接角钢钢材的抗剪强度设计值。

6.3.3 设计算例

本小节按照 6.3.2 小节所述方法进行结构设计，以 SCB3-1、SCB3-6、SCB4-1 为设计算例进行计算。

1. 验算试件 SCB3-1

材料：钢连梁与侧板均采用 Q235B，屈服强度 f_y 取为 215MPa，抗剪强度取为 125MPa。

钢连梁截面参数：H490×140×8×8(单位：mm)；

I_x=201111000mm^4；A=6032mm^2；W_{ex}=820860mm^3；W_{ep}=989180mm^3。

双侧板截面参数：630mm×600mm×10mm；

I_x=41674480mm^4；A=12600mm^2；W_{ex}=1322980mm^3；W_{ep}=1984480mm^3。

连接角钢截面参数：100mm×63mm×8mm。

(1) 判断钢连梁的屈服机制

$$M_p = f_y W_p = 215 \times 989180 = 212673700\text{N} \cdot \text{mm}$$

$$V_p = A f_v = 474 \times 8 \times 125 = 474000\text{N}$$

$$2.6M_p/V_p = 2.6 \times 212673700 \div 474000 = 1166.6\text{mm} < l_h = 600\text{mm}$$

该连梁屈曲机制为剪切屈服。

(2) 确保在侧板形成塑性铰前钢连梁首先发生剪切破坏

$$M_{spu} = f_{spy} W_{spp} = 215 \times 1984480 = 426663200(\text{N} \cdot \text{mm})$$

$$V_p = f_v A_w = 125 \times 474 \times 8 = 474000(\text{N})$$

$$x = l_n/2 = 1200 \div 2 = 600(\text{mm})$$

$$M_{spu}/(V_p \cdot x) = 426663200 \div (474000 \times 600) = 1.50 > 1.20$$

满足要求。

(3) 连接角钢验算

$$t_{as} = \frac{V_p}{2f_v h_{as}} = \frac{474000}{2 \times 125 \times 474} = 4(\text{mm}) < 8(\text{mm})$$

满足要求。

2. 验算试件 SCB3-6

材料：钢连梁与侧板均采用 Q235B，屈服强度 f_y 取为 215MPa，抗剪强度取为 125MPa。

钢连梁截面参数：H490×140×8×8(单位：mm)；

I_x=201111000mm^4；A=6032mm^2；W_{ex}=820860mm^3；W_{ep}=989180mm^3。

双侧板截面参数：630mm×600mm×10mm；

I_x=41674480mm^4；A=12600mm^2；W_{ex}=1322980mm^3；W_{ep}=1984480mm^3。

连接角钢截面参数：100mm×63mm×8mm。

(1) 判断钢连梁的屈服机制

$$M_p = f_y W_p = 215 \times 989180 = 212673700(\mathrm{N \cdot mm})$$

$$V_p = Af_v = 474 \times 8 \times 125 = 474000(\mathrm{N})$$

$$2.6M_p/V_p = 2.6 \times 212673700 \div 474000 = 1166.6(\mathrm{mm}) > l_h = 1350(\mathrm{mm})$$

该钢连梁屈曲机制为弯曲屈服，由 4.3 节内容可以看出，弯曲屈服较剪切屈服承载力差。

(2) 确保在侧板形成塑性铰前钢连梁首先发生弯曲破坏

$$M_{spu} = f_{spy} W_{spp} = 215 \times 1984480 = 426663200(\mathrm{N \cdot mm})$$

$$V_{bu} = \frac{2M_p}{l_n - 2s} = \frac{2 \times 212673700}{1950 - 2 \times 450} = 405093(\mathrm{N})$$

$$M_{spu}/(M_p + V_{bu} \cdot s) = 426663200/(212673700 + 405093 \times 450) = 1.08 < 1.2$$

不满足要求，钢连梁仍然首先发生弯曲破坏，是因为式 (6.3.5) 与式 (6.3.6) 中系数 1.2 考虑了一定程度的安全储备来防止侧板靠近柱边处首先发生弯曲破坏，设计时应按 1.2 考虑。

(3) 连接角钢验算

$$t_{as} = \frac{V_p}{2f_v h_{as}} = \frac{474000}{2 \times 125 \times 474} = 4(\mathrm{mm}) < 8(\mathrm{mm})$$

满足要求。

3. 验算试件 SCB4-1

材料：钢连梁与侧板均采用 Q235B，屈服强度 f_y 取为 215MPa，抗剪强度取为 125MPa。

钢连梁截面参数：H490×140×8×8(单位：mm)；

I_x=201111000mm^4；A=6032mm^2；W_{ex}=820860mm^3；W_{ep}=989180mm^3。

双侧板截面参数：630mm×600mm×6mm；

I_x=250047000mm^4；A=7558mm^2；W_{ex}=793800mm^3；W_{ep}=1190680mm^3。

连接角钢截面参数：100mm×63mm×8mm。

(1) 判断钢连梁的屈服机制

$$M_p = f_y W_p = 215 \times 989180 = 212673700(\mathrm{N \cdot mm})$$

$$V_p = Af_v = 474 \times 8 \times 125 = 474000(\mathrm{N \cdot mm})$$

$$2.6M_p/V_p = 2.6 \times 212673700 \div 474000 = 1166.6(\mathrm{mm}) < l_h = 600(\mathrm{mm})$$

该钢连梁屈曲机制为剪切屈服。

(2) 确保在侧板形成塑性铰前钢连梁首先发生剪切破坏

$$M_{spu} = f_{spy}W_{spp} = 215 \times 1190680 = 255996200(\mathrm{N \cdot mm})$$

$$V_p = f_v A_w = 125 \times 474 \times 8 = 474000(\mathrm{N})$$

$$x = l_n/2 = 1200 \div 2 = 600(\mathrm{mm})$$

$$M_{spu}/(V_p \cdot x) = 255996200 \div (474000 \times 600) = 0.9 < 1.2$$

不满足要求，侧板先于钢连梁发生弯曲破坏。

(3) 连接角钢验算

$$t_{as} = \frac{V_p}{2f_v h_{as}} = \frac{474000}{2 \times 125 \times 474} = 4(\mathrm{mm}) < 8(\mathrm{mm})$$

满足要求。

4. *承载力对比分析*

本小节进行有限元模拟和公式计算的承载能力对比分析，取 SCB3 系列构件进行分析具有代表性，分为剪切屈服机制的构件承载力对比验证与弯曲屈服机制的构件承载力对比验证。

表 6.3.1 与表 6.3.2 分别给出了剪切屈服机制下与弯曲屈服机制下构件的承载能力对比，其中 V_y^b、M_y^b 分别为有限元模拟中钢连梁承受最大剪力与最大弯矩，V_y^j、M_y^{bj} 分别为计算得出的钢连梁最大剪力与最大弯矩，M_y^{sp} 为有限元模拟中侧板承受的最大弯矩，M_y^j 为计算得出的侧板最大弯矩，从表中可以看出按本节提出的设计建议计算出的钢连梁承载力比较接近。

表 6.3.1 剪切屈服机制下的承载力对比

构件编号	V_y^b/kN	V_y^j/kN	M_y^{sp}/(kN · m)	M_y^j/(kN · m)	V_y^j/V_y^b	M_y^j/M_y^{sp}
SCB3-1	821.5	889.1	482.5	533.4	1.08	1.10
SCB3-2	827.8	889.1	539.8	600.1	1.07	1.11
SCB3-3	871.7	889.1	651.3	666.8	1.02	1.02
SCB3-4	830.2	889.1	673.7	733.5	1.07	1.08

表 6.3.2 弯曲屈服机制下的承载力对比

构件编号	M_y^b/kN	M_y^{bj}/kN	M_y^{sp}/(kN · m)	M_y^j/(kN · m)	M_y^{bj}/M_y^b	M_y^j/M_y^{sp}
SCB3-5	247.1	254.9	477.9	509.8	1.03	1.06
SCB3-6	210.3	254.9	349.2	473.4	1.21	1.35

6.4 本章小结

本章提出了一种钢连梁与壁式钢管混凝土柱双侧板节点，其具有良好的抗震性能。进行了钢连梁与壁式钢管混凝土柱双侧板节点足尺试件的低周往复加载试验，并利用 ABAQUS 软件建立了考虑几何非线性、材料非线性、接触非线性等因素的有限元模型，验证了有限元数值分析的正确性及有效性，同时深入分析了钢连梁与壁式钢管混凝土柱双侧板节点的传力机理。研究了轴压比、加劲肋布置方式、钢连梁跨度、侧板厚度等因素对构件抗震性能的影响，提出了钢连梁与壁式钢管混凝土柱双侧板节点的设计及施工建议。主要结论如下。

(1) 钢连梁与壁式钢管混凝土柱双侧板节点试件的破坏模式为钢梁腹板发生剪切破坏，形成斜向拉力带，中部腹板局部屈曲较大，试件开始屈服时无明显面外位移，丧失承载能力时，最大面外位移约为 45mm，滞回曲线出现“捏缩”现象，影响连梁的耗能能力。

(2)ABAQUS 有限元软件可以较准确地模拟试验现象，有限元得到的初始刚度要高于试验得到的初始刚度，其余抗震指标吻合较好。

(3) 轴压比对构件初始刚度与耗能能量影响较小，轴压比每提高 0.2，构件极限承载力下降幅度约为 1%，延性系数下降幅度在 9% 左右，轴压比的提高对构件单周与总耗能能量没有影响，但耗能效率会随之增大。

(4) 钢连梁合理布置加劲肋可有效防止腹板发生局部屈曲，极限承载能力提高了 27%，得到的滞回曲线比较饱满，但构件的极限位移减小了 15% 左右，综合考虑，布置加劲肋的钢连梁表现出来的抗震性能要优于不布置加劲肋的钢连梁。

(5) 剪切屈服机制较弯曲屈服机制的构件表现出了更好的抗震性能，建议在有条件的情况下，按照连梁的剪切耗能屈服机制来设计。

(6) 侧板靠近柱边处的部分上下边缘属于薄弱区域，设计时应通过侧板的高度和厚度保证此处不先于钢连梁发生弯曲破坏，并且建议此处控制材料的初始缺陷，防止出现应力集中导致侧板撕裂。

参 考 文 献

[1] 郝际平, 何梦楠, 薛强, 等. 装配式双侧板型全螺栓钢连梁 [P]. 中国: 206941806U, 2018-01-30.

[2] 郝际平, 樊春雷, 苏海滨, 等. 一种预制 L 形柱耗能连接节点 [P]. 中国: 105863166B, 2018-11-02.

[3] 郝际平, 刘瀚超, 樊春雷, 等. 预制 T 型异形钢管混凝土组合柱 [P]. 中国: 105821967B, 2018-04-06.

[4] 郝际平, 刘瀚超, 樊春雷, 等. 一种基于方钢连接件的预制 L 型异形钢管混凝土组合柱 [P]. 中国: 105863163B, 2018-11-23.

[5] 郝际平, 薛强, 孙晓岭, 等. 一种预制 L 型异形钢管混凝土组合柱 [P]. 中国: 105839852B, 2018-11-02.

[6] 郝际平, 樊春雷, 苏海滨, 等. 预制 L 形柱耗能连接节点 [P]. 中国: 205637336U, 2016-10-12.

[7] 何梦楠, 郝际平, 薛强, 等. 预制 T 型耗能连接节点 [P]. 中国: 205663027U, 2016-10-26.

[8] 赵子健. 钢连梁与壁式钢管混凝土柱双侧板节点抗震性能研究 [D]. 西安: 西安建筑科技大学, 2017.

第 7 章　壁式钢管混凝土柱建筑体系实践应用

在西安建筑科技大学钢结构团队几十年的研究基础上，以解决装配式钢结构建筑存在的问题为导向，以“工业化、绿色化、标准化、信息化”为研发目标，以“系统理念、集成思维、创新引领、实践检验”为研发路线，形成了具有自主知识产权的“装配式钢结构壁柱建筑体系成套技术及应用”的系统性成果 [1]。

本成果已成功应用于西安建筑科技大学附属学校教学楼，西安建筑科技大学草堂校区图书馆，重庆新都汇 1#～2#、22# 楼项目，天水传染病医院改扩建工程，裕丰佳苑安置区装配式建筑项目，凯丰–滨海幸福城西区，恒瑞心居装配式钢结构住宅项目，商州区环保局环保监测站综合楼，天水经济开发区“开发新居”6 号楼，阜阳市裕丰佳苑，KANTHARYAR CONSORTIUM TOWER 等近百项装配式钢结构公共建筑和住宅项目，总建筑面积逾百万平米，在建面积三十余万平米，受到用户好评，取得了良好的社会效益和经济效益，尤其在“四节一环保”方面效益突出。

7.1　重庆某钢结构住宅

7.1.1　工程概况

本工程为高层住宅建筑，地下 2 层，地上 29 层，标准层层高 3.1m，建筑高度 90.5m，建筑面积 7597.69m^2，建筑效果图如图 7.1.1 所示。住宅标准层平面为两梯六户，户型以建筑面积 80m^2 左右的普通户型为主，同时考虑了少量的大面积户型。户型设计灵活、多样，满足市场需求。建筑标准层平面如图 7.1.2 所示，工程主要设计参数见表 7.1.1。

表 7.1.1　工程主要设计参数

建筑使用性质	住宅	建筑抗震设防类别	标准设防类
建筑结构安全等级	二级	抗震设防烈度	6 度
设计基准期	50 年	设计地震分组	第 1 组
结构重要性系数	1.0	设计基本地震加速度	$0.05g$
基本风压	0.40kN/m^2	场地类别	Ⅲ 类
地面粗糙度类别	B 类	抗震等级	四级

图 7.1.1 建筑效果图

图 7.1.2 建筑标准层平面图

7.1.2　结构布置

建筑地下室均采用钢筋混凝土结构，上部主体结构采用壁式柱框架–支撑结构体系。壁式柱的空间受力性能试验研究、理论分析和设计方法尚不充分，角柱仍采用普通钢管混凝土柱。同时，普通钢管混凝土柱制造和节点连接技术更为成熟，在不影响建筑功能的前提下采用普通钢管混凝土柱具有一定的经济性。支撑采用矩形钢管截面，框架梁采用 H 形钢梁。壁式柱、普通钢管混凝土柱和钢支撑均延伸至基础顶面。建筑平面具有较多的凹凸，进行结构布置时遵循下述原则：

(1) 室内客厅、卧室等主要生活空间采用壁式柱，避免竖向构件凸出墙体，以提升建筑品质。

(2) 外墙转角位置采用普通壁式钢管混凝土柱，充分利用阳台、空调板和框架柱外凸等避免竖向构件影响建筑功能。

(3) 尽量减少柱构件数量，充分发挥钢结构大跨度、大空间优势，增加户型设计灵活性。

经综合优化结构方案后，结构平面布置图如图 7.1.3 所示。所建立的结构计算整体模型如图 7.1.4 所示。

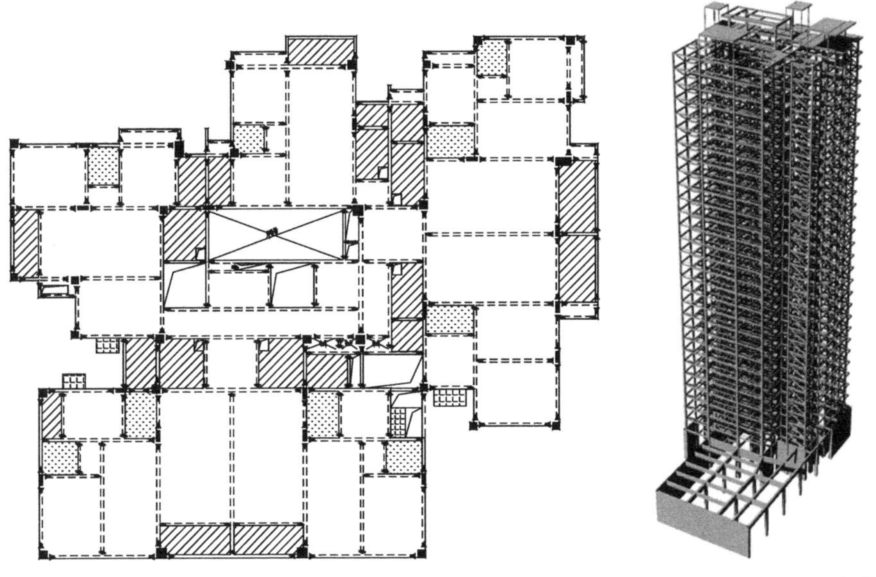

图 7.1.3　结构平面布置图　　图 7.1.4　结构三维计算模型

7.1.3　主要计算结果和计算模型

进行结构动力特性分析时，阻尼比取 0.035，提取前 90 阶振型，振型质量参与系数大于 90%。计算得到的结构前 5 阶振型周期和振型质量参与系数，见

表 7.1.2。结构第 1 平动自振周期为 4.54s，扭转自振周期为 3.83s。结构扭转周期比 T_t/T_1 为 0.84，以平动为主。图 7.1.5 给出了结构前 3 阶振动形态。

表 7.1.2　结构动力特性分析结果

振型	周期/s	振型质量参与系数累积值		
		横向 (x 向)/%	纵向 (y 向)/%	扭转 (r_z 向)/%
1	4.54	52.87	0.42	0.00
2	4.08	53.21	51.88	2.18
3	3.83	53.23	55.15	41.8
4	1.37	64.19	55.38	41.94
5	1.28	64.53	65.27	42.11

(a) 振型 1 (x 向平动)

(b) 振型 2 (y 向平动)

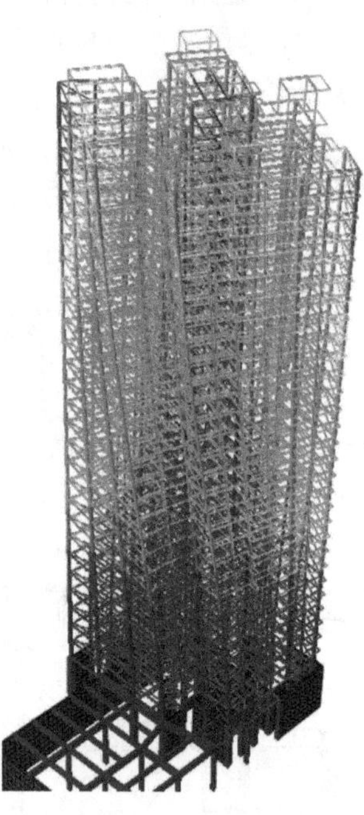

(c) 振型 3 (r_z 向)

图 7.1.5　结构主要振型形态

7.2　山东淄博某钢结构住宅

7.2.1　工程概况

本工程为高层住宅建筑，地下 2 层，地上 11 层，标准层层高 2.9m，建筑高度 32.8m，建筑面积 5544.02m^2，建筑效果图如图 7.2.1 所示。住宅标准层平面为一梯两户，户型以建筑面积 100m^2 左右的普通户型为主。户型设计灵活、多样，满足市场需求。建筑标准层平面如图 7.2.2 所示，工程主要设计参数见表 7.2.1。

图 7.2.1 建筑效果图

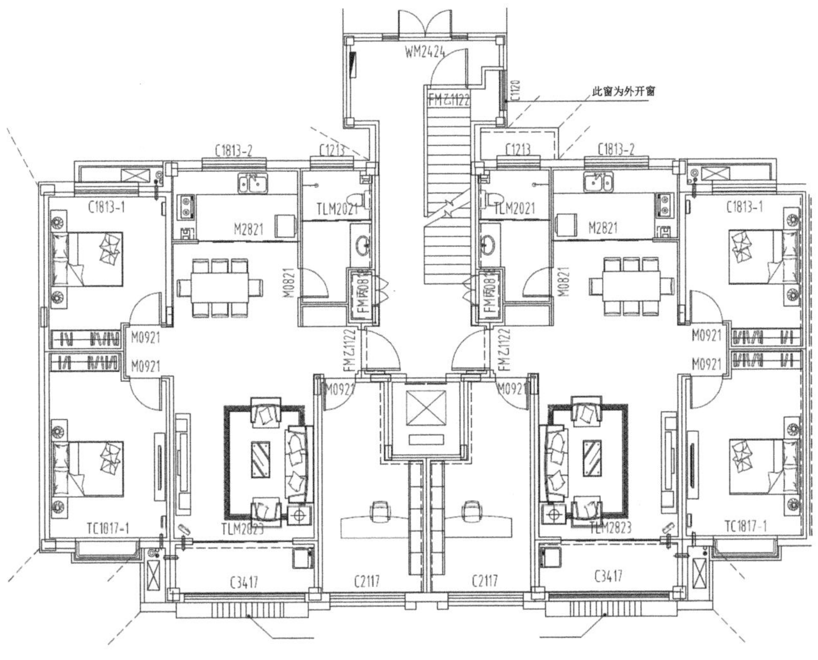

图 7.2.2 建筑标准层平面图

表 7.2.1　工程主要设计参数

建筑使用性质	住宅	建筑抗震设防类别	标准设防类
建筑结构安全等级	二级	抗震设防烈度	7 度
设计基准期	50 年	设计地震分组	第 1 组
结构重要性系数	1.0	设计基本地震加速度	0.10g
基本风压	0.40kN/m^2	场地类别	Ⅱ 类
地面粗糙度类别	B 类	抗震等级	梁四级，柱二级

7.2.2　结构布置

建筑结构体系采用壁式柱框架结构体系。壁式柱的空间受力性能试验研究、理论分析和设计方法尚不充分，角柱仍采用普通钢管混凝土柱。同时，普通钢管混凝土柱制造和节点连接技术更为成熟，在不影响建筑功能的前提下采用普通钢管混凝土柱具有一定的经济性。壁式柱、普通钢管混凝土柱和钢支撑均延伸至基础顶面。建筑平面具有较多的凹凸，进行结构布置时遵循下述原则：

(1) 室内客厅、卧室等主要生活空间采用壁式柱，避免竖向构件凸出墙体，以提升建筑品质。

(2) 外墙转角位置采用普通壁式钢管混凝土柱，充分利用阳台、空调板和框架柱外凸等避免竖向构件影响建筑功能。

(3) 尽量减少柱构件数量，充分发挥钢结构大跨度、大空间优势，增加户型设计灵活性。

经综合优化结构方案后，结构平面布置图如图 7.2.3 所示，所建立的结构计算整体模型如图 7.2.4 所示。

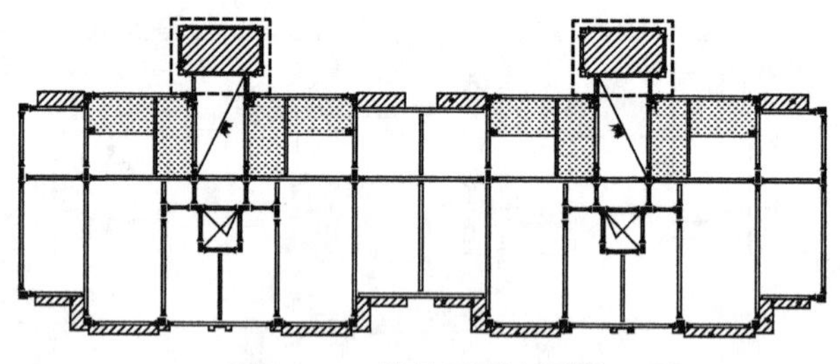

图 7.2.3　结构平面布置图

7.2.3　主要计算结果和计算模型

进行结构动力特性分析时，阻尼比取 0.04，提取前 90 阶振型，振型质量参与系数大于 90%。计算得到的结构前 5 阶振型周期和振型质量参与系数，见表 7.2.2。结构第 1 平动自振周期为 2.44s，扭转自振周期为 1.94s。结构扭转周期比 T_t/T_1 为 0.79，以平动为主。图 7.2.5 给出了结构前 3 阶振动形态。

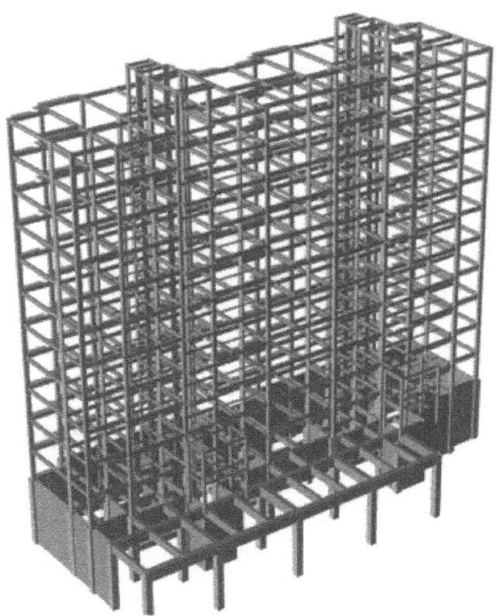

图 7.2.4 结构三维计算模型

表 7.2.2 结构动力特性分析结果

振型	周期/s	振型质量参与系数累积值		
		横向 (x 向)/%	纵向 (y 向)/%	扭转 (r_z 向)/%
1	2.44	100.00	0.00	0.00
2	2.07	0.00	100.00	0.00
3	1.94	0.00	0.00	1.00
4	0.78	100.00	0.00	0.00
5	0.66	0.00	100.00	0.00

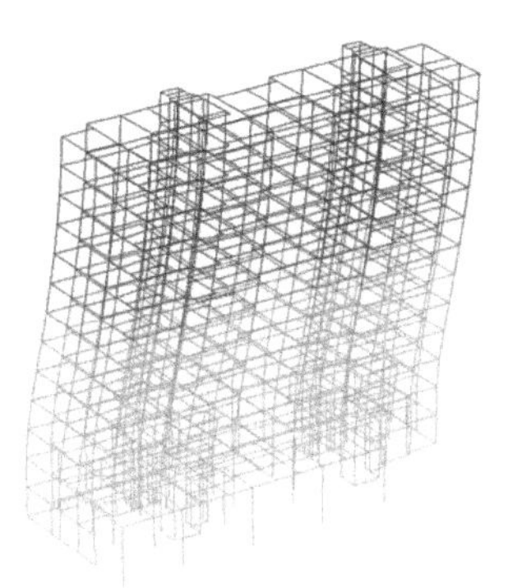

(a) 振型 1 (x 向平动)

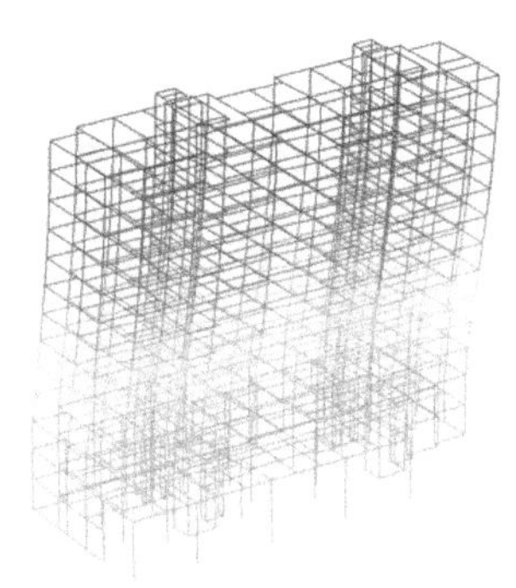

(b) 振型 2 (y 向平动)

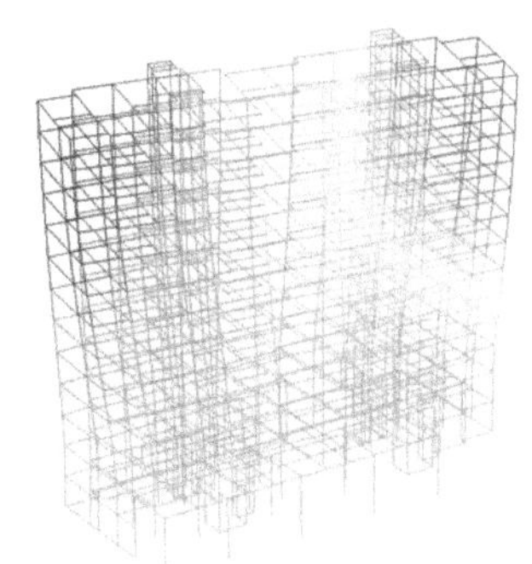

(c) 振型 3 (r_z 向)

图 7.2.5 结构主要振型形态

7.3　阜阳某钢结构住宅

7.3.1　工程概况

本工程为高层住宅建筑，地下 1 层，地上 9 层，标准层层高 2.9m，建筑高度 26.2m，建筑面积 3093.52m^2，建筑效果图如图 7.3.1 所示。住宅标准层平面为一梯两户，户型以建筑面积 90m^2 左右的普通户型为主。户型设计灵活、多样，满足市场需求。建筑标准层平面如图 7.3.2 所示，工程主要设计参数见表 7.3.1。

图 7.3.1　建筑效果图

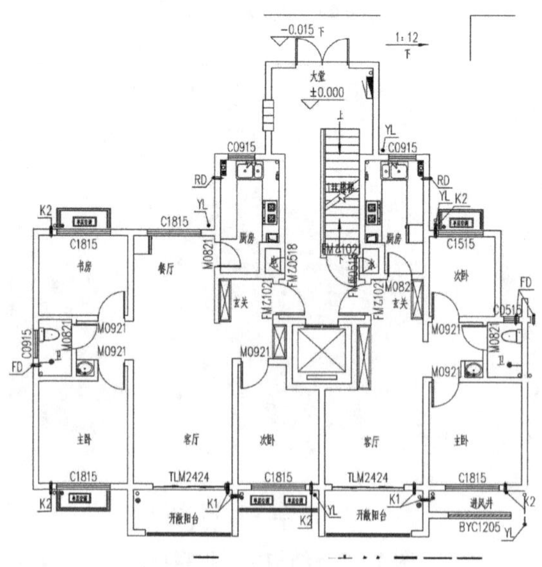

图 7.3.2　建筑标准层平面图

表 7.3.1 工程主要设计参数

建筑使用性质	住宅	建筑抗震设防类别	标准设防类
建筑结构安全等级	二级	抗震设防烈度	7 度
设计基准期	50 年	设计地震分组	第 1 组
结构重要性系数	1.0	设计基本地震加速度	0.10g
基本风压	0.45kN/m^2	场地类别	Ⅲ 类
地面粗糙度类别	B 类	抗震等级	梁四级，柱二级

7.3.2 结构布置

建筑地下室均采用钢筋混凝土结构，上部主体结构采用壁式柱框架–支撑结构体系。壁式柱的空间受力性能试验研究、理论分析和设计方法尚不充分，角柱仍采用普通钢管混凝土柱。同时，普通钢管混凝土柱制造和节点连接技术更为成熟，在不影响建筑功能的前提下采用普通钢管混凝土柱具有一定的经济性。支撑采用矩形钢管截面，框架梁采用 H 形钢梁。壁式柱、普通钢管混凝土柱和钢支撑均延伸至基础顶面。建筑平面具有较多的凹凸，进行结构布置时遵循下述原则：

(1) 室内客厅、卧室等主要生活空间采用壁式柱，避免竖向构件凸出墙体，以提升建筑品质。

(2) 外墙转角位置采用普通壁式钢管混凝土柱，充分利用阳台、空调板和框架柱外凸等避免竖向构件影响建筑功能。

(3) 尽量减少柱构件数量，充分发挥钢结构大跨度、大空间优势，增加户型设计灵活性。

经综合优化结构方案后, 结构平面布置图如图 7.3.3 所示。所建立的结构计算整体模型如图 7.3.4 所示

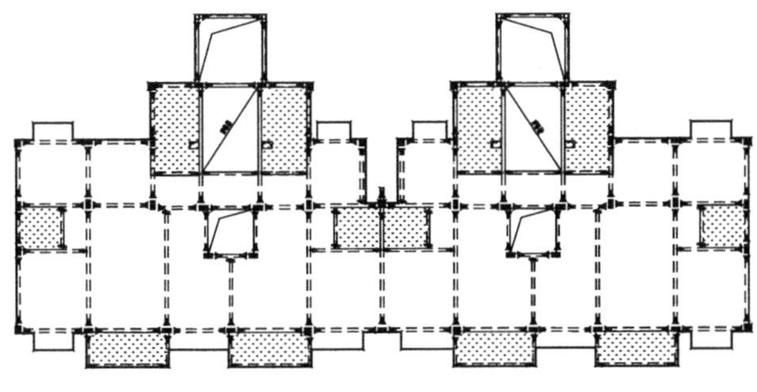

图 7.3.3 结构平面布置图

7.3.3 主要计算结果和计算模型

进行结构动力特性分析时，阻尼比取 0.04，提取前 90 阶振型，振型质量参与系数大于 90% 。计算得到的结构前 5 阶振型周期和振型质量参与系数，见

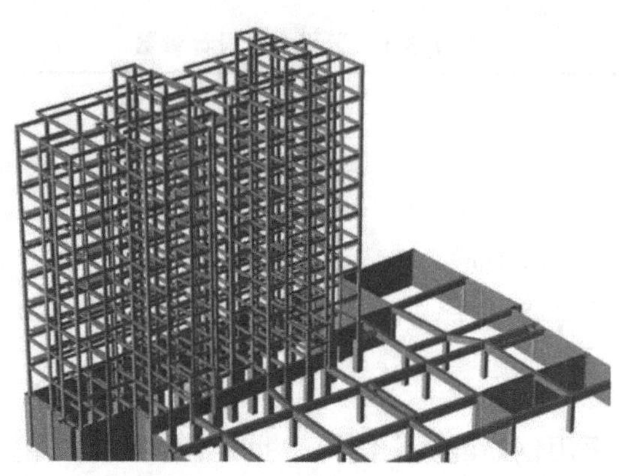

图 7.3.4　结构三维计算模型

表 7.3.2。结构第 1 平动自振周期为 1.75s，扭转自振周期为 1.47s。结构扭转周期比 T_{t}/T_1 为 0.84，以平动为主。图 7.3.5 给出了结构前 3 阶振动形态。

表 7.3.2　结构动力特性分析结果

振型	周期/s	振型质量参与系数累积值		
		横向 (x 向)/%	纵向 (y 向)/%	扭转 (r_z 向)/%
1	1.75	100.00	0.00	0.00
2	1.61	84.00	0.00	0.16
3	1.47	16.00	0.00	84.00
4	0.56	100.00	0.00	0.00
5	0.51	83.00	0.00	17.00

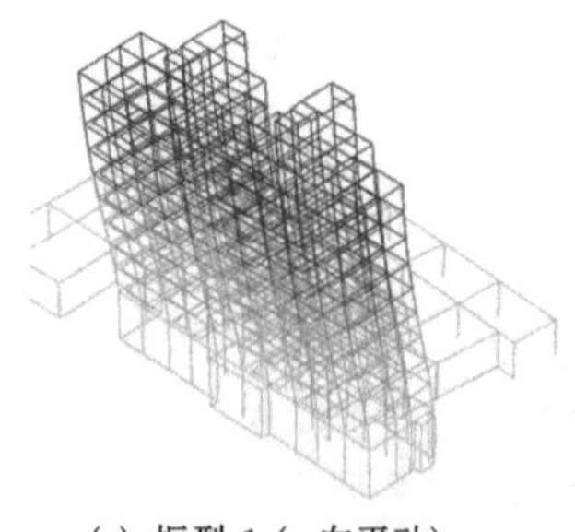

(a) 振型 1 (x 向平动)

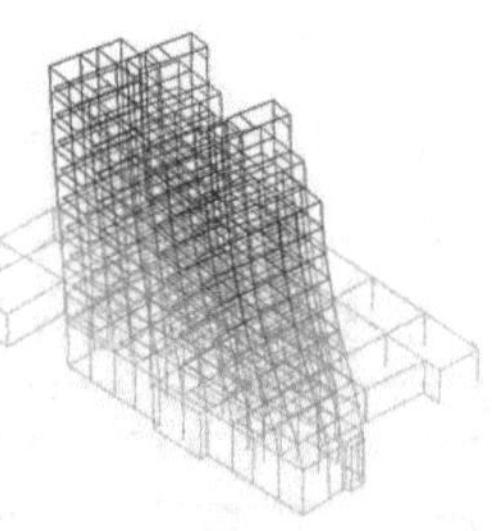

(b) 振型 2 (y 向平动为主)

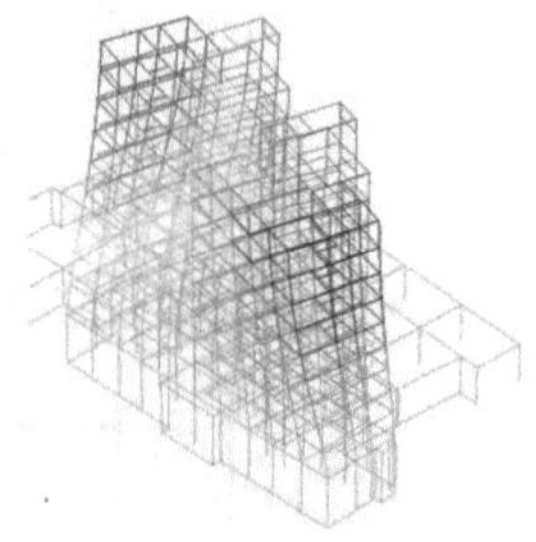

(c) 振型 3 (r_z 向)

图 7.3.5　结构主要振型形态

7.4　节点构造、制作与安装

壁式柱柱脚与普通壁式钢管混凝土柱相同，采用外包式柱脚。采用锚栓固定柱脚并校正位置，然后绑扎钢筋浇筑外包混凝土至一层楼面。为保证外包混凝土与钢管共同工作，柱底至一层楼面通高设置栓钉，见图 7.4.1(a)。柱拼接节点参考普通壁式钢管混凝土柱构造，见图 7.4.1(b)。图 7.4.2 给出了梁柱连接节点构造详图。图 7.4.3 给出了壁式柱工厂加工情况和工程现场安装情况。

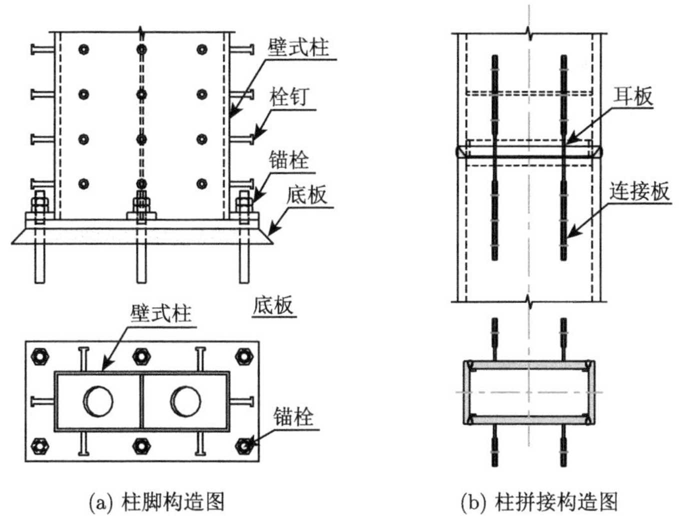

(a) 柱脚构造图　　(b) 柱拼接构造图

图 7.4.1　壁式柱连接构造图

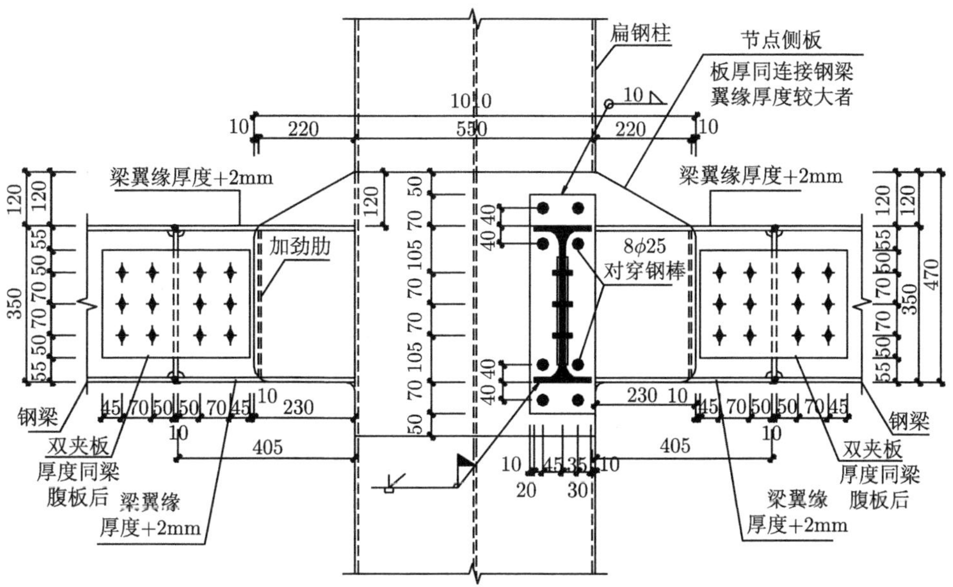

图 7.4.2　梁柱节点连接构造图

(a) 柱壁板焊接　(b) 成品柱

(c) 柱拼接节点　(d) 主体结构安装

(e) 梁柱连接节点

(f) 支撑连接节点

图 7.4.3　加工与安装

参 考 文 献

[1] 郝际平. 装配式钢结构壁柱建筑体系成套技术及应用 (科技成果). 西安: 西安建筑科技大学, 2018.

[2] 孙晓岭, 郝际平, 薛强等. 壁式钢管混凝土抗震性能试验研究 [J]. 建筑结构学报, 2018, 39(6): 92-101.

[3] Liu H C, Hao J P, Xue Q, et al. Seismic performance of a wall-type concrete-filled steel tubular column with a double side-plate I-beam connection[J]. Thin-Walled Structures, 2021, 159: 1-17.

[4] 黄育琪, 郝际平, 樊春雷, 等. WCFT 柱–钢梁节点抗震性能试验研究 [J]. 工程力学, 2020, 37(12): 34-42.

[5] 刘瀚超, 郝际平, 薛强, 等, 壁式钢管混凝土柱平面外穿芯拉杆–端板梁柱节点抗震性能试验研究 [J]. 建筑结构学报, 2020, https://doi.org/10.14006/j.jzjgxb.2020.0248.

[6] 赵子健. 钢连梁与壁式钢管混凝土柱双侧板节点抗震性能研究 [D]. 西安: 西安建筑科技大学, 2017.